软件开发视频大讲堂

Visual Basic 从入门到精通
（第4版）

明日科技　编著

清华大学出版社

北　京

内 容 简 介

《Visual Basic 从入门到精通（第 4 版）》从初学者的角度出发，以通俗易懂的语言、丰富多彩的实例，详细介绍了使用 Visual Basic 进行程序开发需要掌握的知识。全书共分 22 章，包括初识 Visual Basic 6.0，VB 语言基础，算法和程序控制结构，数组的声明和应用，过程的创建和使用，内置函数与 API 函数，窗体和系统对象，标准模块和类模块，常用标准控件，菜单、工具栏和状态栏，对话框，常用 ActiveX 控件，鼠标键盘处理，程序调试和错误处理，文件系统编程，图形图像技术，多媒体技术，SQL 应用，数据库开发技术，数据库控件，网络编程技术及企业进销存管理系统。另外，本书除了纸质内容之外，配书光盘中还给出了海量开发资源库，主要内容如下。

☑ 语音视频讲解：总时长 22 小时，共 142 段   ☑ 实例资源库：891 个实例及源码详细分析

☑ 模块资源库：15 个经典模块开发过程完整展现   ☑ 项目案例资源库：15 个企业项目开发过程完整展现

☑ 测试题库系统：616 道能力测试题目   ☑ 面试资源库：371 个企业面试真题

☑ PPT 电子教案

本书适合作为软件开发入门者的自学用书，也适合作为高等院校相关专业的教学参考书，还可供相关开发人员查阅、参考。

图书在版编目（CIP）数据

Visual Basic 从入门到精通/明日科技编著．—4 版．—北京：清华大学出版社，2017（2019.6 重印）

（软件开发视频大讲堂）

ISBN 978-7-302-45961-3

I．①V…   II．①明…   III．①BASIC 语言-程序设计   IV．①TP312.8

中国版本图书馆 CIP 数据核字（2016）第 310375 号

责任编辑：赵洛育
封面设计：刘洪利
版式设计：魏　远
责任校对：王　云
责任印制：李红英

出版发行：清华大学出版社
   网　　址：http://www.tup.com.cn，http://www.wqbook.com
   地　　址：北京清华大学学研大厦 A 座   邮　　编：100084
   社 总 机：010-62770175   邮　　购：010-62786544
   投稿与读者服务：010-62776969，c-service@tup.tsinghua.edu.cn
   质量反馈：010-62772015，zhiliang@tup.tsinghua.edu.cn

印 装 者：清华大学印刷厂
经　　销：全国新华书店
开　　本：203mm×260mm   印　张：35.25   字　数：963 千字
    （附海量开发资源库 DVD 光盘 1 张）
版　　次：2008 年 10 月第 1 版   2017 年 6 月第 4 版   印　次：2019 年 6 月第 6 次印刷
印　　数：21001～24000
定　　价：79.80 元

产品编号：058860-01

如何使用 Visual Basic 开发资源库

在学习《Visual Basic 从入门到精通（第 4 版）》一书时，随书附配光盘提供了"Visual Basic 开发资源库"系统，可以帮助读者快速提升编程水平和解决实际问题的能力。《Visual Basic 从入门到精通（第 4 版）》和 Visual Basic 开发资源库配合学习流程如图 1 所示。

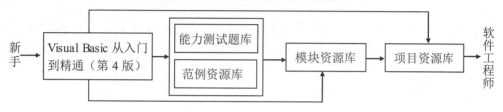

图 1　从入门到精通与开发资源库配合学习流程图

打开光盘的"开发资源库"文件夹，运行 Visual Basic 开发资源库.exe 程序，即可进入"Visual Basic 开发资源库"系统，界面如图 2 所示。

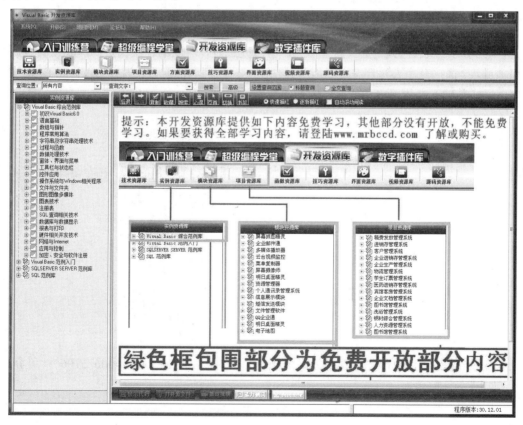

图 2　Visual Basic 开发资源库主界面

在学习《Visual Basic 从入门到精通（第 4 版）》某一章节时，可以配合实例资源库的相应章节，利用实例资源库提供的大量热点实例和关键实例巩固所学编程技能，提高编程兴趣和自信心。也可以配合能力测试题库的对应章节测试，检验学习成果，具体流程如图 3 所示。

图 3　使用实例资源库和能力测试题库

对于数学逻辑能力和英语基础较为薄弱的读者，或者想了解个人数学逻辑思维能力和编程英语基础的用户，本书提供了数学及逻辑思维能力测试和编程英语能力测试供练习和测试，如图 4 所示。

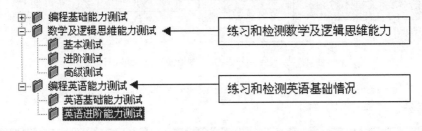

图 4　数学及逻辑思维能力测试和编程英语能力测试目录

当《Visual Basic 从入门到精通（第 4 版）》学习完成时，可以配合模块资源库和项目资源库的 30 个模块和项目，全面提升个人综合编程技能和解决实际开发问题的能力，为成为 Visual Basic 软件开发工程师打下坚实基础。具体模块和项目目录如图 5 所示。

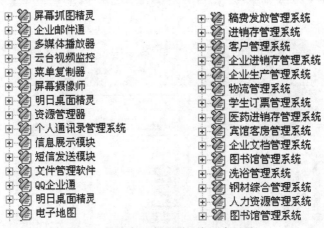

图 5　模块资源库和项目资源库目录

如果您在使用 Visual Basic 开发资源库时遇到问题，可加我们的 QQ：4006751066（可容纳 10 万人），我们竭诚为您服务。

前　言
Preface

丛书说明："软件开发视频大讲堂"丛书（第 1 版）于 2008 年 8 月出版，因其编写细腻，易学实用，配备全程视频等，在软件开发类图书市场上产生了很大反响，绝大部分品种在全国软件开发零售图书排行榜中名列前茅，2009 年多个品种被评为"全国优秀畅销书"。

"软件开发视频大讲堂"丛书（第 2 版）于 2010 年 8 月出版，出版后，绝大部分品种在全国软件开发类零售图书排行榜中依然名列前茅。丛书中多个品种被百余所高校计算机相关专业、软件学院选为教学参考书，在众多的软件开发类图书中成为最耀眼的品牌之一。丛书累计销售 40 多万册。

"软件开发视频大讲堂"丛书（第 3 版）于 2012 年 8 月出版，根据读者需要，增删了品种，重新录制了视频，提供了从"入门学习→实例应用→模块开发→项目开发→能力测试→面试"等各个阶段的海量开发资源库。因丛书编写结构合理、实例选择经典实用，丛书迄今累计销售 90 多万册。

"软件开发视频大讲堂"丛书（第 4 版）在继承前 3 版所有优点的基础上，修正了前 3 版图书中发现的疏漏之处，并结合目前市场需要，进一步对丛书品种进行了完善，对相关内容进行了更新优化，使之更适合读者学习，为了方便教学，还提供了教学课件 PPT。

Visual Basic 6.0 是 Microsoft 公司推出的基于 Windows 环境的一种面向对象的可视化编程环境，自面世以来便凭借其易学易用、功能强大的特点备受广大用户的青睐。其强大的可视化用户界面设计，让程序员从复杂的界面设计中解脱出来，使编程成为一种享受。Visual Basic 不仅可以开发数据库管理系统，而且可以开发集声音、动画、视频为一体的多媒体应用程序和网络应用程序，这使得 Visual Basic 6.0 成为应用最广泛的编程语言之一。

本书内容

本书提供了从入门到编程高手所必备的各类知识，共分 4 篇，大体结构如下图所示。

第 1 篇：基础知识。本篇通过初识 Visual Basic 6.0，VB 语言基础，算法和程序控制结构，数组的声明和应用，过程的创建和使用，及内置函数与 API 函数等内容的介绍，并结合大量的图示、实例和视频，使读者快速掌握 Visual Basic 语言基础知识，为以后的编程奠定坚实的基础。

第 2 篇：核心技术。本篇介绍了窗体和系统对象，标准模块和类模块，常用标准控件，菜单、工具栏和状态栏，对话框，常用 ActiveX 控件，鼠标键盘处理，程序调试和错误处理及文件系统编程等。学习完这一部分的内容，您将能够开发一些小型应用程序。

第 3 篇：高级应用。本篇介绍了图形图像技术，多媒体技术，SQL 应用，数据库开发技术，数据库控件及网络编程技术等。学习完这一部分的内容，您将能够开发数据库应用程序、多媒体程序和网络程序等。

第 4 篇：项目实战。本篇通过一个大型、完整的企业进销存管理系统，运用软件工程的设计思想，演示了如何进行软件项目的实践开发。全书按照"编写项目计划书→系统设计→数据库设计→创建项目→实现项目→运行项目→项目打包部署→解决开发常见问题"的流程进行介绍，带领读者一步步亲身体验开发项目的全过程。

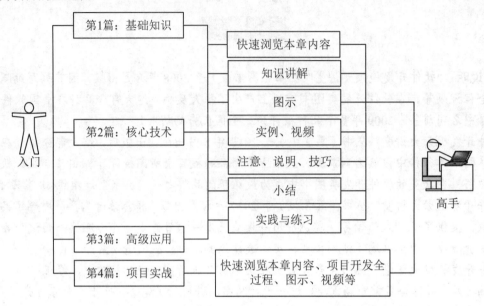

本书特点

☑ **由浅入深，循序渐进**：本书以初中级程序员为对象，先从 Visual Basic 语言基础学起，再学习 Visual Basic 的核心技术，然后学习 Visual Basic 的高级应用，最后学习开发一个完整项目。讲解过程中步骤详尽，版式新颖，在操作的内容图片上以❶❷❸……的编号+内容的方式进行标注，让读者在阅读时一目了然，从而快速掌握书中内容。

☑ **语音视频，讲解详尽**：书中每一章节均提供声图并茂的语音教学视频，读者可以根据书中提供的视频位置，在光盘中找到相应的文件。这些视频能够引导初学者快速入门，感受编程的快乐和成就感，增强进一步学习的信心，从而快速成为编程高手。

☑ **实例典型，轻松易学**：通过例子学习是最好的学习方式，本书通过"一个知识点、一个例子、一个结果、一段评析、一个综合应用"的模式，透彻、详尽地讲述了实际开发中所需的各类知识。另外，为了便于读者阅读程序代码、快速学习编程技能，书中几乎为每行代码都提供了注释。

☑ **精彩栏目，贴心提醒**：根据需要，本书在各章节中使用了很多"注意""说明""技巧"等小栏目，让读者可以在学习过程中更轻松地理解相关知识点及概念，并轻松地掌握个别技术的应用技巧。

☑ **应用实践，随时练习**：书中几乎每章都提供了"练习与实践"，读者能够通过对问题的解答重新回顾、熟悉所学的知识，举一反三，为进一步学习做好充分的准备。

读者对象

- ☑ 初学编程的自学者
- ☑ 大中专院校的老师和学生
- ☑ 毕业后从事程序开发工作的学生
- ☑ 程序测试及维护人员
- ☑ 编程爱好者
- ☑ 相关培训机构的老师和学员
- ☑ 初中级程序开发人员
- ☑ 参加实习的"菜鸟"级程序员

读者服务

为了方便解决本书疑难问题，读者朋友可加我们的 QQ：4006751066（可容纳 10 万人），也可以登录 www.mingribook.com 留言，我们将竭诚为您服务。

致读者

本书主要参与编写的程序员有申小琦、王小科、王国辉、董刚、赛奎春、房德山、杨丽、高春艳、辛洪郁、周佳星、张鑫、张宝华、葛忠月、刘杰、白宏健、张雳霆、马新新、冯春龙、宋万勇、李文欣、王东东、柳琳、王盛鑫、徐明明、杨柳、赵宁、王佳雪、于国良、李磊、李彦骏、王泽奇、贾景波、谭慧、李丹、吕玉翠、孙巧辰、赵颖、江玉贞、周艳梅、房雪坤、裴莹、郭铁、张金辉、王敬杰、高茹、李贺、陈威、高飞、刘志铭、高润岭、于国槐、郭锐、郭鑫、邹淑芳、李根福、杨贵发、王喜平等。在编写过程中，我们以科学、严谨的态度，力求精益求精，但错误、疏漏之处在所难免，敬请广大读者批评指正。

感谢您购买本书，希望本书能成为您编程路上的领航者。

"零门槛"编程，一切皆有可能。

祝读书快乐！

编　者

目 录

Contents

第1篇 基础知识

第1章 初识 Visual Basic 6.0 2
　　📹视频讲解：86 分钟
1.1 Visual Basic 简介 3
　1.1.1 Visual Basic 的发展 3
　1.1.2 Visual Basic 6.0 的特点 4
1.2 如何学好 VB 5
　1.2.1 VB 可以做什么 5
　1.2.2 学习 VB 的几点建议 5
1.3 VB 6.0 的安装与管理 6
　1.3.1 VB 6.0 的运行环境 6
　1.3.2 VB 6.0+SP6 的安装 6
　1.3.3 VB 6.0 的更改或删除 8
1.4 VB 6.0 的启动 9
　1.4.1 通过"开始"菜单启动 9
　1.4.2 通过快捷方式启动 9
1.5 VB 6.0 的集成开发环境 11
　1.5.1 集成开发环境简介 11
　1.5.2 菜单栏 12
　1.5.3 工具栏 14
　1.5.4 工具箱 15
　1.5.5 工程资源管理器 17
　1.5.6 属性窗口 18
　1.5.7 窗体布局窗口 19
　1.5.8 窗体设计器 20
　1.5.9 代码编辑窗口 20
1.6 定制开发环境 21
　1.6.1 设置在编辑器中要求变量声明 ... 21
　1.6.2 设置网格大小和不对齐到网格 ... 21
　1.6.3 设置启动时保存 22

　1.6.4 定制工具栏 23
　1.6.5 为代码编辑器设置鼠标滚动 24
1.7 VB 6.0 的帮助系统 25
　1.7.1 MSDN Library 的安装与使用 25
　1.7.2 利用附带的实例源程序学习编程 ... 26
　1.7.3 使用 VB 的帮助菜单 27
1.8 创建第一个 VB 程序 27
　1.8.1 创建工程文件 28
　1.8.2 设计界面 28
　1.8.3 编写代码 28
　1.8.4 调试运行 29
　1.8.5 保存工程 30
　1.8.6 编译程序 30
1.9 小结 31
1.10 练习与实践 31

第2章 VB 语言基础 32
　　📹视频讲解：29 分钟
2.1 关键字和标识符 33
2.2 数据类型 33
　2.2.1 基本数据类型 34
　2.2.2 记录类型 37
　2.2.3 枚举类型 39
2.3 变量 39
　2.3.1 什么是变量 39
　2.3.2 变量的命名 40
　2.3.3 变量的声明 41
　2.3.4 变量的作用域 43
　2.3.5 静态变量 44

2.3.6 变量同名问题的处理 44
2.3.7 变量的生命周期 45
2.4 常量 46
2.4.1 常量的声明 46
2.4.2 局部常量和全局常量 46
2.5 运算符和表达式 47
2.5.1 运算符 47
2.5.2 表达式 49
2.5.3 运算符的优先级 49
2.6 代码编写规则 49
2.6.1 对象命名规则 50
2.6.2 代码书写规则 51
2.6.3 处理关键字冲突 52
2.6.4 代码注释规则及方法 52
2.7 小结 54
2.8 练习与实践 54

第 3 章 算法和程序控制结构 55
视频讲解：59 分钟
3.1 算法 56
3.1.1 什么是算法 56
3.1.2 算法的特性 57
3.1.3 算法的描述方法 57
3.1.4 构成算法的基本控制结构 59
3.2 顺序结构 62
3.2.1 赋值语句 62
3.2.2 数据的输入 64
3.2.3 数据的输出 65
3.3 选择结构 67
3.3.1 单分支 If...Then 语句 67
3.3.2 双分支 If...Then...Else 语句 68
3.3.3 If 语句的嵌套 69
3.3.4 多分支 If...Then...ElseIf 语句 73
3.3.5 Select Case 语句 74
3.3.6 IIf 函数 76
3.4 循环结构 77
3.4.1 For...Next 循环语句 77
3.4.2 For Each...Next 循环语句 79

3.4.3 Do...Loop 循环语句 80
3.4.4 嵌套循环 84
3.4.5 选择结构与循环结构的嵌套 85
3.5 其他辅助控制语句 86
3.5.1 跳转语句 GoTo 86
3.5.2 复用语句 With...End With 87
3.5.3 退出语句 Exit 87
3.5.4 结束语句 End 88
3.6 小结 89
3.7 练习与实践 89

第 4 章 数组的声明和应用 90
视频讲解：20 分钟
4.1 数组的概述 91
4.1.1 数组的概念 91
4.1.2 数组与简单变量的区别 92
4.2 数组的分类 92
4.2.1 静态数组 92
4.2.2 动态数组 94
4.2.3 一维数组 95
4.2.4 数组中的数组 97
4.2.5 二维数组及多维数组 97
4.3 数组的基本操作 99
4.3.1 数组元素的输入 99
4.3.2 数组元素的输出 100
4.3.3 数组元素的插入 101
4.3.4 数组元素的删除 101
4.3.5 数组元素的查找 102
4.3.6 数组元素的排序 102
4.4 记录数组 105
4.4.1 记录数组的概念 105
4.4.2 记录数组的使用 105
4.5 数组相关函数及语句 106
4.5.1 Array 函数 106
4.5.2 UBound 函数和 LBound 函数 106
4.5.3 Split 函数 107
4.5.4 Option Base 语句 108
4.6 小结 108

4.7　练习与实践 108

第 5 章　过程的创建和使用 109

🎬 视频讲解：53 分钟

5.1　认识过程 110

5.2　事件过程 110

　5.2.1　建立事件过程 111

　5.2.2　调用事件过程 111

5.3　子过程（Sub 过程）.......................... 112

　5.3.1　建立子过程 112

　5.3.2　调用子过程 114

　5.3.3　调用其他模块中的子过程 115

5.4　函数过程（Function 过程）................. 116

　5.4.1　建立函数过程 116

　5.4.2　调用函数过程 116

　5.4.3　函数过程与子过程的区别 117

5.5　参数的传递 117

　5.5.1　认识参数 117

　5.5.2　参数按值和按地址传递 119

　5.5.3　数组参数 120

　5.5.4　对象参数 121

5.6　嵌套过程 122

5.7　递归过程 123

5.8　属性过程（Property 过程）................. 125

　5.8.1　使用属性过程建立类的属性 125

　5.8.2　使用类属性 127

　5.8.3　只读属性和对象属性 127

5.9　小结 128

5.10　练习与实践 128

第 6 章　内置函数与 API 函数 129

🎬 视频讲解：53 分钟

6.1　数学函数 130

　6.1.1　Abs 函数 130

　6.1.2　Exp 函数 130

　6.1.3　Sgn 函数 131

　6.1.4　Sqr 函数 132

6.2　字符串函数 132

　6.2.1　Len 函数 132

　6.2.2　Left 和 Right 函数 133

　6.2.3　Mid 函数 134

　6.2.4　Trim、RTrim、LTrim 函数 134

6.3　类型转换函数 135

　6.3.1　Asc 函数 135

　6.3.2　Chr 函数 135

　6.3.3　Val 函数 136

　6.3.4　Str 函数 136

6.4　判断函数 137

　6.4.1　IsNull 函数 137

　6.4.2　IsNumeric 函数 138

　6.4.3　IsArray 函数 138

6.5　日期和时间函数 139

　6.5.1　Date、Now、Time 函数 139

　6.5.2　Timer 函数 139

　6.5.3　Weekday 函数 140

　6.5.4　Year、Month、Day 函数 142

　6.5.5　Hour、Minute、Second 函数 142

6.6　随机函数 143

　6.6.1　Randomize 函数 143

　6.6.2　Rnd 函数 144

6.7　格式化函数 145

6.8　API 函数 147

　6.8.1　API 的概念 147

　6.8.2　API 的相关概念 149

6.9　API 浏览器 150

　6.9.1　启动 API 浏览器 150

　6.9.2　API 浏览器的加载 151

　6.9.3　API 浏览器的使用 153

6.10　API 的使用 154

　6.10.1　API 函数的声明 155

　6.10.2　API 常数与类型 156

6.11　API 函数的调用 156

6.12　小结 156

6.13　练习与实践 157

第 2 篇　核 心 技 术

第 7 章　窗体和系统对象 160

　　　 视频讲解：69 分钟

7.1　窗体的概述 161

　7.1.1　窗体的结构 161

　7.1.2　模式窗体和无模式窗体 161

　7.1.3　SDI 窗体和 MDI 窗体 162

　7.1.4　添加和移除窗体 164

　7.1.5　加载和卸载窗体 166

7.2　窗体的属性 167

　7.2.1　名称 167

　7.2.2　标题 168

　7.2.3　图标 168

　7.2.4　背景 169

　7.2.5　边框样式 170

　7.2.6　显示状态 171

　7.2.7　显示位置 172

7.3　窗体的方法 173

　7.3.1　显示窗体 173

　7.3.2　隐藏窗体 174

　7.3.3　移动窗体 174

7.4　窗体的事件 175

　7.4.1　单击和双击 175

　7.4.2　载入和卸载 176

　7.4.3　活动性 178

　7.4.4　初始化 179

　7.4.5　调整大小 180

　7.4.6　重绘 181

　7.4.7　焦点事件 181

7.5　窗体事件的生命周期 182

　7.5.1　窗体启动过程 182

　7.5.2　窗体运行过程 183

　7.5.3　窗体关闭过程 183

7.6　MDI 窗体 185

　7.6.1　MDI 窗体概述 185

　7.6.2　MDI 窗体的添加和移除 186

　7.6.3　MDI 子窗体 188

　7.6.4　MDI 程序的特点 189

　7.6.5　MDI 主窗体的设计 190

7.7　系统对象 190

　7.7.1　应用程序对象 191

　7.7.2　屏幕对象 192

　7.7.3　剪贴板对象 194

　7.7.4　调试对象 194

7.8　小结 195

7.9　练习与实践 195

第 8 章　标准模块和类模块 196

　　　 视频讲解：12 分钟

8.1　标准模块 197

　8.1.1　标准模块概述 197

　8.1.2　添加标准模块 197

8.2　类模块 198

　8.2.1　类模块的概述 198

　8.2.2　添加类模块 198

8.3　标准模块和类模块的区别 199

8.4　小结 200

8.5　练习与实践 200

第 9 章　常用标准控件 201

　　　 视频讲解：89 分钟

9.1　控件概述 202

　9.1.1　控件的作用 202

　9.1.2　控件的属性、方法和事件 202

　9.1.3　控件的分类 203

9.2　控件的相关操作 204

　9.2.1　向窗体上添加控件 204

　9.2.2　调整控件的大小 204

　9.2.3　复制与删除控件 204

　9.2.4　使用窗体编辑器调整控件布局 205

　9.2.5　锁定控件 206

9.3　标签和文本框 207

9.3.1　标签（Label 控件）................207
9.3.2　文本框（TextBox 控件）.........208
9.4　命令按钮...................................212
9.4.1　命令按钮的属性................212
9.4.2　命令按钮的事件................213
9.5　单选按钮、复选框及框架.........214
9.5.1　单选按钮（OptionButton 控件）.......214
9.5.2　复选框（CheckBox 控件）.......215
9.5.3　框架（Frame 控件）...........216
9.6　列表框与组合框.......................217
9.6.1　列表框（ListBox 控件）.......218
9.6.2　组合框（ComboBox 控件）.......222
9.7　滚动条...................................223
9.8　Timer 控件.............................226
9.9　控件数组...............................228
9.9.1　控件数组的概念................228
9.9.2　创建控件数组................228
9.9.3　使用控件数组................229
9.10　小结...................................232
9.11　练习与实践...........................232

第 10 章　菜单、工具栏和状态栏.........233
　　　视频讲解：60 分钟
10.1　菜单概述...............................234
10.1.1　菜单的组成................234
10.1.2　菜单编辑器................235
10.2　标准菜单...............................237
10.2.1　创建最简菜单................237
10.2.2　设置菜单的快捷键和访问键.......238
10.2.3　创建级联菜单................239
10.2.4　创建复选菜单................239
10.2.5　设置菜单分隔条................240
10.2.6　设置菜单无效................240
10.2.7　为菜单事件添加代码.......241
10.3　弹出式菜单...........................241
10.3.1　弹出式菜单概述................241
10.3.2　PopupMenu 方法................241
10.3.3　弹出式菜单的设计和调用.......242
10.4　菜单数组...............................243

10.4.1　创建菜单数组................243
10.4.2　为菜单数组编写代码.......244
10.5　工具栏设计...........................244
10.5.1　工具栏概述................245
10.5.2　利用 Toolbar 控件创建最简工具栏.........245
10.5.3　为工具栏按钮添加图片.......246
10.5.4　为工具栏按钮设置分组.......247
10.5.5　为工具栏添加下拉菜单.......248
10.5.6　为工具栏按钮添加事件处理代码.......249
10.6　状态栏设计...........................250
10.6.1　状态栏概述................250
10.6.2　在状态栏中显示日期、时间.......250
10.6.3　在状态栏中显示操作员信息.......251
10.6.4　在状态栏中显示鼠标位置.......252
10.7　小结...................................252
10.8　练习与实践...........................253

第 11 章　对话框...........................254
　　　视频讲解：40 分钟
11.1　输入对话框（InputBox）.......255
11.2　消息对话框（MsgBox）.......256
11.3　公用对话框...........................258
11.3.1　公用对话框概述................258
11.3.2　"打开"对话框................260
11.3.3　"另存为"对话框................261
11.3.4　"颜色"对话框................262
11.3.5　"字体"对话框................263
11.3.6　"打印"对话框................264
11.3.7　"帮助"对话框................265
11.4　小结...................................266
11.5　练习与实践...........................266

第 12 章　常用 ActiveX 控件.........267
　　　视频讲解：104 分钟
12.1　ActiveX 控件的使用.......268
12.1.1　添加 ActiveX 控件.......268
12.1.2　删除 ActiveX 控件.......269
12.1.3　注册 ActiveX 控件.......269
12.2　图像列表控件（ImageList）.......271

12.2.1 认识 ImageList 控件 271
12.2.2 添加图像 271
12.2.3 与其他控件关联 273
12.2.4 创建组合图像 275
12.3 视图控件（ListView） 275
12.3.1 认识 ListView 控件 275
12.3.2 添加数据 276
12.3.3 用 "ListView 控件+数据表" 创建报表
视图 277
12.3.4 用 ListView 控件创建大图标视图 279
12.4 树状控件（TreeView） 280
12.4.1 认识 TreeView 控件 280
12.4.2 添加数据 280
12.4.3 删除指定节点数据 282
12.4.4 节点展开与折叠 282
12.4.5 用 "TreeView 控件+数据表" 创建多级树
状视图 283
12.5 选项卡控件（SSTab） 287
12.5.1 认识 SSTab 控件 287
12.5.2 设置选项卡数目和行数 288
12.5.3 在选项卡中添加控件 288
12.5.4 运行时启用和停用选项卡 288
12.5.5 定制不同样式的选项卡 289
12.5.6 图形化选项卡 290
12.6 进度条控件（ProgressBar） 291
12.6.1 认识 ProgressBar 控件 291
12.6.2 显示进展情况 292
12.6.3 将 Max 属性设置为已知的界限 292
12.6.4 隐藏 ProgressBar 控件 292
12.6.5 用 ProgressBar 控件显示清空数据的
进度 292
12.7 日期/时间控件（DateTimePicker） ... 293
12.7.1 认识 DateTimePicker 控件 294
12.7.2 设置和返回日期 294
12.7.3 实时读取 DTPicker 控件中的日期..........295
12.7.4 使用 CheckBox 属性来选择无日期 295
12.7.5 使用日期和时间的格式 295
12.7.6 使用 DTPicker 控件计算日期或天数..........297
12.8 小结 298

12.9 练习与实践 298

第 13 章 鼠标键盘处理 299
视频讲解：30 分钟
13.1 光标指针的设置 300
13.1.1 设置光标指针形状 300
13.1.2 设置光标指针为指定的图片 301
13.1.3 设置光标指针为指定的动画 301
13.2 鼠标事件的响应 302
13.2.1 鼠标单击和双击（Click 事件和 DblClick
事件） 303
13.2.2 鼠标按下和抬起（MouseDown 事件和
MouseUp 事件） 303
13.2.3 鼠标移动（MouseMove 事件） 304
13.2.4 鼠标拖放（OLE 拖放操作） 305
13.3 键盘事件的响应 309
13.3.1 ASCII 码 309
13.3.2 KeyDown 事件和 KeyUp 事件的使用......309
13.3.3 KeyPress 事件的使用 312
13.4 小结 313
13.5 练习与实践 313

第 14 章 程序调试和错误处理 314
视频讲解：16 分钟
14.1 错误类型 315
14.1.1 编译错误 315
14.1.2 运行错误 316
14.1.3 逻辑错误 316
14.2 工作模式 316
14.2.1 设计模式 317
14.2.2 运行模式 317
14.2.3 中断模式 317
14.3 调试工具及使用 317
14.3.1 "调试" 工具栏的使用 318
14.3.2 本地窗口的使用 318
14.3.3 立即窗口的使用 319
14.3.4 监视窗口的使用 319
14.3.5 插入断点和逐语句跟踪 320
14.4 错误处理语句和对象 321
14.4.1 Err 对象 321

14.4.2 捕获错误（On Error 语句）..................322

14.4.3 退出错误处理（Resume 语句）..............323

14.4.4 编写错误处理函数..............................323

14.5 小结 324

14.6 练习与实践 324

第 15 章 文件系统编程 325

　　　　视频讲解：98 分钟

15.1 文件的基本概念 326

15.1.1 文件的结构..................................326

15.1.2 文件的分类..................................326

15.1.3 文件处理的一般步骤......................327

15.2 文件系统控件 327

15.2.1 驱动器列表框（DriveListBox 控件）......328

15.2.2 目录列表框（DirListBox 控件）.........329

15.2.3 文件列表框（FileListBox 控件）.........330

15.2.4 文件系统控件的联动......................334

15.3 文件的操作语句 335

15.3.1 改变当前驱动器（ChDrive 语句）......335

15.3.2 改变目录或文件夹（ChDir 语句）......336

15.3.3 删除文件（Kill 语句）.....................336

15.3.4 创建目录或文件夹（MkDir 语句）......337

15.3.5 复制文件（FileCopy 语句）...............338

15.3.6 重命名（Name 语句）.....................339

15.3.7 设置文件属性（SetAttr 语句）...............339

15.4 常用的文件操作函数 340

15.4.1 获取路径（CurDir 函数）...............340

15.4.2 获取文件属性（GetAttr 函数）.........341

15.4.3 获取文件创建或修改时间（FileDateTime
函数）......................................341

15.4.4 返回文件长度（FileLen 函数）.........342

15.4.5 测试文件结束状态（EOF 函数）.........342

15.4.6 获取打开文件的大小（LOF 函数）......343

15.5 顺序文件 343

15.5.1 顺序文件的打开与关闭 343

15.5.2 顺序文件的读取操作......................345

15.5.3 顺序文件的写入操作......................347

15.6 随机文件 349

15.6.1 随机文件的打开与关闭 349

15.6.2 读取随机文件...............................350

15.6.3 写入随机文件...............................351

15.7 二进制文件 352

15.7.1 二进制文件的打开与关闭 352

15.7.2 二进制文件的读取与写入操作 353

15.8 小结 354

15.9 练习与实践 354

第 3 篇　高 级 应 用

第 16 章 图形图像技术 356

　　　　视频讲解：25 分钟

16.1 图形图像处理基础 357

16.1.1 系统颜色..................................357

16.1.2 在对象浏览器中查看系统颜色常量......357

16.1.3 QBColor 函数.............................358

16.1.4 RGB 函数..................................358

16.2 坐标系统 359

16.2.1 默认的坐标系统...........................359

16.2.2 自定义的坐标系统.........................359

16.3 图形外观效果 360

16.3.1 绘图坐标..................................361

16.3.2 图形位置和大小...........................361

16.3.3 图形的边框效果...........................362

16.3.4 绘制效果..................................363

16.3.5 前景色和背景色...........................363

16.3.6 填充效果..................................364

16.4 绘图方法 364

16.4.1 画点.......................................364

16.4.2 画线.......................................365

16.4.3 画圆.......................................366

16.4.4 清屏.......................................367

16.4.5 获取颜色值................................367

16.4.6 绘制图形..................................368

16.5　图像处理函数 368
　　16.5.1　加载图像（LoadPicture 函数）.............369
　　16.5.2　保存图片（SavePicture 函数）.............369
16.6　图形、图像处理控件 369
　　16.6.1　Shape 控件 370
　　16.6.2　Line 控件 371
　　16.6.3　PictureBox 控件 371
　　16.6.4　Image 控件 372
16.7　小结 373
16.8　练习与实践 373

第 17 章　多媒体技术 374
　　　　 视频讲解：43 分钟
17.1　MMControl 控件 375
　　17.1.1　认识 MMControl 控件 375
　　17.1.2　MMControl 控件的属性 375
　　17.1.3　MMControl 控件的事件 380
17.2　Animation 控件 381
　　17.2.1　认识 Animation 控件 381
　　17.2.2　Animation 控件的属性 382
　　17.2.3　Animation 控件的方法 382
17.3　WindowsMediaPlayer 控件 383
　　17.3.1　认识 WindowsMediaPlayer 控件 383
　　17.3.2　WindowsMediaPlayer 控件的主要属性 384
17.4　ShockwaveFlash 控件 385
　　17.4.1　认识 ShockwaveFlash 控件 385
　　17.4.2　ShockwaveFlash 控件的属性 386
　　17.4.3　ShockwaveFlash 控件的方法 387
　　17.4.4　ShockwaveFlash 控件的事件 387
17.5　多媒体综合应用 388
　　17.5.1　CD 播放器 388
　　17.5.2　DVD 播放器 390
　　17.5.3　多媒体演示程序 391
17.6　小结 392
17.7　练习与实践 392

第 18 章　SQL 应用 393
　　　　 视频讲解：87 分钟
18.1　数据库的基本知识 394

18.1.1　什么是数据库 394
18.1.2　数据库软件的安装和使用 394
18.2　SQL 基础 407
　　18.2.1　什么是 SQL 407
　　18.2.2　执行 SQL 语句的工具 407
18.3　检索数据（SELECT 子句）.............409
　　18.3.1　SELECT 子句 409
　　18.3.2　检索单个列 410
　　18.3.3　检索多个列 411
　　18.3.4　检索所有列 412
18.4　排序检索数据（ORDER BY
　　　　子句）..................... 412
　　18.4.1　排序数据 412
　　18.4.2　按多个列排序 413
　　18.4.3　按列位置排序 413
　　18.4.4　指定排序方向 414
　　18.4.5　对新生成的列进行排序 414
18.5　过滤数据（WHERE 子句）.............415
　　18.5.1　使用 WHERE 子句 415
　　18.5.2　WHERE 子句比较运算符 415
　　18.5.3　检索指定范围的值 416
　　18.5.4　模式条件查询 417
　　18.5.5　组合条件查询（AND、OR 和 NOT）.....418
18.6　高级查询 418
　　18.6.1　汇总数据 418
　　18.6.2　分组统计 419
　　18.6.3　子查询 419
18.7　插入数据 420
　　18.7.1　插入完整的行 420
　　18.7.2　插入部分行 421
　　18.7.3　插入检索出的数据 421
　　18.7.4　将一个表中的数据复制到
　　　　　另一个表 422
18.8　修改和删除数据 422
　　18.8.1　修改数据 422
　　18.8.2　删除数据 423
18.9　小结 423
18.10　练习与实践 423

第 19 章　数据库开发技术 424

📹 视频讲解：63 分钟

19.1　VB 访问数据库 425

19.2　ODBC 425

19.2.1　认识 ODBC 425

19.2.2　配置 ODBC 数据源 426

19.3　ADO 对象 428

19.3.1　引用 ADO 对象 428

19.3.2　ADO 对象的子对象 429

19.3.3　连接多种数据库（Connection 对象）...429

19.3.4　连接记录源（Recordset 对象）........430

19.3.5　执行 SQL 语句（Command 对象）.......432

19.3.6　ADO 对象的综合应用 433

19.4　ADO 控件 435

19.4.1　认识 ADO 控件 435

19.4.2　用 ADO 控件连接各种数据源 436

19.4.3　用 ADO 控件连接记录源 437

19.4.4　ADO 控件的常用属性、方法和事件......438

19.4.5　ADO 控件的综合应用 439

19.5　小结 440

19.6　练习与实践 440

第 20 章　数据库控件 441

📹 视频讲解：45 分钟

20.1　DataCombo 和 DataList 控件 442

20.1.1　认识 DataCombo 和 DataList 控件 442

20.1.2　DataCombo 和 DataList 控件的属性 ...442

20.1.3　显示关系表中的数据 443

20.2　DataGrid 控件 444

20.2.1　认识 DataGrid 控件 445

20.2.2　用 DataGrid 控件显示数据 445

20.2.3　格式化数据 447

20.2.4　锁定数据 447

20.2.5　将 DataGrid 控件中的数据显示在
文本框中 448

20.3　MSFlexGrid 和 MSHFlexGrid 控件 448

20.3.1　认识 MSHFlexGrid 控件 449

20.3.2　用 MSHFlexGrid 控件显示数据 449

20.3.3　数据排序与合并 451

20.3.4　隐藏行或列 452

20.3.5　冻结字段 452

20.4　小结 453

20.5　练习与实践 453

第 21 章　网络编程技术 454

📹 视频讲解：26 分钟

21.1　网络基础知识 455

21.1.1　OSI 参考模型 455

21.1.2　HTTP 协议 455

21.1.3　FTP 协议 455

21.2　Winsock 控件编程 455

21.2.1　TCP 与 UDP 基础 456

21.2.2　Winsock 控件 456

21.2.3　开发客户端/服务器端聊天程序 459

21.3　Internet Transfer 控件编程 461

21.3.1　Internet Transfer 控件 461

21.3.2　文件上传与下载 464

21.4　WebBrowser 控件编程 466

21.4.1　WebBrowser 控件 466

21.4.2　制作自己的浏览器 467

21.5　小结 469

21.6　练习与实践 469

第 4 篇　项　目　实　战

第 22 章　企业进销存管理系统 472

📹 视频讲解：165 分钟

22.1　系统分析 473

22.1.1　需求分析 473

22.1.2　可行性分析 473

22.1.3　编写项目计划书 474

22.2　系统设计 476

22.2.1　系统目标 476

22.2.2　系统功能结构 476
22.2.3　系统业务流程图 476
22.2.4　系统编码规范 477
22.3　系统运行环境 479
22.4　数据库与数据表设计 480
22.4.1　数据库分析 480
22.4.2　创建数据库 480
22.4.3　创建数据表 481
22.4.4　数据表逻辑关系 485
22.5　创建项目 486
22.6　公共模块设计 487
22.6.1　主函数 487
22.6.2　数据库连接函数 488
22.6.3　拼音简码函数 488
22.7　启动窗体的设计 489
22.7.1　设计窗体界面 489
22.7.2　添加资源文件 490
22.7.3　代码注册 Flash 控件 491
22.7.4　调用 Flash 动画 492
22.8　系统登录窗体设计 492
22.8.1　设计窗体界面 493
22.8.2　向 ListView 控件中添加
　　　　用户名 494
22.8.3　添加用户名和编号 494
22.8.4　判断用户名和密码 495
22.8.5　移动无标题栏窗体 496
22.9　主窗体设计 496
22.9.1　设计窗体界面 497
22.9.2　设计菜单栏 497
22.9.3　利用 Flash 设计工具栏 498
22.9.4　利用图片设计浮动工具栏 500
22.9.5　设计状态栏 501

22.10　商品进货模块设计 502
22.10.1　设计窗体界面 503
22.10.2　窗体初始化 504
22.10.3　商品信息录入 505
22.11　库存状况模块设计 507
22.11.1　设计窗体界面 507
22.11.2　窗体初始化 509
22.11.3　库存上下限设置 509
22.11.4　自定义过程向 MSFlexGrid 控件中添加
　　　　　数据 510
22.12　月销售状况模块设计 511
22.12.1　设计窗体界面 511
22.12.2　统计全年商品销售状况 512
22.12.3　设计"每月销售比较"窗体界面.......513
22.12.4　利用图表分析月销售状况 514
22.13　系统用户及权限设置模块设计 518
22.13.1　设计窗体界面 518
22.13.2　窗体初始化 519
22.13.3　工具栏按钮 519
22.13.4　执行操作 520
22.14　运行项目 521
22.15　程序打包 523
22.16　开发常见问题与解决 524
22.16.1　书写错误的函数名 524
22.16.2　提示文件未找到错误信息 524
22.16.3　解决用户定义类型未定义的问题.......525
22.16.4　数据批量录入 526
22.16.5　字段大小问题导致数据添加失败.......528
22.16.6　字段设置主键后不能插入重复值.......528
22.16.7　数据库中表存在关系，如何进行数据库
　　　　　清理 528
22.17　小结 529

光盘"开发资源库"目录

第 1 大部分　实例资源库

（891 个完整实例分析，光盘路径：开发资源库/实例资源库）

......

□ 📑 **程序常用算法**

- 📄 最大公约数和最小公倍数
- 📄 杨辉三角
- 📄 素数
- 📄 哥德巴赫猜想
- 📄 查找最大值和最小值
- 📄 百钱百鸡——穷举法
- 📄 十进制转换为其他进制
- 📄 迭代法
- 📄 小管家房贷计算器
- 📄 个人所得税计算器
- 📄 判断闰年
- 📄 判断身份证是否合法
- 📄 判断城市电话区号是否正确
- 📄 直接插入排序算法
- 📄 希尔排序算法
- 📄 选择排序算法
- 📄 起泡排序算法
- 📄 快速排序算法
- 📄 归并排序算法
- 📄 顺序查找
- 📄 二分法查找
- 📄 分块查找
- 📄 哈希查找
- 📄 简单的加密解密算法
- 📄 字符串处理
- 📄 星座查询
- 📄 猜数字

- 📄 贪吃蛇
- 📄 五子棋对战
- 📄 斐波那契数列
- 📄 角谷猜想
- 📄 验证歌德巴赫猜想
- 📄 四方定理
- 📄 尼科彻斯定理
- 📄 魔术师的秘密
- 📄 婚礼上的谎言
- 📄 谁讲了真话
- 📄 黑纸与白纸
- 📄 巧分苹果
- 📄 老王卖瓜——卖西瓜
- 📄 三天打鱼——打渔晒网问题
- 📄 细水长流——水池注水问题
- 📄 分我杯羹——分鱼问题
- 📄 平分秋色——递归解分鱼问题
- 📄 会逢其适——求车运行速度
- 📄 进退失据——一圈人逢三退一

□ 📑 **过程与函数**

- 📄 过程值传递参数
- 📄 过程引用传递参数
- 📄 不借助第 3 个变量实现两个变量互换
- 📄 计算加权平均值
- 📄 检查参数是否成功传递给用户自定义过程
- 📄 使用递归过程实现阶乘运算
- 📄 制作改变窗体颜色的自定义过程
- 📄 利用错误号获取错误名称
- 📄 将汉字转换为 Unicode 字符代码

获取在已打开文件中的读写位置
判断变量是否被初始化
获取文件创建或修改日期
自定义错误号
获取当前打开窗口数量
随机获取姓名
防止连续出现多个空格
给程序添加运行参数
获取汉字拼音简码
判断闰年
自定义延时函数
快速查找或替换文本中的字符
将金额格式化为包含 6 位小数的格式
将日期格式化为指定格式
判断月份最后一天
获得 Windows 系统已经运行的时间
获取当前日期与指定日期的绝对值
使用 Shell 函数打开记事本
获取系统环境信息
掷骰子
倒计时程序
数字时钟
文本加密与解密
我的计算器
幸运抽奖
自制闹钟
利用 Command 函数显示图片
石头剪子布
七星彩摇奖机
将 AM PM 格式时间转换为普通格式时间
将年、月、日转换为日期
将时、分、秒转换为时间
获取星期名称
获取月份名称
创建日历
做成一个有时间限制的测试版
判断经历多少个工作日
实现系统分段报时
利用 timeGetTime 函数更精准地计算时间差
使用 DateAdd 函数向日期型数据加值

数据处理技术
只允许输入数字
只允许输入汉字
只允许输入特殊字符
禁止输入非法字符
数据保存前检查数据是否正确
生成 "000" 格式的编码
将数字格式化为金额
将小写数字金额格式化为大写金额
根据字段类型自动格式化 DataGrid 表格中数据
利用组合框辅助录入数据
利用 DataGrid 控件辅助录入数据
利用数据窗口辅助录入数据
在 DataGrid 表格中实现下拉列表框
自动生成产品编号
批量生成房屋编号
根据编码规格自动生成各种单据号
根据用户输入需求自动调整输入法
输入的数据自动加入输入列表
设计带记忆的数据录入窗口
根据用户输入英语还是汉语决定显示内容
禁止录入重复数据
只允许在指定的列表框中选择输入
禁止用户输入数据
获取汉字的拼音简码
汉字和区位码互转
通过程序设置系统日期和时间的格式
进制转换
在控件数组中变换焦点
在不同控件中变换焦点
在 MSHFlexGrid 表格控件中按 Enter 键实现焦点移动
利用 MSHFlexGrid 控件批量录入数据
限制数据的输入范围
对 DataGrid 控件中的数据进行计算
对 MSFlexGrid 控件中的数据进行计算
统计 MSHFlexGrid 控件中的各种数据

窗体、界面与菜单
制作登录退出窗体

利用 Tag 属性存储用户名

控件随窗体自动调整

随机更换主界面背景

背景为渐变色的主界面

控制其他程序成为自己程序的子窗体

获取窗体分辨率

获取当前打开窗口数量

限制调整窗口大小的最大值

整个窗体铺满图片

类似超级兔子的程序界面

类似瑞星的导航主界面

类似 WindowsXP 的程序界面

OutLook 式主界面

可以用鼠标切分的窗体

设置窗口在屏幕中的位置

保存用户对窗体大小的更改

将自己的程序永远置前

随桌面分辨率变化的程序界面

磁性窗体

闪烁的窗体标题栏

拖动没有标题栏的窗体

禁用窗体最大化、最小化或关闭快捷菜单

使窗体标题栏不响应鼠标双击

程序运行时隐藏标题栏

椭圆形窗体界面

钻石形窗体

创建透明窗体

设置窗体透明度

创建字型窗体

创建 T 型窗体

设计多文档界面

MDI 窗体图片自适应

禁用 MDI 窗体控制栏中"最大化"按钮

禁止调整 MDI 窗体大小

欢迎窗体

调用 API 函数设计关于窗体

屏幕滚动字幕

窗体抖动

显示 Windows 搜索窗口

使用 InputBox 创建密码输入框

使用 API 函数显示颜色对话框

自定义透明窗体模块(编辑为 DLL)

窗体的 Form_Move 事件

建行多媒体宣传光盘主程序

多媒添加到托盘中

任务栏体宣传光盘主界面

图书多媒体学习光盘

自动安装的多媒体宣传光盘

多媒体触摸屏程序应用实例

动态更新数据的触摸屏程序

税务局多媒体触摸屏程序

为触摸屏程序添加虚拟键盘

制作能够随主窗体移动的窗体

百叶窗窗体

关闭窗体或程序时提示

多文档窗体

修改桌面墙纸

为菜单添加访问键和快捷键

给菜单添加分割线

制作复选菜单

创建级联菜单

可收缩展开的菜单

动态创建菜单

制作多语言菜单

改变菜单的颜色

创建菜单单选项

向系统菜单中添加自定义菜单

创建带历史信息的菜单

创建分栏式菜单

创建弹出式菜单

控件上的弹出式菜单

创建带图标的菜单

为无标题栏窗体添加菜单

创建个性化弹出式菜单

调用系统菜单

调用其他应用程序的菜单

创建右键菜单用于粘贴

制作带菜单的记事本

根据表中数据动态生成菜单

通过菜单控制操作权限

菜单复制器

菜单提取器

图形导航按钮

树状导航菜单

类似 QQ 式导航菜单

将程序图标托盘弹出的菜单

按钮导航菜单

□ ■ 工具栏与状态栏

利用 ToolBar 控件创建简单的工具栏

带图标的工具栏

IE 式工具栏

带提示功能的工具栏

为工具栏添加事件处理代码

带下拉菜单的工具栏

可调整按钮位置的工具栏

浮动工具栏

根据表中数据动态生成工具栏

利用 CoolBar 控件制作工具栏

自己制作工具栏

显示系统时间的状态栏

显示当前用户的状态栏

时间显示到秒的状态栏

在状态栏中显示鼠标位置

在状态栏中显示当前状态

在状态栏中显示数据库属性

动态添加状态栏窗格

自己制作状态栏

□ ■ 控件应用

按设定值使标签自动换行

使用标签控件模拟按钮动作

限制文本框输入字符数

限制文本框只能输入数字

自动删除文本中的非法字符

格式化文本为指定格式

限定文本框只允许输入日期型数据

为文本框设置新的系统菜单

文本框只能输入小写字母

为文本框添加列表选择框

使两个文本框的内容同步

在文本框光标处插入文字

文本框获得焦点自动全选

自定义文本框插入符

获取文本框内文本行数

文本框实现撤销功能

向列表框控件添加数据

利用 ListBox 控件实现标签式数据选择

删除列表框中的复选数据

快速选中 ListBox 中的全部条目

列表中拒绝添加重复信息

移动列表中项目到另一个列表

将数据库中的数据表添加到列表中

将表中数据添加到 ListBox 列表

带水平滚动条的 ListBox 控件

在列表框数据中随机抽取数据

防止将重复项目添加到组合框控件中

实现 ComboBox 条目快速查询

将数据表中的字段添加到 ComboBox 控件

自动改变 ComboBox 下拉列表的长度

改变 ComboBox 控件下拉列表宽度

将 ComboBox 控件放到 Toolbar 控件上

设置按钮支持回车键和退出键

为按钮动态加载图片

动态添加按钮及其响应事件

利用按钮数组控件简化编程

制作粘性按钮

制作赛跑小游戏

利用选择控件设置操作员权限

字体设置

利用选择控件实现复杂查询

随鼠标移动的图形

在图片上放置文字

使用滚动条控制改变窗体颜色

使用鼠标移动滚动条

浏览大幅图片

实现窗体滚动

制作倒计时程序

打老鼠游戏

利用 load 和 unload 动态添加、删除控件

利用 Shape 控件实现按钮效果

获得窗体中的控件名称列表

为控件添加标题栏和控制按钮

画桃花

利用 TabStrip 控件与 frame 控件实现选项卡

为 SSTab 选项卡设置背景色

获得选项卡中所有控件

为 SSTab 选项卡添加图标

限制用户切换 SSTab 选项卡

利用 SSTab 控件设计系统设置程序

利用 SSTab 控件设计多选项卡浏览器

为启动界面添加进度条

在数据库处理时显示进度

制作特效进度条

更改进度条颜色

利用 Slider 控件实现音量调整

使用打开对话框打开一个文件

设置默认路径

使用颜色对话框设置窗体背景色

显示"打印"或"打印选项"对话框

从公共对话框控件中提取多个文件名称

使用 RichTextBox 控件打开和保存文件

在 RichTextBox 控件中查找文本

在 RichTextBox 进行中英文文字查找并描红

在 RichTextBox 控件中进行文本替换

树状显示吉林省各市县名称

提取 RichTextBox 控件文本到数组

对 RichTextBox 中的选定文本进行打印

设置 RichTextBox 控件的页边距

高亮度显示一整行

获取文本行号

利用 RichTextBox 控件实现文档管理功能

用 RichTextBox 控件显示图文数据

创建彩虹文字

设置 TreeView 控件的背景色

获得所有同级节点的内容

在树状结构上实现右键菜单

带复选功能的树状结构

使用 TreeView 控件实现多级商品信息浏览

动态修改树状结构的节点

将 XML 文档显示在 TreeView 中

显示列表中当前人员姓名信息

设置 ListView 控件的显示方式

将图标加载到 ListView 控件中

利用 ListView 控件显示图像列表

将数据库中的表添加到 ListView 控件

设置 ListView 控件的行间隔颜色

利用 ListView 控件设置用户权限

判断当前选定的日期是星期几

查询指定时间段的数据

利用 ListView 控件浏览数据

利用 ListView 控件制作导航界面

利用 MSFlexGrid 控件显示数据

利用 MSFlexGrid 控件录入数据

利用 SSTab 控件制作小型应用程序

图文数据录入

随图像大小变换的图像浏览器

制作日历计划任务

向窗体中动态添加控件

公交线路模拟

OCX 注册与卸载工具

逐行滚动显示信息

设置列表类控件支持鼠标滚轮

资源管理器

使用 ScriptControl 控件调用事件过程

具有节点拖动功能的树控件

常见任务栏导航

明日计算器

给 MSHFlexGrid 控件添加背景图片

透明窗体类库

数据库通用模块

Excel 表格生成模块

程序托盘控件

验证码控件

文件夹列表对话框控件

自定义标题栏控件

使用 ShockwaveFlash 控件播放动画

使用 BarCodeCtrl 控件生成条形码

使用 WindowsMediaPlayer 控件播放视频

使用 SimpleChart 控件生成图表

使用 CtListBar 控件制作 QQ 菜单

使用 Microsoft Agent 控件制作程序助手

使用 Microsoft Calendar 控件制作日历

使用 ScriptControl 控件对字符串进行运算

使用 BSE 控件创建不同风格的按钮

使用 VsMenu 控件创建漂亮菜单

使用 ccrpProgressBar 控件创建不同风格进度条

使用 ccrpHotKey 控件创建热键

使用 ezDICOMX 控件浏览医疗图像

......

第 2 大部分　模块资源库

（15 个项目开发模块，光盘路径：开发资源库/模块资源库）

模块 1　屏幕抓图精灵

概述

功能结构图

程序预览

关键技术

屏幕捕捉技术

鼠标指针定位与指针的绘制

进程的连接

图片裁剪技术

网页滚动条控制

缇与像素的转换和屏蔽输入法窗口

缇与像素的转换

屏蔽输入法窗口

主窗体设计

主窗体设计和窗体设计

设置抓图快捷键

全屏抓图

控件抓图

容器抓图和窗体抓图

在内存场景中添加鼠标指针

定时抓图和图片保存

图片裁剪窗体设计

图片裁剪窗体设计

窗体设计和加载图片

选择裁剪区域和保存图片

网页滚动抓图

网页滚动抓图

窗体设计和判断网页对象

获取 WebBrowser 控件句柄

网页场景拼凑

程序调试

网页抓图中出现场景错位

网页抓图中出现输入法窗体残余

模块 2　企业邮件通

企业邮件通概述

模块概述

功能结构

程序预览

关键技术

JMail 组件详解

邮件分页显示

多个同名附件的接收与保存

以默认的方式打开附件

给工具栏按钮添加下拉菜单

利用右键菜单删除分组信息

邮件服务配置

SMTP 和 POP3 简介

安装和配置邮件服务器

安装和配置 POP3 服务器

主窗体

功能概述

窗体界面设计

邮件导航

状态栏设计

邮件发送

功能概述

窗体界面设计

添加、删除附件

发送邮件

保存草稿邮件

收件箱废件箱

功能概述和窗体界面设计

刷新接收邮件和利用分页导航数据

删除邮件信息和查看邮件信息

排序邮件

邮件查看

功能概述和窗体界面设计

回复邮件和删除邮件

添加到联系人和附件另存为

通讯录

功能概述和窗体界面设计

树状显示联系人信息和新建联系人

新建分组和给联系人写信

查找联系人

模块 3 多媒体播放器

多媒体播放器概述

模块概述

功能结构

程序预览

关键技术

MCI 命令详解

磁性窗体技术

LRC 文件解析

获取媒体文件信息

M3U 列表文件的读取和写入

为无标题栏窗体添加菜单（辅助窗体）

拖动无标题栏窗体移动

窗体控件随窗体按比例变化

调整列表大小

播放主窗体的设计实现

功能概述和窗体界面设计

窗体加载和播放媒体文件

利用 Timer1 控件控制时序

利用 Timer2 控件显示歌曲信息

音量控制

窗体调用按钮

播放控制按钮

关闭工程中的所有窗体

播放列表的设计实现

功能概述和窗体界面设计

窗体加载

添加文件和文件夹

删除选中/重复文件

在列表中查找

列表管理

播放模式

本地搜索的设计实现

功能概述

窗体界面设计

执行搜索

显示搜索结果

添加已选定结果到播放列表

歌词秀的设计实现

功能概述

窗体界面设计

歌词显示

用歌词定位播放

均衡曲线的设计实现

功能概述

窗体界面设计

声道控制

均衡器曲线

程序调试

解决索引超出边界的问题

窗体间复制菜单

模块4 云台视频监控

概述
功能结构图
原理示意图
程序预览

关键技术
VC Series SDK 动态链接库的调用
串行端口传输数据
自定义窗体移动事件
自定义窗体标题栏双击事件
模拟 MDI 窗体滚动条事件
读取资源位图
获取硬盘分区可用空间

软、硬件环境配置
监控卡选购分析
监控卡安装
云台设备安装

公共模块设计
SDK 调用模块
云台控制模块
事件消息模块

主窗体设计
窗体设计
监控控制
录像与快照

视频显示窗体设计
窗体设计
视频窗口初始化
显示模式切换

参数设置窗体设计
窗体设计
代码设计

录像回放窗体
窗体设计
代码设计

模块5 菜单复制器

菜单复制器概述

概述
程序预览

菜单复制器关键技术
程序设计原理
动态数组的使用

窗体设计及代码实现
窗体设计
代码设计

模块6 屏幕摄像师

概述
功能结构图
程序预览

关键技术
VFW 开发技术
AVI 文件结构
BMP 转 AVI 技术
AVI 转 BMP 技术
fourCC 码的转换
鼠标键盘钩子的使用

主窗体实现
主窗体实现
窗体设计
屏幕抓图
创建压缩视频流
向视频流中插入帧和停止录像
绘制鼠标事件
设置快捷键
定时录像和闪动托盘图标
AVI 文件预览
AVI 视频播放

视频裁剪
视频裁剪和窗体设计
视频加载和视频裁剪

视频合并
视频合并和窗体设计
合并视频
文件列表

程序调试
"文件未找到"错误

"拒绝的访问权限"错误

模块 7　明日桌面精灵

明日桌面精灵概述
概述
系统预览

桌面精灵关键技术
日历显示控件排列算法
公历农历转换算法
透明窗体的实现算法
移动无标题栏窗体
系统托盘技术分析
添加天气预报功能

日历设计
功能描述和窗体设计
窗体跟随实现
日历功能实现
显示备忘与备忘提醒的实现

备忘录设计
功能描述和窗体设计
循环查找已经添加的备忘
保存备忘信息
备忘录功能实现

小时钟设计
功能描述和窗体设计
小时钟设计分析
小时钟实现过程

系统托盘设计
功能概述和窗体设计
系统托盘实现过程

计划功能设置
功能描述和窗体设计
计划设置实现

模块 8　资源管理器

资源管理器概述
概述
程序预览

资源管理器关键技术
程序设计原理
文件系统图标的获取

窗体设计及代码实现
窗体设计
代码设计

模块 9　个人通讯录管理系统

个人通讯录管理系统概述
模块概述
功能结构
程序预览

关键技术
树状结构展现联系人信息
数据库某一字段的自动编码技术
用 DataGrid 控件显示数据库信息
制作移动、闪烁的文字效果
将窗体最小化到托盘技术

数据库与数据表设计
数据库分析
创建数据库
创建数据表

公共模块设计
主函数
数据库结果集函数
最小化到托盘中用到的常量和 API 函数

主窗体设计
功能概述
设计窗体界面
设计菜单栏
设计工具栏
设计状态栏

联系人查询
功能概述
窗体界面设计
联系人信息查询

联系人管理
功能概述
窗体界面设置
联系人信息管理

群组管理
功能概述
窗体界面设计

　　　　群组信息管理
程序调试
　　　连接数据库出错
　　　解决写错字段信息的问题

模块 10　信息展示模块
功能概述和系统预览
　　　功能概述
　　　系统预览
热点关键技术
　　　图片翻页效果实现
　　　使用 FSO 对象操作文件夹和文件
　　　动态添加控件数组
　　　按比例缩小图片
　　　浏览文件夹中的图片
主窗体设计
　　　功能描述和设计思路
　　　窗体设计和动态添加按钮
　　　添加公告
当前显示设置

　　　功能描述和窗体设计
　　　播放和删除显示内容
播放设置
　　　功能描述
　　　新建播放项
　　　向播放项目中添加删除图片
　　　保存设置
滚动图片设置
　　　功能描述
　　　保存设置实现
播放窗口
　　　功能描述和设计思路
　　　窗体设计和窗体初始化
　　　定时播放
　　　循环播放
电子书功能
　　　功能描述和窗体设计
　　　翻到"下一页"
　　　翻到"前一页"
　　　……

第 3 大部分　项目资源库

（15 个完整项目案例，光盘路径：开发资源库/项目资源库）

　　　……

项目 3　客户管理系统
概述和系统分析
　　　概述
　　　系统分析
总体设计
　　　项目规划
　　　系统功能架构图
系统设计
　　　设计目标
　　　开发及运行环境
　　　编码设计
　　　数据库设计
技术准备

　　　ActiveX 控件准备
　　　存储过程基础
系统架构设计
类模块设计
公关模块设计
主界面设计
读者信息管理
读者信息浏览
发送邮件
万能查询模块
分析模块
指定工程及操作类型
指定打包类型和指定打包文件夹
　　　指定打包类型

指定打包文件夹
列出包含的文件
指定打包选项和指定安装标题
　指定打包选项
　指定安装标题
指定工作组与项目、调整安装位置
　指定工作组与项目
　调整安装位置
指定共享文件、完成并存储脚本
　指定共享文件
　完成并存储脚本
疑难问题分析
　数据分页
　MSHFlexGrid 单元格焦点错位
......

项目6　物流管理系统
概述
系统分析
　需求分析
　可行性分析
总体设计
　项目规划
　系统功能结构
系统设计
　设计目标
　开发及运行环境
　编码设计
　数据库设计

控件准备
主要功能模块设计
　系统架构设计
　公共模块设计
　系统登录设计
　公司资料设置
　车辆调度安排
　托运申请单管理
　货物托运管理
　在途跟踪管理

信息查询
货物验收单报表
疑难问题分析与解决
　在修改数据记录时添加修改日志信息
　如何自动安装数据库
　通过程序代码配置 ODBC 数据源
程序调试与错误处理
　解决窗体的显示模式问题
　解决 SQL 语句中的语法错误
程序调试常见问题汇总
　在查询语句中忘记书写运算符
　书写错误的函数名
　字符串两边的引号不配对
　复杂表达式中的括号不配对
　End If 语句没有配对出现
　提示文件未找到的错误信息
　解决用户定义类型未定义的问题
　解决在打印报表时弹出的无效数据源的问题
　解决报表的宽度大于纸的宽度的问题

项目7　学生订票管理系统
开发背景与需求分析
　开发背景
　需求分析
　可行性分析
系统设计
　系统目标
　系统功能结构
　系统预览
　业务流程图
数据库设计
　数据库概要说明
　数据库概念设计
　数据库逻辑设计
公共模块设计
客户端主窗体设计
　客户端主窗体模块概述
　客户端主窗体技术分析
　客户端主窗体实现过程

单元测试

列车时刻表模块设计

列车时刻表模块概述

列车时刻表模块技术分析

列车时刻表模块实现过程

订票管理模块设计

订票管理模块概述

订票管理模块技术分析

订票管理模块实现过程

单元测试

剩余车票查询模块设计

剩余车票查询模块概述

剩余车票查询模块技术分析

剩余车票查询模块实现过程

单元测试

列车信息录入模块设计

列车信息录入模块概述

列车信息录入模块技术分析

列车信息录入模块实现过程

单元测试

信息统计模块设计

信息统计模块概述

信息统计模块技术分析

信息统计模块实现过程

文件清单

SQL Server 数据库基本应用技术专题

SQL Server 2005 简介

选择合适的 SQL Server 2005 版本

SQL Server 2005 工具简介

在 SQL Server 2005 中创建数据库和表

项目 8　医药进销存管理系统

需求分析

系统分析

业务流程

系统目标

功能分析

系统总体设计

应用平台配置

系统功能设计

数据库设计

创建数据库

创建表、索引

表结构

MDI 主界面设计

认识 MDI 窗体

创建 MDI 窗体

设计菜单

设计工具栏

设计状态栏

程序代码设计

运行结果

主要功能模块详细设计

药品信息管理

药品销售

药品入库

库存药品查询

销售日报表

客户销售报表

应收款管理

经验漫谈

将汉字自动转换为相应的拼音简码

使用 Connection 对象执行 SQL 语句

存取字段数据的几种方法

不同数据类型字段在查询时应注意的问题

选中控件中文本的常见方法

程序调试

调试工具栏

设置断点检查变量的值

在 "立即" 窗口中调试代码

错误处理

捕获错误

退出错误处理语句

程序设计清单

项目 9　宾馆客房管理系统

系统分析

开发背景

需求分析

- 实现目标
- 系统设计
  - 系统结构图
  - 业务流程图
  - 数据库设计
- 关键技术
  - 客房宿费的算法
  - 如何实现调房
  - 如何实现宿费提醒
- 主程序界面设计
- 系统登录模块设计
- 住宿管理设计
  - 住宿登记模块设计
  - 追加押金模块设计
  - 调房登记模块设计
  - 退宿结账模块设计
- 客房管理设计
  - 客房设置模块设计
  - 客房查询模块设计
  - 房态查看模块设计
- 挂账管理设计

- 挂账查询模块设计
- 客户结款模块设计
- 查询统计设计
  - 住宿查询模块设计
  - 住宿查询模块设计
  - 住宿费提醒模块设计
- 日结设计
  - 登记预收报表模块设计
  - 客房销售报表模块设计
  - 客房销售统计模块设计
- 系统设置设计
  - 操作员设置模块设计
  - 密码设置模块设计
  - 初始化模块设计
  - 权限设置模块设计
- 系统环境与软件安装
  - 硬件环境要求
  - 软件环境要求
  - 软件安装

项目 10　企业文档管理系统

......

第 4 大部分　能力测试资源库

（616 道能力测试题目，光盘路径：开发资源库/能力测试）

第 1 部分　VB 编程基础能力测试

......

第 2 部分　数学及逻辑思维能力测试
- 基本测试
- 进阶测试
- 高级测试

第 3 部分　面试能力测试
- 常规面试测试

第 4 部分　编程英语能力测试
- 英语基础能力测试
- 英语进阶能力测试

基础知识

▶▶ 第 1 章　初识 Visual Basic 6.0

▶▶ 第 2 章　VB 语言基础

▶▶ 第 3 章　算法和程序控制结构

▶▶ 第 4 章　数组的声明和应用

▶▶ 第 5 章　过程的创建和使用

▶▶ 第 6 章　内置函数与 API 函数

　　本篇通过初识 Visual Basic 6.0、VB 语言基础、算法和程序控制结构、数组、过程、内置函数与 API 函数并结合大量的图示、举例、视频等内容的介绍，使读者快速掌握 Visual Basic 语言基础知识，为今后的编程奠定坚实的基础。

第 1 章

初识 Visual Basic 6.0

（ 📹 视频讲解：**86 分钟**）

Visual Basic 是 Microsoft 公司推出的可视化开发环境，是 Windows 下最优秀的程序开发工具之一。利用 Visual Basic 可以开发出具有良好交互功能、良好的兼容性和扩展性的应用程序。

本章致力于使读者了解 Visual Basic 的宏观世界，知道如何安装和卸载 Visual Basic 程序，掌握 Visual Basic 集成开发环境的各个要素，并能编写简单的应用程序。

通过阅读本章，您可以：

▶▶ 了解 Visual Basic 的发展和特点

▶▶ 掌握 Visual Basic 的安装与卸载

▶▶ 掌握 Visual Basic 的启动方法

▶▶ 掌握 Visual Basic 集成开发环境的一般应用

▶▶ 掌握如何定制开发环境

▶▶ 熟悉如何使用 Visual Basic 的帮助系统

▶▶ 通过编写第一个 Visual Basic 程序熟悉程序开发的基本流程

1.1 Visual Basic 简介

视频讲解：光盘\TM\lx\1\Visual Basic 简介.exe

Visual Basic 是编程语言中最易学，也是最适合初学者学习的编程语言，它能编出所有你能想到的程序，例如我们熟悉的 Windows XP、Word、Excel 等都是用 Visual Basic 编写的。下面介绍 Visual Basic 的发展和 Visual Basic 6.0 的特点。

1.1.1 Visual Basic 的发展

1991 年，微软公司推出了建立在 Windows 开发平台基础上的开发工具——Visual Basic 1.0。随着 Windows 操作系统的不断完善，相继推出了 Visual Basic 2.0、Visual Basic 3.0、Visual Basic 4.0 和 Visual Basic 5.0。1998 年，又推出了 Visual Basic 6.0，使得 Visual Basic 在功能上得到了进一步完善和扩充，尤其在数据库管理、网络编程等方面得到了更加广泛的应用。到了 2001 年，微软公司推出了 Visual Basic.net，但它不是 Visual Basic 的简单升级，与 Visual Basic 之间有非常大的区别。因此，Visual Basic 6.0 是 Visual Basic 的最后版本，而学习 Visual Basic 6.0 和 Visual Basic.net 也完全是两回事。

下面来了解一下 Visual Basic 及其他语言近两年来的发展趋势，如图 1.1 所示。

Mar 2015	Mar 2014	Change	Programming Language	Ratings	Change
1	1		C	16.642%	-0.89%
2	2		Java	15.580%	-0.83%
3	3		Objective-C	6.688%	-5.45%
4	4		C++	6.636%	+0.32%
5	5		C#	4.923%	-0.65%
6	6		PHP	3.997%	+0.30%
7	9	∧	JavaScript	3.629%	+1.73%
8	8		Python	2.614%	+0.59%
9	10	∧	Visual Basic .NET	2.326%	+0.46%
10	-	∧	Visual Basic	1.949%	+1.95%
11	12	∧	F#	1.510%	+0.29%
12	13	∧	Perl	1.332%	+0.18%
13	15	∧	Delphi/Object Pascal	1.154%	+0.27%
14	11	∨	Transact-SQL	1.149%	-0.33%
15	21	∧	Pascal	1.092%	+0.41%
16	31	∧	ABAP	1.080%	+0.70%
17	19	∧	PL/SQL	1.032%	+0.32%
18	14	∨	Ruby	1.030%	+0.06%
19	20	∧	MATLAB	0.998%	+0.31%
20	45	∧	R	0.951%	+0.72%

图 1.1　Visual Basic 及其他语言近年来的发展趋势

说明

图 1.1 中的数据摘自 http://www.tiobe.com 网站。

1.1.2 Visual Basic 6.0 的特点

Visual 的意思是"视觉的，可视的"，Visual Basic 就是可视化的编程语言。使用 Visual Basic 语言进行编程时会发现，在 Visual Basic 中无须编写代码就可以完成许多开发任务。这是因为在 Visual Basic 中引入了控件的概念。在 Windows 中控件的身影无处不在，如按钮、文本框、对话框、图片框等。Visual Basic 把这些控件模式化，并且每个控件都有若干属性或方法用来控制控件的外观、工作方法，同时能够响应用户操作（事件）。这样就可以像在画板上一样，随意点几下鼠标，一个按钮就完成了。这些在以前的编程语言环境下是要经过相当复杂的操作的。

初步了解了 Visual Basic 语言之后，下面介绍 Visual Basic 语言的特点。

1．可视化编程

Visual Basic 为用户提供了大量的界面元素（Visual Basic 中称为控件），如"窗体""菜单""命令按钮"等，用户只需要利用鼠标或键盘把这些控件拖动到适当的位置，设置它们的外观属性等，就可以设计出所需的应用程序界面。

Visual Basic 还提供了易学易用的集成开发环境，在该环境中集程序的设计、运行和调试为一体，在本章后面的小节中将对集成开发环境进行详细介绍。

2．事件驱动机制

自 Windows 操作系统出现以来，图形化的用户界面和多任务、多进程的应用程序便要求程序设计不能是单一性的，在使用 Visual Basic 设计应用程序时，必须首先确定应用程序如何同用户进行交互。例如，发生鼠标单击、键盘输入等事件时，用户必须编写代码控制这些事件的响应方法。这就是所谓的事件驱动编程。

3．面向对象的程序设计语言

Visual Basic 6.0 是支持面向对象的程序设计语言。它不同于其他的面向对象的程序设计语言，用户不需要编写描述每个对象的功能特征的代码，这些都已经被封装到各个控件中了，用户只需调用即可。

4．支持多种数据库访问机制

Visual Basic 6.0 具有强大的数据库管理功能。利用其提供的 ADO 访问机制和 ODBC 数据库连接机制，可以访问多种数据库，如 Access、SQL Server、Oracle、MySQL 等。数据库连接方面的知识，也将在后面的章节中进行介绍。

注意

为了简单起见，以后都用 VB 表示 Visual Basic。

1.2　如何学好 VB

📹 **视频讲解：光盘\TM\lx\1\如何学好 VB.exe**
了解 VB 的发展及特点后，下面介绍 VB 的作用以及如何学好 VB。

1.2.1　VB 可以做什么

学习 VB 可以用来做什么呢？或者说学习 VB 以后可以开发出什么样的程序呢？相信很多读者都会提出诸如此类的问题。其实，只要是可以想到的程序，90%都可以用 VB 来开发和实现。从设计新型的用户界面到利用其他应用程序的对象，从处理文字图像到使用数据库，从开发小工具到大型企业应用系统，甚至通过 Internet 遍及全球的分布式应用程序，都可利用 VB 来实现。

VB 是微软公司的一种通用程序设计语言，包含在 Microsoft Excel、Microsoft Access 等众多 Windows 应用软件中的 VBA 都是使用 VB 语言，以供用户二次开发；目前制作网页使用较多的 VBScript 脚本语言也是 VB 的子集。

1.2.2　学习 VB 的几点建议

VB 语言如此强大，对编程一无所知而又迫切希望掌握一种快捷、实用的编程语言的初学者能快速上手吗？没问题。其快捷的开发速度、简单易学的语法、体贴便利的开发环境，是初学者的首选。下面针对初学者的学习，提出几点学习的建议。

1．书籍是最好的导师

学好任何一门学问，都要有一个好的导师。对于一些自学的朋友来说，书籍就是最好的导师。书是知识的载体，它带给人们的不仅仅是知识，还有智慧。因此，初学者一定要选择一本好书来作为学习的指导老师。

2．实践出真知

在学习的过程中，一定要多看范例程序，多看别人的源程序，这样可以多汲取别人的优点和一些好的编程习惯等。另外，时刻铭记学习编程就是使用程序解决身边的不便和提高工作效率，工作中那些工作重复性高或容易出问题的环节，都可以通过编程来解决。想到的就要去实践，千万不要等学完整个课程才去动手。

3．学会总结与积累

程序开发是一项创新的工作，随时遇到新问题，随时需要解决。如果能善于总结，把各种问题积累起来，技术就会提高很快。切记不要急于求成。

1.3   VB 6.0 的安装与管理

视频讲解：光盘\TM\lx\1\VB 6.0 的安装与管理.exe

了解了 VB 的发展、版本以后，下面介绍 VB 6.0 的安装、启动和退出方法。下面以安装 VB 6.0 中文企业版为例，介绍 VB 6.0 的安装、启动和退出。

1.3.1   VB 6.0 的运行环境

1．硬件要求

就目前的计算机配置而言，安装 VB 6.0 这样的小型应用软件都不是问题，只要本地硬盘满足如下条件即可。

- ☑ 学习版：典型安装 48MB，完全安装 80MB。
- ☑ 专业版：典型安装 48MB，完全安装 80MB。
- ☑ 企业版：典型安装 128MB，完全安装 147MB。

学习 VB 6.0，最好安装企业版，这样才能体会它的强大之处。

2．软件要求

VB 6.0 可以在多个操作系统下运行，如 Windows 2003、Windows XP、Windows 7、Windows 8 等。

1.3.2   VB 6.0+SP6 的安装

> **注意**
>
> 本书光盘提供了 Windows 8、Windows 7、Windows XP 下安装 VB 6.0 的视频讲解，视频位置为"光盘\TM\lx\1\VB 6.0 安装与管理.exe"。

1．Windows 7 下安装 VB 6.0

（1）将 VB 6.0 的安装光盘放入光驱，系统会自动执行安装程序。如果不能自动安装，可以双击安装光盘中的 SETUP.EXE 文件（如图 1.2 所示）。执行安装程序，将弹出如图 1.3 所示的安装程序向导。

图 1.2   安装文件图标

> **注意**
>
> 双击 SETUP.EXE 系统会弹出"程序兼容性助手"，提示"此程序存在已知兼容性问题"，不用管它，继续安装，单击"运行程序"按钮即可。

（2）单击"下一步"按钮，在弹出的对话框中选择"接受协议"选项。

（3）单击"下一步"按钮，在弹出的"产品号和用户 ID"对话框中输入产品 ID、姓名与公司名称。

（4）单击"下一步"按钮，在弹出的对话框中选中"安装 Visual Basic 6.0 中文企业版"单选按钮，如图 1.4 所示。

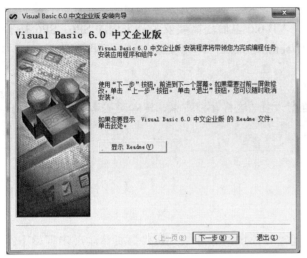

图 1.3　"Visual Basic 6.0 中文企业版 安装向导"对话框

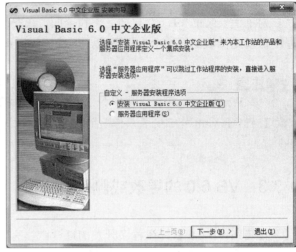

图 1.4　选择安装程序

（5）单击"下一步"按钮，设置安装路径，然后打开"选择安装类型"对话框，如图 1.5 所示。

（6）在"选择安装类型"对话框中，如果选择"典型安装"，系统会自动安装一些最常用的组件；如果选择"自定义安装"，用户则可以根据自己的实际需要有选择地安装组件，如图 1.6 所示。

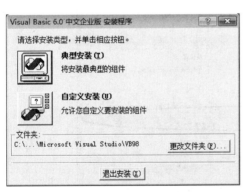

图 1.5　"选择安装类型"对话框

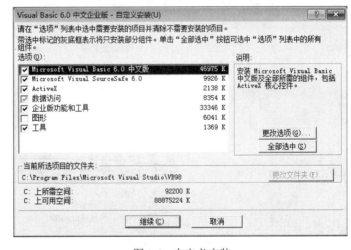

图 1.6　自定义安装

（7）单击"下一步"按钮，弹出版权警示与说明内容对话框。

（8）单击"继续"按钮，选择安装路径与安装模式后，将开始自动安装 VB 6.0。

安装完成后，系统将提示"重新启动计算机"，然后单击"重新启动计算机"按钮以便进行一系列的更新及配置工作。当 VB 6.0 安装完成后，将提示用户是否安装 MSDN 帮助程序。

如果要安装 MSDN 帮助文件，应将 MSDN 帮助文件光盘放入光驱，按提示进行安装。完成安装 MSDN 程序后，在 VB 6.0 开发环境中按 F1 键，即可打开 MSDN 帮助程序。如果用户不想安装 MSDN，则只需在安装界面中取消 MSDN 安装选项即可。

2. 安装 VB 6.0 的 SP6 补丁

为了使安装的 VB 6.0 更加完整和全面，在安装完 VB 6.0 以后还需要安装补丁程序 SP6。SP6 补丁程序可以到微软的网站上自行下载，下载解压后运行 setupsp6.exe，即可安装，这里不再赘述。

注意

> 在 Windows 8 下安装 SP6 补丁，需要对系统进行设置，这样才能安装。具体设置请参考光盘"光盘\TM\lx\1\win8 补丁安装录像"的视频。

1.3.3　VB 6.0 的更改或删除

安装完 VB 6.0 后，在程序开发的过程中，有时还需要添加或删除某些组件。具体实现步骤如下：

（1）将 VB 6.0 光盘插入到光驱中。

（2）打开"控制面板"，单击"程序"中的"卸载程序"，打开"卸载或更改程序"窗口。

（3）用鼠标右键单击列表框中的"Microsoft Visual Basic 6.0 中文企业版（简体中文）"选项。单击"卸载/更改"按钮，如图 1.7 所示。

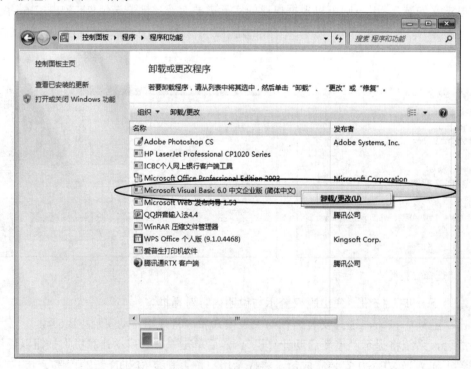

图 1.7　删除 VB 6.0 程序

（4）弹出"Visual Basic 6.0 中文企业版 安装程序"对话框，如图 1.8 所示。

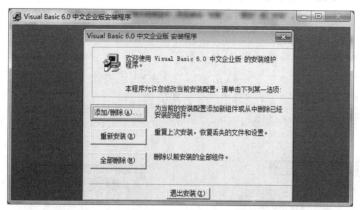

图 1.8　"Visual Basic 6.0 中文企业版 安装程序"对话框

（5）在如图 1.8 所示的对话框中包括如下 3 个按钮。

☑ "添加/删除"按钮：如果用户要添加新的组件或删除已安装的组件，单击此按钮，在弹出的 Maintenance Install 对话框中选中需要添加或清除组件前面的复选框即可。

☑ "重新安装"按钮：如果以前安装的 VB 6.0 有问题，可单击此按钮重新安装。

☑ "全部删除"按钮：单击此按钮，可将 VB 6.0 所有组件从系统中卸载。

1.4　VB 6.0 的启动

📀 视频讲解：光盘\TM\lx\1\VB 6.0 的启动.exe。

VB 6.0 的启动有很多种方法，下面介绍几种比较常用的方法。

1.4.1　通过"开始"菜单启动

选择"开始"/"所有程序"/"Microsoft Visual Basic 6.0 中文版"/"Microsoft Visual Basic 6.0 中文版"命令，如图 1.9 所示。

1.4.2　通过快捷方式启动

如果在桌面上创建了快捷方式，可以通过在桌面双击 VB 6.0 的快捷方式图标来启动 VB 6.0。

VB 6.0 启动时，首先将看到如图 1.10 所示的界面。在启动界面中可以看到相关的信息：安装的

图 1.9　从"开始"菜单启动 VB 6.0

VB 6.0 的版本，这里为企业版；该版本所安装的补丁，即升级服务包，这里为 SP6（Service Pack 6）。

在启动 VB 6.0 以后，将打开一个"新建工程"对话框。在该对话框中包括 3 个选项卡，其具体功能如下。

- ☑ "新建"选项卡：显示可打开的工程类型。
- ☑ "现存"选项卡：显示一个对话框，可以在其中定位并选择要打开的工程。
- ☑ "最新"选项卡：列出最近打开的工程及其位置。

选择"新建"选项卡，选择"标准 EXE"，单击"打开"按钮，即可创建一个标准 EXE 工程，如图 1.11 所示。

图 1.10　VB 6.0 启动界面

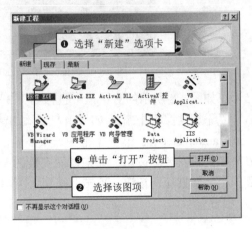

图 1.11　"新建工程"对话框

在"新建"选项卡中，列出了用户可以创建的工程类型，根据需要用户可以创建不同类型的工程。表 1.1 中列出了其中常用的工程类型。

表 1.1　常用的工程类型

图　标	类　型	说　明
	标准 EXE	创建一个标准的可执行文件
	ActiveX EXE	创建一个 ActiveX 可执行文件
	ActiveX DLL	创建一个 ActiveX 动态链接库文件
	ActiveX 控件	创建一个 ActiveX 控件
	VB 向导管理器	创建一个向导程序
	数据工程	创建一个数据工程
	DHTML 应用程序	创建一个基于网络浏览器的应用程序
	IIS 应用程序	创建一个用于开发网络应用程序的服务器端程序
	VB 企业版控件	创建一个具有企业版控件的应用程序

🔊 注意

"新建"选项卡仅在启动 VB 6.0 时出现，在选择"文件" / "新建工程"命令时，弹出的"新建工程"对话框中将不再显示该选项卡。

在启动 VB 时，可以略过"新建工程"对话框，直接创建一个标准的 EXE 工程。具体方法如下。

选择"工具"/"选项"命令，弹出"选项"对话框。在该对话框中选择"环境"选项卡，在"启动 Visual Basic 时"栏中选中"创建缺省工程"单选按钮，单击"确定"按钮，即可在启动时创建一个标准的 EXE 工程，如图 1.12 所示。如果想显示"新建工程"对话框，在"启动 Visual Basic 时"栏中选中"提示创建工程"单选按钮即可。

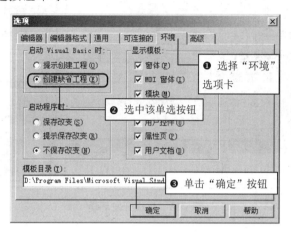

图 1.12　"选项"对话框

说明

　打开一个已经设计好的 VB 程序，也可以启动 VB 6.0。

1.5　VB 6.0 的集成开发环境

视频讲解：光盘\TM\lx\1\VB 6.0 的集成开发环境.exe

本节主要介绍 VB 6.0 的集成开发环境，包括菜单栏、工具栏、工具箱、工程资源管理器、属性窗口、窗体布局窗口、窗体设计器及代码编辑器等。

1.5.1　集成开发环境简介

所谓集成开发环境（Integrated Development Environment，IDE），就是指一个集设计、运行和测试应用程序为一体的环境。VB 6.0 已经不只是一门单纯的语言，而是一个集成开发环境，在这个环境中可以进行程序的设计、运行和测试。

在"新建工程"对话框中选择"标准 EXE"，单击"确定"按钮，即可进入到 VB 6.0 的集成开发环境中。VB 6.0 集成开发环境主要由菜单栏、工具栏、工具箱、工程资源管理窗口、属性窗口、窗体布局窗口、窗体设计器、代码编辑器、立即窗口和监视窗口等组成，如图 1.13 所示。

菜单栏
工具栏
工具箱
工程资源管理器窗口
窗体设计器
属性窗口
代码编辑器
窗体布局窗口
立即窗口
监视窗口

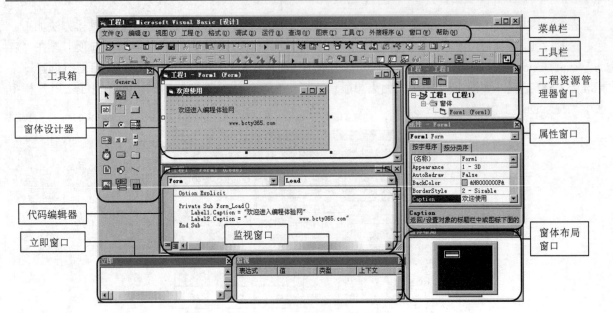

图 1.13　集成开发环境

1.5.2　菜单栏

1. 菜单的内容

菜单栏中显示了所有可用的 VB 命令。其中不仅包括“文件”、“编辑”和“帮助”等常见标准菜单项，还包括 VB 的专用编程菜单项，如“工程”、“调试”及“运行”等。用鼠标单击或按 Alt+菜单项对应的字母键即可打开其下拉菜单。菜单栏的显示效果如图 1.14 所示。

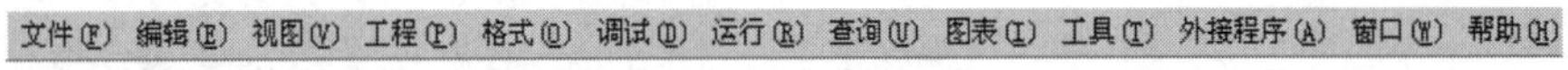

文件(F) 编辑(E) 视图(V) 工程(P) 格式(O) 调试(D) 运行(R) 查询(U) 图表(I) 工具(T) 外接程序(A) 窗口(W) 帮助(H)

图 1.14　菜单栏

（1）“文件”菜单

“文件”菜单主要用于创建、打开、保存文件对象和编译应用程序。通过该菜单，还可以设置打印机信息、打印文件或退出 VB。

（2）“编辑”菜单

“编辑”菜单包含在窗体设计时或代码编写时使用的各种编辑命令，实现了标准剪切板的操作，如“剪切”、“复制”和“粘贴”等，还有类似 Word 的“查找”和“替换”等操作。

（3）“视图”菜单

“视图”菜单主要用于显示或隐藏集成开发环境中的各种窗口、工具栏及其他组成部分的命令。

（4）“工程”菜单

“工程”菜单是用户操作工程的核心，利用该菜单可以设置工程属性、为工具箱添加部件、引用对象、为工程添加窗体等。

（5）“格式”菜单

“格式”菜单主要用于处理控件在窗体中的位置，包括在设计控件时需要使用的各种命令，如“对

齐""统一尺寸""调整间距"等。

（6）"调试"菜单

"调试"菜单包含程序调试时所需要的各种命令，如"逐语句""逐过程""切换断点"等。

（7）"运行"菜单

"运行"菜单包含用于启动、终止程序执行的命令，如"启动""全编译执行""中断""结束""重新启动"命令。

（8）"查询"菜单

"查询"菜单包含涉及查询或 SQL 语句的命令，如"运行""清除结果""验证 SQL 语法"等。

（9）"图表"菜单

"图表"菜单包含操作 VB 工程时的图表处理命令。

（10）"工具"菜单

"工具"菜单主要用于添加过程并设置过程的属性，还能打开菜单编辑器。利用"工具"菜单下的"选项"命令，用户可以定制自己的集成开发环境。

说明

关于菜单编辑器的使用将在后面的章节中介绍。

（11）"外接程序"菜单

"外接程序"菜单包含可以增删的外接程序，利用其中的"可视化数据管理器"命令，可以添加、删除外接程序。

（12）"窗口"菜单

"窗口"菜单为用户提供了在集成开发环境中摆放窗口的方式。其中，最重要的是在菜单底部的窗口清单，它可以帮助用户快速地激活某个已打开的窗口。

（13）"帮助"菜单

"帮助"菜单中包含用于打开 VB 6.0 帮助系统的命令。

2. 菜单的选择

用户可以通过如下方法打开菜单栏中的菜单项。

（1）单击菜单项。

（2）按 Alt+访问键。

（3）按 F1 或 Alt 键激活菜单栏，再按访问键打开菜单；或者在激活菜单以后按↑、↓键打开菜单项。

（4）在菜单项被激活或打开以后，可以利用←、→键选择相邻的菜单。

（5）当菜单项被打开以后，可利用↑、↓键选择菜单命令，按 Enter 键执行命令。

3. 集成开发环境中的快捷菜单

在对象上单击鼠标右键即可打开快捷菜单，其中包含经常使用的操作命令。由于鼠标所指向的对象不同，弹出的快捷菜单也是不同的，即快捷菜单取决于鼠标右击的对象。

下面介绍几个比较常用的快捷菜单。

（1）"工具箱"快捷菜单

在工具箱上单击鼠标右键，将弹出如图 1.15 所示的快捷菜单。在该快捷菜单中，最常用的是"部件"命令。执行该命令，将弹出一个"部件"对话框，用于添加控件、设计器或者可插入的对象。

（2）"窗体"快捷菜单

在窗体上单击鼠标右键，即可弹出如图 1.16 所示的快捷菜单。在该快捷菜单中比较常用的命令有"菜单编辑器""锁定控件""粘贴"。其中，"菜单编辑器"命令用于调用菜单编辑器，为应用程序设计菜单；"锁定控件"命令用于将窗体上的控件锁定，以防止用户随意移动；"粘贴"命令用于执行在窗体上粘贴控件或其他对象的操作。

（3）"工程资源管理器"快捷菜单

在工程资源管理器上单击鼠标右键，即可弹出如图 1.17 所示的快捷菜单。在该快捷菜单中，"添加"子菜单中的命令是比较常用的，主要用于添加窗体、模块或者设计器等。

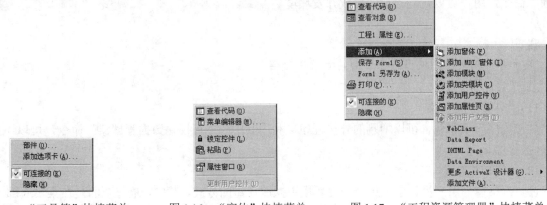

图 1.15   "工具箱"快捷菜单   图 1.16   "窗体"快捷菜单   图 1.17   "工程资源管理器"快捷菜单

1.5.3 工具栏

和大多数的 Windows 应用程序一样，VB 6.0 也将菜单中的常用功能放置到工具栏中，通过这些工具栏可以快速访问菜单中的常用命令。

工具栏是一种图形化的操作界面，同菜单栏一样也是开发环境的重要组成部分。工具栏中列出了在开发过程中经常使用的一些功能，具有直观和快捷的特点，熟练使用这些工具按钮将大大提高工作效率。

VB 开发环境包括 4 个工具栏，但并非全部显示在开发环境中。在工具栏上任意位置单击鼠标右键，在弹出的如图 1.18 所示快捷菜单中选择要显示或隐藏的工具栏，即可根据实际需要添加或删除工具栏，也可以选择"自定义"命令，设置工具栏按钮。

图 1.18   添加工具栏的快捷菜单

从图 1.19 中可以看出，VB 6.0 所包含的工具栏有"标准"工具栏、"编辑"工具栏、"窗体编辑器"工具栏、"调试"工具栏 4 种，其添加到 VB 6.0 工程中的效果如图 1.19 所示。

图 1.19　工具栏

（1）"标准"工具栏

"标准"工具栏提供了在 VB 程序开发中可以用到的大部分命令按钮，如"添加标准工程""添加窗体""菜单编辑器"等，如图 1.20 所示。

图 1.20　"标准"工具栏

（2）"编辑"工具栏

"编辑"工具栏提供了在进行编辑时所使用的命令按钮，如图 1.21 所示。

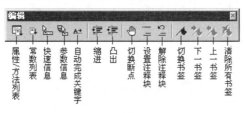

图 1.21　"编辑"工具栏

（3）"窗体编辑器"工具栏

"窗体编辑器"工具栏提供了对窗体上的控件进行操作时所需要的各种命令按钮，如图 1.22 所示。

（4）"调试"工具栏

"调试"工具栏提供了在进行程序调试时所需要使用的命令按钮，如图 1.23 所示。

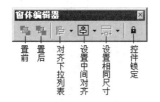

图 1.22　"窗体编辑器"工具栏

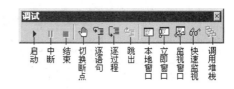

图 1.23　"调试"工具栏

1.5.4　工具箱

工具箱由工具图标组成，用于提供创建应用程序界面所需要的基本要素——控件。默认情况下，工具箱位于集成开发环境中窗体的左侧。

工具箱中的控件可以分为两类：一类是内部控件或者称为标准控件；另一类为 **ActiveX** 控件，需要手动添加到应用程序中。如果没有手动添加，则默认情况下标准 **EXE** 工程中只显示内部控件。工具箱如图 1.24 所示。

图 1.24　工具箱

用户可以自己手动设计工具箱，将所需要的控件或者选项卡添加到工具箱中。下面介绍如何向工具箱中添加 ActiveX 控件和选项卡。

1．添加 ActiveX 控件

在工具箱上单击鼠标右键，在弹出的快捷菜单中选择"部件"命令，弹出"部件"对话框。在"控件"选项卡中选择需要添加的控件项，例如要添加 ADO 控件，可以选中 Microsoft ADO Data Control 6.0 （SP6）。如果在控件列表中没有所需要的控件，则可以通过单击"浏览"按钮，在打开的对话框中将所需要的控件添加到控件列表中。选择完毕后单击"确定"按钮，即可将 ADO 控件添加到工具箱中。具体的操作过程如图 1.25 所示。

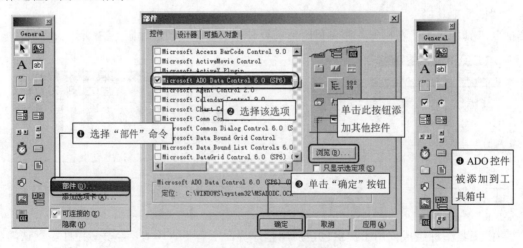

图 1.25　添加 ActiveX 控件

2．添加选项卡

当添加的 ActiveX 控件过多时，都存放在一起不便于查找。这时可以在工具箱中添加一个选项卡，将控件分门别类地组织存放，从而便于查找和使用。具体添加选项卡的方法如下。

在工具箱上单击鼠标右键，在弹出的快捷菜单中选择"添加选项卡"命令，在弹出的对话框中输入要创建的选项卡的名称，如"ActiveX 控件"，单击"确定"按钮，即可在工具箱中添加一个选项卡。操作过程如图 1.26 所示。

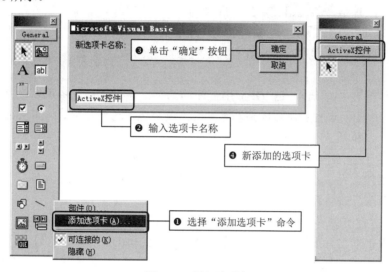

图 1.26　添加选项卡

1.5.5　工程资源管理器

工程资源管理器窗口中列出了当前应用程序中所使用的工程组、窗体、模块、类模块、环境设计器及报表设计器等资源。

在工程中，用户可以通过单击标题栏中的"关闭"按钮将其关闭；通过选择"视图"/"工程资源管理器"命令可将其显示出来；也可以通过按 Ctrl+R 键来实现。工程资源管理器窗口如图 1.27 所示。

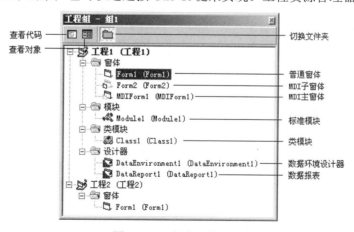

图 1.27　工程资源管理器

在工程资源管理器中，被括号括起来的工程、窗体、程序模块等都是存盘的文件名，括号的前面是在工程中的名称，它对应 Name 属性，也就是在代码中使用的名称。一般情况下，此名称与存盘的名称是一致的。

下面对图 1.27 中所出现的工程资源作一简单介绍。

（1）工程及工程组

每个工程对应一个工程文件，工程文件的扩展名为.vbp。当一个程序包括两个或两个以上的工程时，这些工程就构成一个工程组，工程组文件的扩展名为.vbg。

选择"文件"/"新建工程"命令，即可创建一个新的工程；再选择"文件"/"添加工程"命令，即可添加一个工程；此时保存程序，即可保存为工程组文件。

（2）窗体模块

窗体模块的文件扩展名为.frm，是 VB 应用程序的基础。在窗体模块中可以设置窗体控件的属性、窗体级变量、常量的声明及过程和函数的声明等。窗体模块包括普通窗体、MDI 主窗体、MDI 子窗体。一个应用程序最多可以包括 255 个窗体。

选择"工程"/"添加工程"命令，即可添加一个窗体。在工程中每添加一个窗体，在工程资源管理器中就添加一个窗体文件。每个窗体都有一个不同的名称，默认名称为 Formi（i 为自然数）。这里的名称也就是 Name 属性，该属性可以通过属性窗口进行修改。

（3）标准模块

标准模块的文件扩展名为.bas。标准模块是一个纯代码性质的文件，包含过程、类型及数据的声明和定义，可以被工程中的其他窗体所调用，主要应用在大型的应用程序中。在标准模块中，模块级别声明和定义都被默认为 Public。

（4）类模块

类模块的文件扩展名为.cls。类模块是一个模板，用于创建工程中的对象，并为对象编写属性和方法。模块中的代码描述了从该类创建的对象的特性和行为。

（5）数据环境

数据环境的文件扩展名为.dsr。数据环境设计器提供了一个创建 ADO 对象的交互式设计环境，可以作为数据源提供窗体或报表上的数据识别对象使用。

（6）数据报表

数据报表的文件扩展名为.dsr。数据报表设计器与数据环境设计器通常一起使用。可以通过几个不同的相关联的表创建报表。除了能创建可打印输出的报表以外，数据报表设计器还可以将报表导出到 HTML 或文本文件中。

1.5.6　属性窗口

在 VB 中窗体和控件被称为对象，每个对象的特征都是通过属性来描述的。这些属性可以在代码中设置，也可以在属性窗口中进行设置。在属性窗口中进行属性设置是比较直观的一种方法。

属性窗口用于显示或设置已经选定的对象（如窗体、控件、类等）的各种属性名和属性值。用户可以通过设置"按字母序"或"按分类序"选项卡来设置属性窗口中属性的排序方式。可以在属性值文本框或下拉列表框中输入或选择属性的值，并进行修改或设置。在属性窗口的属性描述区域中显示了当前所选定属性的具体意义，用户可以从中快速了解属性意义。

在工程中，用户可以通过单击标题栏上的"关闭"按钮将属性窗口关闭；通过选择"视图"/"属性窗口"命令可显示该窗口；也可以通过按 F4 键来实现。属性窗口的组成如图 1.28 所示。

图 1.28　属性窗口

说明

每个对象都有很多属性，这些属性可以通过代码来设置，也可以通过属性窗口来设置。一般对象的外观和对应的操作都可以通过属性来设置。有些属性是有固定取值的，例如 Enabled 属性只能被设置为 True 或者 False；而有些属性是没有限制的，例如 Text 属性就可以输入任何的文本。在实际的应用中，没必要对每个属性都进行设置，很多属性都可以采用默认值。

1.5.7　窗体布局窗口

窗体布局窗口位于集成开发环境的右下角，主要用于指定程序运行时的初始位置，使所开发的程序能在各种不同分辨率的屏幕上正常运行，常用于多窗体的应用程序。

在窗体布局窗口中可以将所有可见的窗体都显示出来。当把光标放置到某个窗体上时，光标形状将变为✛。在运行时，通过鼠标可以将窗体定位在希望它出现的地方。

在窗体布局窗口中单击鼠标右键，在弹出的快捷菜单中选择"分辨率向导"命令可设置不同的分辨率。

选中要设置启动位置的窗体后，单击鼠标右键，在弹出的快捷菜单中选择"启动位置"命令，即可设置该窗体的启动位置。

在工程中，用户可以通过选择"视图"/"窗体布局窗口"命令来显示该窗口。窗体布局窗口的组成如图 1.29 所示。

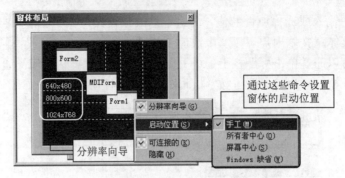

图 1.29　窗体布局窗口

1.5.8　窗体设计器

窗体是应用程序最主要的组成部分。每个窗体模块都包含事件过程，即代码部分，其中有为响应特定事件而执行的指令。窗体可包含控件。在窗体模块中，窗体上的每个控件都有一个对应的事件过程集。除了事件过程，窗体模块还可包含通用过程，它对来自任何事件过程的调用都作出响应。

在工程中，选择"视图"/"对象窗口"命令，即可显示窗体设计器，如图 1.30 所示。

图 1.30　窗体设计器

1.5.9　代码编辑窗口

代码编辑窗口也就是代码编辑器，用于输入应用程序的代码。工程中的每个窗体或代码模块都有一个代码编辑窗口，代码编辑窗口一般和窗体是一一对应的。标准模块或类模块只有代码编辑窗口，没有窗体部分。

在工程中可以通过以下几种方法进入到代码编辑区域中。

（1）在窗体的任意位置双击鼠标。

（2）在窗体上单击鼠标右键，在弹出的快捷菜单中选择"查看代码"命令。

（3）在工程资源管理器中单击"查看代码"按钮。

（4）选择"视图"/"代码窗口"命令。

通过上述方法，即可显示出代码编辑窗口。代码编辑窗口的各部分功能如图 1.31 所示。

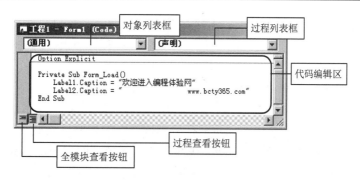

图 1.31　代码编辑窗口

1.6　定制开发环境

视频讲解：光盘\TM\lx\1\定制开发环境.exe

在 VB 6.0 的集成开发环境中可以根据自己的需要定制开发环境，如定制各子窗口、工具栏、通用选项等。

1.6.1　设置在编辑器中要求变量声明

用户可以通过"选项"对话框设置在代码中要求强制的变量声明。具体操作步骤如下：

（1）选择"工具"/"选项"命令，打开"选项"对话框。

（2）选择"编辑器"选项卡，在"代码设置"栏中选中"要求变量声明"复选框。

（3）单击"确定"按钮，完成设置。

这样，在代码的编辑区域中将自动添加 Option Explicit 语句。操作过程如图 1.32 所示。

图 1.32　强制变量声明的设置过程

1.6.2　设置网格大小和不对齐到网格

在窗体上有一些排列整齐的点，这些点构成了相互交错的网格，VB 利用这些网格可精确地确定控件的位置。这些网格的大小是可以调整的。有时出于实际的需要，也可以将控件设置为不对齐到网格，这样在调整控件位置时就可以利用 Ctrl 键加上↑、↓、←和→键来微调控件的位置。具体设置方法如下：

（1）选择"工具"/"选项"命令，弹出"选项"对话框。

（2）在"选项"对话框中选择"通用"选项卡。

（3）在"窗体网格设置"栏中选中"显示网格"复选框。如果取消选中该复选框，在窗体上将不显示网格。在"宽度"和"高度"文本框中设置网格的大小，默认的大小为 120×120。这里为了突出显示效果，将其设置为 500×500。

（4）取消选中"对齐控件到网格"复选框，单击"确定"按钮，即可完成设置。

具体操作过程如图 1.33 所示。

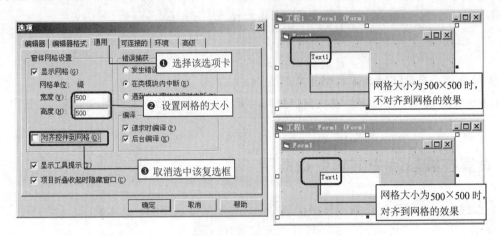

图 1.33　设置网格大小和是否对齐到网格

1.6.3　设置启动时保存

工程的保存是程序设计中很重要的一个环节，在修改程序时若不及时保存，当程序出现错误自动关闭时会将之前编写的代码全部丢失，这样就需要重新编写代码，从而给程序的开发带来不必要的麻烦。因此，在程序开发时，可以通过将开发环境设置为启动时保存或者提示保存的形式来解决。

1．启动时保存改变

在默认情况下，程序启动时是不保存程序的改变的，但可以通过下面的方法将其设置为启动时保存。具体步骤如下：

（1）选择"工具"/"选项"命令。

（2）在弹出的"选项"对话框中选择"环境"选项卡，在"启动程序时"栏中取消默认选中的"不保存改变"单选按钮，转而选中"保存改变"单选按钮。

（3）单击"确定"按钮，关闭"选项"对话框。这样当程序没保存就启动时，系统将会自动保存。如果工程为新创建的，没有存储路径，将弹出"文件另存为"对话框，如图 1.34 所示。

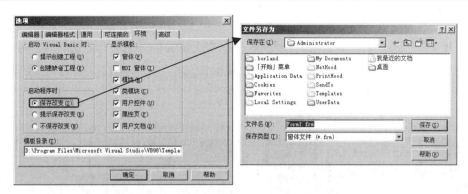

图 1.34 启动时保存

2. 启动时提示保存

用户也可以将开发环境设置为在启动时提示是否保存。只需在"选项"对话框的"启动程序时"栏中选中"提示保存改变"单选按钮,即可在程序启动时弹出提示对话框,询问是否保存,如图 1.35所示。

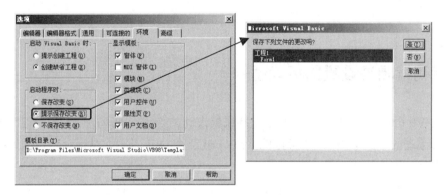

图 1.35 启动时提示保存

1.6.4 定制工具栏

工具栏是将一些菜单中经常使用的命令以按钮的形式组合在一起,使用起来更加方便、快捷。不过,有时系统提供的工具栏不能完全满足用户的需求,此时便可自定义工具栏。例如,如果有些菜单命令经常会用到,就可以将其添加到工具栏中。

下面根据个人的需要创建一个自己的工具栏,用于存放自己经常使用的菜单命令。具体操作方法如下:

(1)选择"视图"/"工具栏"/"自定义"命令,在弹出的"自定义"对话框中选择"工具栏"选项卡,单击"新建"按钮,打开"新建工具栏"对话框。

(2)在该对话框中输入要创建的工具栏的名称,在此输入"我的工具栏"。单击"确定"按钮,完成工具栏的添加。

（3）再次启动"自定义"对话框，选择"命令"选项卡，拖动想要添加的命令到"我的工具栏"，例如拖动"打开工程"命令到"我的工具栏"。当光标变成箭头带一个加号的形状时，释放鼠标。

（4）重复步骤（3），将需要的命令都添加到"我的工具栏"上，单击"关闭"按钮，关闭"自定义"对话框。

创建自定义工具栏的操作过程如图 1.36 所示。

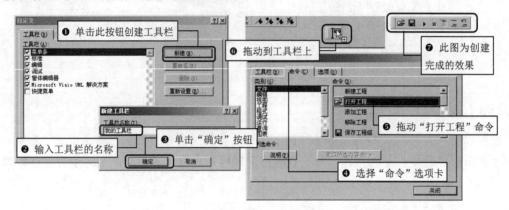

图 1.36　定制工具栏

1.6.5　为代码编辑器设置鼠标滚动

默认安装的 VB 6.0 在编辑代码时，并不支持鼠标滚动，给用户的程序开发带来很大的不便。微软提供了支持鼠标滚动的 DLL，用户可以到微软网站下载这个 DLL 文件，从而使自己的开发环境具有支持鼠标滚动的功能。操作步骤如下：

（1）下载。下载地址为 http://download.microsoft.com/download/e/f/b/efb39198-7c59-4ace-a5c4-8f0f88e00d34/vb6mousewheel.exe。

这是一个自解压的包，其中包含 VB6IDEMouseWheelAddin.dll 和其源程序，双击将其解压放到一个指定的文件夹下，以方便查找。

（2）将 VB6IDEMouseWheelAddin.dll 复制到系统盘（一般为 C 盘）的 windows/system32 目录下。如果操作系统是 WIN7/WIN8 64 位，则将其复制到 syswow64 目录下。

（3）单击"开始"菜单，在"搜索程序和文件"（WIN7）文本框中输入"regsvr32 VB6IDEMouseWheelAddin.dll"，如图 1.37 所示，按回车键，提示注册成功。这里要注意，一定要以管理员身份登录才可以注册成功。

（4）运行解压目录下的 VBA Mouse Wheel Fix.reg。

（5）运行 VB 6.0，选择"外接程序"/"外接程序管理器"命令，弹出"外接程序管理器"对话框。

（6）在列表中选择 MouseWheel Fix，在"加载行为"栏中选中"在启动中加载"和"加载/卸载"复选框，如图 1.38 所示。

（7）单击"确定"按钮，完成设置。在代码窗口中随便输入一些代码，测试鼠标滚动。

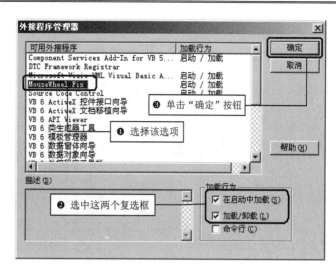

图 1.37　注册 DLL 文件　　　　　　　图 1.38　"外接程序管理器"对话框

1.7　VB 6.0 的帮助系统

📀 视频讲解：光盘\TM\lx\1\VB 6.0 的帮助系统.exe

本节主要介绍 MSDN Library 的安装与使用，并利用 MSDN 附带的实例源程序学习编程和使用 VB 的帮助菜单。

1.7.1　MSDN Library 的安装与使用

MSDN 即 Microsoft Developer Network，是微软公司面向软件开发者提供的一种信息服务。

1．安装 MSDN Library

在安装 VB 6.0 时将弹出"安装向导"对话框，在该对话框中选中 MSDN 单选按钮，单击"下一步"按钮，即可安装 MSDN。MDSN 的安装非常简单，在此不再赘述。

2．启动 MSDN Library

安装完成以后，用户可以通过下面两种方法打开 MSDN。

（1）通过"开始"菜单启动

通过在"开始"菜单中，选择"程序"/Microsoft Developer Network/MSDN Library Visual Studio 6.0（CHS）命令，启动 MSDN。

（2）在集成开发环境中启动

如果启动了 VB 6.0 的集成开发环境，可以通过"帮助"菜单启动 MSDN，启动后的 MSDN 如图 1.39 所示。

图 1.39　启动后的 MSDN

3. 使用 MSDN Library

在程序开发过程中，MSDN 可以帮助用户解决程序开发中遇到的相关问题，用户只需选定需要帮助的相关对象，然后按 F1 键，即可获取相关的 MSDN 帮助信息。

1.7.2　利用附带的实例源程序学习编程

VB 附带的实例源程序位于 MSDN 光盘中，用户安装 MSDN 时在 Custom 对话框中选定 Visual Basic 6.0 Product Samples 来安装这些实例源程序，从而帮助学习 VB。由于安装 MSDN 的版本不同，实例源程序所在的路径也不同。例如，笔者自身计算机的路径为 Program Files\Microsoft Visual Studio\MSDN98\98VS\2052\SAMPLES\VB98，该文件夹下的实例源程序内容介绍如表 1.2 所示。

表 1.2　实例文件夹的内容

工　程　名　称	工　程　内　容	工　程　名　称	工　程　内　容
ActXDoc	ActiveX 文档教程	HelloWorldRemote Automation	简单的远程自动化（Remote Automation）
AXData	ActiveX 部件担当其他控件的数据源	Interface	使用 COM 单元模型资源分配算法
Coffee	创建和使用 ActiveX 部件	MessageQueue	企业消息
CtlPlus	创建 ActiveX 控件	PassthroughServer	简单的传递服务器
DatAware	创建能够担当数据源或客户的类	PoolManager	客户向缓冲池管理器请求对象的指针
GeoFacts	演示在 VB 应用程序中 Excel 对象的使用	ATM	如何使用资源文件
Controls	演示了 TextBox、CommandButton 和 ImageShows 等控件的使用	CallDlls	调用动态链接库中的过程
CtlsAdd	在运行时向应用程序中添加控件	Errors	错误处理技术
Datatree	使用 TreeView、ListView 和 ProgressBar	MdiNote	构造简单的多文档界面应用程序及菜单的创建

续表

工 程 名 称	工 程 内 容	工 程 名 称	工 程 内 容
ListCmbo	数据绑定到列表框和组合框	Optimize	优化技术
OleCont	OLE 容器控件	ProgWOb	用对象编程
RedTop	创建陀螺旋转的动画	SdiNote	构造简单的单文档界面应用程序及菜单和工具栏的创建
Visual Basic 6.0Term	用 MSComm 控件进行终端仿真	TabOrder	使用 VB 的扩展性模型重新设置指定窗体的 Tab 键次序
DataReport	演示新的数据报表设计器	VCR	如何使 VB 的类能够模拟真实世界的对象
Biblio	使用 Data 控件	Blanker	普通图形技术
BookSale	使用自动化服务器（AutomationServer）封装商务策略和规则的逻辑	Palettes	PaletteMode 设置；Picture 对象
FirstApp	使用 Data 控件和其他数据识别的控件	DhShowMe	DHTML 技术
MSFlexGd	使用 MSFlexGrid 控件	PropBag	保存 HTML 页之间的状态值
Visdata	DAO 技术	Wcdemo	WebClass 演示
Callback	由服务器初始化回调到客户端		

1.7.3 使用 VB 的帮助菜单

在程序开发过程中用户会遇到很多难题或者疑问，此时 VB 的帮助系统就派上了用场。下面首先介绍一下 VB 的帮助菜单，如图 1.40 所示。

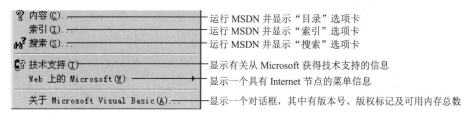

图 1.40 帮助菜单的相关信息

1.8 创建第一个 VB 程序

视频讲解：光盘\TM\lx\1\创建第一个 VB 程序.exe

前面介绍了很多关于 VB 的知识，下面通过一个小例子来了解 VB 应用程序的开发流程。

【例 1.1】 创建第一个 VB 程序。下面以创建一个 Hello VB 的程序为例进行介绍。程序的执行流程为：运行程序，单击"确定"按钮，在窗体的标签中显示出 Hello VB；单击"退出"按钮，退出程序。（实例位置：光盘\TM\sl\1\1）

1.8.1　创建工程文件

选择"文件"/"新建工程"命令，弹出"新建工程"对话框。选择"标准 EXE"，单击"确定"按钮，如图 1.41 所示，即可创建一个标准的 EXE 工程。

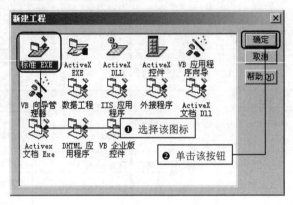

图 1.41　新建工程

1.8.2　设计界面

在工程创建以后，会自动创建一个新窗体，命名为 Form1。在该窗体上添加一个 Label 控件、两个 CommandButton 控件，具体的摆放位置如图 1.42 所示。

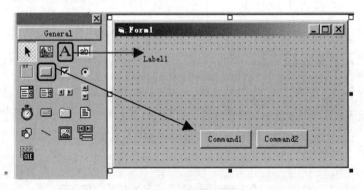

图 1.42　设置窗体界面

1.8.3　编写代码

窗体界面设计完成后，单击工程资源管理器中的"查看代码"按钮，如图 1.43 所示，进入到代码编辑器中。

图 1.43　工程资源管理器

在代码编辑区域中编写代码。本程序中需要在窗体的加载事件、Command1 的单击事件、Command2 的单击事件下编写代码，具体的代码如下：

```
Private Sub Command1_Click()
    Label1.Caption = "Hello VB"                          '设置标签内容
End Sub
Private Sub Command2_Click()
    End                                                  '退出程序
End Sub
Private Sub Form_Load()
    Me.Caption = "第一个 VB 应用程序"                     '设置窗体的标题栏
    Label1.Font = "宋体"                                 '设置标签的字体
    Label1.FontSize = 32                                 '设置标签字体的大小
    Label1.FontBold = True                               '设置标签文字为粗体
    Command1.Caption = "确定"                            '设置 Command1 按钮文字
    Command2.Caption = "退出"                            '设置 Command2 按钮文字
End Sub
```

1.8.4　调试运行

完成程序编写后，需要对程序进行调试和运行。在进行调试时，可能会提示如图 1.44 所示的变量未定义错误。

图 1.44　程序调试

产生该错误一般是由于使用了没有定义的变量。而在此处，光标停留在 Label 处，是由于控件的名称书写不够完整，使得系统以为是一个没有被定义的变量，从而产生上述错误。解决的方法非常简单，只需将控件的名称书写完整即可。

当程序没有错误以后，就可以成功运行了。单击"确定"按钮，在标签中即可显示 Hello VB 的字样，如图 1.45 所示。单击"退出"按钮退出程序。

图 1.45　运行效果

1.8.5　保存工程

当程序调试运行成功以后，就可以将其保存起来。选择"文件"/"保存工程"命令，在打开的"文件另存为"对话框中选择工程的保存路径，然后单击"保存"按钮，即可依次保存扩展名为.frm 的窗体文件和扩展名为.vbp 的工程文件（窗体文件在前，工程文件在后），如图 1.46 所示。

图 1.46　保存工程

完成保存后，在安装了 VSS 的系统中还会弹出如图 1.47 所示的对话框。由于本程序比较简单，就不需要进行版本控制了，只需单击 No 按钮即可完成工程的保存。

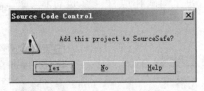

图 1.47　VSS 提示对话框

1.8.6　编译程序

完成程序保存后，需要将已经编写好的程序编译成 EXE 可执行文件，以方便在其他计算机上运行。具体操作方法如下：

选择"文件"/"生成工程 1.exe"命令，在弹出的"生成工程"对话框中输入要生成的 EXE 文件名称，如这里为"第一个 VB 程序.exe"，如图 1.48 所示。

图 1.48　生成 EXE 文件

说明

在生成可执行文件之前，选择"工程"/"工程 1 属性"命令，将打开工程属性对话框。在该对话框中选择"通用"选项卡，可以设置工程的启动对象和工程名称。在"生成"选项卡中，可以修改程序的版本号、应用程序标题、版本信息等。

1.9 小　结

通过本章的学习，读者可以了解 VB 的发展过程、如何安装和卸载 VB 的运行环境及如何安装 SP6 补丁。本章重点介绍了 VB 的集成开发环境，对开发环境中的各个要素都作了详细的介绍，力求读者达到熟练掌握 VB 集成开发环境的目的。最后通过一个简单的 VB 应用程序，使读者了解 VB 程序开发的整个过程。

1.10 练习与实践

1. 在 VB 中，如何使控件不对齐窗体网格？（答案位置：光盘\TM\sl\1\2）
2. 输出"我爱 VB"，并设置字体为红色。（答案位置：光盘\TM\sl\1\3）
3. 制作带背景的窗体。（答案位置：光盘\TM\sl\1\4）

第 2 章

VB 语言基础

(📹 视频讲解：29 分钟)

　　VB 是一个功能强大、使用方便、容易上手的工具。使用它编写应用程序，熟悉 VB 开发环境是第一步；而掌握 VB 语言是基础，只有打好基础，循序渐进地学习，实际运用时才会得心应手。本章主要介绍组成 VB 语言的基本元素，包括关键字和标识符、数据类型、变量和常量、运算符和表达式以及代码编写规则。

　　通过阅读本章，您可以：

▶▶ 了解 VB 的关键字和标识符

▶▶ 掌握基本数据类型，了解记录类型和枚举类型

▶▶ 掌握变量和常量

▶▶ 掌握运算符和表达式

▶▶ 掌握代码编写规则

2.1　关键字和标识符

📀 视频讲解：光盘\TM\lx\2\关键字和标识符.exe

1．关键字

关键字和标识符是 VB 代码中的一部分。关键字是指系统使用的具有特定含义的字符（如定义变量时使用的 Dim 语句），不能用作其他用途。

常用的关键字有 Dim、Private、Sub、Public、End、If、Else、Form、Me、Single、As、Integer、Unload、Do、While、MessageBox 等。

2．标识符

标识符是指在编写代码时定义的名称。在 VB 中所有的常量、变量、模块、函数、类、对象及其属性等都有各自的名称，这些名称就是标识符。

在一个 VB 工程中有如下标识符。

- ☑　工程 1：表示一个工程的标识符。
- ☑　Form1：表示一个窗体的标识符。
- ☑　Class1：表示一个类模块的标识符。
- ☑　Module1：表示一个模块的标识符。

用户也可以自己定义标识符来标识变量等的名称，这些用户自定义标识符需要符合下面的命名规则。

- ☑　避免使用系统关键字。
- ☑　自定义的标识符必须以字母开头，以数字、大小写字母、下划线或者"$"符号结尾。
- ☑　标识符的长度不能超过 255 个字符，而对于控件、窗体、模块和类模块等的名称则不能超过 40 个字符。
- ☑　不区分字母大小写。
- ☑　在同一个作用域中不能出现同名的自定义标识符。

2.2　数 据 类 型

📀 视频讲解：光盘\TM\lx\2\数据类型.exe

"数据"是信息在计算机内的表现形式，也是程序的处理对象。不同类型的数据有不同的操作方式和不同的取值范围。VB 6.0 具有系统定义的基本数据类型，这种基本数据类型是 VB 6.0 中数据结构的基本单元。此外，VB 6.0 中还有两种完全不同的数据类型——记录类型和枚举类型，其名称及数据项由用户任意定义。这两种数据类型使 VB 6.0 中的数据类型得以扩展。数据类型的分类如图 2.1 所示。

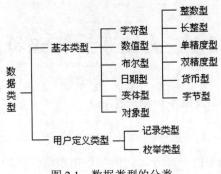

图 2.1　数据类型的分类

2.2.1　基本数据类型

VB 提供的常用基本数据类型有字符型、数值型、布尔型和日期型。对于数值型数据，考虑到运算效率、所占空间及精度要求，又分为整数型、长整型、单精度型、双精度型、货币型和字节型。另外，还有变体型和对象型，这两种数据类型是实际编程过程中不常使用的。

有关基本数据类型的大体介绍如表 2.1 所示。

表 2.1　基本数据类型

数 据 类 型		类 型 名 称	类型声明符	存 储 空 间	前　缀	值的有效范围
字符型	变长字符型	String	$	10 字节加字符串长度	str	0 至大约 20 亿个字符
	定长字符型		$	字符串长度	str	1 至大约 65400 个字符
数值型	整数型	Integer	%	2 字节	int	−32768～32767
	长整型	Long	&	4 字节	lng	−2147483648～2147483647
	单精度型	Single	!	4 字节	sng	−3.402823E38～−1.4011298E−45；1.401298E−45～3.402823E38
	双精度型	Double	#	8 字节	dbl	±4.94D−324～±1.79D308
	货币型	Currency	@	8 字节	cur	−922337203685477.5808～922337203685477.5807
	字节型	Byte	无	1 字节	bty	1～255
布尔型		Boolean	无	2 字节	bln	True 或 False
日期型		Date	无	8 字节	dtm	100 年 1 月 1 日～9999 年 12 月 31 日
对象型		Object	无	4 字节	obj	任何对象引用
变体型		Variant	无	按需分配	vnt	又称通用类型，其有效范围是上述有效范围之一

下面详细介绍常用的数据类型。

1．字符型

如果一个变量或常量包含字符串，就可以将其声明为字符型，即 String 类型。字符串是用双引号括起来的若干个字符。字符串中的字符可以是计算机系统允许使用的任意字符。例如，以下都是合法的 VB 字符串。

```
"VB"
"Welcome to Changchun"
"吉林省长春市"
"1+1=? "
"8888"
"***"
""（空字符串）
```

了解了字符串，下面再来了解一下在 VB 中如何声明字符型变量。

【例 2.1】　声明一个字符型变量 A。（**实例位置：光盘\TM\sl\2\1**）

代码如下：

```
Private A As String                         '定义字符型变量
```

然后将字符串"吉林省长春市"赋予这个变量，并用字符串函数 Right 取右边 3 个，最后输出。代码如下：

```
Private Sub Form_Load()
    A = "吉林省长春市"                       '给字符型变量 A 赋值
    A = Right(A, 3)                         '用 Right 函数取右边 3 个
    MsgBox A                               '用 Msgbox 函数输出字符型变量 A
End Sub
```

按 F5 键，运行程序，结果为"长春市"。

按照默认规定，String 变量或参数是一个可变长度的字符串，随着对字符串赋予新数据，其长度可增可减。但也可以声明固定长度的字符串，语法格式如下：

```
String * size
```

【例 2.2】　将例 2.1 中的变量 A 改为固定长度为 4 的字符型变量。（**实例位置：光盘\ TM\sl\2\2**）

代码如下：

```
Private A As String*4                      '声明一个固定长度为 4 的字符型变量
```

此时将字符串"吉林省长春市"赋予这个变量，用 Msgbox 函数输出，结果为"吉林省长"。这说明如果赋予字符串的长度大于 4，就不是定长字符串了，VB 会直接截去超出部分的字符；反之，如果赋予字符串的长度小于 4，则 VB 会用空格将变量 A 不足部分填满。

说明

标准模块中的定长字符串用 Public 或 Private 语句声明。在窗体和类模块中，必须用 Private 语句声明定长字符串。

2．数值型

数值型可分为 6 种，即整数型（简称整型，Integer）、长整型（Long）、单精度浮点型（Single）、双精度浮点型（Double）、货币型（Currency）和字节型（Byte）。

如果知道变量总是存放整数（如 88）而不是带小数点的数字（如 88.88），就应当将它声明为 Integer 类型或 Long 类型。因为整数的运算速度较快，而且比其他数据类型占据的内存少。在 For...Next 循环语句（将在第 3 章介绍）中作为计数器变量使用时，整数类型尤其重要。

浮点数值可表示为 mmmEeee 或 mmmDeee 的形式，其中 mmm 是底数，而 eee 是指数（以 10 为底的幂）。用 E 将数值中的底数部分或指数部分隔开，表示该值是 Single 类型；同样，用 D 则表示该值是 Double 类型。

货币类型（Currency）的数值保留小数点后面 4 位和小数点左面 15 位，适用于金额计算。

说明

所有数值型变量都可以相互赋值，但浮点型或货币型数值赋予整型变量时，VB 会自动将该数值的小数部分四舍五入之后去除，而不是直接去除。

例如：

```
Dim i As Integer
i = 2.6873453453
MsgBox i
```

输出结果为 3。

字节型（Byte）是指变量中存放的是二进制数。在计算机中，经常将用来存储一个英文字母的 8 个二进制数称为是一个字节。一个英文字母无论大写还是小写，都占用一个字节，而一个汉字需占用两个字节的空间。

3．布尔型

布尔类型又称为逻辑类型。若变量的值只是 True/False、Yes/No、On/Off 等，则可将其声明为布尔型，其默认值为 False。例如，定义一个布尔型变量，输出该变量。代码如下：

```
Dim mybln As Boolean
MsgBox mybln
```

输出结果为 False。

说明

布尔是英国的逻辑学家，为了纪念他在逻辑学方面的卓越贡献，人们就用他的名字来标识逻辑变量。

4．日期型

日期型变量用来存储日期或时间,其可以表示的日期范围为 100 年 1 月 1 日到 9999 年 12 月 31 日,时间则是从 0:00:00 到 23:59:59。日期常数必须用 "#" 符号括起来。如果变量 mydate 是一个日期型变量,可以使用下面的几种格式为该变量赋值。

```
mydate=#2/4/1977#
mydate=#1977-02-04#
```

```
mydate=#77,2,4#
mydate=#February 4,1977#
```

以上表示的都是 1977 年 2 月 4 日，并且无论在代码窗口中输入哪条语句，VB 都将其自动转换为第一种形式，即 mydate=#2/4/1977#。

另外，赋予日期/时间变量的值与输出的日期/时间格式不一定一致，这与系统区域和语言选项中的设置有关。例如：

```
Private Sub Form_Load()
    Dim mydate As Date                          '定义日期型变量
    mydate = #2/4/1977#                         '给变量赋值
    MsgBox mydate                               '输出变量
End Sub
```

上述代码输出结果为 77-02-04，原因是系统区域和语言选项中的日期格式为 yy-mm-dd。

5．对象型

对象型用于存储程序中的对象。使用 4 字节（32 位地址）保存与对象有关的数据信息。

6．变体型

变体型可以存储所有系统定义的数据类型。变体型除了具有其他数据类型的特性外，还具有 3 个特殊的值，即 Empty、Null 和 Error。

（1）Empty

Empty 是一个和 0、零长度字符串或者 Null 值都不同的值。变体类型的数据在没有赋值前默认值为 Empty。在使用时，可以使用 IsEmpty 函数来测试变量的值。

（2）Null

Null 表示未知或者丢失的数据。Null 具有以下特性：

① Null 值只能赋值给变体数据，如果将其赋给非变体数据的变量，将会产生一个错误。

② 如果表达式中含有 Null 值，则整个表达式的计算结果为 Null。

（3）Error

在变体变量中，Error 是一个特殊的值，用来标识已经发生过的过程中的错误状态。

2.2.2　记录类型

2.2.1 节介绍的各种数据类型是由系统设定的，下面介绍的数据类型将由用户自定义。用户自定义类型也称记录类型，主要通过 Type 语句来实现。其语法格式如下：

```
[Private | Public] Type 数据类型名
    数据类型元素名 As 类型名
    数据类型元素名 As 类型名
    ...
End Type
```

其中，"数据类型名"是要定义的数据类型的名称；"数据类型元素名"不能是数组名；"类型名"

可以是任何基本数据类型，也可以是用户定义的类型。

说明

（1）Type 语句只能在模块级使用。使用 Type 语句声明了一个记录类型后，就可以在该声明范围内的任何位置声明该类型的变量。可以使用 Dim、Private、Public、ReDim 或 Static 语句来声明记录类型变量。

（2）在标准模块中，记录类型按默认设置是公用的，可以使用 Private 关键字来改变其可见性，而在类模块中，记录类型只能是私有的，且使用 Public 关键字也不能改变其可见性。

（3）在 Type…End Type 语句块中不允许使用行号和行标签。

（4）用户自定义类型经常用来表示数据记录，该数据记录一般由多个不同数据类型的元素组成。

【例 2.3】 使用 Type 语句声明一个新的数据类型 Sell，然后为该类型中的各个元素赋值，最后输出。（**实例位置：光盘\TM\sl\2\3**）

具体实现过程如下：

（1）创建一个 VB 工程，在该工程中添加一个模块，在该模块的声明部分编写如下代码。

```
Type Sell
    name As String * 20              '定义长度为 20 的字符型变量
    standard As String * 10          '定义长度为 10 的字符串变量
    price As Currency                '定义货币型变量
End Type
```

（2）在窗体的 Form_Load 事件过程中声明一个 Sell 类型 mySell，然后为其各个元素赋初值，最后输出。代码如下：

```
Private Sub Form_Load()
    Dim mySell As Sell               '定义一个记录类型的变量
    mySell.Name = "Epson 打印机"     '给姓名元素赋值
    mySell.standard = "Epson Style C65"  '给型号元素赋值
    '给型号元素赋值
    mySell.price = 450
    '弹出提示对话框，显示相关的信息
    MsgBox "产品名称：" & mySell.Name & Chr(10) & _
            "产品型号：" & mySell.standard & _
            Chr(10) & "单价：" & mySell.price
End Sub
```

按 F5 键运行程序，结果如图 2.2 所示。

图 2.2 输出打印机相关信息

2.2.3　枚举类型

枚举是为一组整数值提供便于记忆的标识符，其作用是管理和使用常量。枚举类型主要使用 Enum 语句来定义，语法格式如下：

```
[Private | Public] Enum 数据类型名
    数据类型元素名 ＝ 整型常数表达式
    数据类型元素名 ＝ 整型常数表达式
    …
End Enum
```

其中，"整型常数表达式"可以是默认的。默认情况下，第一个数据类型元素取值从 0 开始，其余数据类型元素名依次为 1，2，3，4，5……枚举类型的实质就是定义一个符号常量集，并用一个名称表示该集合。

【例 2.4】　使用 Enum 语句定义一个颜色类型，其中包括一些颜色常数，可以用于设计数据库的数据输入窗体。（**实例位置：光盘\TM\sl\2\4**）

代码如下：

```
Public Enum myColors
    myRose = &HE1E4FF                       '玫瑰红
    myGray = &H908070                       '灰色
    myBlue = &HFF901E                       '蓝色
    mySkyBlue = &HFFBF00                     '天蓝
    mySpringGreen = &H7FFF00                 '春天绿
    myForestGreen = &H228B22                 '森林绿
End Enum
```

2.3　变　　量

📺 **视频讲解：光盘\TM\lx\2\变量.exe**

前面介绍数据类型的同时，已经简单地涉及了一些变量，本节就详细介绍一下变量的概念及声明、变量的命名规则、变量的分类及使用变量时的注意事项。

2.3.1　什么是变量

一个变量相当于一个容器，这个容器对应着计算机内存中的一块存储单元，因此它可以保存数据。下面通过举例进一步说明变量。

假设有两个存储单元，分别为 strUser 和 strPassword，存放的值分别为"管理员""111"，如图 2.3 所示。

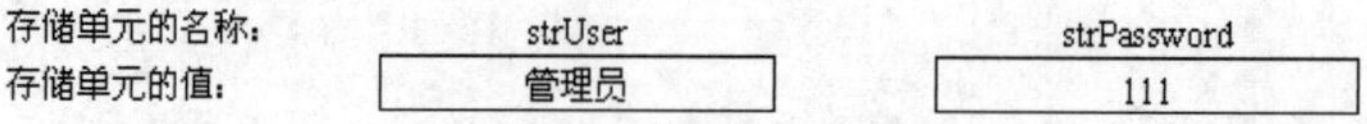

存储单元的名称:	strUser	strPassword
存储单元的值:	管理员	111

图 2.3　存储管理员

也可以将这两个存储单元的值改为"普通用户""222"，如图 2.4 所示。

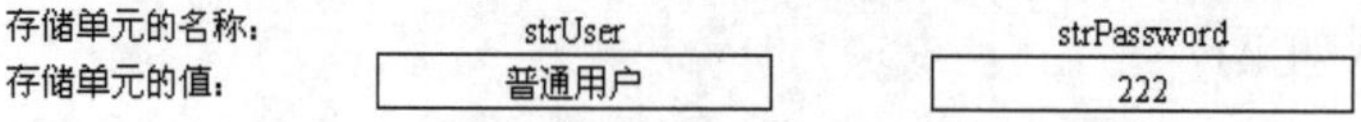

存储单元的名称:	strUser	strPassword
存储单元的值:	普通用户	222

图 2.4　存储普通用户

例如，在计算员工加班费时，使用的计算公式为"加班费=8×加班小时数"。由于每小时的加班费用是固定的，而员工加班的小时数是不同的，所以每个人的加班费也是不同的。其中，"加班小时数"和"加班费"都是变量。计算过程如图 2.5 所示。

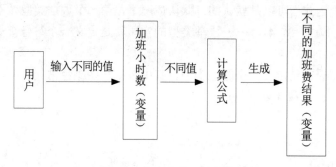

图 2.5　加班费的计算过程

综上所述，变量就是在程序运行时，其值在不断发生改变的量。在程序设计中，变量是非常重要、非常关键的内容。

2.3.2　变量的命名

为了便于在程序中区分和使用变量，必须给每一个变量命名。在 VB 中，变量的命名要遵循以下规则。

- ☑　变量名只能由英文字母、汉字、数字及下划线组成。
- ☑　变量名必须以英文字母或汉字开头，最后一个符号可以是数据类型声明符，如 Dim a%，更多的数据类型声明符可以参考表 2.1。
- ☑　变量名长度可达 255 个字符，有效字符为 40 个。
- ☑　VB 中的关键字不能作为变量名。例如，Print、Dim 和 For 等都是非法变量名。

说明

虽然 VB 中的关键字不能作为变量名，但可将关键字嵌入变量名中。例如，print 是非法变量名，但 print_3 或 print3 都是合法的变量名。

- ☑　不能在变量名中出现标点符号、空格或者嵌入!、@、#、$、%、&等字符。

☑ 变量名在变量有效的范围内必须是唯一的，否则会出现"当前范围内的声明重复"的错误。

☑ 变量名中不区分大小写。

以上是变量的基本命名规则，在实际编程过程中，笔者建议变量名应能对变量的含义具有一定的提示作用，且能反映变量类型及变量作用域，这样可以增强程序代码的可读性。例如，可以将用来保存产品名称的变量命名为 strName，保存产品价格的变量命名为 curPrice，保存用户名的全局变量命名为 gstrUserName。

2.3.3 变量的声明

在 VB 程序中，使用变量前一般要先声明变量的名称和变量的数据类型，以决定系统为变量分配的存储单元。下面介绍几种方式来声明变量及其数据类型。

1．用声明语句显式声明变量

使用声明语句声明变量，也称显式声明。其语法格式如下：

Dim|Private|Static|Public 变量名 As 数据类型

其中，"变量名"必须符合变量的命名规则；"数据类型"可以是 VB 的基本数据类型，也可以是记录类型或枚举类型。

关键字 Dim、Private、Static 和 Public 由符号"|"隔开，表示用户在实际声明变量中，可以从中任选其一。但选用不同的关键字，在程序的不同位置所定义的变量的种类和使用范围是不同的，这就是 2.3.4 节将要介绍的内容。

下面通过几个例子，介绍如何显式声明变量。

声明一个字符串变量、一个整型变量：

Dim Str As String
Dim Int As Integer

使用数据类型的类型符号来替代 As 子句：

Dim Str$
Dim Int%

注意

变量名与数据类型符之间不能有空格。

一条 Dim 语句可声明多个变量，各变量之间以逗号隔开。

Dim Str As String, Int As Integer, Sng as Single

声明指定字符串长度的字符型变量：

Dim Str1 As String*128

如果赋给字符串变量 Str1 的字符少于 128 个，则用空格填充变量 Str1；如果赋给字符串变量 Str1 的字符多于 128 个，则 VB 会自动截去超出部分的字符。

2. 隐式声明变量

在 VB 中，也可以不事先声明而直接使用变量，这种方式称为隐式声明。所有隐式声明的变量都是变体型（Variant），具体参见 2.2.1 节。

声明一个变量 a，并为 a 赋值。代码如下：

```
Dim a
a=111
```

或直接使用：

```
a = 111
```

3. 强制声明变量（Option Explicit 语句）

前面介绍了变量的两种声明方式，其中隐式声明显然用起来很方便，但是如果出现问题，解决起来也是最棘手的。因为隐式声明不用声明变量就可以直接使用，因此当出现错误时编译器也不会报错。例如下面的代码：

```
Private Sub Form_Click()
    art = 3
    MsgBox atr
End Sub
```

在这段代码中，首先声明了变量 art 并给其赋值，然后利用 MsgBox 函数将其输出。这里在编写代码的时候不小心将 art 写成了 atr，在编译的时候程序不会认为是写错了，而会认为是一个新的变量，因此不弹出提示信息，从而引起潜在的错误。这时如果设置了强制声明变量，就不会出现这种情况了。因为强制声明变量会在声明段手动或自动地加入 Option Explicit 语句，如果程序中存在直接使用的变量，运行程序时系统就会提示"变量未定义"。

下面介绍如何强制声明变量。强制声明变量可以在声明段手动添加 Option Explicit 语句，但这种方法比较费时。自动在声明段添加 Option Explicit 语句的方法是：选择"工具"/"选项"命令，在弹出的"选项"对话框中选择"编辑器"选项卡，选中"要求变量声明"复选框，如图 2.6 所示。这样 VB 就会在以后的窗体模块、标准模块及类模块中的声明段自动地插入 Option Explicit 语句，如图 2.7 所示，但不会将它加入现有的模块中。要想在现有的模块中加入 Option Explicit 语句，还需使用第一种方法，也就是在声明段手动添加 Option Explicit 语句。

 说明

如果要强制声明变量，建议在程序设计的开始就在"选项"对话框中设置"要求变量声明"。

4. 用 DefType 语句声明变量

使用 DefType 语句可以在标准模块或窗体模块的声明部分定义变量。其语法格式如下：

```
DefType 字母范围
```

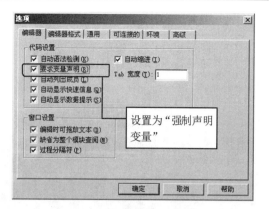

图 2.6　设置强制声明变量　　　　　　图 2.7　自动在声明段加入 Option Explicit 语句

其中，Def 是保留字；Type 是数据类型标志，它可以是 Int（整型）、Lng（长整型）、Sng（单精度型）、Dbl（双精度型）、Cur（货币型）、Str（字符型）、Byte（字节型）、Bool（布尔型）、Date（日期型）、Obj（对象型）、Var（变体型）。把 Def 和 Type 写在一起就构成了定义的类型关键字。

"字母范围"用"字母-字母"的形式给出。例如：

```
DefLng i-l                          '凡是变量名以字母 l~l 开头的变量均定义为长整型
```

注意

（1）DefType 语句只对它所在的模块起作用。

（2）当使用 DefType 语句和使用类型说明符方式定义变量发生矛盾时，类型说明符定义变量的方式总是比 DefType 语句优先起作用。

2.3.4　变量的作用域

一个变量被声明后，并不是在任何地方都能使用。每个变量都有其作用范围，也就是作用域。例如在一个过程内部声明的变量，只在该过程内部有效；一个模块的通用声明部分声明的变量，只在该模块内的所有过程有效，而对于使用 Public 语句声明的变量，不仅对于同一模块内的所有过程有效，甚至对于整个应用程序的所有过程也都是有效的。

在 VB 中允许在声明变量时指定其作用范围，主要包括局部变量、模块级变量和全局变量，详细介绍如表 2.2 所示。

表 2.2　变量的作用域

变量作用域	声明语句	有效位置	有效范围	举例
局部变量	Dim 或 Static	在过程内部	过程内部	Private Sub Form_Load()　　　Dim intNumber As Integer　End Sub
模块级变量	Dim 或 Private	模块的通用声明段	模块内的所有过程	Dim intNumber As Integer
全局变量	Public 或 Global	在标准模块（.bas）的声明段	整个工程的任何模块中都有效	Public intNumber As Integer

下面通过实例比较局部变量和模块级变量的作用范围。

【例 2.5】 创建一个 VB 工程，在窗体的 Form_Load 事件过程中定义一个整型变量，并为其赋值，然后在文本框控件中的值发生改变时，显示该变量的值。（实例位置：光盘\TM\sl\2\5）

代码如下：

```
Private Sub Form_Load()
    Dim intNumber As Integer                          '定义整型变量
    intNumber = 2                                     '给变量赋值
End Sub
Private Sub Text1_Change()
    Dim intNumber                                     '定义变量
    intNumber = intNumber + 1                         '变量加 1
    MsgBox intNumber                                  '弹出提示对话框
End Sub
```

按 F5 键，运行程序，结果为 1。由于变量 intNumber 是在 Form_Load 事件过程中定义的，因此判定它是一个局部变量，只在过程内部有效；而 Text1_Change 事件过程中的 intNumber 变量被当作一个新的变量，其初值为 0，加 1 后结果为 1。

将上述代码中的 Dim intNumber As Integer 语句移到窗体的通用声明部分，运行程序，其结果为 3。由于变量 intNumber 已被放在窗体的通用声明部分，因此判定它是一个模块级变量，即在模块内的所有过程有效。Form_Load 事件过程中变量 intNumber 的值为 2，在 Text1_Change 事件过程变量 intNumber 再加上 1，那么结果就是 3。

2.3.5　静态变量

在过程中，既可以使用 Dim 语句声明局部变量，也可以使用 Static 语句声明局部变量，并且 Static 语句的一般形式与 Dim 语句相同。

Static　变量名　As　数据类型

使用 Static 语句声明的变量称为静态变量。它与用 Dim 语句声明的变量的不同之处在于：当一个过程结束时，过程中所用到的静态变量的值会保留，下次再调用该过程时，变量的初值是上次调用结束时被保留的值。

对于使用 Dim 语句声明的局部变量，随过程的调用而分配存储单元，并进行变量的初始化。一旦过程结束，变量的内容将自动消失，占用的存储单元也被释放。因此，每次调用过程时，变量都将重新初始化。

静态变量和动态变量就好像买房子和租房子一样，自己买的房子，一旦置办了生活用品就可以一直用下去，即使是出差，或者长期不在家，屋内的东西也会保持不变。如果是租的房子，一旦房子到期了，房东就会收回房屋，然后重新找房子，或者续租房子，这样就开始了一个新的租期。

2.3.6　变量同名问题的处理

如果不同模块中的公用变量使用同一名称，则通过同时引用模块名和变量名在代码中进行区分。

例如，如果在 Form1 和 Module1 中都声明了一个整型公用变量 intNumber，则可以用 Form1.intNumber 和 Module1.intNumber 来区分这两个同名的变量。

【例 2.6】 下面通过实例进一步说明同名变量在程序中是如何区分的。(实例位置：光盘\TM\sl\2\6)

(1) 新建一个工程，在工程中添加 3 个窗体，默认名称为 Form1、Form2 和 Form3。

(2) 在 Form2 中声明第一个变量 intNumber，然后在 Form_Load 事件过程中设置它的值。代码如下：

```
Public intNumber As Integer                         '声明 Form2 的 intNumber
Private Sub Form_Load()
    intNumber = 1                                   '设置 Form2 的 intNumber 变量的值
End Sub
```

(3) 在 Form3 中声明第二个变量 intNumber，它与 Form2 中的变量名相同，同样在 Form_Load 事件过程中设置它的值。代码如下：

```
Public intNumber As Integer                         '声明 Form3 的 intNumber
Private Sub Form_Load()
    intNumber = 2                                   '设置 Form3 的 intNumber 变量的值
End Sub
```

(4) 在 Form1 窗体中添加两个按钮，在它们的 Click 事件过程中编写代码时分别调用 Form2 和 Form3 窗体，并将这两个窗体模块中定义的变量用 MsgBox 显示。代码如下：

```
Private Sub Command1_Click()
    Form2.Show                                      '调用 Form2 窗体
    MsgBox Form2.intNumber                          '显示 Form2 窗体的 intNumber
End Sub
Private Sub Command2_Click()
    Form3.Show                                      '调用 Form3 窗体
    MsgBox Form3.intNumber                          '显示 Form3 窗体的 intNumber
End Sub
```

按 F5 键运行程序，分别单击这两个按钮，将看到两个公用变量被分别引用。

2.3.7 变量的生命周期

一个变量从系统给它分配内存空间开始，到它释放内存空间为止的这个过程就称为变量的一个生命周期。

1. 动态变量

动态变量的生命周期是：从程序运行进入到变量所在的过程中时，系统开始为该变量分配内存空间，经过一系列的处理，在程序执行结束以后，该变量占用的内存空间被释放，变量的生命周期结束。

2. 静态变量

静态变量的生命周期是：从程序第一次运行到变量所在的过程开始，变量的值在程序执行过程中被修改；当程序执行退出过程以后，变量的值将被保存，变量所占的存储空间仍然存在；当程序再次执行到该过程的时候，变量的值是上次保留的值；直到程序运行结束，变量所占的存储空间才被释放，完成生命周期。

3. 全局变量

全局变量的生命周期是：从程序开始运行就为全局变量分配存储空间，全局变量生命周期开始；在整个应用程序的执行过程中，全局变量的存储空间始终占用，其值不会消失也不会被初始化；只有到整个应用程序执行结束以后，该变量才会释放内存空间，结束生命周期。

2.4 常 量

 视频讲解：光盘\TM\lx\2\常量.exe

熟悉了变量，接下来了解一下常量。常量与变量正好相反，它是指在程序设计时，其值始终不发生改变的量。本节就常量的声明及使用进行介绍。

2.4.1 常量的声明

当程序中有需要重复使用的常量时，可以使用 Const 语句声明。其语法格式如下：

`[Public|Private]Const <常量名> [As <数据类型>] = <常量表达式>`

- ☑ Public：可选的参数，用于声明可在工程的所有模块的任何过程中使用这个常量。
- ☑ Private：可选的参数，用于声明只能在包含该声明的模块中使用常量。
- ☑ 常量名：必选的参数，用于指定该常量名称，必须是合法的 VB 标识符。
- ☑ 数据类型：可选的参数，也可以通过数据类型符号规定常量的类型。
- ☑ 常量表达式：必选的参数，包括常量和操作符，但不包含变量，而且计算结果总是常值。

例如：

```
Const PI As Single=3.14159265357        '声明符号常量 PI 代替 3.14159265357
Print 3 * PI                            '结果为 9.42477796071
```

注意

在程序中如果改变已定义常量的值，则会出现错误提示。

2.4.2 局部常量和全局常量

在声明模块级变量时，如果没有使用 Public 或者 Private 关键字，系统默认是 Private。在模块中使用 Public 语句声明后的符号常量，就是一个全局常量，该常量可以在程序中所有模块的过程中使用。

同样，用 Private 语句声明过的常量就是局部常量。

例如：

```
Const MyVar = 123                                      '默认情况下常量是局部的
Public Const MyString = "mr"                           '全局常量
Private Const MyInt As Integer = 5                     '声明局部整型常量
Const MyStr = "mr", MyDouble As Double = 3.1415        '在一行中声明多个常量
```

注意

全局常量必须在标准模块中声明。

2.5　运算符和表达式

视频讲解：光盘\TM\lx\2\运算符和表达式.exe

在进行程序设计时，经常会进行各种运算，那么就会涉及一些运算符，而表达式是由运算符和数据连接而成的式子。本节将详细介绍运算符和表达式在程序中的应用。

2.5.1　运算符

在 VB 中有 4 种运算符，分别是算术运算符、关系运算符、连接运算符和逻辑运算符。

1．算术运算符

算术运算符按照优先级从高到低，依次为指数运算符（^）、乘法运算符（*）、除法运算符（/）、求余数运算符（Mod）、整除运算符（\）、加法运算符（+）和减法运算符（−）。其中，整除运算符只求运算结果的整数部分，例如在 VB 工程中的"立即"窗口中输出"5 除以 2"，代码如下：

```
Private Sub Form_Load()
    Debug.Print 5 \ 2
End Sub
```

结果为 2。

使用算术运算符时需要注意如下事项：

- ☑　当指数运算符（^）与负号（−）相邻时，负号（−）优先。
- ☑　运算符左、右两边的操作数应是数值型数据，如果是数字字符或逻辑型数据，需要将它们先转换成数值数据后，再进行算术运算。
- ☑　在进行算术运算时，不要超出数据取值范围。对于除法运算，应保证除数不为零。

2．关系运算符

关系运算符用于比较运算符左、右两侧表达式之间的大小关系，因此又称为比较运算符。其运算

结果为布尔型数据，即结果为 True 或者 False；如果其中的任何一个表达式结果为 NULL，则关系运算的结果还可以是 NULL。关系运算符没有优先级的不同，因此在计算时，按照它们的出现次序，从左到右进行计算。VB 中的关系运算符有等于（=）、大于（>）、小于（<）、大于等于（>=）、小于等于（<=）和不等于（<>）。

另外，还要说明两点。

（1）字符型数据的比较

如果直接比较单个字符，则比较两个字符的 ASCII 码值的大小；而对于两个汉字字符，则比较两个汉字字符的区位码。

如果比较两个字符串，则从关系运算符的左边字符串的第一个字符开始，逐一对右边字符串对应位置上的字符进行比较（即比较对应位置上的字符的 ASCII 码值），其中 ASCII 码值较大的字符所在的字符串大。

常见的字符值的大小比较关系如下：

"空格" < "0" <…< "9" < "A" <…< "Z" < "a" <…< "z" < "所有汉字"

（2）赋值号 "=" 与关系运算符 "=" 的区别

在书写上它们没有区别，只是含义与作用不同。赋值号 "=" 专用于给变量、对象属性、数组等赋值，赋值号左边必须是变量名、对象属性、数组等，不能为常量或表达式。而关系运算符 "=" 用于比较两个表达式的值是否相等。关系运算符 "=" 的左、右两边都可以是常量、变量或表达式。用关系运算符 "=" 连接形成的关系表达式不能单独作为一条语句出现在程序中，它只能出现在其他语句或表达式中间。

例如：

```
x=10
y=10
z=(x+10=y-100)
```

其中，前 3 个 "=" 都是赋值号，第 3 行语句中括号内的 "=" 是关系运算符。

3. 连接运算符

连接运算符有两个，即 "+" 和 "&"。其中，"&" 连接运算符用于强制将两个表达式作为字符串连接。而 "+" 连接运算符则与它不同：当两个表达式都为字符串时，将两个字符串连接；如果一个是字符串而另一个是数字，则进行相加，结果为两个数字相加的和。

下面举例说明连接运算符的用法。

```
a=2+3                        'a 值为 5
a="2"+"3"                    'a 值为 23
a="吉林省" & "长春市"        'a 值为 "吉林省长春市"
a="a1"+3                     '出现 "类型不匹配" 的错误提示信息
a="a1" & 3                   'a 值为 a13
```

注意

变量名与 "&" 之间一定要加一个空格。因为 "&" 本身还是长整型的类型符，不加空格容易出现视觉和理解上的误差。

4．逻辑运算符

逻辑运算符按照运算优先级由高到低排列依次为逻辑非（Not）、逻辑与（And）、逻辑或（Or）、逻辑异或（Xor）、逻辑等于（Eqv）及逻辑蕴含（Imp）。逻辑运算得出的结果是布尔型值，也就是 True 或 False。

2.5.2　表达式

前面简单地介绍了表达式是由运算符和数据连接而成的式子，那么具体地说，表达式就是由常量、变量、运算符、圆括号、函数等连接形成的一个有意义的运算式子。它包括算术表达式、字符串表达式、日期表达式、关系表达式和逻辑表达式。

在书写表达式时应注意：

☑ 表达式中所有符号都必须一个一个并排写在同一横线上，不能写成上标或下标的形式。例如，数学上的 2^2 在 VB 中要写成 2^2 的形式。

☑ 不能省略乘号，乘号"*"必须写。

☑ 表达式中所有的括号一律使用圆括号，并且括号左右必须配对。

☑ 数学表达式中表示特定含义的符号要写成具体的数值，如 π 要写成 3.1415926（根据精度取小数点后的位数）。

2.5.3　运算符的优先级

一个表达式中通常包含一种或多种运算符，这时系统会按预先确定的顺序进行计算，这个顺序便称为运算符的优先级。通常 4 种运算符的优先级依次为算术运算符→连接运算符→关系运算符→逻辑运算符。

说明

各种运算符的优先级已在讲解各运算符时介绍了，这里不再赘述。

2.6　代码编写规则

视频讲解：光盘\TM\lx\2\代码编写规则.exe

代码编写规则是养成良好编程习惯的基础。本节主要介绍代码编写规则，包括对象命名规则、代码书写规则、处理关键字冲突和代码注释规则。

2.6.1　对象命名规则

当为对象、属性、方法及事件命名时，应选择易于被用户理解的名字。名字含义越清晰，则代码的可用性越强。

这里的对象命名规则适用于：

☑　对象。

☑　组成对象接口的属性、方法及事件。

☑　属性、方法及事件的命名的参数。

具体命名规则如下。

（1）尽可能使用完整的单词或音节

对用户来说，记住整个的单词比记住缩略词更容易，例如 Window 被缩略为 Wind、Wn 或 Wnd，不如 Window 本身好记。下面通过两个例子说明推荐使用的对象名称，如表 2.3 所示。

表 2.3　推荐使用的对象名称（1）

用	不 要 用	用	不 要 用
Application	App	SpellCheck	SpChk

如果标识符太长而需要缩略时，则尽量用完整的首音节。例如，用 AltExpEval，而不用 Alternate ExpressionEvaluation 或 AltExpnEvln。

（2）大小写混用

所有标识符都应混用大小写，而不是用下划线来分割其中的单词。下面通过两个例子说明推荐使用的对象名称，如表 2.4 所示。

表 2.4　推荐使用的对象名称（2）

用	不 要 用
ShortcutMenus	Shortcut_Menus, Shortcutmenus, SHORTCUTMENUS, SHORTCUT_MENUS
BasedOn	Basedon

（3）使用一致的术语

使用与接口相同的单词，不要用诸如 HWND 之类的基于匈牙利命名法的标识符命名。记住，这些代码是要被其他用户访问的，因此尽量使用用户描述一个概念时可能会采用的单词。

（4）集合类名使用正确的复数

对集合采用复数而不用新的名称可以减少用户必须记忆项的数目，这样也简化了对集合的命名。表 2.5 列出了集合类名称的一些例子。

表 2.5　推荐使用的对象名称（3）

用	不 要 用	用	不 要 用
Axes	Axiss	SeriesCollection	CollectionSeries
Windows	ColWindow		

例如，如果有一名为 Axis 的类，则 Axis 对象的集合存储在 Axes 类中。同样，Vertex 对象的集合存储在 Vertices 类中。极少情况下当单数和复数的拼写一样时，则在其后面添加一个 Collection，例如 SeriesCollection。

注意

此命名约定可能不适用于某些集合，尤其在一组对象存在于多个集合中时。例如，Mail 程序可能有一个 Name 对象存在于 ToList、CcList 等多个集合中。在这种情况下，可以将这些独立的 name 集合命名为 ToNames 和 CcNames。

（5）常数使用前缀

选择三四个小写字母组成标识部件的前缀，把它用在部件类型库中部件提供的常数名上，以及定义那些常数的 Enums 名上。

例如，提供贷款评估的代码可以使用 levs 作为前缀。下面贷款的枚举类型 Enum 使用了该前缀（此外，这些常数包含大写字母 LT，以标识它们所属的枚举）。

```
Public Enum LoanType
    levsLTMortgage = 1
    levsLTCommercial
    levsLTConsumer
End Enum
```

（6）"动词/对象"和"对象/动词"

如果创建的方法名是一个动词及其作用的对象名的组合，则次序必须保持一致。或者将动词放在对象前面，如 InsertWidget 和 InsertSprocket；或者将对象放在前面，如 WidgetInsert 和 SprocketInsert。

两种方法各有所长。"动词/对象"次序创建的名称更像日常说话，因而能更好地表示此方法的意图，而"对象/动词"的次序则便于将影响某一特定对象的所有方法集合到一起。

2.6.2　代码书写规则

代码书写规则如下：

（1）单行语句分成多行。

可以在代码窗口中用续行符"　_"（一个空格后面跟一个下划线）将长语句分成多行。由于使用了续行符，无论在计算机上还是打印出来的代码都变得更加易读。例如声明一个 API 函数，代码如下：

```
'声明 API 函数用于异步打开一个文档
Private Declare Function ShellExecute Lib "shell32.dll" Alias "ShellExecuteA" _
(ByVal hwnd As Long, ByVal lpOperation As String, ByVal lpFile As String, _
ByVal lpParameters As String, ByVal lpDirectory As String, ByVal nShowCmd As Long) As Long
```

注意

在同一行内，续行符后面不能加注释。

（2）多个语句合并写到同一行。

通常，一行之中有一个 VB 语句，而且不用语句终结符。不过，也可以将两个或多个语句放在同一行，只是要用冒号":"将它们分开。例如给数组连续赋值，代码如下：

```
a(0) = 11: a(1) = 12: a(3) = 13: a(4) = 14: a(5) = 15: a(6) = 16
```

（3）可在代码中添加注释。

以 Rem 或"'"（半个引号）开头，VB 就会忽略该符号后面的内容。这些内容就是代码段中的注释。注释既方便了开发者，也可为以后可能检查源代码的其他程序员提供方便。例如为下面的代码添加注释：

```
Dim a As String                                      '定义一个字符型变量
Dim a As String:                                     Rem 定义一个字符型变量
```

注意

如果在语句行后使用 Rem 关键字，则必须在语句后使用冒号":"与 Rem 关键字隔开，而且 Rem 关键字与注释文字间要有一个空格。

（4）输入代码时不区分大小写。

（5）一行最多允许输入 255 个字符。

2.6.3　处理关键字冲突

在代码的编写中为避免 VB 中元素（Sub 和 Function 过程、变量、常数等）的名称与关键字发生冲突，它们不能与受到限制的关键字同名。

受到限制的关键字是在 VB 中使用的词，是编程语言的一部分。其中包括预定义语句（如 If 和 Loop）、函数（如 Len 和 Abs）和操作符（如 Or 和 Mod）。

窗体或控件可以与受到限制的关键字同名。例如，可以将某个控件命名为 If，但在代码中不能用通常的方法引用该控件，因为在 VB 中 If 意味着关键字。例如，下面这样的代码就会出错。

```
If.Caption = "同意"                                    '出错
```

为了引用那些与受到限制的关键字同名的窗体或控件，就必须限定它们，或者将其用方括号"[ ]"括起来。例如，下面的代码就不会出错。

```
MyForm. If.Caption = "同意"                             '用窗体名将其限定
[If].Caption = "同意"                                   '方括号起了作用
```

2.6.4　代码注释规则及方法

注释是一种非执行语句，它不仅仅是对程序的解释说明，同时还对程序的调用起着非常重要的作用，如利用注释来屏蔽一条语句，当程序再次运行时，可以发现问题或错误。这样大大提高了编程速度，减少了不必要的代码重复。代码注释规则如下：

☑　程序功能模块部分要有代码注释，简洁明了地阐述该模块的实现功能。

☑　程序或模块开头部分要有以下注释：模块名、创建人、日期、功能描述等。

☑　在给代码添加注释时，尽量使用中文。

☑　用注释来提示错误信息以及出错原因。

下面介绍几种注释的方法。

1．利用代码或语句添加注释

在 VB 中使用"'"符号或 Rem 关键字，可以为代码添加注释信息。"'"符号可以忽略掉后面的一行内容，这些内容是代码段中的注释。这些注释主要是为了以后查看代码时，帮助用户快速理解该代码的内容。注释可以和语句在同一行出现，并写在语句的后面，也可独自占据一整行。

（1）注释占据一行，在需要解释的代码前。

```
'为窗体标题栏设置文字
Me.caption="明日科技"
Rem 在文本框中放欢迎词
Text1.Text = "欢迎您使用本软件！！！ "
```

（2）注释和语句在同一行并写在语句的后面。

```
Me.caption="明日科技"                                    '为窗体标题栏设置文字
Text1.Text = "欢迎您使用本软件！！！ ":                    Rem 在文本框中放欢迎词
```

（3）注释占据多行，通常用来说明函数、过程等的功能信息。通常在说明前后使用注释和"="、"*"符号强调，例如下面的代码。

```
'=========================================================
'名称：CalculateSquareRoot
'功能：求平方根
'日期：2008-03-02
'单位：mingrisoft
'=========================================================
Function CalculateSquareRoot(NumberArg As Double) As Double
    If NumberArg < 0 Then                                '评估参数
        Exit Function                                    '退出调用过程
    Else
        CalculateSquareRoot = Sqr(NumberArg)             '返回平方根
    End If
End Function
```

2．利用工具栏按钮为代码添加注释

为了方便对大段程序进行注释，可以通过选中两行或多行代码，并在"编辑"工具栏上单击"设置注释块"按钮 或"解除注释块"按钮 来对大段代码块添加或解除注释"'"符号。设置或取消连续多行的代码注释块的步骤如下。

（1）在工具栏上单击鼠标右键，在弹出的快捷菜单中选择"编辑"命令，将"编辑"工具栏添加到窗体工具栏中。

（2）选中要设置注释的代码，然后单击"编辑"工具栏中的"设置注释块"按钮，如图 2.8 所示。也可以将光标放置在需要注释的代码所在行，单击"设置注释块"按钮即可。

图 2.8　编辑工具栏

下面使用注释块注释代码。选中需要注释的代码，单击"设置注释块"按钮，即可将选中的代码全部注释，注释后的效果如下：

```
'Private Sub Command1_Click()
'    Command2.Enabled = True
'    Command1.Enabled = False
'End Sub
```

"解除注释块"按钮与"设置注释块"按钮功能正好相反，主要用于清除选中代码前的"'"符号，从而解除该代码块的注释。

注意

在使用注释符号"'"时，不能将注释符号"'"放在"_"续行符之后。

2.7　小　　结

本章主要介绍了关键字、标识符、数据类型、变量、常量、运算符、表达式和代码编写规则。读者应重点掌握变量，它是程序设计的关键内容。另外，良好的编程习惯也是必不可少的。

2.8　练习与实践

1. 在 VB 中，对于没有赋值的变量，系统默认值是什么？（答案位置：光盘\TM\sl\2\7）

2. 在程序中声明一个常量，然后试着更改这个常量的值，看看会引发什么错误。（答案位置：光盘\TM\sl\2\8）

3. 设 A=5，B=4，C=3，求下列表达式的值，并将其输出到"立即"窗口。（答案位置：光盘\TM\sl\2\9）

（1）A+3*C　　　　　　　　　　　　（2）A^2/6

（3）A/2*3/2　　　　　　　　　　　　（4）A Mod 3+B^3/C\5

4. 定义一个变量 myval，将文本框中的值赋给变量 myval，然后使用 Msgbox 函数显示该变量。（答案位置：光盘\TM\sl\2\10）

第 3 章

算法和程序控制结构

（ 📹 视频讲解：59 分钟 ）

　　算法是问题求解过程的精确描述，因此掌握算法是学习程序设计的核心，它可以帮助用户更好、更快地掌握编程思想及编程方法。本章将简要地介绍算法，使读者初步了解算法，为日后编程打下良好的基础。学好程序的基本控制结构是结构化程序设计的基础，本章将详细地介绍程序中常用的 3 种控制结构。讲解过程中为了便于读者理解，结合了大量的举例。

　　通过阅读本章，您可以：

▶▶ 了解算法基本概念、特性及算法的几种描述方法

▶▶ 掌握顺序结构程序设计方法中的基本语句、输入/输出语句

▶▶ 掌握赋值语句中 "=" 的使用方法

▶▶ 掌握 If 语句及其嵌套使用方法

▶▶ 掌握 Select Case 语句的使用方法

▶▶ 掌握 IIf 函数的使用方法

▶▶ 掌握 For...Next 循环语句的使用方法

▶▶ 掌握 Do...Loop 循环语句的使用方法

▶▶ 学会如何使用多重循环

▶▶ 学会选择结构与循环结构的嵌套

3.1 算　法

 视频讲解：光盘\TM\lx\3\算法.exe

算法是学习程序设计的基础，也可以说是程序设计的入门知识，掌握算法可以帮助读者快速理清程序设计的思路，找出多种解决问题的方法，从而选择最合适的解决方案。

本节将介绍什么是算法、算法的特点、算法的描述方法及构成算法的基本控制结构。

3.1.1　什么是算法

"算法"这个术语听起来可能很陌生，其实大多数人每天都会用到许多算法。

例如我们早晨坐车上班，一般情况下会乘公交车，但如果时间来不及或遇到其他特殊情况，可能会打车，这就是一个"算法"。因此，广义地讲，"算法"就是解决某个问题或处理某件事的方法和步骤。下面再来了解在计算机程序设计中，算法是如何体现的。

【例 3.1】　商家给客户打折，规定一种商品一次消费金额超过 200 元的客户可以获得折扣（10%）。（实例位置：光盘\TM\sl\3\1）

首先，把单价和数量相乘，然后判断相乘后所得的结果，即消费金额是否超过（＞）200 元？显然，问题有两种答案，即是或不是。如果消费金额不大于 200 元，则将消费金额赋值给应收金额，这种情况下没有折扣；如果消费金额大于 200 元，则首先计算折扣金额（本例中，存在 10%的折扣），然后将消费金额减去折扣金额，所得结果就是应收金额。

具体算法描述如下：

（1）计算消费金额（txtSum），消费金额（txtSum）=单价（txtPrice）×数量（txtQYT）。

（2）判断消费金额（txtSum）是否大于 200，如果不大于 200，则执行步骤（3），否则执行步骤（4）、（5）。

（3）将消费金额（txtSum）赋值给应收金额（txtRsum）。

（4）计算折扣金额（txtDisCount），折扣金额（txtDisCount）=消费金额（txtSum）×0.1。

（5）计算应收金额（txtRsum），应收金额（txtRsum）=消费金额（txtSum）-折扣金额（txtDisCount）。

有了上述描述，就可以在 VB 中编写程序了。程序代码如下：

```
Private Sub Command1_Click()
    txtSum = Val(txtPrice) * Val(txtQYT)                '计算消费金额
    If txtSum > 200 Then                                '消费金额大于 200
        txtDisCount = Val(txtSum) * 0.1                 '计算折扣金额
        txtRSum = Val(txtSum) - Val(txtDisCount)        '应收金额为消费金额减去折扣金额
    Else
        txtRSum = txtSum                                '将消费金额赋值给应收金额
    End If
End Sub
```

按 F5 键，运行程序。消费金额不大于 200 没有折扣，结果如图 3.1 所示；消费金额大于 200，有折扣，结果如图 3.2 所示。

图 3.1 无折扣效果

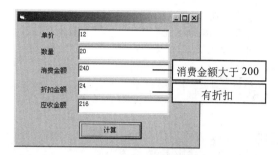

图 3.2 有折扣效果

上述例子中，为了解决商家给客户打折的问题，我们事先做了很多分析，并确定了采用的方法和步骤，因此狭义地讲，"算法"就是指计算机解决某个问题的方法和步骤。

3.1.2 算法的特性

一个算法应该具有以下 5 个主要特性。

☑ 有穷性：一个算法（对任何合法的输入）在执行有穷步后能够结束，并且在有限的时间内完成。

☑ 确定性：算法中的每一步都有确切的含义。

☑ 可行性：算法中的操作能够用已经实现的基本运算执行有限次来实现。

☑ 输入：一个算法有零个或者多个输入，零个输入就是算法本身确定了初始条件。

☑ 输出：一个算法有一个或多个输出，以反映出数据加工的结果，没有输出的算法是没有意义的。

3.1.3 算法的描述方法

为了让算法清晰易懂，需要选择一种好的描述方法。算法的描述方法有很多，有自然语言、伪代码、传统流程图、N-S 结构化流程图等。

1. 自然语言

自然语言就是用人们日常使用的语言描述解决问题的方法和步骤，例如 3.1.1 节的例 3.1 中商家给客户打折算法的描述。这种描述方法通俗易懂，即使是不熟悉计算机语言的人也很容易理解程序。但是，自然语言在语法和语义上往往具有多义性，并且比较繁琐，对程序流向等描述不明了、不直观。

2. 伪代码

伪代码是介于自然语言和计算机语言之间的文字和符号，它与一些高级编程语言（如 Visual Basic 和 Visual C++）类似，但是不需要真正编写程序时所要遵循的严格规则。伪代码用一种从顶到底、易于阅读的方式表示算法。在程序开发期间，伪代码经常用于"规划"一个程序，然后再转换成 VB 程序。

下面用伪代码描述商家给客户打折的算法。

```
SUM = QYT * PRICE                    '计算总金额
IF SUM > 200 THEN                    '如果总金额大于 200
    DISCOUNT = SUM * 0.1             '计算折扣的金额
    RSUM = SUM - DISCOUNT           '计算实收的金额
ELSE                                 '否则，如果总金额不大于 200
    RSUM = SUM                       '没有优惠折扣
END IF
```

说明

为了强调和清晰起见，关键字 IF、THEN、ELSE 和 END IF 通常用大写字母，THEN 和 ELSE 子句运用缩进格式（一般为几个字符的位置），关键字 ELSE 和 END IF 保证与关键字 IF 左边对齐，以便清晰地看出它们属于相同的判断步骤。

3．传统流程图

传统流程图使用不同的几何图形来表示不同性质的操作，使用流程线来表示算法的执行方向。比起前两种描述方式，它具有直观形象、逻辑清晰、易于理解等特点，但占用篇幅较大，流程随意转向，较大的流程图不易读懂。

传统流程图的基本流程图符号及说明如表 3.1 所示。

表 3.1　流程图符号及说明

流程图符号	名　称	说　明
⬭	起止框	表示算法的开始和结束
▭	处理框	表示完成某种操作，如初始化或运算赋值等
◇	判断框	表示根据一个条件成立与否，决定执行两种不同操作的其中一个
↓	输入输出框	表示数据的输入/输出操作
↓	流程线	用箭头表示程序执行的流向
○	连接点	用于流程分支的连接

下面用传统流程图描述商家给客户打折的算法，如图 3.3 所示。

4．N-S 结构化流程图

N-S 结构化流程图是 1973 年美国学者 I·Nassi 和 B·Shneiderman 提出的一种符合结构化程序设计原则的描述算法的图形方法，又叫作盒图。

N-S 结构化流程图有以下几个特点。

☑　图中每个矩形框（除 Case 语句中表示条件取值的矩形框外）都明确定义了功能域（即一个特定控制结构的作用域），以图形表示，清晰可见。

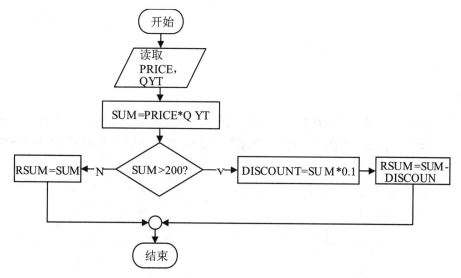

图 3.3　用传统流程图描述商家给客户打折的算法

☑ 它的控制转移不能任意规定，必须遵守结构化程序设计的要求。

☑ 很容易确定局部数据和（或）全局数据的作用域。

☑ 很容易表现嵌套关系，也可以表示模块的层次结构。

下面用 N-S 结构化流程图描述商家给客户打折的算法，如图 3.4 所示。

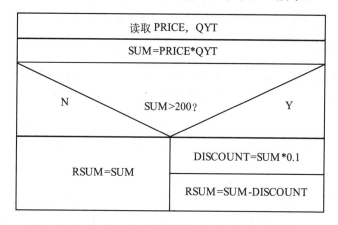

图 3.4　用 N-S 结构化流程图描述商家给客户打折的算法

以上描述算法的方法各有特点，在实际工作中如何选择使用呢？主要参考以下几点。

☑ 行业惯例和软件人员使用的普遍性，易于学习、掌握和交流。

☑ 易于表达逻辑条件及其相应的处理，能有效地表达各种数据类型和数据结构。

☑ 便于转换成计算机能接受的代码，易于进行逻辑验证和便于修改。

3.1.4　构成算法的基本控制结构

在程序设计中，构成算法的基本控制结构有 3 种，即顺序结构、选择结构和循环结构。合理使用这些控制结构可以使程序结构清晰、易读性强，并且易于查错和排错，这也是正确算法的体现；反之则会造成程序质量下降，运行速度慢等。

下面介绍程序设计中常用的 3 种基本控制结构。

1．顺序结构

顺序结构是最简单、最基本的结构方式，各流程框依次按顺序执行。其传统流程图与 N-S 结构化流程图的表示方式分别如图 3.5 和图 3.6 所示。执行顺序为：开始→语句 1→语句 2→…→结束。

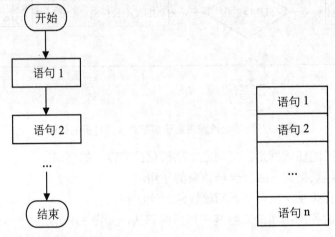

图 3.5　顺序结构传统流程图　　　　图 3.6　顺序结构 N-S 结构化流程图

2．选择（分支）结构

选择结构就是对给定条件进行判断，条件为 True 时执行一个分支，条件为 False 时执行另一个分支。下面是双分支和单分支选择结构的传统流程图表示方式与 N-S 结构化流程图表示方式，如图 3.7 和图 3.8 所示。

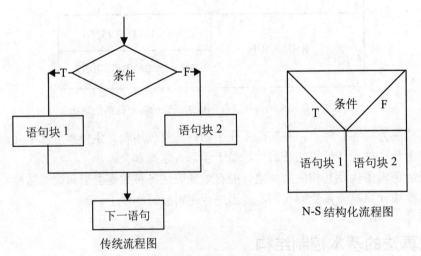

图 3.7　双分支选择结构的两种流程图

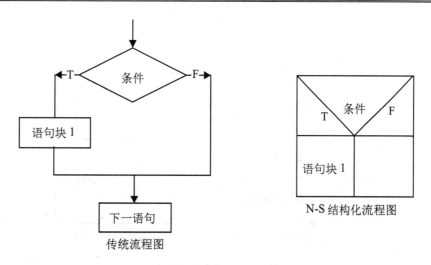

图 3.8　单分支选择结构的两种流程图

　　当选择的情况较多时，使用前面介绍的选择结构就会很麻烦而且不直观。这时可以使用多情况选择结构（即 Case 结构），其传统流程图表示方式与 N-S 结构化流程图表示方式分别如图 3.9 和图 3.10 所示。

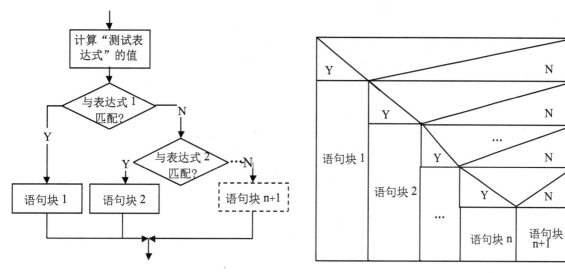

图 3.9　Case 结构的传统流程图　　　　　　　图 3.10　Case 结构的 N-S 结构化流程图

3．循环结构

　　循环结构可以根据需要多次重复执行一行或多行代码。循环结构分为两种：当型循环和直到型循环。当型循环先判断后执行，当条件为 True 时反复执行语句或语句块；条件为 False 时，跳出循环，继续执行循环后面的语句。其流程图如图 3.11 所示。

　　直到型循环先执行后判断。先执行语句或语句块，再进行条件判断，直到条件为 False 时，跳出循环，继续执行循环后面的语句，否则一直执行语句或语句块。其流程图如图 3.12 所示。

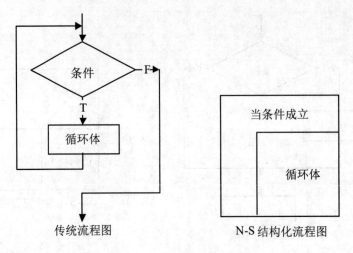

图 3.11　当型循环流程图

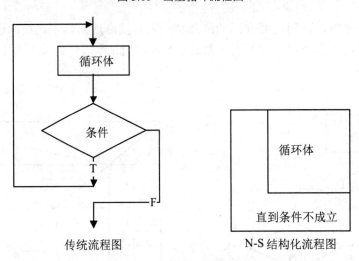

图 3.12　直到型循环流程图

3.2　顺序结构

📹 视频讲解：光盘\TM\lx\3\顺序结构.exe

顺序结构的语句主要包括赋值语句、输入/输出语句等，其中输入/输出一般可以通过文本框控件、标签控件、InputBox 函数、MsgBox 函数及 Print 方法来实现。

3.2.1　赋值语句

赋值语句就是将表达式的值赋给变量或属性，即通过 Let 关键字使用赋值运算符"="给变量或属性赋值。其语法格式如下：

[Let] <变量名> = <表达式>

- ☑　Let：可选的参数。显式使用的 Let 关键字是一种格式，通常省略该关键字。
- ☑　变量名：必需的参数；变量或属性的名称，变量命名遵循标准的变量命名约定。
- ☑　表达式：必需的参数；赋给变量或属性的值。

例如，定义一个长整型变量，给这个变量赋值 2205，代码如下：

```
Dim a As Long                                         '定义长整型变量
Let a = 2205                                          '给变量赋值
```

上述代码中可以省略关键字 Let。例如，在文本框中显示文字，代码如下：

```
Text1.Text="mingrisoft"                               '向文本框中赋值
```

赋值语句看起来简单，但使用时也要注意以下几点。

（1）赋值号与表示等于的关系运算符都用"="表示，VB 系统会自动区分，即在条件表达式中出现的是等号，否则是赋值号。

（2）赋值号左边只能是变量，不能是常量、常数符号和表达式。下面均是错误的赋值语句。

```
X+Y=1                                                '左边是表达式
vbBlack =myColor                                     '左边是常量，代表黑色
10 = abs(s)+x+y                                      '左边是常量
```

（3）当表达式为数值型并与变量精度不同时，需要强制转换左边变量的精度。例如：

```
n%=4.6                                               'n 为整型变量，转换时四舍五入，值为 5
```

（4）当表达式是数字字符串，左边变量是数值型时，右边值将自动转换成数值型再赋值。如果表达式中有非数字字符或空字符串，则出错。

```
n%="123"                                             '将字符串 123 转换为数值数据 123
```

下列情况会出现运行时错误。

```
n%="123mr"
n%=""
```

（5）当逻辑值赋值给数值型变量时，True 转换为-1，False 转换为 0；反之，当数值赋给逻辑型变量时，非 0 转换为 True，0 转换为 False。

【例 3.2】　在立即窗口中将单选按钮被选择的状态赋值给整型变量。（实例位置：光盘\TM\sl\3\2）

① 新建一个工程，在 Form1 窗体中添加一个 CommandButton 控件和两个 OptionButton 控件。

② 在代码窗口中编写如下代码。

```
Private Sub Command1_Click()
    Dim a As Integer, b As Integer                   '定义整型变量
    a = Option1.Value                                '将逻辑值赋给整型变量 a
    b = Option2.Value                                '将逻辑值赋给整型变量 b
    Debug.Print "Opt1 的值： " & a                    '输出结果
```

```
    Debug.Print "Opt2 的值：" & b                        '输出结果
End Sub
```

③ 按 F5 键运行程序，结果如图 3.13 所示。

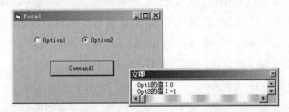

图 3.13　在立即窗口中显示 OptionButton 控件的返回值

（6）任何非字符型的值赋值给字符型变量，都将自动转换为字符型。

为了保证程序的正常运行，一般利用类型转换函数将表达式的类型转换成与左边变量匹配的类型。

3.2.2　数据的输入

在程序设计时，通常使用文本框（TextBox 控件）或输入对话框函数 InputBox 来输入数据。当然，也可以使用其他对象或函数来输入数据。

1．文本框

利用文本框控件的 Text 属性可以获得用户从键盘输入的数据，或将计算的结果输出。

【例 3.3】　在两个文本框中分别输入"单价"和"数量"，然后通过 Label 控件显示金额。（**实例位置：光盘\TM\sl\3\3**）

代码如下：

```
Private Sub Command1_Click()
    Dim mySum As Single                    '定义单精度浮点型变量
    mySum = Val(Text1.Text) * Val(Text2.Text)    '计算"单价"和"数量"相乘
    Label1.Caption = "金额为：" & mySum       '显示计算结果
End Sub
```

按 F5 键运行程序，结果如图 3.14 所示。

图 3.14　输入"单价"和"数量"后计算金额

2．InputBox 函数

InputBox 函数提供了一个简单的对话框供用户输入信息，如图 3.15 所示。在该对话框中有一个输入框和两个命令按钮。显示对话框后，将等待用户输入；当用户单击"确定"按钮后，将返回输入的内容。

图 3.15　InputBox 输入对话框

InputBox 输入函数有两种表达方式：一种为带返回值的；另一种为不带返回值的。

带返回值的 InputBox 函数的使用方法举例如下：

MyValue = InputBox("请输入电话号码", , 84978981)　　　'将输入函数的返回值赋给变量

上述语句中，InputBox 函数后面的一对圆括号不能省略，其中各参数之间用逗号隔开。

不带返回值的 InputBox 函数的使用方法举例如下：

InputBox "请输入电话号码", , 84978981　　　　　　　'输入函数不具有返回值

说明

有关 InputBox 函数更详细的介绍，可参见第 11 章。

3.2.3　数据的输出

输出数据可以通过 Label 控件、输出对话框函数 Msgbox 和 Print 方法等来实现。由于通过 Label 控件输出数据较简单，这里就不介绍了，下面仅介绍 Msgbox 函数和 Print 方法。

1．Msgbox 函数

MsgBox 函数的功能是在对话框中显示消息，如图 3.16 所示，等待用户单击按钮，并返回一个整数告诉系统用户单击的是哪一个按钮。

图 3.16　MsgBox 对话框

MsgBox 函数有两种表达方式：一种为带返回值的；另一种为不带返回值的。

带返回值的 MsgBox 函数的使用方法举例如下：

myvalue = MsgBox("注意：请输入数值型数据", 2 + vbExclamation, "错误提示")
If myvalue = 3 Then End

上述语句中，MsgBox 函数后的一对圆括号不能省略，其中各参数之间用逗号隔开。

不带返回值的 MsgBox 函数的使用方法举例如下：

```
MsgBox "请输入数值型数据！",,"提示"
```

 说明

有关 MsgBox 函数更详细的介绍可参见第 11 章。

2. Print 方法

Print 是输出数据、文本的一个重要方法，其语法格式如下：

```
窗体名称.Print[<表达式>[,|;[<表达式>]…]]
```

<表达式>：可以是数值或字符串表达式。对于数值表达式，先计算表达式的值，然后输出；而字符串则原样输出。如果表达式为空，则输出一个空行。

当输出多个表达式时，各表达式间用分隔符（逗号、分号或空格）隔开。表达式之间若用逗号分隔将以 14 个字符位置为单位把输出行分成若干个区段，每区段输出一个表达式的值；而若用分号或空格作为分隔符，则按紧凑格式输出。

一般情况下，每执行一次 Print 方法将自动换行，可以通过末尾加上逗号或分号的方法使输出结果在同一行显示。

注意

Print 方法除了可以作用于窗体外，还可以作用于其他多个对象，如立即窗口（Debug）、图片框（PictureBox）、打印机（Printer）等。如果省略"对象名"，则在当前窗体上输出。

【例 3.4】 下面使用 Print 方法在窗体中输出图书排行数据。（实例位置：光盘\TM\sl\3\4）

代码如下：

```
Private Sub Form_Click()                                          '输出空行
    Print                                                        '设置字号
    Font.Size = 14                                               '设置字体
    Font.Name = "华文行楷"                                        '打印标题
    Print Tab(45); Year(Date) & "年" & Month(Date) & "月份图书销售排行"
    CurrentY = 700                                               '设置坐标
    Font.Size = 9                                                '设置字号
    Font.Name = "宋体"                                            '设置字体
    Print Tab(15); "书名"; Tab(55); "出版社"; Tab(75); "销售数量"   '打印表头
    Print Tab(14); String(75, "-")                              '输出线
    '打印内容
    Print Tab(15); "Visual Basic 经验技巧宝典"; Tab(55); "人民邮电出版社"; Tab(75); 10
    Print Tab(15); "Visual Basic 数据库系统开发案例精选"; Tab(55); "人民邮电出版社"; Tab(75); 8
    Print Tab(15); "Delphi 数据库系统开发案例精选"; Tab(55); "人民邮电出版社"; Tab(75); 6
End Sub
```

☑ Tab(n)：内部函数，用于将指定表达式从窗体第 n 列开始输出。

☑ Print：如果 Print 后面没有内容，则输出空行。

按 F5 键运行工程，单击窗体，结果如图 3.17 所示。

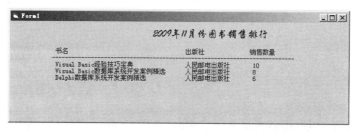

图 3.17 使用 Print 语句在窗体中输出数据

3.3 选 择 结 构

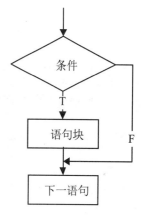

视频讲解：光盘\TM\lx\3\选择结构.exe

选择结构属于分支结构的一种，也可以称为判定结构。程序通过判断所给的条件与判断条件的结果执行不同的程序段。

3.3.1 单分支 If...Then 语句

If...Then 语句用于判断表达式的值，满足条件时执行其包含的一组语句，执行流程如图 3.18 所示。

If...Then 语句有两种形式，即单行和块形式。

（1）单行形式

顾名思义，单行形式的 If...Then 语句只能在一行内书写完毕，即一行不能超过 255 个字符的限度。

语法格式如下：

图 3.18 If...Then 语句执行流程图

If 条件表达式 Then 语句

If 和 Then 都是关键字；"条件表达式"应该是一个逻辑表达式，或者其值是可以转换为逻辑值的其他类型表达式。

当程序执行到单行形式的 If...Then 语句时，首先检查"条件表达式"，以确定下一步的流向。如果"条件"为 True，则执行 Then 后面的语句；如果"条件"为 False，则不执行"语句"中的任何语句，直接跳到下一条语句执行。

下面是一条单行形式的 If...Then 语句：

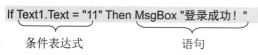

（2）块形式

块形式的 If...Then 语句是以连续数条语句的形式给出的。

语法格式如下：

```
If 条件表达式 Then
    语句块
End If
```

其中，"语句块"可以是单个语句，也可以是多个语句。多个语句可以写在多行中，也可以写在同一行中，并用冒号":"隔开。

例如，如果变量 a 等于 1，那么变量 b 等于 100，c 等于 100 且 d 等于 100，代码如下：

```
If a=1 Then
    b=100:c=100:d=100                          '给多个变量赋值，用冒号":"隔开
End If
```

当程序执行到块形式的 If...Then 语句时，首先检查"条件表达式"，以确定下一步的流向。如果"条件"为 True，则执行 Then 后面的语句块；如果"条件"为 False，则跳过 Then 后面的语句或语句块。如果逻辑表达式为数值表达式，计算结果非 0 时表示 True，计算结果为 0 时表示 False。

【例 3.5】 判断"密码"文本框中的值是否为 11，如果是则提示用户登录成功。（**实例位置：光盘\ TM\sl\3\5**）

代码如下：

```
Private Sub Command1_Click()
    If Text1.Text = "11" Then                   '判断"密码"文本框中的值是否为"11"
        MsgBox "登录成功！"                        '提示用户输入正确
    End If
End Sub
```

块形式

注意

块形式的 If...Then...End If 语句必须使用 End If 关键字作为语句的结束标志，否则会出现语法错误或逻辑错误。

3.3.2 双分支 If...Then...Else 语句

在 If...Then...Else 语句中，可以有若干组语句块，根据实际条件只执行其中的一组，其执行流程如图 3.19 所示。

If...Then...Else 语句也分为单行形式和块形式。

（1）单行形式

语法格式如下：

If 条件表达式 Then 语句块 1 Else 语句块 2

当条件满足时（即"条件表达式"的值为 True），执行"语句块 1"，否则执行"语句块 2"，然后继续执行 If 语句下面的语句。

例如，下面就是一个单行形式的 If...Then...Else 语句。

```
If Text1.Text = "11" Then MsgBox "登录成功！" Else MsgBox "密码错误，重新输入！"
```

条件表达式　　　　　语句块 1　　　　　　　语句块 2

（2）块形式

如果单行形式中的两个语句块中的语句较多，则写在单行不易读且容易出错，这时就应该使用块形式的 If...Then...Else 语句。

语法格式如下：

```
If  条件表达式  Then
        语句块 1
Else
        语句块 2
End If
```

块形式的 If...Then...Else...End If 语句与单行形式的 If...Then...Else 语句功能相同，只是块形式更便于阅读和理解。

另外，块形式中的最后一个 End If 关键字不能省略，它是块形式的结束标志，如果省略会出现编译错误，如图 3.20 所示。

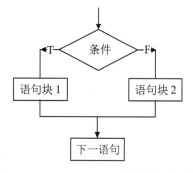

图 3.19　If...Then...Else 语句执行流程图　　　图 3.20　省略最后一个 End If 时出现错误

【例 3.6】 下面用块形式判断用户输入的密码，如果"密码"文本框中的值为 11，则提示用户登录成功，否则提示用户"密码错误，请重新输入！"。（实例位置：光盘\TM\sl\3\6）

代码如下：

```
Private Sub Command1_Click()
    If Text1.Text = "11" Then                      '判断"密码"文本框中的值是否为 11
        MsgBox "登录成功！",,"提示"                '提示登录成功
    Else
        MsgBox "密码错误，请重新输入！",,"提示"    '否则提示密码错误
    End If
End Sub
```

3.3.3 If 语句的嵌套

一个 If 语句的"语句块"中可以包括另一个 If 语句，这就是"嵌套"。在 VB 中允许 If 语句嵌套。

If 语句的嵌套形式如下：

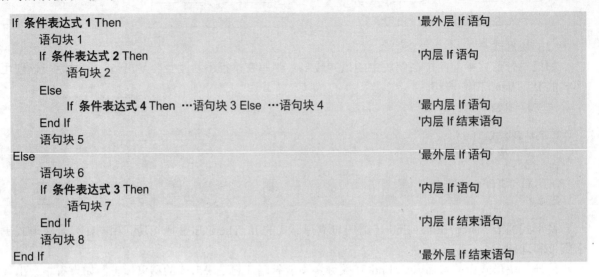

```
If  条件表达式 1 Then                                          '最外层 If 语句
    语句块 1
    If  条件表达式 2 Then                                       '内层 If 语句
        语句块 2
    Else
        If  条件表达式 4 Then …语句块 3 Else …语句块 4            '最内层 If 语句
    End If                                                    '内层 If 结束语句
    语句块 5
Else                                                          '最外层 If 语句
    语句块 6
    If  条件表达式 3 Then                                       '内层 If 语句
        语句块 7
    End If                                                    '内层 If 结束语句
    语句块 8
End If                                                        '最外层 If 结束语句
```

上面的语句看起来不太直观，下面用流程图来表示，如图 3.21 所示。

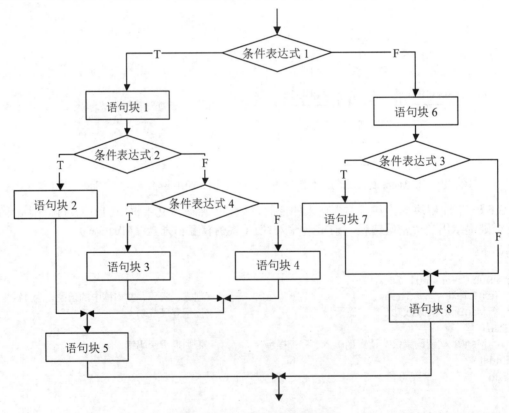

图 3.21   If 语句嵌套执行流程图

对于这种结构，书写时应该采用缩进形式，这样可以使程序代码看上去结构清晰，增强代码可读性，便于日后修改调试。另外，Else 或 End If 必须和与它相关的 If 语句相匹配，构成一个完整的 If 结构语句。

【例 3.7】　下面通过一个典型的"用户登录"实例，介绍 If 语句的嵌套在实际项目开发中的应用。
（实例位置：光盘\TM\sl\3\7）

（1）新建一个工程，在 Form1 窗体中添加 Label 控件、ComboBox 控件和 TextBox 等控件，如图 3.22 所示。

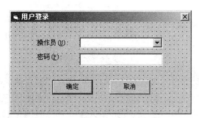

图 3.22　用户登录界面设计效果

设置窗体和控件的相关属性，设置结果如表 3.2 所示。

表 3.2　各窗体和控件的主要设置

窗体/控件	Name 属性	Caption 属性	Default 属性	Text 属性
Form	FrmLogin	用户登录		
TextBox	FrmPwd			为空
ComboBox	cboUserName			为空
CommandButton	CmdOk	确定	True	
CommandButton	CmdCancel	取消		
Label	LabPwd	操作员(&U):		
Label	LabKind	密码(&P):		

（2）在代码窗口中编写如下代码。

```vb
Public intMyTimes As Integer
Const MaxTimes As Integer = 3
Private Sub Form_Load()
    intMyTimes = 1                                  '给变量赋初值
    cboUserName.AddItem "管理员"                     '向组合框添加内容
    cboUserName.AddItem "操作员 1"                    '向组合框添加内容
    cboUserName.AddItem "操作员 2"                    '向组合框添加内容
End Sub
Private Sub cmdOK_Click()
    If cboUserName.Text <> "" Then                  '如果操作员不为空
        If txtPassword.Text = "" Then               '判断密码是否为空
            MsgBox "请输入密码！", , "提示窗口"         '弹出提示对话框，提示输入密码
            txtPassword.SetFocus                    '设置焦点位置
        Else                                        '否则
            If txtPassword.Text <> "11" Then        '如果密码不是 11
                If intMyTimes > MaxTimes Then       '密码输入次数大于 3 次，则退出程序
                    '弹出提示对话框
```

```
                        MsgBox "您无权使用该软件！",,"提示窗口"
                    End                                      '结束
                Else                                         '否则提示密码输入不正确
                    intMyTimes = intMyTimes + 1              '每输入一次错误的密码，变量 intMyTimes 就加 1
                    MsgBox "密码不正确，请重新输入！",,"提示窗口"
                    txtPassword.SetFocus                     '设置焦点
                End If
            Else                                             '否则登录成功
                MsgBox "登录成功！",,"提示窗口"              '弹出提示对话框
            End If
        End If
    Else                                                     '提示用户操作员不能为空
        MsgBox "操作员不能为空！",,"提示窗口"                '弹出提示对话框
        Exit Sub                                             '退出过程
    End If
End Sub
Private Sub cmdCancel_Click()
    End                                                      '退出程序
End Sub
```

（3）按 F5 键运行工程。选择操作员，输入密码，单击"确定"按钮，结果如图 3.23 所示。

图 3.23　登录成功

具体执行过程如下：

① 判断操作员是否为空，如果操作员为空则提示用户，如图 3.24 所示；否则执行②。

② 判断密码是否为空，如果密码为空则提示用户，如图 3.25 所示；否则执行③。

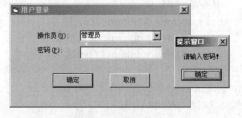

图 3.24　操作员为空　　　　　　　　　　　　　　图 3.25　密码为空

③ 判断密码输入是否正确，如果正确则提示"登录成功"；否则执行④。

④ 判断密码输错的次数是否大于 3 次，如果大于 3 次，则提示用户无权使用，如图 3.26 所示，然后退出程序；否则执行⑤。

⑤ 每输入一次错误的密码，变量 intMyTimes 就加 1，并提示用户密码输入有误，如图 3.27 所示。

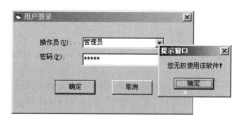

图 3.26　密码输错次数大于 3 次　　　　　图 3.27　提示用户密码有误

3.3.4　多分支 If…Then…ElseIf 语句

只有块形式的写法，语法格式如下：

```
If  条件表达式 1 Then
    语句块 1
ElseIf  条件表达式 2 Then
    语句块 2
ElseIf  条件表达式 3 Then
    语句块 3
    …
ElseIf  条件表达式 n Then
    语句块 n
    …
[Else
    语句块 n+1]
End If
```

该语句的作用是根据不同的条件确定执行哪个语句块，其执行顺序为条件表达式 1、条件表达式 2……一旦条件表达式的值为 True，则执行该条件下的语句块。

多分支 If…Then…ElseIf 语句的执行流程如图 3.28 所示。

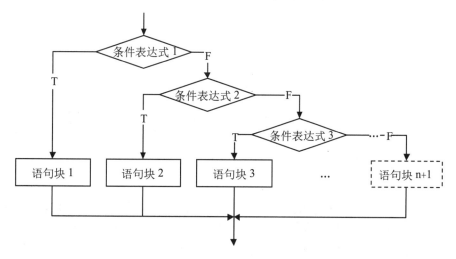

图 3.28　多分支 If…Then…ElseIf 语句执行流程图

在 VB 中，该语句中的条件表达式和语句块的个数没有具体限制。另外，书写时应注意，在关键字 ElseIf 中间没有空格。

下面通过一个实例，介绍多分支 If 语句的应用。

【例 3.8】 将输入的分数进行不同程度的分类，即"优"、"良"、"及格"和"不及格"。先判断分数是否等于 100，再判断是否>=80，是否>=60，……，以此类推。（实例位置：光盘\TM\sl\3\8）

程序设计步骤如下：

（1）启动 Visual Basic 6.0，新建工程，在新建的 Form1 窗体中添加一个文本框（Text1）、3 个标签（Label1、Label2 和 Label3）和一个命令按钮（Command1）。

（2）在代码窗口中编写如下代码。

```
Private Sub Command1_Click()
    Dim a As Integer                            '定义一个整型变量
    a = Val(Text1.Text)                         '给变量 a 赋值
    If a > 100 Or a < 0 Then                    '如果输入的数不在 0～100 之间
        MsgBox "只能能输入 0-100 以内的数!"        '弹出提示对话框
        Exit Sub                                '退出过程
    End If
    If a = 100 Then                             '如果是 100
        lblResult.Caption = "优"                '显示"优"
    ElseIf a >= 80 Then                         '如果大于 80
        lblResult.Caption = "良"                '显示"良"
    ElseIf a >= 60 Then                         '如果大于 60
        lblResult.Caption = "及格"              '显示"及格"
    Else                                        '否则
        lblResult.Caption = "不及格"            '显示不及格
    End If
End Sub
```

（3）按 F5 键运行程序，在"成绩"文本框中输入"88"，单击"判断"按钮，结果如图 3.29 所示。

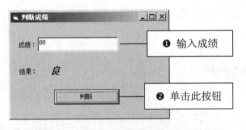

图 3.29 多分支 If 语句实例运行效果

3.3.5 Select Case 语句

当选择的情况较多时，使用 If 语句实现，就会很麻烦而且不直观。对此 VB 提供了 Select Case 语句，使用该语句可以方便、直观地处理多分支的控制结构。其语法格式如下：

```
Select Case  测试表达式
    Case  表达式 1
```

```
        语句块 1
    Case  表达式 2
        语句块 2
        …
    Case  表达式 n
        语句块 n
    [Case Else
        语句块 n+1]
End Select
```

Select Case 语句的执行流程如图 3.30 所示。

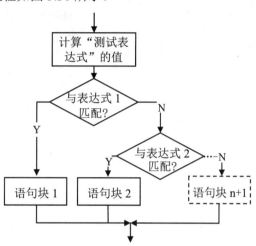

图 3.30 Select Case 语句的执行流程图

执行过程说明如下：

（1）计算"测试表达式"的值。

（2）用这个值与 Case 后面表达式 1、表达式 2、……、表达式 n 中的值进行比较。

（3）若有相匹配的，则执行 Case 表达式后面的语句块，执行完该语句块则结束 Select Case 语句，不再与后面的表达式比较。

（4）当"测试表达式"的值与后面所有表达式的值都不匹配时，若有 Case Else 语句，则执行 Case Else 后面的语句块 n+1；若没有 Case Else 语句，则直接结束 Select Case 语句。

在 Select Case 语句中，"表达式"通常是一个具体的值（如 Case 1），每一个值确定一个分支。"表达式"的值称为域值，通过以下几种方法可以设定该值。

（1）表达式列表为表达式。例如：

```
Case X+100                              '表达式列表为表达式
```

（2）一组值（用逗号隔开）。例如：

```
Case 1,4,7                              '表示条件在 1、4、7 范围内取值
```

（3）表达式 1 To 表达式 2。例如：

```
Case 50 TO 60                           '表示条件取值范围为 50~60
```

（4）Is 关系表达式。例如：

```
Case Is<4                                          '表示条件在小于 4 的范围内取值
```

【例 3.9】 下面将例 3.8（多分支 If 语句的应用实例）改写为 Select Case 语句形式。（实例位置：光盘\TM\sl\3\9）

代码如下：

```
Private Sub Command1_Click()
    Dim a As Integer                               '定义一个整型变量
    a = Val(Text1.Text)                            '给变量 a 赋值
    Select Case a                                  '判断变量的值
    Case Is = 100                                  '值是 100
        lblResult.Caption = "优"                   '显示"优"
    Case Is >= 80                                  '值大于 80
        lblResult.Caption = "良"                   '显示"良"
    Case Is >= 60                                  '值大于 60
        lblResult.Caption = "及格"                 '显示"及格"
    Case Else                                      '其余的情况
        lblResult.Caption = "不及格"               '显示"不及格"
    End Select
End Sub
```

比较两者之间的区别，从中可以看出，在多分支选择情况下，使用 Select Case 语句结构更清晰。当然，若只有两个分支或分支数很少的情况下，直接使用 If…Then…Else 语句更好一些。

3.3.6 IIf 函数

IIf 函数的作用是根据表达式的值，返回两部分中的其中一个的值或表达式，其语法格式如下：

```
IIf(<表达式>,<值或表达式 1>, <值或表达式 2>)
```

"表达式"是必要参数，用来判断值的表达式；"值或表达式 1"是必要参数，如果表达式为 True，则返回这个值或表达式；"值或表达式 2"是必要参数，如果表达式为 False，则返回这个值或表达式。

注意

如果表达式 1 或表达式 2 中任何一个在计算时发生错误，那么程序就会发生错误。

【例 3.10】 使用 IIf 函数实现例 3.6 中的实例，即如果"密码"文本框中的值为 11，则提示用户输入正确，否则提示用户"密码不正确，请重新输入！"。（实例位置：光盘\TM\sl\3\10）

代码如下：

```
Private Sub Command1_Click()
    Dim str As String                              '定义字符型变量
    '如果"密码"文本框中的值为 11，则提示用户输入正确，否则提示用户"密码不正确，请重新输入！"
    str = IIf(Text1.Text = "11","输入正确！","密码不正确，请重新输入！")
```

```
    MsgBox str, , "提示"                              '弹出提示对话框
End Sub
```

从例 3.6 和例 3.10 两个示例来看，虽然使用 IIf 函数比使用 If…Then…Else 语句简化了代码，但代码并不直观。

3.4　循　环　结　构

📹 **视频讲解**：光盘\TM\lx\3\循环结构.exe

当程序中有重复的工作要做时，就需要用到循环结构。循环结构是指程序重复执行循环语句中一行或多行代码。例如在窗体上输出 10 次 1，每个 1 单独一行。如果使用顺序结构实现，就需要书写 10 次"Print 1"这样的代码，而使用循环语句就简单多了。例如，使用 For…Next 语句实现的代码如下：

```
For i = 1 To 11                                   '循环
    Print 1                                       '输出 1
Next i
```

在上述代码中 i 是一个变量，用来控制循环次数。

VB 提供了 3 种循环语句来实现循环结构，即 For…Next、Each…For Next 和 Do…Loop，下面分别介绍。

3.4.1　For…Next 循环语句

当循环次数确定时，可以使用 For…Next 语句，其语法格式如下：

```
For 循环变量 = 初值 To 终值 [Step 步长]
    循环体
    [Exit For]
    循环体
Next 循环变量
```

For…Next 语句执行流程如图 3.31 所示。

（1）如果不指定"步长"，则系统默认步长为 1；当"初值＜终值"时，"步长"为 0；当"初值＞终值"时，"步长"应小于 0。

（2）Exit For 用来退出循环，执行 Next 后面的语句。

（3）如果出现循环变量的值总是不超出终值的情况，则会产生死循环。此时，可按 Ctrl+Break 键，强制终止程序的运行。

（4）循环次数 N=Int((终值-初值)/步长+1)。

（5）Next 后面的循环变量名必须与 For 语句中的循环变量名相同，并且可以省略。

【例 3.11】　在 ListBox 列表控件中添加 1～12 月。（**实例位置：光盘\TM\sl\3\11**）

代码如下：

```
Private Sub Form_Load()
    Dim i%                                  '定义一个整型变量
    For i = 1 To 12
        List1.AddItem i & "月"               '在列表中添加月份
    Next i
End Sub
```

按 F5 键运行工程，结果如图 3.32 所示。

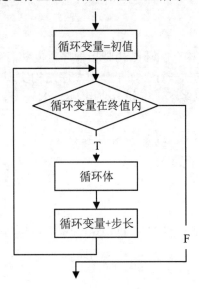

图 3.31   For...Next 语句的执行流程图

图 3.32   For 语句的简单应用

提示

    For...Next 循环的计数器变量应定义为整型或长整型，这样可使 VB 在进行算术运算时节省时间，从而加快循环的执行速度。

通过上述例子，相信您已经学会了 For...Next 循环语句，但要注意一点，即 For...Next 循环中有个最常见的错误，即"差 1 错误"。当这种错误发生时，如果设计的目的是进行 100 次循环，则可能执行的循环次数是 99 或 101 次。

下面就是一个错误的例子。例如，最初在银行存 1000 元钱，以后每年存 1000 元钱，计算 10 年后存款的总金额，代码如下：

```
Dim i As Integer                            '定义一个整型变量
Dim mysum As Single                         '定义一个单精度浮点型变量
Private Sub Command1_Click()
    For i = 1 To 10
        mysum = mysum + 1000                 '累加金额
    Next i
End Sub
```

上述代码已经产生了差 1 错误，因为计数器变量初始值应是 0。下面才是正确的代码：

```
Dim i As Integer                                    '定义一个整型变量
Dim mysum As Single                                 '定义一个单精度浮点型变量
Private Sub Command1_Click()
    For i = 0 To 10
        mysum = mysum + 1000                        '每循环一次，变量 mysum 就加 1000
    Next i
End Sub
```

For…Next 循环并不总是按 1 进行计数，有时需要按 2、按小数、按负数进行计数，这可以通过在 For…Next 循环中加入 Step 关键字来实现。Step 关键字用于通知 VB 不按 1 进行计数，而按指定的量进行计数。

【例 3.12】 如果只显示 2、4、6 等偶数月份，则应将例 3.11 代码改为如下。（**实例位置：光盘\TM\sl\3\12**）

```
Private Sub Form_Load()
    Dim i%                                          '定义变量
    For i = 1 To 12 Step 2                          '从 1 至 12 做循环，每两个数执行一次
        List1.AddItem i + 1 & "月"                  '在列表中添加月份
    Next i
End Sub
```

如果只显示 1、3、5 等奇数月份，则只需将上述代码中的"List1.AddItem i + 1 & "月""改为"List1.AddItem i & "月""即可。

另外，For 循环中的计数还可以是倒数，只要把间隔值设为负值（即间隔值小于 0），而令初始值大于终止值即可。这时，循环的停止条件将会变成是计数值小于终止值时停止。

【例 3.13】 在窗体上输出 10～1 的整数。（**实例位置：光盘\TM\sl\3\13**）

代码如下：

```
Private Sub Form_Click()
    Dim i%                                          '定义变量
    For i = 10 To 1 Step -1                         '从 10 至 1 做循环，每一个数执行一次
        Print i                                     '在窗体上输出变量 i
    Next i
End Sub
```

注意

进行小数步循环要比进行整数步循环慢得多，即使步值是整数，若计数器是变体类型，则循环也会慢得多。

3.4.2　For Each…Next 循环语句

For Each…Next 语句用于依照一个数组或集合中的每个元素，循环执行一组语句。其语法格式

如下：

```
For Each 数组或集合中元素 In 数组或集合
    循环体
    [Exit For]
    循环体
Next 数组或集合中元素
```

☑ 数组或集合中元素：必要参数，是用来遍历集合或数组中所有元素的变量。对于集合，可能是一个 Variant 类型变量、一个通用对象变量或任何特殊对象变量；对于数组，这个变量只能是一个 Variant 类型变量。

☑ 数组或集合：必要参数，对象集合或数组的名称（不包括用户定义类型的数组）。

☑ 循环体：可选参数，循环执行的一条或多条语句。

【例3.14】 单击窗体时使用 For Each…Next 语句列出窗体上所有控件名称。（**实例位置：光盘\TM\sl\3\14**）

代码如下：

```
Private Sub Form_Click()
    Dim Myctl As Control              '定义集合对象
    For Each Myctl In Me.Controls     '遍历窗体中的控件
        Print Myctl.Name              '在窗体上显示控件名称
    Next Myctl
End Sub
```

按 F5 键运行工程，结果如图 3.33 所示。

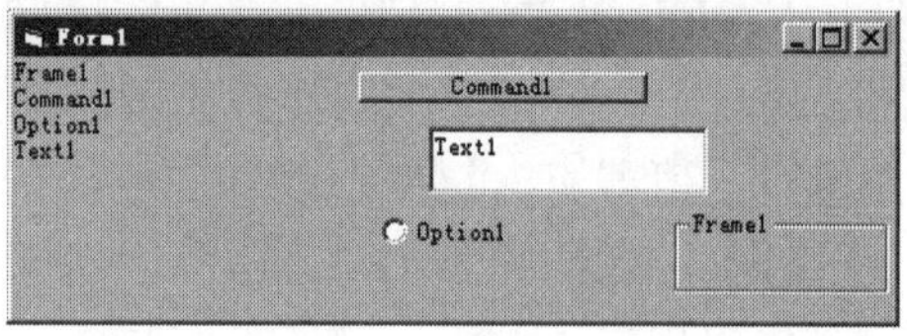

图 3.33　在窗体中显示所有控件名称

3.4.3　Do…Loop 循环语句

在循环次数难以确定，但控制循环的条件或循环结束的条件已知的情况下，常常使用 Do…Loop 语句。Do…Loop 语句是最常用、最有效、最灵活的一种循环结构，具有以下 4 种不同的形式。

1．Do While…Loop

使用 While 关键字的 Do…Loop 循环称为"当型循环"，是指当循环条件的值为 True 时执行循环。语法格式如下：

```
Do While <循环条件>
    循环体 1
    <Exit Do>
    循环体 2
Loop
```

<循环条件>定义了循环的条件，是逻辑表达式，或者能转换成逻辑值的表达式。

该语句的执行流程如图 3.34 所示。

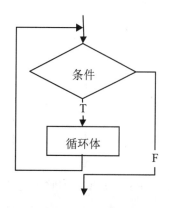

图 3.34　Do While...Loop 语句执行流程图

从上述流程图可以看出，Do While...Loop 语句的执行过程如下。

当程序执行到 Do While...Loop 语句时，首先判断 While 后面的<循环条件>，如果其值为 True，则由上到下执行循环体中的语句。当执行到 Loop 关键字时，返回到循环开始处再次判断 While 后面的<循环条件>是否为 True。如果为 True，则继续执行循环体中的语句；否则跳出循环，执行 Loop 后面的语句。

【例 3.15】　使用 Do While...Loop 语句计算 1+2+3+…+50 的值。（**实例位置：光盘\TM\ sl\3\15**）

代码如下：

```
Private Sub Form_Click()
    Dim i%, mySum%                        '定义整型变量
    Do While i <= 50
        mySum = mySum + i                 '每循环一次，变量 mySum 就加变量 i
        i = i + 1                         '每循环一次，变量 i 就加 1
    Loop
    Print mySum                           '输出计算结果
End Sub
```

结果为 1275。

2．Do...Loop While

这是"当型循环"的第二种形式，其与第一种形式的区别在于 While 关键字与<循环条件>在 Loop 关键字后面。

语法格式如下：

```
Do
    循环体 1
    <Exit Do>
    循环体 2
Loop While <循环条件>
```

该语句的执行流程如图 3.35 所示。

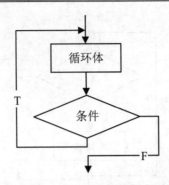

图 3.35　Do...Loop While 语句执行流程图

从上述流程图可以看出，Do...Loop While 语句的执行过程如下。

当程序执行 Do...Loop While 语句时，首先执行一次循环体，然后判断 While 后面的<循环条件>。如果其值为 True，则返回到循环开始处再次执行循环体，否则跳出循环，执行 Loop 后面的语句。

【例 3.16】 使用 Do...Loop While 语句计算 1+2+3+…+myVal 的值，myVal 值通过 InputBox 输入对话框输入。（实例位置：光盘\TM\sl\3\16）

代码如下：

```
Private Sub Form_Click()
    Dim i%, mySum%, myVal%                      '定义整型变量
    myVal = Val(InputBox("请输入一个数："))      '得到输入的值
    Do
        i = i + 1                               '每循环一次，变量 i 就加 1
        mySum = mySum + i                       '每循环一次，变量 mySum 就加变量 i
    Loop While i < myVal
    Print mySum                                 '输出计算结果
End Sub
```

上述代码中，如果 myVal 的值大于或等于 256 时，程序会出现"溢出错误"，因为代码中变量 myVal 定义的是整型，整型的有效范围是-32768～32768，因此出现错误。

解决办法有两种：一种是将变量 myVal 定义为长整型，这样输入值的有效范围会大些；另一种就在定义变量的代码后加一条简单的遇错处理语句 On Error Resume Next。

3．Do Until...Loop

使用 Until 关键字的 Do...Loop 循环被称为"直到型循环"。

语法格式如下：

```
Do Until <循环条件>
    循环体 1
    <Exit Do>
    循环体 2
Loop
```

该语句的执行流程如图 3.36 所示。

从上述流程图可以看出，用 Until 关键字代替 While 关键字的区别在于，当循环条件的值为 False 时才进行循环，否则退出循环。

【例 3.17】　用 Do Until...Loop 语句计算阶乘 n!，n 值通过 InputBox 输入对话框输入。（**实例位置：**
光盘\TM\sl\3\17）

代码如下：

```
Private Sub Form_Click()
    Dim i%, n%, mySum&                          '定义整型和长整型变量
    n = Val(InputBox("请输入一个数："))            '得到输入的值
    mySum = 1                                   '给变量 mySum 赋初值
    Do Until i = n
        i = i + 1                               '每循环一次，变量 i 就加 1
        mySum = mySum * I                       '每循环一次，变量 mySum 就乘以变量 i
        If n > 12 Then Exit Do                  '如果输入数大于 12，就退出循环
    Loop
    Print mySum                                 '输出计算结果
End Sub
```

4．Do...Loop Until

Do...Loop Until 语句是"直到型循环"的第二种形式。
语法格式如下：

```
Do
    循环体 1
    <Exit Do>
    循环体 2
Loop Until <循环条件>
```

该语句的执行流程如图 3.37 所示。

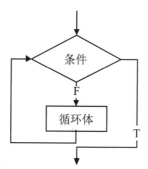

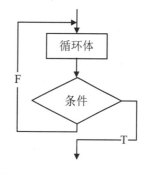

图 3.36　Do Until...Loop 语句执行流程图 　　　图 3.37　Do...Loop Until 流程图

从上述流程图可以看出，Do...Loop Until 语句的执行过程如下。

当程序执行 Do...Loop Until 语句时，首先执行一次循环体，然后判断 Until 后面的<循环条件>。如果其值为 False，则返回到循环开始处再次执行循环体；否则跳出循环，执行 Loop 后面的语句。

注意

　　因为浮点数和精度问题，两个看似相等的值实际上可能不精确相等。因此，在构造 Do...Loop 循环条件时要注意，如果测试的是浮点类型的值，要避免使用相等运算符 "="，而应尽量使用运算符 ">" 或 "<" 进行比较。

3.4.4 嵌套循环

有时一层循环不能很好地解决问题，这时就需要利用嵌套循环来解决。这种在一个循环体内又包含了循环的结构称为多重循环或循环嵌套。例如，地球是围绕着太阳旋转的，可以将其称为一个循环，而月亮又是围绕着地球旋转的，这又是另一个循环。这样太阳、地球、月亮就形成了一个嵌套的循环。

嵌套循环对 For...Next 语句、Do...Loop 语句均适用。在 VB 中，对嵌套的层数没有限制，可以嵌套任意多层。嵌套一层称为二重循环，嵌套两层称为三重循环。

注意

（1）外循环必须完全包含内循环，不可以出现交叉现象。

（2）内循环与外循环的循环变量名称不能相同。

下面介绍几种合法且常用的二重循环形式，如表 3.3 所示。

表 3.3　合法的循环嵌套形式

（1）For i= 初值 To 终值 　　For j=初值 To 终值 　　　循环体 　　Next j 　　Next i	（2）For i= 初值 To 终值 　　Do While/Until 　　　循环体 　　Loop 　　Next I	（3）Do While/Until 　　For i=初值 To 终值 　　　循环体 　　Next i 　　Loop
（4）Do While/Until 　　Do While/Until 　　　循环体 　　Loop 　　Loop	（5）Do 　　For i=初值 To 终值 　　　循环体 　　Next i 　　Loop While/Until	（6）Do 　　Do While/Until 　　　循环体 　　Loop 　　Loop While/Until

【例 3.18】 下面通过一个简单的例子演示二重 For...Next 循环。多重循环的道理相同。（**实例位置：光盘\TM\sl\3\18**）

代码如下：

```
第一种形式：
Private Sub Form_Click()
    Dim i%, j%               '定义整型变量
    For i = 1 To 3           '外层循环
        Print "i="; i        '输出变量 i
        For j = 1 To 3       '内层循环
            Print Tab; "j="; j  '输出变量 j
        Next j
    Next i
End Sub
```

```
第二种形式：
Private Sub Form_Click()
    Dim i%, j%               '定义整型变量
    For i = 1 To 3           '外层循环
        For j = 1 To 3       '内层循环
            Print "i="; i; "j="; j  '输出变量 i 和 j
        Next j
        Print                '输出空行
    Next i
End Sub
```

上述两段程序只是输出形式不同（即输出语句上有些区别），运行结果分别如图 3.38 和图 3.39 所示。从这两段程序的执行情况可以看出，外层循环执行一次（如 i=1），内层循环要从头循环一遍（如 j=1、j=2 和 j=3）。

图 3.38　嵌套循环示例（1）

图 3.39　嵌套多重循环示例（2）

3.4.5　选择结构与循环结构的嵌套

在 VB 中，所有的控制结构（包括 If 语句、Select Case 语句、Do...Loop 语句、For...Next 语句等）都可以嵌套使用。

【例 3.19】将 100 元钱换成零钱（5 元、10 元、20 元中的任意多个面值）有很多种换法。组成 100 元的零钱中，最多有 20 个 5 元、10 个 10 元和 5 个 20 元。判断所有的组合中，总和正好是 100 元的。这类方法称为"穷举法"，也称为"列举法"。（实例位置：光盘\TM\sl\3\19）

代码如下：

```
Private Sub Form_Click()
    Dim x%, y%, z%, n%                                      '定义整型变量
    Print "5 元个数", "10 元个数", "20 元个数"              '输出标题
    For x = 0 To 20                                        '5 元的个数
        For y = 0 To 10                                    '10 元的个数
            For z = 0 To 5                                 '20 元的个数
                If 5 * x + y * 10 + z * 20 = 100 Then      '满足条件
                    n = n + 1                              '满足条件的组合数
                    Print x, y, z                          '输出结果
                End If
            Next z
        Next y
    Next x
    Print "共有" & n & "种换法"                            '输出满足条件的组合数
End Sub
```

上述程序使用了三重 For...Next 循环，循环计数器变量分别为 x、y、z，代表 5 元、10 元和 20 元的个数，20 个 5 元、10 个 10 元和 5 个 20 元之内共有 21×11×6=1386 种组合，内嵌 If...Then 判断总和正好等于 100 元的只有 36 种，如图 3.40 所示。

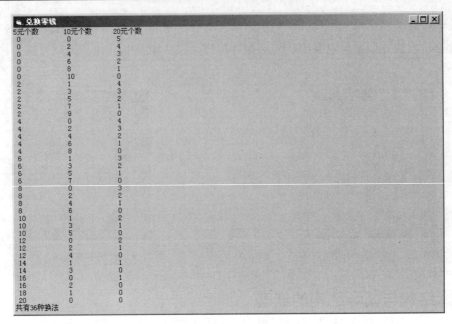

图 3.40　兑换零钱的换法

3.5　其他辅助控制语句

视频讲解：光盘\TM\lx\3\其他辅助控制语句.exe

本节主要介绍其他辅助控制语句，包括跳转语句 GoTo、复用语句 With…End With、退出语句 Exit 和结束语句 End。

3.5.1　跳转语句 GoTo

GoTo 语句使程序无条件跳转到过程中指定的语句行执行，语法格式如下：

GoTo <行号|行标签>

说明

（1）GoTo 语句只能跳转到它所在过程中的行。

（2）"行标签"是任何字符的组合，不区分大小写，必须以字母开头，以冒号"："结尾，且必须放在行的开始位置。

（3）"行号"是一个数字序列，且在使用行号的过程内该序列是唯一的。行号必须放在行的开始位置。

（4）太多的 GoTo 语句会使程序代码不容易阅读及调试，应尽可能少用或不用 GoTo 语句。

【例 3.20】　在程序中使用 GoTo 语句。（实例位置：光盘\TM\sl\3\20）

代码如下：

```
Private Sub Command1_Click()
    GoTo l1                                      '程序跳转到 l1 标签下的语句
    End                                          '结束
    Exit Sub                                     'Exit Sub 的作用是立即退出 Command1_Click 的 Sub 过程
l1:                                              '标签
    Print "没有退出"                              '输出信息
End Sub
```

当程序执行到 GoTo 语句时，程序跳转到 l1 标签下的语句去执行，而不执行 End 语句结束程序。

3.5.2　复用语句 With...End With

With 语句是在一个定制的对象或一个用户定义的类型上执行的一系列语句，其语法格式如下：

```
With <对象>
    [<语句组>]
End With
```

☑　"对象"是必要参数，表示一个对象或用户自定义类型的名称。
☑　"语句组"是可选参数，是要在对象上执行的一条或多条语句。

With 语句可以嵌套使用，但是外层 With 语句的对象或用户自定义类型会在内层的 With 语句中被屏蔽住，所以必须在内层的 With 语句中使用完整的对象或用户自定义类型名称来引用在外层的 With 语句中的对象或用户自定义类型。

【例 3.21】　嵌套使用 With 语句，在窗体 Load 事件中设置按钮与窗体的部分属性。（**实例位置：光盘\TM\sl\3\21**）

代码如下：

```
Private Sub Form_Load()
    With Form1                                   '外层 With 语句
        .Height = 10000: .Width = 10000          '设置 Form1 的宽、高
        With Command1                            '内层 With 语句
            .Height = 2000: .Width = 2000        '设置 Command1 的宽、高
            .Caption = "按钮高度与宽度都是 2000"   '设置 Command1 的 Caption 属性
            Form1.Caption = "窗体高度与宽度都是 10000"  '设置窗体 Form1 的 Caption 属性
        End With
    End With
End Sub
```

在外层嵌套 With 语句中直接设置 Form1 窗体的高度和宽度，在内层嵌套 With 语句中直接设置 Command1 按钮的高度、宽度和显示的标题。在设置 Form1 的显示标题时需要写入窗体的名称。

3.5.3　退出语句 Exit

Exit 语句用来退出 Do...Loop、For...Next、Function、Sub 或 Property 代码块，其类型及作用如

表 3.4 所示。

表 3.4　Exit 语句类型及作用

语 句 类 型	作　　用
Exit Do	退出 Do...Loop 循环的一种方法，只能在 Do...Loop 循环语句中使用。Exit Do 语句会将控制权转移到 Loop 语句之后的语句。当 Exit Do 语句用在嵌套的 Do...Loop 循环语句中时，Exit Do 语句会将控制权转移到其所在位置的外层循环
Exit For	退出 For...Next 循环的一种方法，只能在 For...Next 或 For Each...Next 循环中使用。Exit For 语句会将控制权转移到 Next 语句之后的语句。当 Exit For 语句用在嵌套的 For...Next 或 For Each...Next 循环中时，Exit For 语句会将控制权转移到其所在位置的外层循环
Exit Function	立即从包含该语句的 Function 过程中退出。程序会从调用 Function 过程的语句之后的语句继续执行
Exit Property	立即从包含该语句的 Property 过程中退出。程序会从调用 Property 过程的语句之后的语句继续执行
Exit Sub	立即从包含该语句的 Sub 过程中退出。程序会从调用 Sub 过程语句之后的语句继续执行

【例 3.22】　在 For...Next 循环语句中，当满足某种条件时，可以使用 Exit For 语句退出循环。（实例位置：光盘\TM\sl\3\22）

代码如下：

```
Dim i As Integer
Private Sub Form_Load()
For i = 1 To 100
    Text1.Text = i                        '给文本框赋值
    If i = 50 Then Exit For               '当 i=50 时退出循环
Next i
End Sub
```

3.5.4　结束语句 End

End 语句用来结束一个过程或块。End 语句与 Exit 语句容易混淆，Exit 语句是用来退出 Do...Loop、For...Next、Function、Sub 或 Property 代码块，并不说明一个结构的终止，而 End 语句是终止一个结构。End 语句类型及作用如表 3.5 所示。

表 3.5　End 语句类型及作用

语 句 类 型	作　　用
End	停止执行。不是必要的，可以放在过程中的任何位置关闭程序
End Function	必要的语句，用于结束一个 Function 语句
End If	必要的语句，用于结束一个 If 语句块
End Property	必要的语句，用于结束一个 Property Let、Property Get 或 Property Set 过程
End Select	必要的语句，用于结束一个 Select Case 语句
End Sub	必要的语句，用于结束一个 Sub 语句
End Type	必要的语句，用于结束一个用户定义类型的语句（Type 语句）
End With	必要的语句，用于结束一个 With 语句

注意

在使用 End 语句关闭程序时，VB 不调用 Unload、QueryUnload、Terminate 事件或任何其他代码，而是直接终止程序（代码）执行。

3.6 小　　结

通过本章的学习，读者会发现看似简单的几个控制语句能够构筑出灵活多变的程序流程，因此学好控制语句是掌握好一门语言的基础。另外，在学习控制语句的过程中应注意以下几点。

- ☑　结构必须有入口和出口，即结构的起始语句和终止语句。
- ☑　结构的控制功能由结构本身决定，控制的依据是条件，控制机理是当前变量的值与预先设定的临界值进行比较，得到一个逻辑值"真"或"假"，然后根据这一逻辑值选择程序的执行流程。
- ☑　在程序中仅有结构语句没有任何意义，结构中必须"装"进内容。结构中可"装入"任何合法的语句及结构。
- ☑　在书写结构时尽量采用缩排格式，以增强代码的可读性。

最后，为了提高编程效率，建议读者牢记常用的编程定式，如累加定式、连乘定式、穷举法等。

3.7 练习与实践

1. 判断如果 a>60，则 I=1；如果 a>70，则 I=2；如果 a>80，则 I=3；如果 a>90，则 I=4。（答案位置：光盘\TM\sl\3\23）

2. 编写一个程序，计算增加后的工资。要求基本工资大于或等于 1000 元，增加 20%工资；若小于 1000 元，且大于或等于 800 元，则增加 15%；若小于 800，则增加 10%工资。（答案位置：光盘\TM\sl\3\24）

3. 将 a、b 两个值中较小的一个显示在文本框中。（答案位置：光盘\TM\sl\3\25）

4. 使用 For...Next 语句计算库存表（kc）中所有药品的库存数量和库存金额，配书光盘中提供了数据库 db_medicine.mdb。（答案位置：光盘\TM\sl\3\26）

第 **4** 章

数组的声明和应用

（ 📹 视频讲解：20分钟 ）

数组可以用相同名称引用一系列变量，并用数字（索引）来识别它们。合理地使用数组可以简化程序，因为可以利用索引值设计一个循环，高效处理多种情况。

通过阅读本章，您可以：

▶▶ 熟悉数组的概念

▶▶ 了解数组的分类

▶▶ 掌握数组的声明方法

▶▶ 掌握数组的基本操作方法

4.1　数组的概述

📹 视频讲解：光盘\TM\lx\4\数组的概述.exe

编程时，如果涉及数据不多，可以使用变量存取和处理数据，但对于成批的数据处理，就要用到数组。利用数组可以简化程序、提高编程效率。本节主要介绍数组的概念和数组与简单变量的区别。

4.1.1　数组的概念

在程序设计中，为了处理方便，通常会把具有相同类型的若干变量按有序的形式组织起来。这种具有相同数据类型数据的有序集合便称为数组。

有了数组，便可以用相同的名称引用一系列的变量，并用数字（索引）来识别它们。使用数组可以缩短和简化程序，因为可以利用索引值设计一个循环，高效处理多种情况。数组有上界和下界，数组元素在上界和下界内是连续的，因为 VB 对每个索引值都分配空间，所以不要声明范围过大的数组。

📢 注意

　　这里讨论的是程序中声明的数组，不同于控件数组。控件数组是在设计时通过设置 Index 属性实现的；而变量数组总是连续的，不能从一个数组中加载或者卸载数组元素。

数组是一组相同数据类型变量的集合，而并不是一种数据类型。通常把数组中的变量称为数组元素。数组中每一个数组元素都有一个唯一的下标来标识自己，并且同一个数组中各个元素在内存中是连续存放的。在程序中通常使用数组名代表逻辑上相关的一些数据，用下标表示该数组中的各个元素。这使得程序书写更加简洁、操作更为方便，编写出来的程序出错率低、可读性强。

数组的定义和一般的变量类似。在程序中如果定义了一个数组，当系统对源程序进行编译的时候会分配一个连续的空间，这个空间的大小根据定义数组的大小进行分配。例如，定义一个有 10 个数组元素的整型数组 Dim A(10) As Integer，系统会给数组分配一个具有 10 个整型变量那么大的连续的存储空间，数组的名称就是这一段连续内存空间的名称。该连续存储空间就像一个存储数据的容器，用户可以向里面存放整型数据。定义一个具有 10 个数组元素的整型数组在内存中的表现形式如图 4.1 所示。

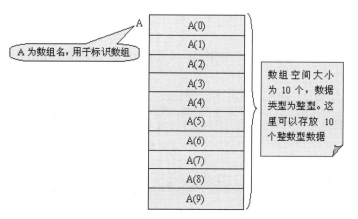

图 4.1　数组在内存中的分配状况

4.1.2　数组与简单变量的区别

数组与简单变量的声明方法类似，但仍有一些区别。

☑　数组是以基本数据类型为基础，数组中每一个元素都属于同一数据类型。

☑　数组的定义类似于简单变量的定义，所不同的是数组需要指定数组中的元素个数。

4.2　数组的分类

📹　视频讲解：光盘\TM\lx\4\数组的分类.exe

按照是否可以重新定义数组上下标，可将数组分为静态数组和动态数组。按照数组的维数可将数组分为一维数组、二维数组及多维数组。下面将对数组的各个类别进行讲解。

4.2.1　静态数组

1．静态数组的声明

静态数组使用 Dim 语句来声明。

语法格式如下：

Public|Private|Dim 数组名(下标)[As 数据类型]

声明静态数组语法中各部分说明如表 4.1 所示。

表 4.1　声明静态数组语法中的参数及说明

参　　数	说　　明
Public|Private|Dim	只能选取一个而且必选其一。Public 用于声明可在工程中所有模块的任何过程中使用的数组；Private 用于声明只能在包含该声明的模块中使用的数组；Dim 用于模块或过程级别的数组。如果声明的是模块级别的数组，数组在该模块中的所有过程都是可用的；如果声明的是过程级别的数组，数组只能在该过程内可用
数组名	必要参数。数组的名称；遵循标准的变量命名约定
下标	必要参数。数组变量的维数，必须为常数；最多可以声明 60 维的多维数组；下标下界最小可为 −32768，最大上界为 32767；可省略下界，默认值为 0
数据类型	可选参数。变量的数据类型；可以是 Byte、Boolean、Integer、Long、Currency、Single、Double、Date、String（对变长的字符串）、String * length（对定长的字符串）、Object、Variant、用户定义类型或对象类型

说明

数组的下标由下界与上界组成，下界即数组中最小的数组元素，上界是数组中最大的数组元素。

在 VB 6.0 中可使用 Dim 语句声明几种不同数据类型、不同大小的数组。代码如下：

```
Dim a(3) As String              '声明 String 型数组 a，包含 4 个数组元素，即 a(0)、a(1)、a(2)、a(3)
Dim b(6)                        '声明 Variant 型数组 b，包含 7 个数组元素，即 b(0)～b(6)
Dim c(2 To 7) As Integer        '声明 Integer 型数组 c，包含 6 个数组元素，即 c(2)～c(7)
```

注意

程序运行时访问静态数组，使用的数组元素下标不能超出定义的范围，否则程序将产生"下标越界"的错误。

2. 静态数组的使用

【例 4.1】 使用冒泡排序法，实现当单击"排序"按钮时，对包含 10 个数组元素的数组进行排序，并将结果输出在 TextBox 控件中。（**实例位置：光盘\TM\sl\4\1**）

说明

冒泡排序（BubbleSort）的基本概念是：依次比较相邻的两个数，将小数放在前面，大数放在后面。即首先比较第 1 个数和第 2 个数，将小数放前，大数放后；然后比较第 2 个数和第 3 个数，将小数放前，大数放后；以此类推，直至比较最后两个数，将小数放前，大数放后。重复以上过程，仍从第一对数开始比较（因为可能经过第 2 个数和第 3 个数的交换，使得第 1 个数不再小于第 2 个数），将小数放前、大数放后；依此类推，一直比较到最大数前的一对相邻数，将小数放前，大数放后，第二趟结束，在倒数第二个数中得到一个新的最大数。如此下去，直至最终完成排序。

由于在排序过程中总是小数往前放，大数往后放，相当于气泡往上升，所以称为冒泡排序。

用二重循环实现，外循环变量设为 i，内循环变量设为 j。外循环重复 9 次，内循环依次重复 9，8，…，1 次。每次进行比较的两个元素都是与内循环 j 有关的，它们可以分别用 a[j] 和 a[j+1] 标识，i 的值依次为 1，2，…，9，对于每一个 i，j 的值依次为 1，2，…，10-i。

程序代码如下：

```
Dim a(9) As Long                                '声名模块级数组 a
Private Sub Command1_Click()                    '排序
Dim i As Long, j As Long, b As Long             '定义变量
    For i = 1 To 9                              '外层循环遍历数字
        For j = 0 To 9 – i                      '内层循环
            If a(j) > a(j + 1) Then             '如果前面的数值大于后面的数值
                b = a(j)                        '将前面的数值存储到变量中
                a(j) = a(j + 1)                 '将后面的数值赋给前一个数值
                a(j + 1) = b                    '将变量的值再赋给后一个数值
            End If
        Next j
    Next i
    For i = 0 To 9                              '循环
        Text1.Text = Text1.Text + CStr(a(i)) + "     "   '将数组的结果输入到文本框中
        If i = 4 Then Text1.Text = Text1.Text + Chr(13) + Chr(10)   '如果显示的个数超出 4 个，则换行
    Next i
```

```
End Sub

Private Sub Command2_Click()
    Dim i As Long, l                                          '定义变量
    Text1.Text = ""                                           '清空文本框中的内容
    For i = 0 To 9                                            '循环输入
N:                                                            '标签
        '弹出提示对话框输入数字
        l = InputBox("请输入排序的 10 个数字，这是第" & CStr(i + 1) & "个", "提示", "")
        If IsNumeric(l) Then                                  '如果输入的是数字
            a(i) = l                                          '赋给数组变量
        Else                                                  '否则
            MsgBox "请输入数字", vbOKOnly, "错误"             '弹出提示对话框
            GoTo N                                            '跳转到标签 N
        End If
    Next i
End Sub
```

4.2.2 动态数组

在开发程序时，很多时候都不能判断数据中具体含有多少个元素。对于这种数组，可以给它设置一个最大可能的范围，这样无论数组元素有多少都不会出现问题，但是这样处理会浪费很多存储空间。动态数组就是为了解决这一问题应运而生的。动态数组中的元素可以根据需要动态改变数组元素的个数，从而节省存储空间。

1．动态数组的声明

动态数组使用 ReDim 语句声明。

注意

　　ReDim 语句是在过程级别中使用的语句。

语法格式如下：

ReDim [Preserve] 数组名(下标) [As 数据类型]

声明动态数组语法中各部分的说明如表 4.2 所示。

表 4.2　声明动态数组语法中的参数及说明

参　数	说　明
Preserve	可选参数。关键字；当改变原有数组最末维的大小时，使用此关键字可以保持数组中原来的数据
数组名	必要参数。数组的名称；遵循标准的变量命名约定
下标	必要参数。数组变量的维数；最多可以声明 60 维的多维数组
数据类型	可选参数。变量的数据类型；可以是 Byte、Boolean、Integer、Long、Currency、Single、Double、Date、String（对变长的字符串）、String*length（对定长的字符串）、Object、Variant、用户定义类型或对象类型。所声明的每个变量都要有一个单独的 As 数据类型子句。对于包含数组的 Variant 而言，数据类型描述的是该数组的每个元素的类型，不能将此 Variant 改为其他类型

例如，在程序中声明动态数组 a(10)，程序代码如下：

```
ReDim a(10) As Long
```

●注意

动态数组只能改变其数组元素的多少，从而改变所占内存大小，但不能改变其已经定义的数据类型。动态数组还可以使用 Dim 语句声明。在使用 Dim 语句声明动态数组时，将数组下标定义为空（给数组赋予一个空维数表），并在需要改变这个数组大小时，使用 ReDim 语句重新声明这个数组的下标。

2．动态数组的使用

【例 4.2】 实现单击"输入"按钮时，使用 InPutBox 函数弹出"输入"对话框，输入一些数据储存在动态数组 A 中，并将动态数组 A 中数据在 TextBox 控件中显示出来。程序运行效果如图 4.2 所示。（**实例位置：光盘\TM\sl\4\2**）

程序代码如下：

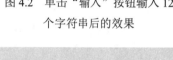

图 4.2　单击"输入"按钮输入 12
个字符串后的效果

```
Private Sub Command1_Click()
    Text1.Text = ""                                   '清空文本框内容
    Dim S As Long, i As Long                          '声明两个长整型变量
    Dim A()                                           '声明变体类型动态数组
    Do                                                '循环体
        ReDim Preserve A(S)                           '重新定义数组上下标，并保留原元素
        A(S) = InputBox("请输入字符串，输入空串时结束", "输入")
        S = S + 1                                     '累加
    Loop Until A(S - 1) = ""                          '当元素 A(S - 1)=空字符串时
    For i = 0 To S − 2                                '创建 For 循环体
        Text1.Text = Text1.Text & "第" & CStr(i + 1) & "个是：" & CStr(A(i)) & " "
    Next i
    Erase A
End Sub
```

4.2.3　一维数组

1．一维数组概念

一维数组是指在定义数组时，不论该数组是静态还是动态的数组，只要这个数组只有一个下标，那么该数组即为一维数组。数组元素在内存中是连续存放的。

例如，声明一个含有 4 个数组元素的数组 A，A 中各元素在内存中存放顺序如图 4.3 所示。

A(0)
A(1)
A(2)
A(3)

图 4.3　数组 A 中每个元素
在内存中的存放顺序

2．一维数组的声明

使用 Dim 语句或 ReDim 语句声明一维数组，代码如下：

Dim a() As Long	'声明动态一维数组
ReDim a(0 To 3) As Long	'重新为动态一维数组设置下标不上标
ReDim Preserve a(0 To 3) As Long	'重新为动态一维数组设置下标不上标并保留原元素中的数据
Dim b(3) As String	'声明静态一维数组
Dim c(5)	'声明默认 Variant 数据类型静态一维数组

3. 一维数组的使用

【例 4.3】 使用选择排序法，实现当单击"排序"按钮时，将一维数组 a 中各元素按从小到大的顺序输出在立即窗口中。（实例位置：光盘\TM\sl\4\3）

说明

所谓选择排序法，就是每一趟从待排序的数据元素中选出最小（或最大）的一个元素，顺序放在已排好序的数列的最后，直到全部待排序的数据元素排完。

选择排序是不稳定的排序方法。

含有 n 个记录的文件经过 n-1 趟选择排序即可得到有序结果。

（1）初始状态

无序区为 R[1..n]，有序区为空。

（2）第 1 趟排序

在无序区 R[1..n]中选出关键字最小的记录 R[k]，将它与无序区中的第 1 个记录 R[1]交换，使 R[1..1]和 R[2..n]分别变为记录个数增加 1 的新有序区和记录个数减少 1 的新无序区。

……

（3）第 i 趟排序

第 i 趟排序开始时，当前有序区和无序区分别为 R[1..i-1]和 R($1 \leqslant i \leqslant n-1$)。该趟排序从当前无序区中选出关键字最小的记录 R[k]，将它与无序区的第 1 个记录 R 交换，使 R[1..i]和 R 分别变为记录个数增加 1 的新有序区和记录个数减少 1 的新无序区。

这样，n 个记录的文件的直接选择排序可经过 n-1 趟直接选择排序得到有序结果。

```
DptionExplicit
Dim a(9) As Long
Private Sub Command1_Click()
    Dim i As Long, I As Long, n As Long
    For i = 0 To 9                    '使用选择排序法排序，每次选择最小的数值
        For I = i To 9                '循环
            If a(i) > a(I) Then       '如果前面数组元素大于后面的数组元素
                n = a(i)              '将前面的数组元素赋值给变量
                a(i) = a(I)           '将后面的数组元素赋值给前面的数组元素
                a(I) = n              '将变量的值赋给后面的数组元素
            End If
        Next I
        Debug.Print a(i)              '在立即窗口中输出
    Next i
End Sub
Private Sub Form_Load()
```

```
        a(0) = 564                                      '给数组 a 中各数组元素赋值
        '设置元素值
        a(1) = 78: a(2) = 45: a(3) = 456412: a(4) = 456: a(5) = 1: a(6) = 45 + 79: a(7) = 12: a(8) = 1 * 966: a(9) = 65 / 5
        Dim i As Long                                   '声明长整型变量
        For i = 0 To 9                                  'For 循环体
            Label1.Caption = Label1.Caption & "第" & CStr(i + 1) & "是：" & CStr(a(i)) & "    "
        Next i
End Sub
```

4.2.4　数组中的数组

数组的元素可以是任意的数据类型，因此可以建立 Variant 数据类型数组。Variant 类型数组元素可以是其他数组。

【例 4.4】　建立两个数组，一个包含整数，而另一个包含字符串，然后声明第 3 个 Variant 数据类型数组，并将整数和字符串数组放置其中。（实例位置：光盘\TM\sl\4\4）

代码如下：

```
Private Sub Command1_Click()
        Dim i As Integer                                '声明计数器变量。'声明并放置整数数组
        Dim intarray(5) As Integer                      '声明数组
        For i = 0 To 4                                  '循环体
            intarray(i) = 2008                          '设置元素值
        Next i
        '声明并放置字符串数组
        Dim strarray(5) As String                       '声明数组
        For i = 0 To 4                                  '循环体
            strarray(i) = "奥运"                        '设置元素值
        Next i
        Dim arr(1 to 2) As Variant                      '声明拥有两个成员的新数组
        arr(1) = intarray()                             '将其他数组移居到数组
        arr(2) = strarray()
        MsgBox arr(1)(2)                                '显示结果 "2008"
        MsgBox arr(2)(3)                                '显示结果 "奥运"
End Sub
```

4.2.5　二维数组及多维数组

1. 二维数组的概念

二维数组是指拥有两个下标的数组。可以把二维数组看作一个 XY 坐标系中的点。

例如，二维数组元素 A（1,3）可以看作是在 XY 坐标系中的点，如图 4.4 所示。

在定义数组时，将数组定义为 3 个下标即三维数组，4 个下标即四维数组，以此类推。这些数组都可以称为多维数组。VB 中数组的维数最大限定为 60 个。

多维数组在使用时占用的内存空间较大，特别是 Variant 型多维数组，所以要谨慎使用。

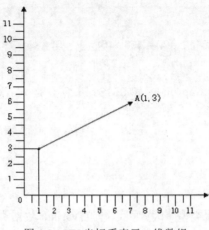

图 4.4　XY 坐标系表示二维数组

2．二维数组的声明

使用 Dim 语句或 ReDim 语句声明二维数组。例如：

```
Dim a(3, 4) As String                              '声明静态二维数组
Dim b(5, 9)                                        '声明默认 Variant 数据类型静态二维数组
Dim c(,)                                           '声明二维动态数组
ReDim c(1 To 3, 0 To 2) As Long                    '更改二维数组的上下标
ReDim Preserve d(0 To 3, 0 To 2) As Long           '更改二维数组的上下标并保留元素中的数据
```

3．二维数组的使用

例如，单击"赋值输出"按钮，对二维数组 A 中所有元素赋值，并将 A 中每个数组元素的值输出在立即窗口中。程序代码如下：

```
Dim a(1 To 9, 1 To 9)                              '声明二维数组
Private Sub Command1_Click()
    Dim i As Long, l As Long                        '声明两个长整型变量
    For i = 1 To 9                                  '循环体
        For l = 1 To 9                              '循环体
            a(i, l) = l                             '设置元素值
            Debug.Print "a(" & CStr(i) & "," & CStr(l) & ")=" & CStr(a(i, l))
        Next l
    Next i
End Sub
```

4．多维数组的声明

使用 Dim 语句或 ReDim 语句声明多维数组。例如：

```
Dim a(,,) As Long                                  '声明多维动态数组
ReDim a(0 To 3, 0 To 2,1 To 4) As Long             '更改多维数组的上下标
ReDim Preserve a(0 To 3, 0 To 2,1 To 4) As Long
'更改多维数组的上下标并保留元素中的数据
Dim b(3, 4, 6, 9) As Double                        '声明静态多维数组
Dim c(5, 9, 8, 1, 3)                               '声明默认 Variant 数据类型静态多维数组
```

5．多维数组的使用

例如，通过 For...Next 循环使用 InputBox 函数动态创建一个三维数组，并且将创建的三维数组显示在 TextBox 控件内。程序代码如下：

```
Dim a() As Long
Private Sub Command1_Click()
    Dim i As Long                                           '声明长整型变量
    Dim m As String                                         '声明字符串类型变量
    Dim s(1 To 3) As Long                                   '声明长整型数组
    For i = 1 To 3                                          '循环体
        m = InputBox("请输入数组的第" & CStr(i) & "个下标，数值不要过大。","多维数组")
        If IsNumeric(m) Then                                '判断对话框中输入的是否为数值
            s(i) = CLng(m)                                  '设置元素值
        Else
            MsgBox "错误：输入不是数字。", vbOKOnly, "错误"
            Exit For                                        '退出循环
        End If
    Next i
    On Error Resume Next
    ReDim a(s(1), s(2), s(3))                               '重新定义数组 a
    '将三维数组 a 显示在 TextBox 控件文本内
    Text1.Text = "a(" & CStr(s(1)) & "," & CStr(s(2)) & "," & CStr(s(3)) & ")"
End Sub
```

4.3　数组的基本操作

视频讲解：光盘\TM\lx\4\数组的基本操作.exe

数组的基本操作包括元素的输入/输出、插入/删除、查询排序等。下面将结合大量的举例，对这几种数组的基本操作进行详细的讲解。

4.3.1　数组元素的输入

数组的输入是指给数组元素赋值，可以使用给变量赋值的方法为数组元素赋值。

例如，在数组元素较少的情况下可以像变量一样为数组赋值。代码如下：

```
Dim A(1 To 3) As String
A(1) = "奥运"
A(2) = "2008"
A(3) = "北京"
```

也可以使用 VB 所提供的函数为数组元素赋值，如 Array 函数。

Array 函数可以创建一个数组，并返回一个 Variant 数据类型的变量。

语法格式如下：

```
Array(arglist)
```

arglist：一个数值表，各数值之间用"，"分开。这些数值是用来给数组元素赋值的。当 arglist 中没有任何参数时，则创建一个长度为 0 的数组。

例如，将一个 Variant 型变量使用 Array 函数赋值为 Variant 型数组。代码如下：

```
Dim A As Variant
A = Array(45, 2, 6, 7)                                    'A 中包含 4 个数组元素，各元素的值为 45、2、6、7
```

 注意

数组 A 中第一个元素是 A(0)。使用 Array 函数创建的数组只能是 Variant 数据类型，返回的变量也只能是 Variant 型，如果这个变量不是 Variant 型，VB 将产生"类型不匹配"的错误。

在数组元素较多的情况下，可以使用循环结构语句为数组中的每个元素赋值。

例如，利用嵌套循环结构为二维数组中每个元素赋值。代码如下：

```
Dim A(1 To 9, 1 To 9)                                    '声明二维循环
Dim i As Long, l As Long                                 '声明两个长整型变量
For i = 1 To 9                                           '外层循环
    For l = 1 To 9                                       '内层循环
        A(i, l) = 0                                      '遍历二维数组中每个元素，并将其赋值为 0
    Next l
Next l
```

说明

可以在循环中使用 InputBox 函数与用户交互为数组赋值。

4.3.2　数组元素的输出

数组的输出是指将数组元素输出。数组的输出与访问变量类似，其方法也大致相同。

【例 4.5】　将 String 数据类型数组 A 中的元素输出在立即窗口中。（实例位置：光盘\TM\sl\4\5）

程序代码如下：

```
Dim A(1 To 3) As String                                  '声明字符串类型数组
A(1) = "奥运" : A(2) = "2008" : A(3) = "北京"             '设置元素值
Debug.Print A(1), A(2), A(3)                             '显示元素值
```

数组的输出与输入类似，对于数组元素较多的数组，也可以使用循环语句结构将数组中的元素输出，多维数组也可采用嵌套循环结构将数组元素输出。

4.3.3　数组元素的插入

数组的插入是指将相同数据类型的元素插入到数组的指定位置。图 4.5 和图 4.6 演示的是向数组插入元素前与插入元素后的效果。

图 4.5　插入数组元素前　　　　　　　　　　图 4.6　插入数组元素后

对数组进行插入操作时，数组的大小会被改变，所以插入操作只能针对动态数组进行。

【例 4.6】　向数组 A 中的指定位置插入一个新数值 5，并将插入后的数组 A 中各数组元素输出在立即窗口中。（实例位置：光盘\TM\sl\4\6）

程序代码如下：

```
Dim A() As Long
Dim i As Long, m As long                          '声明长整型变量
Private Sub Form_Load()
    ReDim Preserve A(1 To 4)
    A(1) = 1: A(2) = 2: A(3) = 3: A(4) = 4        '为动态数组 A 中元素赋值
        Dim n As Long: n = 5                      '声明长整型变量并赋值
    ReDim Preserve A(1 To 5)                       '调整数组上下标并保存原元素值
For i = 2 To 5                                     '插入新数值
    m = A(i)                                       '将元素 A(i) 值赋予变量 m
    A(i) = n                                       '将 n 值赋予元素 A(i)
    n = m                                          '将变量 m 值赋予变量
    Next i
    For i = 1 To 5                                 '循环体
        Debug.Print "a(" & CStr(i) & ")=" & CStr(A(i)),   '输出插入 5 后数组 A 中的元素
        ' "输出结果为 a(1)=1          a(2)=5          a(3)=2          a(4)=3          a(5)=4 "
    Next i
End Sub
```

4.3.4　数组元素的删除

数组的删除是指删除数组中一个或多个元素。图 4.7 和图 4.8 演示的是从数组中删除一个数组元素的前后情况。

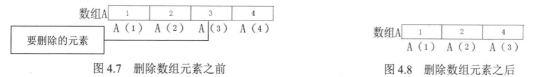

图 4.7　删除数组元素之前　　　　　　　　　　图 4.8　删除数组元素之后

【例 4.7】 从数组 A 中删除一个数组元素，并将删除后的数组 A 中的各数组元素输出到立即窗口中。（实例位置：光盘\TM\sl\4\7）

程序代码如下：

```
Dim A() As Long                                          '声明变体类型动态数组
Private Sub Form_Load()
    ReDim A(1 To 4) As Long                              '设置数组上下标
    Dim i As Long                                        '声明长整型变量
    A(1) = 1: A(2) = 2: A(3) = 3: A(4) = 4               '设置元素值
    Debug.Print vbNewLine & "删除元素前"
    For i = 1 To 4                                        '循环体
        Debug.Print "a(" & CStr(i) & ")=" & CStr(A(i)),   '在立即窗口中输出
    Next i
    A(3) = A(4)                                          '将元素 A(4)值赋予元素 A(3)
    ReDim Preserve A(1 To 3)                             '重新定义数组上下标并保留原元素
    Debug.Print vbNewLine & "删除元素后"
    For i = 1 To 3                                        '循环体
        Debug.Print "a(" & CStr(i) & ")=" & CStr(A(i)),   '在立即窗口中输出
    Next i
End Sub
```

4.3.5 数组元素的查找

数组的查找是指查找数组中指定的一个数组元素。可以使用循环语句结构对数组元素进行顺序查找，即遍历数组中每一个元素，查看数组中每一个数组元素是否与所要查找的数据相符，将符合的数组元素输出。

【例 4.8】 使用 For…Next 语句在包含 1～10 个数组元素的 Long 数据类型数组 A 中查找一个值等于 19 的数组元素。本实例程序运行效果如图 4.9 所示。（实例位置：光盘\TM\sl\4\8）

程序代码如下：

图 4.9 查询元素值为 19 的元素位置

```
For i = 1 To 10                                          '循环
    If a(i) = 19 Then                                    '如果数组元素的值为 19
        '弹出提示对话框，提示用户查找到数组元素
        MsgBox "查找的数值保存在数组元素 a(" & CStr(i) & ")中。", vbOKOnly, "提示"
        Exit For                                         '退出 For 循环
    End If
Next i
```

4.3.6 数组元素的排序

数组的排序是指将数组中的数组元素按一定顺序进行排序，如由大到小、由上到下排序等。通常

为数组排序可以使用选择排序法与冒泡排序法。

1．选择排序法

选择排序法是指每次选择所要排序的数组中值最大（由小到大排序则选择最小值）的数组元素，将这个数组元素的值与前面的数组元素的值互换。

表 4.3 演示了选择排序的过程。

表 4.3　使用选择排序法为数组 A 排序

数组元素 排序过程	A(1)	A(2)	A(3)	A(4)	A(5)
起始值	3	2	7	9	5
第 1 次	9	2	3	7	5
第 2 次	9	7	2	3	5
第 3 次	9	7	5	2	3
第 4 次	9	7	5	3	2
排序结果	9	7	5	3	2

程序代码如下：

```
Dim i As Long, I As Long, n As Long
For i = 1 To 4
    For I = n To 5
        If A(i) < A(I) Then          '当 A(i)小于 A(I)时
            n = A(i)                 '将 A(i)值赋予变量 n
            A(i) = A(I)              '将 A(I)值赋予 A(i)
            A(I) = n                 '将 n 值赋予 A(I)
        End If
    Next I
Next i
```

2．冒泡排序法

冒泡排序法是指在排序时，每次比较数组中相邻的两个数组元素的值，将较大的排在较小的前面。

表 4.4 演示了冒泡排序的过程。

表 4.4　使用冒泡排序法为数组 A 排序

数组元素 排序过程	A(1)	A(2)	A(3)	A(4)	A(5)
起始值	3	2	7	9	5
第 1 次	3	7	9	5	2
第 2 次	7	9	5	3	2
第 3 次	9	7	5	3	2
第 4 次	9	7	5	3	2
排序结果	9	7	5	3	2

程序代码如下：

```
For i = 1 To 4
    For I = 0 To 3
        If A(I) < A(I + 1) Then          '当 A(I)小于 A(I+1)时
            n = A(I)                      '将 A(I)值赋予变量 n
            A(I) = A(I + 1)               '将 A(I+1)值赋予 A(I)
            A(I + 1) = n                  '将 n 值赋予 A(I+1)
        End If
    Next I
Next i
```

3. 二分法排序

如果数组很小，使用上面的方法可行，但数组较大时，一个一个比较将浪费大量时间。对于数组元素的取值有序（由小到大或由大到小等）的数组，可以采用二分法查找数组元素。二分法是将所要查询的数值先与位于数组中间的数组元素进行比较，根据比较结果再对前一半或后一半进行查找，然后继续取前一半或后一半中间的数组元素与查询的数值循环进行比较，直到查询到符合条件的结果。

例如：

```
Dim myarray(100) As Integer                      '声明数组
Private Sub Command3_Click()
    Dim low, high, mid As Integer                '声明整型变量
    Dim found As Boolean                         '声明布尔类型变量
    low = 0                                       '设置初始值
    high = UBound(myarray)                        '设置初始值
    found = False                                 '设置初始值
    mid = (high + low) / 2                        '计算中间值
    Do While Not found And (high >= low)          '当没找到并且 high 值大于等于 low 值时
        If CInt(Text1.Text) = myarray(mid) Then   '当输入的查询值与 myarray(mid)相等时
            found = True                          '设置为真
            MsgBox (mid)                          '显示数组元素的下标
            MsgBox (myarray(mid))                 '显示数组元素的值
            Exit Do                               '跳出循环
        ElseIf CInt(Text1.Text) < myarray(mid) Then   '当输入的查询值小于 myarray(mid)时
            high = mid – 1
        Else
            low = mid + 1
        End If
        mid = (high + low) / 2
    Loop
End Sub
Private Sub Form_Load()
    Dim i As Integer                              '声明整型变量
    Text1.text=0                                  '设置初始值
    For i = 0 To UBound(myarray)                  '遍历数组元素
        myarray(i) = i + 5                        '设置数组元素
        Print myarray(i)                          '显示元素值
    Next
End Sub
```

注意

二分法只适用于有序数组。

4.4 记 录 数 组

视频讲解：光盘\TM\lx\4\记录数组.exe

本节主要介绍记录数组的概念和记录数组的使用。

4.4.1 记录数组的概念

记录数组是指数据类型为自定义（记录型）的数组。与其他数组一样，记录数组也使用 Dim 语句或 ReDim 语句声明。记录数组声明后，该数组中的每个元素都拥有这个记录数据类型中的每个记录元素。

提示

这个问题可能比较晦涩，首先，要了解记录类型，记录类型是利用 Type 语句定义的类型，在记录类型中包括多个记录元素。记录数组，就是记录类型的数组，每个数组元素的数据类型都是记录类型的，因此，每个数组元素就都包括多个记录元素。

4.4.2 记录数组的使用

在程序中使用记录数组与其他数组一样，但是需要先定义一个自定义（记录型）数据类型，然后在需要使用记录数组时进行声明。

【例 4.9】 定义一个 Peo 自定义数据类型，并在程序中使用。（实例位置：光盘\TM\ sl\4\9）

代码如下：

```
Private Type Peo                          '创建自定义类型
    Nam As String                         '声明字符串类型变量
    Age As Integer                        '声明整型变量
End Type
Dim i as Integer
Private Sub Command1_Click()
    Dim A(1 To 2) As Peo                  '声明自定义类型数组
    A(1).Age = 20                         '设置元素 A(1)的 Age 值
    A(1).Nam = "吴一"                     '设置元素 A(1)的 Nam 值
    A(2).Age = 23                         '设置元素 A(2)的 Age 值
```

```
A(2).Nam = "方多"                                    '设置元素 A(2)的 Nam 值
For i = 1 To 2                                        '循环体
    Print A(i).Nam ; A(i).Age & "岁"
Next i
End Sub
```

4.5　数组相关函数及语句

视频讲解：光盘\TM\lx\4\数组相关函数及语句.exe

在 VB 中有几个与数组相关的函数或语句，分别是 Array 函数、UBound 函数和 LBound 函数、Split 函数和 Option Base 语句。下面将对上述的函数和语句分别进行介绍。

4.5.1　Array 函数

Array 函数可以创建一个数组，并返回一个 Variant 数据类型的变量。
语法格式如下：

```
Array(arglist)
```

arglist：一个数值表，各数值之间用“,”分开。这些数值是用来给数组元素赋值的。当 arglist 中没有任何参数时，则创建一个长度为 0 的数组。

例如，将一个 Variant 型变量使用 Array 函数赋值成 Variant 型数组。代码如下：

```
Dim A As Variant
A = Array(45, 2, 6, 7)                               'A 中包含 4 个数组元素，各元素的值为 45、2、6、7
```

注意

数组 A 中第一个元素是 A(0)。使用 Array 函数创建的数组只能是 Variant 数据类型，返回的变量也只能是 Variant 型；如果这个变量不是 Variant 型，VB 将产生类型不匹配的错误。

4.5.2　UBound 函数和 LBound 函数

UBound 函数可以返回指定数组中的指定维数可用的最大下标，其返回值为 Long 型；而 LBound 函数与 UBound 函数相反，该函数可以返回指定数组中的指定维数可用的最小下标，其值为 Long 型。
语法格式如下：

```
UBound(<数组>[,<维数>])
LBound(<数组>[,<维数>])
```

☑　数组：必要参数。数组的名称，遵循标准的变量命名约定。

☑　维数：可选参数。用来指定返回哪一维，默认值是 1（第一维）。UBound 函数返回指定维的上界；LBound 函数返回指定维的下界。

例如，获取数组 A(1 To 100)的上标和下标，代码如下：

```
Dim A(1 To 100)
MsgBox "上标为：  " & UBound(A) & "  下标为："& LBound(A)        '返回结果为"上标为： 100 下标为：1"
```

4.5.3　Split 函数

Split 函数返回一个下标从 0 开始的一维数组，此一维数组中包含了指定数目的子字符串。

语法格式如下：

```
Split(<表达式>[, <字符>[, count[, compare]]])
```

Split 函数语法中各部分的说明如表 4.5 所示。

表 4.5　Split 函数语法中的参数及说明

参　　数	说　　明
表达式	必要参数。包含子字符串和分隔符的字符串表达式。如果表达式是一个长度为 0 的字符串（""），则 Split 函数返回一个空数组，即没有元素和数据的数组
字符	可选参数。用于分隔字符串字符，也可称为分隔符。如果忽略，则使用空格字符（""）作为分隔符。如果字符是一个长度为 0 的字符串，则返回的数组仅包含一个元素，即完整的表达式字符串
count	可选参数。要返回的子字符串数，−1 表示返回所有的子字符串
compare	可选参数。数值，表示判别子字符串时使用的比较方式。其值可参阅表 4.6 中的设置值部分

表 4.6　compare 参数的设置

常　　数	值	描　　述
vbUseCompareOption	−1	用 Option Compare 语句中的设置值执行比较
vbBinaryCompare	0	执行二进制比较
vbTextCompare	1	执行文字比较
vbDatabaseCompare	2	仅用于 Microsoft Access

【例 4.10】　使用 Split 函数以"."号作为分隔符将字符串拆分为字符串数组。（**实例位置：光盘\TM\sl\4\10**）

程序代码如下：

```
Dim A
Private Sub Form_Load()
    A = Split("abc.def.ghi", ".", -1, 1)                          '字符串拆分为数组
    'A(0) 包含"abc"
    'A(1) 包含"def"
    'A(2) 包含 "ghi"
End Sub
Private Sub Command1_Click()
    Dim i As Long
```

```
    For i = 0 To 2                                    '循环显示元素值
        Debug.Print A(i)
    Next i
End Sub
```

4.5.4　Option Base 语句

Option Base 语句用来指定声明数组时下标下界省略时的默认值。该语句仅在模块中使用，一个模块中只能出现一次。该语句必须写在模块的所有过程之前，而且必须位于带维数的数组声明之前；只对该语句所在模块中的数组下界有影响。

语法格式如下：

Option Base [0 | 1]

[0 | 1]：设置数组下标中下界省略时的默认值。一般情况下数组的下标下界省略时的默认值为 0。例如，在声明数组之前使用该语句将下标中默认值设置为 1 后，声明数组 A。代码如下：

Option Base 1
Dim A(4) As Long

数组 A 中的元素分别为 A(1)、A(2)、A(3)、A(4)。

4.6　小　　结

本章首先介绍了一个很重要的概念——数组，然后分别讲解了静态数组、动态数组、记录数组，以及和数组相关的函数、语句，并配以适当的例子加深理解。数组在程序中的应用非常广泛，熟练使用数组能够使程序简洁、易读。通过本章的学习，可以为以后的程序开发中正确地使用数组或集合打下良好的基础，从而提高程序开发效率。

4.7　练习与实践

查找下标为 0、上标为 99 的数组中值为"奥运"的元素索引值。（**答案位置：光盘\TM\sl\4\11**）

第 5 章

过程的创建和使用

(📹 视频讲解：53 分钟)

过程能够使计算机完成特定的任务，因此熟练地使用过程是编写高质量应用程序的基础。VB 中的过程包括事件过程和通用过程（通用过程又可分为子过程、函数过程和属性过程等）。

通过阅读本章，您可以：

▶▶ 了解什么是过程及过程的分类

▶▶ 掌握事件过程的建立和调用方法

▶▶ 掌握建立子过程、调用子过程和其他模块中子过程的方法

▶▶ 掌握如何建立函数过程、调用函数过程，以及函数过程与子过程的区别

▶▶ 了解参数的传递过程

▶▶ 学会编写嵌套过程和递归过程

▶▶ 了解属性过程

5.1 认 识 过 程

📀 视频讲解：光盘\TM\lx\5\认识过程.exe

"过程"就是一个功能相对独立的程序逻辑单元，即一段独立的程序代码，VB 应用程序一般都是由过程组成的，如图 5.1 所示。

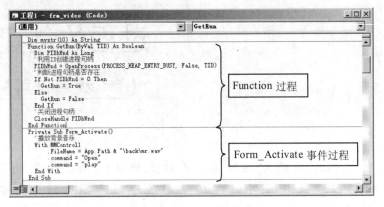

图 5.1 认识过程

VB 中的过程分为事件过程和通用过程。其中，事件过程是当发生了某个事件（如单击鼠标的 Click 事件、窗体载入的 Load 事件、控件发生改变的 Change 事件）时，对该事件作出响应的程序段。例如图 5.1 中的代码，即当窗体被激活时，播放音乐。

通用过程是供多个事件过程或其他过程调用的一段相同的程序代码，可以单独建立。在 VB 中通用过程又分为子过程（Sub 过程）、函数过程（Function 过程）和属性过程（Property 过程）。

☑ Sub 过程不返回值。

☑ Function 过程返回一个值。

☑ Property 过程可以返回和设置窗体、标准模块以及类模块，也可以设置对象的属性。

5.2 事 件 过 程

📀 视频讲解：光盘\TM\lx\5\事件过程.exe

事件过程是附加在窗体和控件上的过程。当 VB 中的对象对一个事件的发生作出认定时，便自动用该事件的名称调用该事件的过程。例如单击一个按钮，便引发按钮的单击事件过程，如图 5.2 所示。

图 5.2 按钮单击事件过程

了解了事件过程，接下来介绍如何建立事件过程和调用事件过程。

5.2.1　建立事件过程

一个控件的事件过程将控件的（在 Name 属性中规定的）实际名称、下划线（_）和事件名组合起来。例如，如果希望单击一个名为 cmdPlay 的命令按钮之后调用事件过程，则要使用 cmdPlay_Click 过程。

一个窗体事件过程将词汇 Form、下划线和事件名组合起来。如果希望在单击窗体之后调用事件过程，则要使用 Form_Click 过程（和控件一样，窗体也有唯一的名称，但不能在事件过程的名称中使用这些名称）。如果正在使用 MDI 窗体，则事件过程将词汇 MDIForm、下划线和事件名组合起来，如 MDIForm_Load。

虽然可以自己编写事件过程，但使用 VB 提供的代码过程会更方便，该过程可自动将正确的过程名包括进来。在代码编辑窗口中，从对象下拉列表框中选择一个对象，从事件下拉列表框中选择一个事件，如图 5.3 所示，便可创建一个事件过程模板。

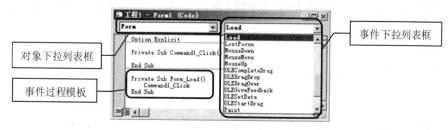

图 5.3　建立事件过程

 说明

> 建议在开始为控件编写事件过程之前就设置好控件的 Name 属性。如果对控件附加一个过程之后又更改控件的名称，那么也必须更改过程的名称，以匹配控件的新名称；否则，VB 无法使控件和过程相符。当过程名与控件名不符时，过程就成为通用过程。

5.2.2　调用事件过程

事件过程可以使用 Call 语句进行调用，也可以直接使用过程名称调用。

1．使用 Call 语句

使用 Call 语句调用事件过程，语法格式如下：

```
Call <事件过程名>[(<参数列表>)]
```

【例 5.1】　窗体载入时，使用 Call 语句调用命令按钮（Command1）的 Click 事件过程。（**实例位置：光盘\TM\sl\5\1**）

代码如下：

```
Private Sub Form_Load()
    Call Command1_Click                        '调用命令按钮的单击事件
End Sub
```

注意

使用 Call 语句时，"参数列表"必须放在括号内。

2. 直接使用过程名称

直接使用过程名称调用事件过程，语法格式如下：

<事件过程名>[<参数列表>]

注意

此处的"参数列表"与 Call 语句中的"参数列表"用法正好相反，即参数列表不能用括号括起来。另外，调用事件过程语句中的实际参数列表必须在数目、类型、排列顺序上与事件过程语句的形式参数列表一致。

5.3　子过程（Sub 过程）

视频讲解：光盘\TM\lx\5\子过程（Sub 过程）.exe

子过程也可称为 Sub 过程或通用过程，用来完成特定的任务。使用 Sub 过程时，首先要建立它，然后直接使用过程名或使用 Call 语句调用。下面详细介绍建立 Sub 的过程和如何调用 Sub 过程。

5.3.1　建立子过程

要使用子过程，首先就要建立它。建立子过程有两种方法。

1. 直接在代码窗口中输入

打开窗体或标准模块的代码编辑窗口，将插入点定位在所有现有过程的外面，然后输入子过程即可。语法格式如下：

```
[Private|Public][Static]Sub 子过程名(参数列表)
    <语句>
    [Exit Sub]
    <语句>
End Sub
```

☑　Sub 是子过程的开始标记，End Sub 是子过程的结束标记，<语句>是具有特定功能的程序段，Exit Sub 语句用于退出子程序。

☑　如果在子过程的前面加上 Private 语句，则表示它是私有过程，也就是该过程只在本模块中有效。如果在子过程的前面加上 Public 语句，则表示它是公用过程，可在整个应用程序范围内调用。

☑ 如果在子过程的前面加上 Static 语句，则表示该过程中的所有局部变量都是静态变量。

☑ 参数是调用子过程时给它传送的信息。过程可以有参数，也可以没有参数，没有参数的过程称为无参过程。如果带有多个参数，则各参数之间使用逗号隔开。参数可以是变量，也可以是数组。

2．使用"添加过程"对话框

如果认为手工输入子过程比较麻烦，也可以通过"添加过程"对话框在代码编辑窗口中自动添加。操作步骤如下：

（1）打开或新建一个 Visual Basic 工程。

（2）打开想要添加子过程的代码编辑窗口。

（3）选择"工具"/"添加过程"命令，打开"添加过程"对话框，如图 5.4 所示。

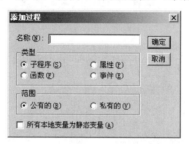

图 5.4 "添加过程"对话框（设置前）

（4）在"名称"文本框中输入子过程名称，在"类型"栏中选择过程类型，这里选中"子程序"单选按钮，在"范围"栏中选择子过程的作用范围。如果选中"所有本地变量为静态变量"复选框，那么在子过程名称的前面将加上 Static 关键字。

（5）设置完成后，单击"确定"按钮，则代码编辑窗口中就会出现相应的子过程的框架。

【例 5.2】 在"名称"文本框中输入"SubComputeArea"，选择范围是"私有的"，如图 5.5 所示。单击"确定"按钮，代码编辑窗口中就会出现一个名为 SubComputeArea 的过程，如图 5.6 所示。（实例位置：光盘\TM\sl\5\2）

图 5.5 "添加过程"对话框（设置后）

图 5.6 SubComputeArea 过程

🔊 **注意**

使用"添加过程"对话框创建过程，必须切换到代码编辑窗口，否则"工具"菜单中的"添加过程"命令不可用。

从图 5.6 可以看出该过程没有参数，没有过程体。参数用户可以根据需要添加，过程体则必须自行编写。接下来就编写计算面积的过程，代码如下：

```
Option Explicit
'子过程的定义
'子过程带有两个参数
Private Sub SubComputeArea(Length, TheWidth)
    lblArea.Caption = Val(Length) * Val(TheWidth)                   '计算矩形的面积
End Sub
```

上述过程使用了两个参数 Length 和 TheWidth，一个代表长度，一个代表宽度；过程体实现的是将这两个参数相乘，然后将结果（也就是面积）赋值给 Label 控件，从而显示出来。

5.3.2 调用子过程

完成子过程定义后，就要考虑如何在程序中使用它了。Sub 过程可以使用 Call 语句进行调用，也可以直接使用过程名称调用。

1. 使用 Call 语句

使用 Call 语句调用子过程，语法格式如下：

```
Call <子过程名>[(<参数列表>)]
```

【例 5.3】 使用 Call 语句调用例 5.2 中的 SubComputeArea 过程。（实例位置：光盘\TM\ sl\5\3）

代码如下：

```
Private Sub CmdResult_Click()
    Call SubComputeArea(txtLength, txtWidth)                    '调用计算面积的过程
End Sub
```

注意

使用 Call 语句时，参数列表必须放在括号内。另外，这里的参数是两个 TextBox 控件。

2. 直接使用过程名称

直接使用过程名称调用子过程，语法格式如下：

```
<子过程名>[<参数列表>]
```

注意

此处的"参数列表"与 Call 语句中的"参数列表"用法正好相反，即参数列表不能用括号括起来。另外，子过程调用语句的实际参数列表必须在数目、类型、排列顺序上与子过程定义语句的形式参数列表一致。

【例 5.4】 直接使用过程名，调用例 5.2 中的 SubComputeArea 过程。（实例位置：光盘\ TM\sl\5\4）

代码如下：

```
Private Sub CmdResult_Click()
    SubComputeArea txtLength, txtWidth                    '调用计算面积的过程
End Sub
```

运行程序，在文本框中输入长和宽，单击"计算"按钮，结果将显示出来，如图 5.7 所示。

图 5.7　计算面积

5.3.3　调用其他模块中的子过程

1．调用窗体中的子过程

所有窗体模块的外部调用必须指向包含此过程的窗体模块。如果在窗体模块 Form1 中包含 MySub 子过程，则可使用下面的语句调用 Form1 窗体中的子过程。

Call Form1.MySub (参数列表)

2．调用类模块中的子过程

与调用窗体中的子过程类似，在类模块中调用子过程要调用与过程一致并且指向类实例的变量。例如，DemoClass 是类 Class1 的实例。

```
Dim DemoClass as New Class1
DemoClass.SomeSub
```

但是不同于窗体的是，在引用一个类的实例时，不能用类名作限定符。必须首先声明类的实例为对象变量（在这个例子中是 DemoClass）并用变量名引用它。

3．调用标准模块中的子过程

如果子过程名是唯一的，则不必在调用时加模块名（无论是在模块内，还是在模块外调用）。

如果在两个以上的模块中包含同名的子过程，这时就需要使用模块名来限定了。如果在其中一个模块中调用另一个模块当中的子过程，如果不用模块名来限定，在调用时会调用该模块内部的子过程，而非另一个模块中的子过程。例如，对于 Module1 和 Module2 中名为 CommonName 的子过程，从 Module2 中调用 CommonName 子过程则运行 Module2 中的 CommonName 子过程，而不是 Module1 中的 CommonName 子过程。此时就必须指定模块名，代码如下：

```
Module1.CommonName (参数列表)
Module2.CommonName (参数列表)
```

5.4 函数过程（Function 过程）

视频讲解：光盘\TM\lx\5\函数过程（Function 过程）.exe

Function 过程又称函数过程。函数过程与前面介绍的子过程类似，也是用来完成特定功能的且独立的程序代码。与子过程不同的是，函数过程可以返回一个值给程序调用。下面就详细介绍函数过程的建立、如何调用函数过程及子过程与函数过程的区别。

5.4.1 建立函数过程

同样，使用函数过程也要先建立。方法也有两种，一种是通过"添加过程"对话框，初步建立函数过程的框架。这与前面介绍的子过程的建立方法基本一样，只是在"类型"栏中选中"函数"单选按钮。

另一种方法是使用 Function 语句，其语法格式如下：

```
[Private|Public][Static] Function 函数名[(参数列表)][As 类型]
    <语句>
    [Exit Function]
    <语句>
End Function
```

从上述语句可以看出函数过程的形式与子过程的形式类似。其中，Function 是函数过程的开始标记；End Function 是函数过程的结束标记；<语句>是具有特定功能的程序段；Exit Function 语句表示退出函数过程；As 子句决定函数过程返回值的数据类型，如果忽略 As 子句，函数过程返回值的数据类型为变体型。建议在实际编程中使用 As 子句，以养成良好的编程习惯。

5.4.2 调用函数过程

函数过程也可称为用户自定义的函数，因此它与调用 VB 中的内部函数没有区别，也就是将一个函数的返回值赋给一个变量。语法格式如下：

```
变量名=函数名(参数列表)
```

这里需要说明的是，如果没有函数名，则函数过程将返回一个默认值——数值函数返回 0；字符串函数返回一个零长度字符串，也就是空字符串；变体函数则返回 Empty。如果在返回对象引用的函数过程中没有将对象引用通过 Set 赋给函数名，则函数过程返回 Nothing。

5.4.3　函数过程与子过程的区别

在对比函数过程和子过程之前，先来看一个实例。

【例 5.5】　将例 5.2 计算面积的子过程改为用函数过程实现。（实例位置：光盘\TM\sl\5\5）

首先定义一个函数过程，代码如下：

```
'定义一个计算面积的函数，有两个参数
Private Function SubComputeArea(Length As Long, TheWidth As Long)
    SubComputeArea = Length * TheWidth
End Function
```

然后在"计算"按钮的 Click 事件过程中，调用函数过程，代码如下：

```
Private Sub CmdResult_Click()
    lblArea = SubComputeArea(txtLength, txtWidth)          '调用计算面积的函数过程
End Sub
```

将例 5.5 与例 5.2 进行对比，可以看出函数过程与子过程的区别，即函数过程可以通过过程名返回值，但只能返回一个值；子过程不能通过过程名返回值，但可以通过参数返回值，并可以返回多个值。不过，两者也有一些相同点，即子过程与函数过程都可以修改传递给它们的任何变量的值。

注意

无论是子过程还是函数过程，如果建立过程中括号中没有参数，那么 VB 不会传递任何参数，但是如果调用过程时使用了参数，则会出现错误。

5.5　参数的传递

视频讲解：光盘\TM\lx\5\参数的传递.exe

前面讲解建立过程和调用过程时，经常提到"参数"这个名词。什么是参数？参数是如何传递数据的？本节将进行介绍。

5.5.1　认识参数

在调用一个有参数的过程时，参数就是在本过程中有效的局部变量，通过"形参和实参结合"达到传递数据的目的。例如下面的代码：

```
'定义一个用于计算面积的 Function 函数过程          形式参数
Private Function SubComputeArea(Length As Long, TheWidth As Long)
    SubComputeArea = Length * TheWidth
```

```
End Function
Private Sub CmdResult_Click()
    '调用计算面积的函数过程 SubComputeArea
    lblArea.caption = SubComputeArea(txtLength, txtWidth)
End Sub
```
实际参数

1．形参

从上述代码可以看出被调用过程中的形式参数就是形参，出现在 Sub 过程和 Function 过程中。形参列表中的各参数之间用逗号隔开，可以是变量名和数组名，但是定长字符串不可以。

2．实参

从上述代码可以看出在调用 Function 过程时，调用了两个参数将数据传递给了前面定义的形参，那么这两个参数就是实际参数，也就是实参。

实参列表与形参列表的对应变量名可以不同，但实参和形参的个数、顺序以及数据类型必须相同。因为"形实结合"是按照位置结合的，例如上述代码第一个实参 txtLength 与第一个形参 Length 结合，第二个实参 txtWidth 与第二个形参 TheWidth 结合。

如果实参和形参的个数不匹配，就会出现错误。例如，在例 5.5 中调用函数过程时，把实参改为一个，代码如下：

```
Private Sub CmdResult_Click()
    lblArea.caption = SubComputeArea(txtLength)        '调用计算面积的函数过程 SubComputeArea
End Sub
```

运行程序，单击"计算"按钮，出现错误提示信息，如图 5.8 所示。

出现上述错误，是由于前面定义的 Function 过程 SubComputeArea 有两个参数，而调用语句中只使用了一个。在实际编程过程中，一定要注意这个问题。

3．参数的数据类型

图 5.8 参数出错

前面介绍了实参和形参的个数、顺序以及数据类型必须相同，个数不同会出现错误，那么数据类型不同会如何呢？

（1）创建过程时，如果没有声明形参的数据类型，那么数据类型默认为变体（Variant）型。

（2）如果实参数据类型与形参数据类型不一致，则 VB 会按要求对实参进行数据类型转换，然后将转换后的值传递给形参。

4．使用可选的参数

在前面的讲解过程中，讲到某个语句的语法时，经常会提到"可选的参数""必要的参数"。在定义过程时，参数也是可选的，只要参数列表中含有 Optional 关键字即可。

语法格式如下：

```
Sub|Function 过程名(Optional 变量名)
```

【例 5.6】 将例 5.5 定义的函数过程 SubComputeArea 中的两个参数改为可选参数。（实例位置：光盘\TM\sl\5\6）

```
Private Function SubComputeArea(Optional Length As Long, Optional TheWidth As Long)
```

那么在"计算"按钮的 Click 事件过程中，下面的程序代码都是合法的。

```
lblArea.caption = SubComputeArea(txtLength)              '未提供第二个参数
lblArea.caption = SubComputeArea(txtWidth)               '未提供第一个参数
```

如果未提供可选参数，该参数将作为变体（Variant）型的 Empty 值，不会出现如图 5.8 所示的编译错误。

注意

定义带可选参数的过程，必须在参数表中使用 Optional 关键字。

5.5.2　参数按值和按地址传递

在了解了形参和实参之间的关系后，下面来看看形参和实参之间是如何传递数据的。在 VB 中传递参数有两种方式，即按值传递和按地址传递。其中，按地址传递又称为"引用"。

1．按值传递参数

按值传递使用 ByVal 关键字定义参数。使用时，程序为形参在内存中临时分配一个内存单元，并将实参的值传递到这个内存单元中。当过程中改变形参的值时，只是改变形参内存单元中的值，实参的值不会改变。就像人们照镜子一样，镜子中的影像和真人是一模一样的，但是当镜子中的影像消失时，真人是不会消失的。

【例 5.7】　下面用一个子过程 test 来测试按值传递参数。（**实例位置：光盘\TM\sl\5\7**）
代码如下：

```
Private Sub test(By Val a As Integer, By Val b As Integer)
    A = a+20:b = b+10                                       '给变量赋值
    Print "a=" & a, "b=" & b                                '输出变量的值
End Sub
Private Sub cmdTest_Click()
    Dim num1 As Integer, num2 As Integer                    '定义变量
    num1 = 10: num2 = 10                                    '给变量赋值
    Print "num1=" & num1, "num2=" & num2                    '输出变量的值
    Call test(num1, num2)                                   '调用自定义过程
    Print "num1=" & num1, "num2=" & num2                    '输出变量的值
End Sub
```

上述代码中，test 过程中修改了形参 a 和 b 的值，a 和 b 是按值传递参数的。单击"测试"按钮后，从图 5.9 所示的窗体上显示的运行结果可以看出，形参 a 和 b 的改变没有影响实参 num1 和 num2 的取值。

2．按地址传递参数

按地址传递使用 ByRef 关键字定义参数。在定义过程时，如果没有 ByVal 关键字，默认是按地址

传递参数。

所谓按地址传递参数，就是把形参变量的内存地址传递给被调用的过程。形参和实参具有相同的地址，即形参和实参共享同一段存储单元。

【**例 5.8**】 将例 5.7 按值传递改为按地址传递，被调用的子过程 test 的代码不变。（**实例位置：光盘\TM\sl\5\8**）

代码如下：

```
Private Sub test(a As Integer, b As Integer)
    …    '此处省略了子过程代码
End Sub
Private Sub cmdTest_Click()
    Dim num1 As Integer, num2 As Integer        '定义变量
    num1 = 10: num2 = 10                        '给变量赋值
    Print "num1=" & num1, "num2=" & num2        '输出变量的值
    Call test(num1, num2)                       '调用自定义过程
    Print "num1=" & num1, "num2=" & num2        '再次输出变量的值
End Sub
```

上述代码中，test 过程中修改了形参 a 和 b 的值，a 和 b 是按地址传递参数的。单击"测试"按钮后，从图 5.10 所示窗体上显示的运行结果可以看出，形参 a 和 b 的改变影响了实参 num1 和 num2 的取值，这是由参数传递方式所决定的。

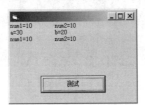

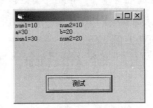

图 5.9　按值传递参数测试　　　　　　　　图 5.10　按地址传递参数测试

前面介绍了按值传递参数和按地址传递参数，那么究竟什么时候用传值方式，什么时候用传地址方式呢？对此并没有硬性规定，下面几条规则可供参考。

（1）对于整型、长整型或单精度参数，如果不希望过程修改实参的值，则采用传值方式；而为了提高效率，字符串和数组应采用传地址方式。此外，用户定义的类型和控件只能通过地址传送。

（2）对于其他数据类型，可以采用两种方式传送。但是，建议此类参数最好用传值方式传送，这样可以避免错用参数。

（3）函数过程可以通过过程名返回值，但只能返回一个值；子过程不能通过过程名返回值，但可以通过参数返回值，并可以返回多个值。当需要子过程返回值时，其相应的参数要用传地址方式。

5.5.3　数组参数

所谓数组参数，就是在定义过程时，用数组作为形参出现在过程的形参列表中。其语法格式如下：

```
形参数组名() [As  数据类型]
```

形参数组对应的实参也必须是数组，数据类型与形参一致，实参列表中的数组不需要使用括号"()"。过程传递数组只能按地址传递，即形参与实参共享同一段内存单元。

【例 5.9】　下面使用函数过程 Average 计算员工平均年龄。（**实例位置：光盘\TM\sl\5\9**）

代码如下：

```
Private Function Average(age() As Integer, n As Integer) As Integer
    Dim i As Integer, aver As Integer, sum As Integer        '定义 3 个整型变量
    For i = 0 To n - 1
        sum = sum + age(i)                                   '使用循环语句求和
    Next i
    aver = sum / n                                           '求平均数
    Average = aver                                           '将求得的结果作为函数的返回值
End Function
Private Sub Command1_Click()
    Dim Employees() As Integer                               '定义一个用于存储员工年龄的数组
    ReDim Employees(6)                                       '重新定义数组的大小
    '给数组赋值
    Employees(0) = 20: Employees(1) = 28: Employees(2) = 30
    Employees(3) = 24: Employees(4) = 25: Employees(5) = 35
    Text1 = Average(Employees, 6)                            '调用求平均数的函数
End Sub
```

上述代码中，数组 Employees 作为实参传递给形参 age，形参 age 需要改变数组的维界，因此实参 Employees 必须用"Dim Employees() As Integer"语句声明为动态数组。按 F5 键，运行程序，结果如图 5.11 所示。

图 5.11　求员工平均年龄

5.5.4　对象参数

除了变量和数组可作为实参传递给过程中的形参，VB 还允许对象（如窗体、控件等）作为实参传递给过程中的形参。

对象参数可以采用引用方式，也可以用传递的方式，即在定义过程时，在对象参数的前面加 ByVal。

【例 5.10】　下面通过子过程 objectEna 设置 TextBox 和 CommandButton 控件不可用。（**实例位置：光盘\TM\sl\5\10**）

代码如下：

```
Private Sub objectEna(obj1 As Object, obj2 As Object)
    obj1.Enabled = False: obj2.Enabled = False              '设置对象不可用
End Sub
Private Sub Form_Load()
    objectEna Text1, Command1                               '调用自定义过程，设置控件不可用
End Sub
```

按 F5 键运行程序，结果如图 5.12 所示。

图 5.12　对象参数传递

5.6　嵌套过程

视频讲解：光盘\TM\lx\5\嵌套过程.exe

在 VB 中过程都是相互独立的，彼此间使用分隔线分割开来，如图 5.13 所示。

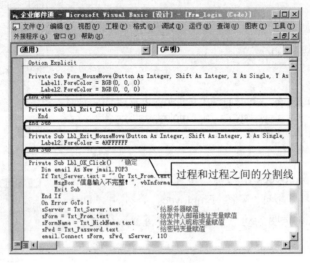

图 5.13　过程分隔条

这样，在一个过程中就不能包含另外一个过程了。不过 VB 也提供了嵌套调用过程的方法，也就是在一个过程中可以调用另一个过程，在子过程中还可以调用另一个子过程，这种程序结构的过程就是嵌套过程。简单地说，嵌套过程就是指一个被调用的过程又调用了一个或若干个过程。例如：

```
Sub mySub1()
    ...
End Sub
Sub mySub2()
    Call mySub1
End Sub
Private Sub Form_Load()
    Call mySub2
End Sub
```

上面的代码中，mySub2 过程调用了 mySub1 过程，而 Form_Load 事件过程又调用了 mySub2 过程。其执行示意图如图 5.14 所示。

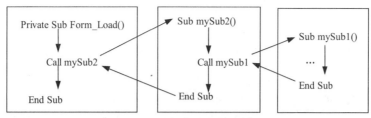

图 5.14 嵌套过程的执行示意图

【例 5.11】 下面通过嵌套过程实现数据排序。（实例位置：光盘\TM\sl\5\11）

代码如下：

```
Private Sub Numbers_Change(a, b)
    Dim num1 As Integer                              '定义一个整型变量
    num1 = a: a = b: b = num1                        '交换变量
End Sub
Private Sub Numbers_Sort(arr As Variant)
    Dim l As Long, i As Long, j As Long              '定义 3 个长整型变量
    For i = 0 To UBound(arr)
        For j = i + 1 To UBound(arr)
            If arr(j) < arr(i) Then                  '如果前一个数小于后一个数
                Call Numbers_Change(arr(j), arr(i))  '调用 Numbers_Change 过程，交换两个数
            End If
        Next j
    Next i
    For i = 0 To UBound(arr)
        Debug.Print arr(i)                           '在立即窗口中输出数据
    Next i
End Sub
Private Sub Form_Load()
    Dim myarr                                        '定义一个变量
    myarr = Array(45, 68, 120, 31)                   '给数组赋值
    Call Numbers_Sort(myarr)                         '调用 Numbers_Sort 过程，对数据排序
End Sub
```

结果为：31 45 68 120。

上述的数据排序，主要是通过对数据的比较和交换实现的。在排序的过程 Numbers_Sort 中，使用循环语句多次嵌套调用过程 Numbers_Change 实现数据的交换。

说明

建议读者按 F8 键，通过单步调试，弄清楚整个嵌套过程的执行过程。

5.7 递 归 过 程

视频讲解：光盘\TM\lx\5\递归过程.exe

递归是一种特殊的嵌套，递归过程是指在过程中直接或间接地调用过程本身，也就是自己调用自己的过程。例如：

```
Private Function MyFunction(a As Interger)
    Dim b As Integer
    ...
    MyFunction = MyFunction(b)
    ...
End Function
```

在该过程中，MyFunction 函数过程中调用了 MyFunction 函数本身。使用递归过程时，要确保递归能终止，否则将出现"堆栈空间溢出"错误。

【例 5.12】 用递归的方法计算 1～30 中任意一个整数的阶乘。（实例位置：光盘\TM\ sl\5\12）

代码如下：

```
Function F(n As Integer) As Single
    If n > 1 And n <= 30 Then            '如果 n 大于 1 且小于等于 30
        F = n * F(n - 1)                 '函数 F 调用自身
    Else                                 '否则
        F = 1                            '函数 F 等于 1
    End If
End Function
Private Sub Command1_Click()
    Text2.Text = F(Val(Text1.Text))      '调用函数过程，输出结果
End Sub
```

程序执行流程如图 5.15 所示。按 F5 键运行程序，输入"4"，单击"计算"按钮，结果为 24，如图 5.16 所示。

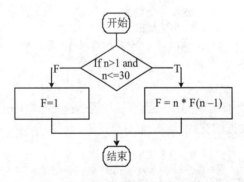

图 5.15　递归执行流程

图 5.16　4 的阶乘

程序说明：

递归的处理一般用堆栈来实现，分为递推和回归两个过程。

（1）递推过程

例如，本程序中计算 4 的阶乘，也就是计算 F(4)的值。在此首先会执行 F(4)=4×F(3)；当执行到 F(3)时，又调用自身，将当前的参数（形参、变量等）压入堆栈，然后计算 F(3)=3×F(2)，F(2)=2×F(1)，其中 F(1)是递归结束的条件，即 F(1)=1！=1。至此，完成递推过程。

（2）回归过程

在回归过程中从堆栈中弹出参数，直到堆栈为空。例如本程序中，当得知 F(1) 的值后，将最后入栈的 F(2)=2×F(1) 取出，并计算，得到结果 F(2)=2×1=2；然后继续回归，F(3)=3×F(2)=3×2=6，F(4)=4×F(3)=4×6=24。至此，完成回归。

这两个过程的执行示意图如图 5.17 所示。

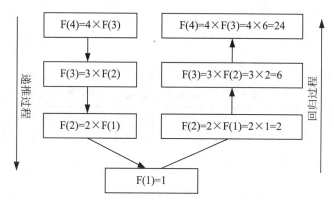

图 5.17　递推回归示意图

注意

（1）递归过程的代码编写比较简练，但是对于同一个问题，使用递归过程要比使用非递归过程占用的空间和时间多，递归的层数越多占用的时间和空间越多。

（2）在使用递归过程时，要具备递归的结束条件以及结束的值。

说明

递归过程可以转化为循环结构，不过通常递归过程更快一些。另外，建议读者按 F8 键，通过单步调试，弄清楚整个递归过程的执行流程。

5.8　属性过程（Property 过程）

视频讲解：光盘\TM\lx\5\属性过程（Property 过程）.exe

Property 过程也称属性过程，主要用于创建和操作类模块的属性。该过程通常以一个 Property Let、Property Get 或 Property Set 语句开头，以一个 End Property 语句结束。下面介绍使用属性过程建立类的属性、使用类属性以及创建只读属性和对象属性。

5.8.1　使用属性过程建立类的属性

建立类的属性主要使用 Property Let 语句和 Property Get 语句。下面分别介绍这两个语句。

1. Property Let 语句

Property Let 语句用于声明 Property Let 过程的名称、参数以及构成其主体的代码，该过程用于给一个属性赋值。语法格式如下：

```
[Public | Private | Friend] [Static] Property Let <name> ([<arglist>,] Value)
    [<statements >]]
    [Exit Property]
End Property
```

Property Let 语句中各参数的说明如表 5.1 所示。

表 5.1　Property Let 语句参数说明

参　　数	说　　明
Public	可选的参数。表示所有模块的所有其他过程都可访问该 Property Let 过程。如果在包含 Option Private 的模块中使用，则这个过程在该工程外是不可使用的
Private	可选的参数。表示只有在包含其声明的模块的其他过程中可以访问该 Property Let 过程
Friend	可选的参数。只能在类模块中使用。表示该 Property Let 过程在整个工程中都是可见的，但对于对象实例的控制者是不可见的
Static	可选的参数。表示在调用之间将保留 Property Let 过程的局部变量的值。Static 属性对在该 Property Let 过程外声明的变量不会产生影响，即使过程中也使用了这些变量
name	必需的参数。Property Let 过程的名称；遵循标准的变量命名约定，但不能与同一模块中的 Property Get 或 Property Set 过程同名
arglist	可选的参数。代表在调用时要传递给 Property Let 过程的参数的变量列表。多个变量则用逗号隔开。Property Let 过程中的每个参数的名称和数据类型必须与 Property Get 过程中的相应参数一致
value	必需的参数。指用于给属性赋值的变量。当调用该过程时，这个参数出现在调用表达式的右边。value 的数据类型必须和相应的 Property Get 过程的返回值类型一致
statements	可选的参数。Property Let 过程中执行的任何语句组

2. Property Get 语句

Property Get 语句用于声明 Property Get 过程的名称、参数以及构成其主体的代码，该过程获取一个属性的值。语法格式如下：

```
[Public | Private | Friend] [Static] Property Get name [(arglist)] [As type]
    <语句>
[Exit Property]
    <语句>
End Property
```

除了参数 type，Property Get 语句中各参数的说明与 Property Let 语句类似，这里就不再介绍了。下面重点介绍参数 type。该参数是可选的参数，用于表示 Property Get 过程的返回值的数据类型；可以是 Byte、Boolean、Integer、Long、Currency、Single、Double、Date、String（除定长）、Object、Variant 或任何用户定义类型。任何类型的数组都不能作为返回值，但包含数组的 Variant 可以作为返回值。

Property Get 过程的返回值类型必须与相应的 Property Let 过程（如果有）的最后一个（有时是仅

有的）参数的数据类型相同，该 Property Let 过程将其右边表达式的值赋给属性。

【例 5.13】　下面使用 Property Let 过程和 Property Get 过程建立 Class1 类的标记属性。（**实例位置：光盘\TM\sl\5\13**）

具体步骤如下：

（1）创建一个工程，选择"工程"/"添加类模块"命令，在该工程中添加一个名为 Class1 的类模块。

（2）在该类模块中编写如下代码。

```
Private i As Integer                                    '定义整型变量作为标记属性的值
Public Property Let mark(ByVal NewValue As Integer)
    i = NewValue                                        '定义标记属性
End Property
Public Property Get mark() As Integer
    mark = i                                            '获取标记属性的值
End Property
```

5.8.2　使用类属性

前面介绍了通过属性过程创建类的属性，接下来介绍给类的属性赋值和读取类的属性值。给类的属性赋值和读取类的属性值与窗体和控件基本相同，但有一点区别，即给类的属性赋值和读取类的属性值，要先声明类，然后使用 Set 语句和 New 关键字，创建该类的一个新实例。

【例 5.14】　使用例 5.13 中建立的类的属性。当窗体载入时，为 Class1 类的标记属性赋值，然后获取该值，并显示出来。（**实例位置：光盘\TM\sl\5\14**）

代码如下：

```
Private Sub Form_Load()
    Dim c1 As Class1                                    '定义类
    Set c1 = New Class1                                 '实例化类对象
    c1.mark = 1                                         '赋给新的属性值
    MsgBox "类 class 1 的 mark 属性值为："& c1.mark        '显示属性值
End Sub
```

按 F5 键，运行程序，结果如图 5.18 所示。

图 5.18　使用类属性

5.8.3　只读属性和对象属性

要创建只读属性，很简单，只要省略 Property Let 或（对于对象属性）Property Set 即可。

若要创建一个读写对象属性，应使用 Property Get 和 Property Set 语句。例如下面的代码：

```
Private mwdgWidget As Widget
Public Property Get Widget() As Widget
    Set Widget = mwdgWidget                              'Set 语句被用来返回一个对象引用
End Property
Public Property Set Widget(ByVal NewWidget As Widget)
    Set mwdgWidget = NewWidget
End Property
```

5.9 小   结

本章主要介绍了事件过程、子过程、函数过程、参数的传递、嵌套过程、递归过程和属性过程。读者应重点掌握子过程和函数过程；至于嵌套过程、递归过程和属性过程，对于初学者了解即可。

5.10 练习与实践

1. 编写一个用于获取字符串长度的函数。（答案位置：光盘\TM\sl\5\15）
2. 利用子过程或函数过程，求1～5的阶乘。（答案位置：光盘\TM\sl\5\16）
3. 第一年在银行存款230元，以后每年存230元，用递归计算50年后存款的总金额。（答案位置：光盘\TM\sl\5\17）

第 6 章

内置函数与 API 函数

(📹 视频讲解：53 分钟)

　　VB 6.0 中有很多内置的函数，利用这些函数可以轻松地实现许多功能，减少代码的编写量，使程序设计水平更上一层楼。本章将针对实际开发中经常使用的数学函数、字符串函数、类型转换函数、判断函数、日期和时间函数、随机函数和格式化函数等函数进行详细的介绍。

　　Windows 应用程序接口（即 API）是 Windows 提供的重要功能之一。在 VB 中，可以像调用普通的过程一样调用 API 函数，进而实现需要的功能。

　　通过阅读本章，您可以：

▶▶ 掌握常用数学函数的功能和使用

▶▶ 掌握常用字符串函数的功能和使用

▶▶ 掌握常用类型转换函数的功能和使用

▶▶ 掌握常用判断函数的功能和使用

▶▶ 掌握常用日期和时间函数的功能和使用

▶▶ 掌握随机函数的功能和使用

▶▶ 掌握格式化函数的功能和使用

▶▶ 了解 API 的相关概念

▶▶ 掌握 API 浏览器的使用

6.1 数 学 函 数

 视频讲解：光盘\TM\lx\6\数学函数.exe

在程序设计中，用于数学计算的函数称为数学函数，如 Abs 函数（求绝对值）、Exp 函数（e 的 n 次方）、Sgn 函数（返回符号）和 Sqr 函数（平方根）等。本节将介绍这几个比较常用的数学函数，VB 中还有很多的数学函数，有兴趣的读者可以查阅专门介绍函数的参考书。

6.1.1　Abs 函数

Abs 函数（求绝对值）用于返回参数的绝对值，其类型和参数相同。
语法格式如下：

Abs(number)

number：必要的参数，是任何有效的数值表达式。如果 number 包含 Null，则返回 Null；如果 number 是未初始化的变量，则返回 0。

说明

一个数的绝对值是将正负号去掉以后的值。例如，ABS(-1) 和 ABS(1) 都返回 1。

例如，使用 Abs 函数计算数的绝对值。执行效果如图 6.1 所示。

```
Private Sub Form_Click()
    Print Abs(50.3)                     '返回值为 50.3
    Print Abs(-50.3)                    '返回值为 50.3
End Sub
```

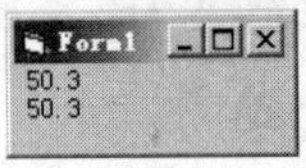

图 6.1　Abs 执行效果

6.1.2　Exp 函数

Exp 函数（e 的 n 次方）用于返回 Double 类型值，指定 e（自然对数的底）的某次方。
语法格式如下：

Exp(number)

number：必要的参数，number 是 Double 类型或任何有效的数值表达式。

说明

（1）如果 number 的值超过 709.782712893，则会导致错误发生。常数 e 的值大约是 2.718282。

（2）Exp 函数的作用和 Log 的作用互补，所以有时也称为反对数。

例如，使用 Exp 函数计算 e（e～2.71828）的某次方。执行效果如图 6.2 所示。

图 6.2　Exp 执行效果

```
Private Sub Form_Click()
    Dim MyAngle, MyHSin                                  '定义变量
    MyAngle = 1.3                                        '定义角度（单位为弧度）
    MyHSin = (Exp(MyAngle) - Exp(-1 * MyAngle)) / 2      '计算双曲正弦函数值
    Print MyHSin                                         '输出
End Sub
```

6.1.3　Sgn 函数

Sgn 函数（返回符号）用于返回一个 Variant（Integer）类型的值，指出参数的正负号。

语法格式如下：

```
Sgn(number)
```

number：必要的参数，是任何有效的数值表达式。

Sgn 函数的返回值如表 6.1 所示。

表 6.1　Sgn 函数的返回值

如果 number 为	Sgn 返回值
大于 0	1
等于 0	0
小于 0	-1

说明

number 参数的符号决定了 Sgn 函数的返回值。

例如，使用 Sgn 函数来判断某数的正负号。执行效果如图 6.3 所示。

```
Private Sub Form_Click()
    Dim MyVar1, MyVar2, MyVar3              '定义变量
    MyVar1 = 28: MyVar2 = -24: MyVar3 = 0   '给变量赋值
    Print Sgn(MyVar1)                       '返回值为 1
    Print Sgn(MyVar2)                       '返回值为-1
    Print Sgn(MyVar3)                       '返回值为 0
End Sub
```

图 6.3　Sgn 执行效果

6.1.4　Sqr 函数

Sqr 函数（平方根）用于返回一个 Double 类型值，指定参数的平方根。
语法格式如下：

Sqr(number)

number：必要的参数，number 是一个 Double 类型的值或任何有效的大于或等于 0 的数值表达式。
例如，使用 Sqr 函数来计算某数的平方根。执行效果如图 6.4 所示。

```
Private Sub Form_Click()
    Dim MySqr                          '定义变量
    MySqr = Sqr(4)                     '返回值是 2
    Print MySqr                        '输出返回值
End Sub
```

图 6.4　Sqr 执行效果

6.2　字符串函数

视频讲解：光盘\TM\lx\6\字符串函数.exe

在程序设计中，用于处理字符串的函数称为字符串函数。本节主要介绍常用的字符串函数，包括
Len 函数、Left 和 Right 函数、Mid 函数和 Trim、RTrim、LTrim 函数（去空格）。

6.2.1　Len 函数

Len 函数用于返回一个 Long 类型的值，其中包含字符串内字符的数目，或是存储一个变量所需的
字节数。
语法格式如下：

Len(string | varname)

☑　　string：任何有效的字符串表达式。如果 string 包含 Null，则返回 Null。
☑　　varname：任何有效的变量名称。如果 varname 包含 Null，则返回 Null；如果 varname 是 Variant，

Len 会视其为 String 并且总是返回其包含的字符数。

例如，使用 Len 函数可以得知某字符串的长度（字符数）或某变量的大小（位数）。执行效果如图 6.5 所示。

图 6.5　Len 执行效果

```
Private Sub Form_Click()
      Print Len("MyString")                            '变量 Str 的值为 8
End Sub
```

6.2.2　Left 和 Right 函数

1．Left 函数

Left 函数用于返回一个 Variant（String）类型的值，其中包含字符串中从左边算起指定数量的字符。语法格式如下：

Left(string, length)

- ☑　string：必要参数；字符串表达式，其中最左边的那些字符将被返回。如果 string 包含 Null，将返回 Null。
- ☑　length：必要参数；Variant（Long）类型；数值表达式，指出将返回多少个字符。如果为 0，返回零长度字符串("")；如果大于或等于 string 的字符数，则返回整个字符串。

例如，使用 Left 函数来得到某字符串最左边的几个字符。执行效果如图 6.6 所示。

```
Private Sub Form_Click()
      Print Left("changchun university", 2)            '返回值为"ch"
      Print Left("changchun university", 12)           '返回值为"changchun un"
End Sub
```

2．Right 函数

Right 函数用于返回一个 Variant（String）类型的值，其中包含从字符串右边取出的指定数量的字符。

语法格式如下：

Right(string, length)

- ☑　string：必要参数；字符串表达式，其中最右边的字符将被返回。如果 string 包含 Null，将返回 Null。
- ☑　length：必要参数；为 Variant（Long）类型；数值表达式，指出将返回多少字符。如果为 0，返回零长度字符串("")；如果大于或等于 string 的字符数，则返回整个字符串。

例如，使用 Right 函数来得到某字符串最右边的几个字符。执行效果如图 6.7 所示。

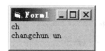

图 6.6　Left 执行效果

图 6.7　Right 执行效果

程序代码如下：

```
Private Sub Form_Click()
    Print Right("changchun university", 2)        '输出"ty"
    Print Right("changchun university", 6)        '输出"ersity"
End Sub
```

6.2.3 Mid 函数

Mid 函数用于返回一个 Variant（String）类型的值，其中包含字符串中指定数量的字符。

语法格式如下：

```
Mid(string, start[, length])
```

☑ string：必要参数；字符串表达式，从中返回字符。如果 string 包含 Null，将返回 Null。

☑ start：必要参数；Long 类型；string 中被取出部分的字符位置。如果 start 超过 string 的字符数，Mid 返回零长度字符串("")。

☑ length：可选参数；Variant（Long）类型；要返回的字符数。如果省略或 length 超过文本的字符数（包括 start 处的字符），将返回字符串中从 start 到尾端的所有字符。

例如，使用 Mid 函数来得到某个字符串中的几个字符。执行效果如图 6.8 所示。

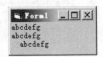

图 6.8 Mid 执行效果

```
Private Sub Form_Click()
    Print Mid("changchun university", 1, 3)        '变量 MyStr 中的值为"cha"
    Print Mid("changchun university", 3, 3)        '变量 MyStr 中的值为"ang"
End Sub
```

6.2.4 Trim、RTrim、LTrim 函数

Trim、RTrim、LTrim 函数（去空格）用于返回 Variant（String）类型值，其中包含指定字符串的备份，没有前导空白（LTrim）、尾随空白（Rtrim）或前导和尾随空白（Trim）。

语法格式如下：

```
LTrim(string)
RTrim(string)
Trim(string)
```

string：必要的参数，可以是任何有效的字符串表达式。如果 string 包含 Null，将返回 Null。

例如，使用 Trim 函数将字符串中开头和结尾的空格全部去除；利用 LTrim 函数将某字符串的开头空格全部去除；利用 RTrim 函数将某字符串的结尾的空格全部去除。执行效果如图 6.9 所示。

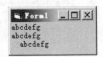

图 6.9 执行效果

```
Private Sub Form_Click()
    Print Trim("   abcdefg   ")                    '输出值为"abcdefg"
    Print LTrim("   abcdefg   ")                   '输出值为"abcdefg   "
    Print RTrim("   abcdefg   ")                   '输出值为"   abcdefg"
End Sub
```

说明

去空格函数也经常应用于查询中，用于去除需要查询的关键字两端或一端的空格。

6.3　类型转换函数

视频讲解：光盘\TM\lx\6\类型转换函数.exe

在编写程序过程中，经常需要在数据类型之间进行转换，此时可使用类型转换函数。本节主要介绍 Asc 函数（转换为 ASCII）、Chr 函数（转换为字符）、Val 函数（转换为数值型）、Str 函数（转换为字符型）等。

6.3.1　Asc 函数

Asc 函数（转换为 ASCII）用于返回一个 Integer 类型值，代表字符串中首字母的字符代码。
语法格式如下：

```
Asc(string)
```

string：必要的参数，可以是任何有效的字符串表达式。如果 string 中没有包含任何字符，则会产生运行错误。

例如，使用 Asc 函数返回字符串首字母的字符 ASCII 码值。执行效果如图 6.10 所示。

图 6.10　Asc 执行效果

```
Private Sub Form_Click()
    Print Asc("A")                                 '返回值为 65
    Print Asc("b")                                 '返回值为 98
    Print Asc("Apple")                             '返回值为 65
End Sub
```

6.3.2　Chr 函数

Chr 函数（转换为字符）用于返回 String 类型值，其中包含与指定的字符代码相关的字符。

语法格式如下：

Chr(charcode)

charcode：必要的参数；一个用来识别某字符的 Long 型值。

例如，使用 Chr 函数返回一个具有一个字符的符号，该字符的编码与给定的数值相同。执行效果如图 6.11 所示。

图 6.11　Chr 执行效果

```
Private Sub Form_Click()
    Print Chr(65)                      '返回值是 A
    Print Chr(97)                      '返回值是 a
    Print Chr(62)                      '返回值是>
End Sub
```

6.3.3　Val 函数

Val 函数（转换为数值型）用于返回包含于字符串内的数字，字符串中是一个适当类型的数值。语法格式如下：

Val(string)

string：必要的参数，可以是任何有效的字符串表达式。

例如，使用 Val 函数返回字符串中所含的数值。执行效果如图 6.12 所示。

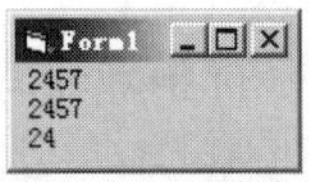

图 6.12　Val 执行效果

```
Private Sub Form_Click()
    Print Val("2457")                  '返回值是 2457
    Print Val("_2_45_7")               '返回值是 2457
    Print Val("24 and 57")             '返回值是 24
End Sub
```

6.3.4　Str 函数

Str 函数（转换为字符型）用于返回一个 Variant（String）类型的数值。
语法格式如下：

Str(number)

number：必要的参数，Long 类型值，其中可包含任何有效的数值表达式。

例如，使用 Str 函数将一个数字转换成字符串。当数字转换成字符串时，字符串的首位一定是空格或是正负号。执行效果如图 6.13 所示。

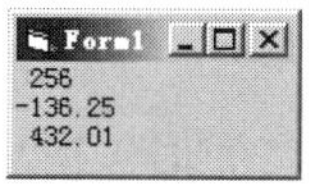

图 6.13   Str 执行效果

```
Private Sub Form_Click()
    Print Str(256)                      '返回值是" 256"
    Print Str(-136.25)                  '返回值是"-136.25"
    Print Str(432.01)                   '返回值是" 432.01"
End Sub
```

6.4   判 断 函 数

视频讲解：光盘\TM\lx\6\判断函数.exe

在进行数据验证的过程中，判断函数为编码提供了很大的方便。本节主要介绍 IsNull 函数、IsNumeric 函数和 IsArray 函数。

6.4.1   IsNull 函数

IsNull 函数用于返回一个 Boolean 类型值，指出表达式是否不包含任何有效数据（Null）。
语法格式如下：

IsNull(expression)

expression：必要的参数，是一个 Variant 类型的值，其中包含数值表达式或字符串表达式。
例如，使用 IsNull 函数来检测某一变量的值是否为 Null。执行效果如图 6.14 所示。

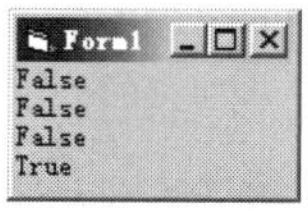

图 6.14   IsNull 执行效果

```
Private Sub Form_Click()
    Dim Num                             '定义变量
    Print IsNull(Num)                   '输出值是 False
    Num = ""                            '给变量 Num 赋值
    Print IsNull(Num)                   '输出值是 False
    Num = "abcd"                        '给变量 Num 赋值
    Print IsNull(Num)                   '输出值是 False
    Num = Null                          '给变量 Num 赋值
    Print IsNull(Num)                   '输出值是 True
End Sub
```

137

6.4.2　IsNumeric 函数

IsNumeric 函数用于返回一个 Boolean 类型的值，指出表达式的运算结果是否为数值。
语法格式如下：

IsNumeric(expression)

expression：必要的参数，是一个 Variant 类型的值，包含数值表达式或字符串表达式。

例如，使用 IsNumeric 函数检测某一变量或表达式是否为数值。执行效果如图 6.15 所示。

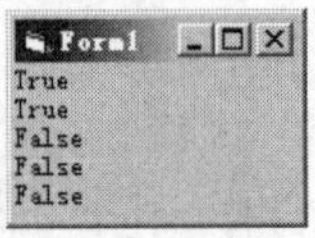

图 6.15　IsNumeric 执行效果

```
Private Sub Form_Click()
    Print IsNumeric(62)                         '输出值是 True
    Print IsNumeric(62.5)                       '输出值是 True
    Print IsNumeric("changchun")                '输出值是 False
    Print IsNumeric(#4/1/2006#)                 '输出值是 False
    Print IsNumeric(Null)                       '输出值是 False
End Sub
```

6.4.3　IsArray 函数

IsArray 函数用于返回一个 Boolean 类型的值，指出变量是否为一个数组。
语法格式如下：

IsArray(varname)

varname：必要的参数，是一个指定变量的标识符。

例如，使用 IsArray 函数来检验某变量是否为数组。执行效果如图 6.16 所示。

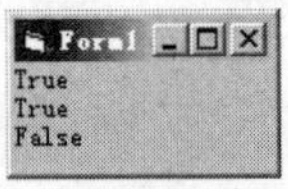

图 6.16　IsArray 执行效果

```
Private Sub Form_Click()
    Dim aa(1 To 5) As Integer                   '声明数组变量
    Dim bb                                      '定义一个变体类型的变量
    Dim cc As String                            '定义一个字符型变量
    bb = Array(1, 2, 3)                         '使用数组函数
    Print IsArray(aa)                           '输出值是 True
    Print IsArray(bb)                           '输出值是 True
```

```
    Print IsArray(cc)                              '输出值是 False
End Sub
```

6.5　日期和时间函数

视频讲解：光盘\TM\lx\6\日期和时间函数.exe

在涉及日期和时间的程序中，经常会用到各种格式的日期和时间，这可以通过日期和时间函数获得。本节介绍一些常用的日期和时间函数，包括 Date 函数、Now 函数、Time 函数、Timer 函数、Weekday 函数、Year 函数、Month 函数、Day 函数、Hour 函数、Minute 函数及 Second 函数。

6.5.1　Date、Now、Time 函数

Date 函数用于返回一个 Variant（Date）类型的系统日期。

Now 函数用于返回一个 Variant（Date）类型值，根据计算机系统设置的日期和时间来指定日期和时间。

Time 函数用于设置系统时间。

语法格式如下：

```
Date
Now
Time = time
```

time：必要的参数，可以是任何能够表示时刻的数值表达式、字符串表达式或它们的组合。

例如，使用 Date 函数返回系统当前的日期；使用 Now 函数返回系统当前的日期与时间；使用 Time 函数返回系统当前的时间。执行效果如图 6.17 所示。

图 6.17　执行效果

```
Private Sub Form_Click()
    Print "系统日期: " & Date                      '输出系统日期
    Print "系统日期和时间: " & Now                 '系统日期和时间
    Print "系统时间: " & Time                      '输出系统时间
End Sub
```

6.5.2　Timer 函数

Timer 函数用于返回一个 Single 类型的值，代表从午夜开始到现在经过的秒数。

语法格式如下：

Timer

例如，下面的代码实现的是从午夜开始到现在经过的所有秒数。

DateStr = Timer   '变量 DateStr 的返回值为从午夜开始到现在经过的所有秒数

【例 6.1】 计时器。在编写应用软件的过程中，如果需要返回从午夜开始到现在所经过的秒数，可使用 Timer 函数来实现。此外，也可以将该函数应用在诸如计时器之类的软件中，如图 6.18 所示。（实例位置：光盘\TM\sl\6\1）

图 6.18　计时器

程序代码如下：

```
Option Explicit
Dim Time_Start                                      '定义变量
Private Sub Command1_Click()
    If Command1.Caption = "开始计时" Then            '如果按钮的 Caption 属性为"开始计时"
        Time_Start = Timer                           '将当前的秒数值保存在变量 Time_Start 中
        Command1.Caption = "停止"                     '设置按钮的 Caption 属性为"停止"
        Timer1.Enabled = True                        '设置时间控件可用
    ElseIf Command1.Caption = "停止" Then            '如果按钮的 Caption 属性为"停止"
        Timer1.Enabled = False                       '设置时间控件不可用
        Command1.Caption = "开始计时"                 '设置按钮的 Caption 属性为"开始计时"
    End If
End Sub
Private Sub Command2_Click()
    Text1.Text = ""                                  '清空 Text1 文本框的内容
    Text2.Text = ""                                  '清空 Text2 文本框的内容
End Sub
'控制计时显示的时钟控件中的代码如下
Private Sub Timer1_Timer()
    Text2.Text = Timer - Time_Start                  '计算显示的时间
End Sub
Private Sub Timer2_Timer()
    Text1.Text = Now                                 'Text1 中的内容为当前时间
End Sub
```

6.5.3　Weekday 函数

Weekday 函数用于返回一个 Variant（Integer）类型的值，包含一个整数，代表某个日期是星期几。

语法格式如下:

Weekday(date, [firstdayofweek])

☑ date:必要参数,可以是任何能够表示日期的变体表达式、数值表达式、字符串表达式或它们的组合。如果 date 包含 Null,则返回 Null。

☑ firstdayofweek:可选参数。指定一星期第一天的常数。如果不指定,则以 vbSunday 为默认值。firstdayofweek 参数的设置值如表 6.2 所示。

表 6.2　firstdayofweek 参数的设置

常　　数	值	说　　明
vbUseSystem	0	使用 NLS API 设置
vbSunday	1	星期日(默认值)
vbMonday	2	星期一
vbTuesday	3	星期二
vbWednesday	4	星期三
vbThursday	5	星期四
vbFriday	6	星期五
vbSaturday	7	星期六

Weekday 函数的返回值如表 6.3 所示。

表 6.3　Weekday 函数的返回值

常　　数	值	描　　述
vbSunday	1	星期日
vbMonday	2	星期一
vbTuesday	3	星期二
vbWednesday	4	星期三
vbThursday	5	星期四
vbFriday	6	星期五
vbSaturday	7	星期六

【例 6.2】　判断星期几。利用 Weekday 函数和 Date 函数判断今天是星期几,并将其输出,如图 6.19 所示。(实例位置:光盘\TM\sl\6\2)

代码如下:

图 6.19　Weekday 执行效果

```
Private Sub Form_Click()
    Dim day As String                       '定义字符型变量
    Dim n As Integer                        '定义整型变量
    n = Weekday(Date)                       '利用 Weekday 函数判断星期几
    If n = 1 Then day = "Sunday"            '如果值为 1,给 day 赋值 Sunday
    If n = 2 Then day = "Monday"            '如果值为 2,给 day 赋值 Monday
    If n = 3 Then day = "Tuesday"           '如果值为 3,给 day 赋值 Tuesday
    If n = 4 Then day = "Wednesday"         '如果值为 4,给 day 赋值 Wednesday
    If n = 5 Then day = "Thursday"          '如果值为 5,给 day 赋值 Thursday
```

```
        If n = 6 Then day = "Friday"                    '如果值为 6，给 day 赋值 Friday
        If n = 7 Then day = "Saturday"                  '如果值为 7，给 day 赋值 Saturday
        Print "今天是  " & day                            '输出今天是星期几
End Sub
```

6.5.4　Year、Month、Day 函数

Year 函数用于返回一个 Variant（Integer）类型的值，包含表示年份的整数。

Month 函数用于返回一个 Variant（Integer）类型的值，其值为 1～12 之间的整数，表示一年中的某月。

Day 函数用于返回一个 Variant（Integer）类型的值，其值为 1～31 之间的整数，表示一个月中的某一日。

语法格式如下：

```
Year(date)
Month(date)
Day(date)
```

date：必要的参数，可以是任何能够表示日期的变体表达式、数值表达式、字符串表达式或它们的组合。如果 date 包含 Null，则返回 Null。

例如，利用 Year 函数返回当前系统时间的年；利用 Month 函数返回系统时间的月；利用 Day 函数返回系统时间的日。程序代码如下：

```
Private Sub Form_Click()
    Print Year(Now) & "年" & Month(Now) & "月" & Day(Now) & "日"        '输出当前的日期
End Sub
```

输出结果为"2008 年 2 月 27 日"的形式。

 说明

除了可以利用上面介绍的几个函数以外，还可以利用 Format 函数将当前时间格式化为"××××年×月×日"的形式。

6.5.5　Hour、Minute、Second 函数

Hour 函数用于返回一个 Variant（Integer）类型值，其值为 0～23 之间的整数，表示一天之中的某一钟点。

Minute 函数用于返回一个 Variant（Integer）类型值，其值为 0～59 之间的整数，表示一小时中的某一分钟。

Second 函数用于返回一个 Variant（Integer）类型值，其值为 0～59 之间的整数，表示一分钟之

中的某一秒。

语法格式如下：

```
Hour(time)
Minute(time)
Second(time)
```

time：必要的参数，可以是任何能够表示时刻的变体表达式、数值表达式、字符串表达式或它们的组合。如果 time 包含 Null，则返回 Null。

例如，利用 Hour 函数返回当前系统时间的小时，利用 Minute 函数返回系统时间的分钟，利用 Second 函数返回系统时间的秒。程序代码如下：

```
Private Sub Form_Click()
    Print & Hour(Now) & "点" & Minute(Now) & "分" & Second(Now) & "秒"        '输出当前的时间
End Sub
```

输出结果为"13 点 20 分 25 秒"的形式。

说明

除了可以利用上面介绍的几个函数以外，还可以利用 Format 函数将当前时间格式化为"××点××分××秒"的形式。

6.6　随 机 函 数

 视频讲解：光盘\TM\lx\6\随机函数.exe

本节主要介绍随机函数，包括 Randomize 函数和 Rnd 函数。

6.6.1　Randomize 函数

Randomize 函数是初始化随机数生成器。

语法格式如下：

```
Randomize [number]
```

number：可选的参数，是 Variant 类型的值或任何有效的数值表达式。

注意

若想得到重复的随机数序列，要在使用具有数值参数的 Randomize 之前直接调用具有负参数值的 Rnd，使用具有同样数值的 Randomize 是不会得到重复的随机数序列的。

6.6.2 Rnd 函数

Rnd 函数用于返回一个 Single 类型的随机数值。
语法格式如下：

Rnd[(number)]

number：可选的参数，是一个 Single 类型的值或任何有效的数值表达式。
Rnd 函数的返回值如表 6.4 所示。

表 6.4 Rnd 函数的返回值

如果 number 的值	Rnd 生成
小于 0	每次都使用 number 作为随机数种子得到的相同结果
大于 0	序列中的下一个随机数
等于 0	最近生成的数
默认	序列中的下一个随机数

【例 6.3】 下面的例子实现的是掷骰子的功能，其中应用了 Randomize 函数和 Rnd 函数。在程序运行时，单击“开始”按钮，左边的骰子就显示一个随机的数。实现界面如图 6.20 所示。（**实例位置：光盘\TM\sl\6\3**）

图 6.20 掷骰子

程序代码如下：

```
Private Sub Command1_Click()                        '单击“开始”按钮
    num = Int(Rnd * 6) + 1                          '获取一个随机数赋给 num
    Label1.Caption = num & "点"                     '显示该随机数
    DisPlay (num)                                   '调用自定义函数（参见光盘）
End Sub
Private Sub Form_Activate()                         '窗体加载
    For i = 0 To 6                                  '从 0 至 6 做循环，设置“点”的样式
        Shape2(i).FillColor = &H0&                  '设置填充颜色为黑色
        Shape2(i).FillStyle = 0                     '设置填充样式为实心
        Shape2(i).Shape = 3                         '设置形状为圆形
        Shape2(i).Visible = False                   '设置为不可见
    Next i
    Shape1.FillColor = &HFFFFFF                     '设置 Shape1 的填充颜色为白色
```

```
Shape1.FillStyle = 0                        '设置填充样式为实心
Shape1.Shape = 5                            '设置形状为圆角正方形
Randomize Timer                             '初始化
Label1.Caption = "1 点"                     '在标签中显示"1 点"
DisPlay (1)                                 '调用自定义函数,显示"1 点"效果
End Sub
```

6.7　格式化函数

📀 **视频讲解：光盘\TM\lx\6\格式化函数.exe**

Format 函数用于返回 Variant（String）类型值，其中含有一个表达式，它是根据格式表达式中的指令来格式化数据的。

语法格式如下：

Format(expression[, format[, firstdayofweek[, firstweekofyear]]])

Format 函数中的参数说明如表 6.5 所示。

表 6.5　Format 函数的参数说明

参　　数	说　　明
Expression	必要参数。任何有效的表达式
Format	可选参数。有效的命名表达式或用户自定义格式表达式
firstdayofweek	可选参数。常数，表示一星期的第一天，其设置值如表 6.6 所示
firstweekofyear	可选参数。常数，表示一年的第一周，其设置值如表 6.7 所示

表 6.6　firstdayofweek 参数的设置

常　　数	值	说　　明
vbUseSystem	0	使用 NLS API 设置
vbSunday	1	星期日（默认值）
vbMonday	2	星期一
vbTuesday	3	星期二
vbWednesday	4	星期三
vbThursday	5	星期四
vbFriday	6	星期五
vbSaturday	7	星期六

表 6.7　firstweekofyear 参数的设置

常　　数	值	说　　明
vbUseSystem	0	使用 NLS API 设置
vbFirstJan1	1	从包含 1 月 1 日的那一周开始（默认值）
vbFirstFourDays	2	从本年第一周开始，此周至少有 4 天在本年中
vbFirstFullWeek	3	从本年第一周开始，而此周完全在本年中

145

下面分别在日期时间、数组和字符串这 3 个方面介绍 Format 函数的使用。

1．日期时间

在程序中显示日期时间时，经常需要将其格式化为某些特定的形式，这时就需要用到一些格式符。在格式化日期时间时需要使用的格式符及其应用如表 6.8 所示。

表 6.8　日期和时间类型的例子

格　式　符	说　　明	举　　例	结　　果
d	显示日期（1～31）	Format(Now, "d")	27
ddd	用英文缩写显示星期（Sun～Sat）	Format(Now, "ddd")	Wed
ddddd	显示完整日期	Format(Now, "ddddd")	2008-02-27
w	显示星期代号（1～7，1 是星期日）	Format(Now, "w")	4（星期三）
m	显示月份（1～12）	Format(Now, "m")	2
mmm	用英文缩写显示月份（Jan～Dec）	Format(Now, "mmm")	Feb
y	显示一年中第几天（1～366）	Format(Now, "y")	58
yyyy	4 位数显示年份（0100～9999）	Format(Now, "yyyy")	2008
h	显示小时（0～23）	Format(Now, "h")	16
m	放在 h 后显示分（0～59）	Format(Now, "hm")	16
s	显示秒（0～59）	Format(Now, "s")	37
A/P 或 a/p	每日 12 时前显示 A 或 a，12 时后显示 P 或 p	Format(Now, "A/P")	P
dd	显示日期（01～31），个位数用 0 补位	Format(Now, "dd")	27
dddd	用英文显示星期全名（Sunday～Saturday）	Format(Now, "dddd")	Wednesday
dddddd	用汉字显示完整日期	Format(Now, "dddddd")	2008 年 2 月 27 日
ww	显示一年中第几个星期（1～53）	Format(Now, "ww")	9
mm	显示月份（01～12），个位数用 0 补位	Format(Now, "mm")	02
mmmm	用英文月份全名（January～December）	Format(Now, "mmmm")	February
yy	两位数显示年份（00～99）	Format(Now, "yy")	08
q	显示季度数（1～4）	Format(Now, "q")	1
hh	显示小时（00～23），个位数用 0 补位	Format(Now, "hh")	16
mm	放在 h 后显示分（00～59），个位数用 0 补位	Format(Now, "hhmm")	20
ss	显示秒（00～59），个位数用 0 补位	Format(Now, "ss")	32
AM/PM 或 m/pm	每日 12 时前显示 AM 或 am，12 时后显示 PM 或 pm	Format(Now, "AM/PM")	PM

2．数值

同格式化日期时间一样，在利用 Format 函数格式化数值类型数据时也需要用到格式符，具体的应用如表 6.9 所示。

表 6.9　数值类型的例子

格　式　符	说　　明	举　　例	结　　果
0	实际数字小于符号位数，数字前后加 0	Format(2, "00")	02
#	实际数字小于符号位数，数字前后不加 0	Format(2, "##")	2
.	加小数点	Format(2, "00.00")	02.00

续表

格 式 符	说　　　　明	举　　　例	结　　果
,	千分位	Format(1024, "0,000.00")	1,024.00
%	数值乘以 100，在结尾加%（百分号）	Format(0.31415, "##.##%")	31.415%
$	在数字前强加$	Format(35.26, "$##.##")	$35.26
+	在数字前强加+	Format(-3.1415, "+##.####")	+-3.1415
−	在数字前强加-	Format(3.1415, "-##.####")	−3.1415
E+	用指数表示	Format(34145, "0.0000e+00")	3.4145e+04
E-	与 E+相似	Format(34145, "0.0000e-00")	3.4145e04

3．字符串

利用 Format 函数格式化字符串类型数据使用的格式符如表 6.10 所示。

表 6.10　字符串类型的例子

格 式 符	说　　　　明	举　　　例	结　　果
>	以大写显示	Format("tsoft", ">")	TSOFT
<	以小写显示	Format("TSOFT", "<")	tsoft
@	当字符位数小于符号位数时，字符前加空格	Format("TSoft", "@@@@@@@")	TSoft
&	当字符位数小于符号位数时，字符前不加空格	Format("TSoft", "&&&&&")	TSoft

6.8　API 函数

📺 视频讲解：光盘\TM\lx\6\API 函数.exe

API 函数涵盖了计算机操作的各个方面，涉及面广，数量庞大。程序设计人员如果能熟练掌握常用的 API 函数，即可解决很多问题并可以使程序的功能更加完善。

本节将介绍 API 函数的相关概念以及基本使用方法。

6.8.1　API 的概念

API（Application Propramming Interface）函数又称"应用程序编程接口"。它是 Windows 提供给应用程序与操作系统之间的接口，犹如建筑工地所使用的"砖瓦"一般，可以搭建出各种丰富多姿的应用界面和功能灵巧的应用程序。可以说，API 函数是构筑整个 Windows 框架的基石。程序设计人员可以在不同的程序设计语言中使用 API 函数，编写运行于 Windows 操作系统的应用程序。

程序员在编写应用程序时需要使用一些函数库，所谓函数库就是一些目标代码模块经过组合形成的代码群。应用程序从函数库中调用函数实际上就是通过链接，从而使应用程序能够从函数库中存取和使用目标代码，并把外部函数结合到一个应用程序中的进程。

与函数库链接有两种方法：静态链接和动态链接。

1．静态链接

静态链接是指在编写应用程序时，如果需要调用运行函数库中已有的函数，程序员无须在自己的源代码中重写函数库中的函数，而只是给出函数名和所需要的参数，就可以执行相应的操作。生成可执行文件时，首先对源程序进行编译，生成目标文件（.obj）。此时目标文件中只有函数的调用语句，没有函数本身的代码。当用链接程序（Link）把目标文件（.obj）与库文件（.lib）相链接，生成可执行文件（.exe）时，链接程序将从库函数文件中取出源程序中所需要的库函数，并加入到链接生成的可执行文件中。此时，可执行文件实际上包含了源程序及其所调用的库函数的代码。

2．动态链接

API 函数由许多能完成不同操作的动态链接库（Dynamic Link Library，DLL）所组成。动态链接库是 Windows 系统中一种特殊的可执行文件，其文件扩展名为.dll。在动态链接库中包含将某些函数预先编译成目标文件的程序模块，当程序访问所需的动态链接库时，Windows 才能确定被调函数的地址并将其连接到应用程序之中。使用动态链接库可以极大地加速 Windows 应用程序开发的进度。有了这些控件和类库，程序员便可以把主要精力放在程序整体功能的设计上，而不必过于关注技术细节。

Windows 提供了数以千计的 API 函数，这些函数存放在不同的动态链接库中。动态链接库按照功能可以分为三大类（KERNEL、GDI、USER）和一些较小的动态链接库。下面介绍 Windows 中常用的动态链接库，其功能如表 6.11 所示。

表 6.11　Windows 中常用的动态链接库

动态链接库	说　明
KERNEL32.DLL	低级内核函数。用于内存管理、任务管理、文件管理、资源控制及相关操作
GDI32.DLL	图形设备接口库。在该动态链接库中含有与设备输出有关的函数，包含大多数绘图、显示环境、图元文件、坐标及字体函数
USER32.DLL	与 Windows 管理有关的函数。包含消息、菜单、光标、插入标志、计时器、通信以及其他大多数非显示函数
ADVAPI32.DLL	高级 API 服务，支持大量的 API（其中包含许多安全与注册方面的调用）
COMCTL32.DLL	实现了一个新的 Windows 集，称为 Windows 公共控件（例如 VB 中的 Toolbar、TreeView、ListView、ImageList 等控件都属于这个控件集）
COMDLG32.DLL	通用对话框 API 库
LZ32.DLL	32 位压缩例程
MAPI32.DLL	为应用程序提供一系列电子邮件功能的 API 函数
MPR.DLL	多接口路由库
NETAPI32.DLL	32 位网络 API 库
SHELL32.DLL	32 位 Shell API 库
VERSION.DLL	版本库
WINMM.DLL	Windows 多媒体库
WINSPOOL.DRV	后台打印接口，包含后台打印相关的 API 函数

3．静态链接与动态链接的区别

当使用同一个静态链接的多个应用程序同时运行时，每个实例都拥有相同的代码，因此会重复占用宝贵的内存空间；并且这些应用程序在存储时，也会由于代码相同而浪费磁盘空间。此外，如果修改了函数库中的函数代码，则调用该函数相应的应用程序就需要重新进行链接。因此，在 Windows 环境下，通常不使用静态的链接方式，而是使用动态链接库。

动态链接与静态链接的不同之处在于链接的过程不同，虽然包含库函数的源程序仍然是被预先编译成目标文件，但是它不再复制到可执行文件中，而是被链接成一种特殊的 Windows 可执行文件，即动态链接库。应用程序运行时，Windows 操作系统检查执行文件，如果需要不包含在可执行文件自身中的函数，Windows 就会自动装入指定的 DLL 文件，使得 DLL 文件中的所有函数都能被应用程序访问。到这个时候，Windows 才能确定每个函数的地址并且将其动态地链接到应用程序中。DLL 文件是在运行时被装入的，并且所有使用这个 DLL 文件的应用程序都可以在运行时共享它。

6.8.2 API 的相关概念

1．Win32 API

Win32 API 是 Microsoft 32 位平台的应用程序编程接口，所有运行在 Win32 平台上的应用程序都可以调用它。所有的 Microsoft 32 位平台都支持统一的 API（包括函数、结构、消息、宏和接口）。使用 Win32 API 不仅可以开发适合各种开发平台的应用程序，还可以充分挖掘各种开发平台的潜力，以及利用各种开发平台的功能和属性。

标准的 Win32 API 可以分为窗口管理、图形设备接口（GDI）、系统服务、窗口通用控制、Shell 特性、国际特性和网络服务几类。

2．句柄

Windows 用一个 32 位的整数对每一个对象进行标识，这个整数就是"句柄"（Handle）。简单地说，句柄就是操作系统定义的用来唯一标识对象的整数。每个句柄都是一个类型标识符，以小写字母"h"开头。通过句柄，应用程序才能访问信息，才能借助系统完成实际工作，这是 Windows 系统在多任务环境下保护信息的一种途径。句柄种类繁多，如窗口句柄 hWnd（Windows Handle）、设备环境句柄 hDC（Device Context Handle）、图形接口对象句柄 GDI Object Handle 等。表 6.12 列出了一些常用的句柄。

表 6.12　常用句柄及其说明

对象	句柄	说明
Bitmap（位图）	hBitmap	内存中存放图像信息的一个区域
Brush（刷子）	HBrush	绘图时用于填充区域
Cursor（光标）	HCursor	鼠标的光标。最大可为 32×32 的单色位图
Device Context（设备环境）	hDC	设备环境
File（文件）	hFile	磁盘文件对象
Font（字体）	hFont	文本字体
Icon（图标）	hIcon	图标对象
Instance（实例）	hInstance	正在运行的应用程序实例

对　　象	句　　柄	说　　明
Memory（内存）	hMen	内存块
Menu（菜单）	hMenu	菜单栏或弹出菜单
Module（模块）	Hmodule/hLibModule	程序模块
Pen（画笔）	hPen	绘图函数中画线的类型
Window（窗口）	hWnd	显示器上面的一个窗口

下面以窗口句柄（hWnd）为例，具体介绍句柄的使用方法。窗口句柄（hWnd）主要用来标识一个窗口，VB 中的窗体和控件都可以看作是一个窗口。几乎在所有情况下，都需要根据窗口句柄 hWnd 来确定 API 函数应用于哪个窗口。也就是说，通过 API 函数在某个窗口中输出信息时，必须提供该窗口的句柄，并把它传送给要调用的 API 函数。

例如，在应用程序中改变窗体的标题，可以使用 API 函数的 SetWindowText 来设置。其代码如下：

```
rs = SetWindowText (Form1.hWnd, "欢迎您的光临！")
```

其中，Form1.hWnd 代表 Form1 窗体的句柄。

注意

在程序运行过程中，窗口句柄（hWnd）有可能会改变，因此不要把它存放在一个变量中，而应该将其直接传送给 API 函数。

6.9　API 浏览器

视频讲解：光盘\TM\lx\6\API 浏览器.exe

利用 API 浏览器可以浏览含有 API 函数的声明、常量和类型，它们存放在文本文件或 Jet 数据库中，可以将其复制到剪贴板中，然后粘贴到 VB 代码中进行使用。下面介绍如何使用 API 浏览器。

6.9.1　启动 API 浏览器

启动 API 浏览器一般有两种方法。

（1）方法一。选择"开始"/"所有程序"/"Microsoft Visual Basic 6.0 中文版"/"Microsoft Visual Basic 6.0 中文版工具"/"API 文本浏览器"命令，即可打开 API 浏览器，如图 6.21 所示。

（2）方法二。

① 启动 VB 6，选择"外接程序"/"外接程序管理器"命令，打开"外接程序管理器"对话框。

② 在"可用外接程序"列表框中选择 VB 6 API Viewer 选项，然后在"加载行为"栏中选中"在启动中加载"和"加载/卸载"两个复选框，如图 6.22 所示。

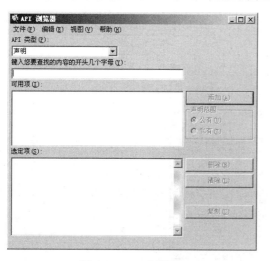

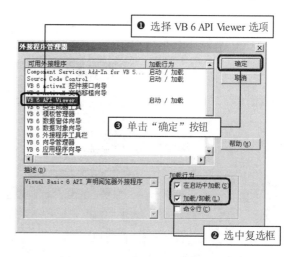

图 6.21 API 浏览器　　　　　　　　图 6.22 "外接程序管理器"对话框

③ 单击"确定"按钮，即可把"API 浏览器"命令添加到"外接程序"菜单中。

④ 选择"外接程序"/"API 浏览器"命令，即可打开 API 浏览器。

6.9.2　API 浏览器的加载

API 函数的相关信息（如类型、声明和常量）存放在两个文本文件中，即 WIN32API.TXT 和 MAPI32.TXT。WIN32API.TXT 中含有 Windows API 函数的 32 位版本的常量、声明和类型，而 MAPI32.TXT 中含有 Windows 多媒体 API 函数的常量、声明和类型。在 API 浏览器中可以读取文本文件或 Jet 数据库文件。下面对其两种加载文件的方法进行介绍。

（1）方法一：加载文本文件。

① 选择"文件"/"加载文本文件"命令，打开"选择一个文本 API 文件"对话框，如图 6.23 所示。

图 6.23 "选择一个文本 API 文件"对话框

② 在该对话框中选择 WIN32API.TXT 选项，然后单击"打开"按钮，即可装入文本 API 文件。此时的 API 浏览器如图 6.24 所示。

图 6.24　API 阅览器

（2）方法二：加载数据库文件。

加载数据库文件，首先需要选择"文件"/"转换文本为数据库"命令，将其文本文件转换为数据库文件。执行该命令后，将显示一个"为新数据库选择一个名称"对话框，如图 6.25 所示，让用户输入转换后的数据库文件的存放位置和文件名（一般仍使用原来的名称）。在此存放在原来的目录下，扩展名为.MDB，单击"保存"按钮，即可开始转换操作（这可能需要等待一段时间）。转换结束后，就可以通过选择"文件"/"加载数据库文件"命令加载 API 文件。

图 6.25　将文本文件转换为数据库文件

说明

转换后的数据库文件与原来的文本文件内容完全相同，但装入时的速度却有较大差别，在配置较低的计算机上，这种差别尤其明显。把文本文件转换为 Jet 数据库文件后，就能以较快的速度装入。

6.9.3　API 浏览器的使用

在使用 API 浏览器时，首先需要装入文本文件或数据库文件，才可以对其进行操作（如查看文件中的声明、常量或类型），然后把它们复制到 VB 代码中即可。下面对其具体操作进行介绍。

1．查看声明、常量或类型

（1）在 API 浏览器中打开"API 类型"下拉列表框，从中选择"常数"（Constants）、"声明"（Declares）或"类型"（Types），即可在"可用项"列表框中列出相应的项目，如图 6.26 所示。

图 6.26　选择需要的 API 类型

（2）"可用项"（Available Item）列表框中的项目是按字母顺序排列的，通过拖动滚动条可以找到所需要的项目，但这样效率太低。为了能较快地找到指定的项目，还可以在"键入您要查找的内容的开头几个字母"文本框中输入要查找的项目的前几个字母，"可用项"列表框中的显示内容将随着变化，当出现所需要的项目后，单击该项目，即可选择该项目。

2．复制声明

为了把指定的项目复制到 VB 代码中，必须先在"可用项"列表框中选择将要复制的项目，然后单击"添加"按钮，把该项目添加到"选定项"（Selected Item）列表框内。此时单击"复制"按钮，即可把"选定项"列表框中的项目复制到剪贴板上，再将该函数的声明粘贴在 VB 代码中即可。

说明

在单击"添加"按钮前，可以在"声明范围"栏中选中"公有"或"私有"单选按钮。如果要把项目复制到标准模块中，则选中"公有"单选按钮；如果要把项目复制到窗体模块或类模块中，则选中"私有"单选按钮。

例如，将 API 函数 ScrollWindow 的声明复制到 VB 的标准模块中，其操作步骤如下。

（1）在 API 浏览器中加载 WIN32API.TXT 或 WIN32API.MDB 文件，然后在"API 类型"下拉列表框中选择"声明"选项。

（2）在"键入您要查找的内容的开头几个字母"文本框中输入"ScrollWindow"。

（3）在"声明范围"栏中选中"公有"单选按钮。

（4）单击"添加"按钮，将 ScrollWindow 项目添加到"选定项"列表框中，如图 6.27 所示。

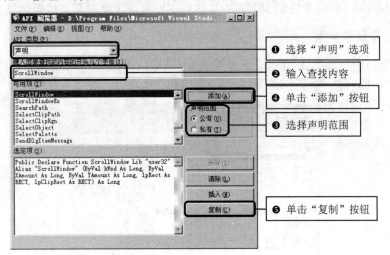

图 6.27　将 ScrollWindow 项目添加到"选定项"列表中

（5）单击"复制"按钮。

（6）在 VB 工程中，选择"工程"/"添加模块"命令，插入一个标准模块。

（7）选择"编辑"/"粘贴"命令，或按 Ctrl+V 键，即可将 ScrollWindow 函数的声明加入到模块中，如图 6.28 所示。

图 6.28　模块中的 ScrollWindow 函数的声明

说明

如果在步骤（4）中单击"添加"按钮后，再单击"插入"按钮，可直接将函数的声明插入到 VB 代码窗口中的声明部分。

6.10　API 的使用

视频讲解：光盘\TM\lx\6\API 的使用.exe

API 函数在使用上很方便，在程序中只要事先对 API 进行了声明，就可以像使用 VB 自身的函数一样，在程序中自由地使用，而且执行效率要比 VB 自带的函数高。

6.10.1　API 函数的声明

声明 API 函数的作用是确定将要使用的 API 函数的名称(有时还需要写出所用的 API 函数的别名)、该 API 函数所在的文件、函数中使用的参数及参数类型、数据传输方式及所用函数本身的函数类型。

在 VB 浏览器中，虽然提供了大量的 Windows API 的预定声明，但还是需要知道应该如何亲自编写声明。具体声明 API 函数的语法格式如下：

[Public | Private]Declare Sub API 函数名 Lib"该函数所在的文件名"[Alias"该函数的别名"][(变量名及变量类型)] As API 函数类型

或

[Public | Private]Declare Function API 函数名 Lib"该函数所在的文件名"[Alias"该函数的别名"][(变量名及变量类型)] As API 函数类型

如果在声明的过程中不需要返回值，则选择第一种语法格式；如果在声明的过程中，需要返回值，则选择第二种语法格式。声明 API 函数的具体参数说明如表 6.13 所示。

表 6.13　声明 API 函数的参数说明

参　　数	说　　明
Public	可选项。用于声明在所有模块中都可以使用的过程
Private	可选项。用于声明只能在包含该声明的模块中使用的过程
Sub	可选项。用于表示该过程没有返回值
Function	可选项。用于表示该过程会返回一个可用于表达式的值
Lib	必选项。用于指明包含所声明过程的动态链接库或代码资源。一般情况下，WIN32API 函数总是包含在 Windows 系统自带的或是其他公司提供的动态链接库 DLL 中，而 Declare 语句中的 Lib 关键字就是用来指定 DLL（动态链接库）文件的路径，这样 VB 才能找到这个 DLL 文件，然后才能使用其中的 API 函数。如果只是列出 DLL 文件名而不指出其完整的路径，VB 会自动到.EXE 文件所在目录、当前工作目录、Windows\System 目录、Windows 目录或 Path 环境变量中的目录下搜寻这个 DLL 文件。因此，如果所要使用的 DLL 文件不在上述几个目录下，就应该指明其完整路径
Alias	可选项。用于指明该函数的别名。当外部过程名与某个关键字重名时，可以使用该参数。当动态链接库的过程与同一范围内的公用变量、常数或任何其他过程的名称相同时，也可以使用该参数。如果该动态链接库过程中的某个字符不符合动态链接库的命名约定，也可以使用该参数。一般来说，在 Windows 9x 平台下在 API 函数名后加一个大写的 A 作为别名即可

📢**注意**

（1）Public 和 Private 用于确定该 API 函数的使用范围。如果将 API 函数放在模块里作为公有函数，则在对 API 函数进行声明时，需要使用 Public。如果不进行函数使用范围的说明，系统默认该函数为公有函数。

（2）Alias 关键字用于指明 API 函数的别名后，在函数的实际调用上，是以别名为首要选择的。

6.10.2　API 常数与类型

API 常数与类型实际上和 VB 中的常数和数据类型的用法一样。在 API 领域里，各种常数和类型都是预先定义好的。其中，定义 API 常数和类型的语法格式与定义自定义常数和自定义数据类型的语法格式基本相同。

定义 API 常数的语法格式如下：

```
Public Const constname [As type] = expression
```

定义 API 类型的语法格式如下：

```
Private Type TypeName
    elementname[([subscripts])] As type
...
End Type
```

6.11　API 函数的调用

 视频讲解：光盘\TM\lx\6\API 函数的调用.exe

在 VB 中，API 函数的调用方式有两种。

- ☑　直接调用，注意调用时需要先给变量定义。
- ☑　Call 调用。

下面以 API 函数 ScrollWindow 函数为例，介绍在 VB 中的调用方式。

（1）在 VB 中声明 ScrollWindow 函数方式如下：

```
Private Declare Function SetWindowRgn Lib "user32" (ByVal hwnd As Long, ByVal hRgn As Long, ByVal bRedraw As Boolean) As Long
```

（2）调用方式如下：

```
a = SetWindowRgn(Me.hwnd, MyRegion, True)
```

或者

```
Call SetWindowRgn(Me.hwnd, MyRegion, True)
```

6.12　小　　结

本章首先介绍了 VB 6.0 中常用的内部函数，每个函数都配有简明的实例，读者可以通过实例更深入地理解函数的应用，达到融会贯通的目的。接着介绍了 API 函数的概念及在 VB 中的使用方法，在开发灵活、实用且更有效率的应用程序时，往往离不开 API 函数的加盟。通过本章的学习，程序设计人员如果能掌握比较常用的 API 函数，就可以将类库与控件难以解决的问题轻而易举地实现。

6.13　练习与实践

1．设计一个计算器程序，使其除了具有加、减、乘、除的运算功能以外，还具有乘方和开方的功能。设计界面如图 6.29 所示。（**答案位置：光盘\TM\sl\6\4**）

图 6.29　计算器

2．设计一个程序。当在文本框中输入一个字符串的时候，利用字符串函数将其中的空格去掉，如输入"I Like VB"，将输出 IlikeVB。（**答案位置：光盘\TM\sl\6\5**）

3．设计一个随机抽奖的程序。主要利用 Randomize 函数和 Rnd 函数。其操作界面如图 6.30 所示。当用户单击"开始"按钮时，数据开始滚动；当用户单击"抽奖"按钮时，在每个文本框中产生一个 0～10 的随机数，同时显示在下面的文本框中。（**答案位置：光盘\TM\sl\6\6**）

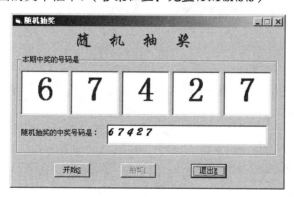

图 6.30　随机抽奖

4．设计一个程序，实现判断输入的年份是否为闰年。（**答案位置：光盘\TM\sl\6\7**）

提示

闰年应满足如下条件之一：

☑　可以被 400 整除。

☑　可以被 4 整除，但是不能被 100 整除。

5．尝试利用 API 函数设计一个复制文件内容的小程序，其中主要应用到 CopyFile 函数。将 C 盘根目录下的"1.txt"中的内容复制到 C 盘根目录下的"12.txt"文件中。（**答案位置：光盘\TM\sl\6\8**）

6．尝试利用 API 函数设计一个调用"画图"程序的小程序，其中主要应用到 WinExec 函数。（**答案位置：光盘\TM\sl\6\9**）

7．尝试利用 API 函数来控制窗体能否使用，即该窗体禁止所有鼠标及键盘相关操作。其中主要应用到 EnableWindow 函数。（**答案位置：光盘\TM\sl\6\10**）

第 **2** 篇

核心技术

▶▶ 第7章 窗体和系统对象

▶▶ 第8章 标准模块和类模块

▶▶ 第9章 常用标准控件

▶▶ 第10章 菜单、工具栏和状态栏

▶▶ 第11章 对话框

▶▶ 第12章 常用ActiveX控件

▶▶ 第13章 鼠标键盘处理

▶▶ 第14章 程序调试和错误处理

▶▶ 第15章 文件系统编程

本篇将介绍窗体的系统对象，标准模块和类模块，常用标准控件，菜单、工具栏和状态栏，对话框，常用ActiveX控件，鼠标键盘处理，程序调试和错误处理及文件系统编程等。学习完这一部分，将能够开发一些小型应用程序。

第 **7** 章

窗体和系统对象

（ 📹 视频讲解：**69** 分钟 ）

　　用户界面是应用程序的重要组成部分，任何软件都应有非常友好的人机界面，既方便用户使用，又可以将绝大部分的程序功能体现出来。一般用户界面都是将菜单栏、工具栏、状态栏等控件放置在窗体上，窗体作为一个容器来容纳这些控件，使其更好地发挥作用。本章将对窗体及系统对象进行详细的介绍。

　　通过阅读本章，您可以：

- ▶▶ 了解窗体的结构和分类
- ▶▶ 掌握窗体的添加和移除
- ▶▶ 掌握窗体的加载和卸载
- ▶▶ 掌握窗体的属性
- ▶▶ 掌握窗体的方法
- ▶▶ 掌握窗体的事件
- ▶▶ 了解窗体事件的生命周期
- ▶▶ 掌握 MDI 窗体的特点
- ▶▶ 掌握 MDI 窗体的设计
- ▶▶ 了解常用系统对象

7.1　窗体的概述

📹 视频讲解：光盘\TM\lx\7\窗体的概述.exe

本节主要介绍窗体的结构、模式窗体和无模式窗体、SDI 窗体和 MDI 窗体、添加和移除窗体、加载（Load）与卸载（Unload）窗体。

7.1.1　窗体的结构

1．窗体的概念

窗体是应用程序的一个重要组成部分。在程序设计阶段，窗体是程序员的"工作台"，程序员在窗体上创建应用程序。在程序运行时每一个窗体对应一个窗口。

窗体是用户和应用程序交互的接口。它由属性定义外观，由方法定义行为，由事件定义与用户的交互。它是 VB 中一个重要的对象，可以作为其他控件的"父对象"。也就是说，窗体除了具有自己的属性、方法外，还可以作为其他控件的容器，即可以在其中放置除窗体之外的其他控件，如文本框、图片框、各种按钮等。当窗体显示时，其中的控件是可见的；当窗体移动时，它们随之移动；当窗体隐藏时，其中的控件也跟着隐藏。

窗体文件的扩展名是.frm，可以作为文件存储到磁盘中。

2．窗体的组成

一般的 VB 窗体都由标题栏、控制按钮和窗体区域组成，具体效果如图 7.1 所示。

（1）标题栏

标题栏是指在窗体顶部的长条区域，包括（从左到右）窗体图标（🗀）、窗体标题（Form1）、最小化按钮（▬）、最大化/还原按钮（🔲）、关闭按钮（✖）。

（2）控制按钮

窗体的控制按钮在窗体标题栏的最右端，包括最大化、最小化和关闭按钮，其作用是对窗体进行控制。

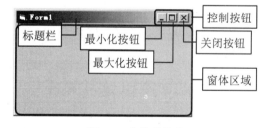

图 7.1　窗体的组成

（3）窗体区域

窗体的主体部分。程序员可以在其中放置各种控件，用户可以通过该部分的控件与应用程序进行交互。

7.1.2　模式窗体和无模式窗体

在窗体的分类中，可以根据窗体的显示状态分为模式窗体和无模式窗体两种类型。这两种类型的窗体在设计时基本相同，不同的是调用的代码和显示状态。

1. 模式窗体

模式窗体是描述窗口的类型，在焦点可以切换到其他窗体之前要求用户采取动作。即当新显示的窗体为模式窗体时，则该窗体为当前窗体，此时其他窗体都不可选；只有将模式窗体关闭以后，才可以操作其他窗体。

注意

在显示模式窗体时，应用程序中的其他窗体失效，并不等于相应的应用程序失效。

在利用 Show 方法显示窗体时，当 Style 参数被设置为 1 或者 vbModal，这样显示的窗体即为模式窗体。

说明

Show 方法的使用在 7.3.1 节中将有详细的介绍。

2. 无模式窗体

无模式窗体是描述窗体类型，在焦点可以切换到其他窗体之前不要求用户采取动作。即当新显示的窗体为无模式窗体时，用户单击任何一个窗体都可以将其设置为当前窗体，并显示在屏幕的最前面。

在利用 Show 方法显示窗体时，当 Style 参数被设置为 0、vbModeless 或者省略，这样显示的窗体即为无模式窗体。

注意

模式窗体指窗体完全占有控制权，只有关闭窗体之后才能使应用程序继续执行，而无模式窗体允许用户交互，并可以直接切换到应用程序的其他窗体，如果省略，则窗体以无模式显示。

7.1.3　SDI 窗体和 MDI 窗体

窗体根据其功能的不同，可以分为 SDI 窗体（单文档窗体）和 MDI 窗体（多文档窗体），下面分别介绍。

1. SDI 窗体

SDI（Single Document Interface）窗体是单文档窗体，即在应用程序中每次只能打开一个文档，想要打开另一个文档时，必须先关闭已打开的文档。例如，在 Windows 系统中经常使用的"记事本"工具。

SDI 窗体程序不能将一个窗体包含在另一个窗体中，所有的窗体都可以在屏幕上自由移动。在默认情况下创建的 VB 程序都是 SDI 窗体程序。

2. MDI 窗体

MDI（Multiple Document Interface）窗体是多文档窗体，即在应用程序中可以同时打开多个文档。每个文档都有自己的窗口，文档或子窗口被包含在父窗口中，父窗口为应用程序中所有的子窗口提供工作空间。当最小化父窗口时，所有的文档窗口也被最小化，只有父窗口的图标显示在任务栏中。例如，Word 和 Excel 应用程序就是 MDI 界面，VB 默认的开发环境也是 MDI 的形式。

3. 设置 SDI 开发环境

这里介绍的 SDI 窗体和 MDI 窗体都是指利用 VB 的开发环境所创建的应用程序的窗体类型。对于 VB 这个环境，在默认情况下是 MDI 的形式，也可以通过环境设置，将其设置为 SDI 的形式，具体步骤如下：

（1）选择"工具"/"选项"命令。

（2）在弹出的"选项"对话框中选择"高级"选项卡，在其中选中"SDI 开发环境"复选框，单击"确定"按钮，将弹出提示对话框，如图 7.2 所示。单击"确定"按钮，将开发环境设置为 SDI 的形式。

（3）重新启动 VB 开发环境，此时的集成开发环境即被设置为 SDI 的形式，如图 7.3 所示。此时开发环境中的各个组成部分（如工具箱、窗体、属性窗口等）都分开了，没有连接在一起；所有 IDE 窗口可在屏幕上的任何地方自由移动；只要 VB 是当前应用程序，它们都将位于其他应用程序之上。

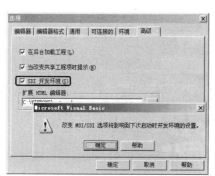

图 7.2 设置 SDI 开发环境   图 7.3 SDI 开发环境

如果不设置为 SDI 模式，即采用默认的 MDI 模式，则所有 IDE 窗口将包含在一个大小可调的父窗口内，并且各个 IDE 之间是可以连接的。

注意

在设置完开发环境以后，需要重新启动 VB 开发环境方可生效，而当前没有重新启动的环境还保持着上次启动前设置的状态。

说明

在使用中一般不采用 SDI 的开发环境，根据 Windows 用户的使用习惯，一般都采用默认的 MDI 开发环境。

7.1.4 添加和移除窗体

1. 添加新窗体

在创建 VB 工程时，默认会创建一个新窗体；如果工程中需要多个窗体，就需要再添加窗体。可以通过下面的步骤来添加窗体。

（1）选择"工程"/"添加窗体"命令。

（2）在弹出的"添加窗体"对话框中选择"新建"选项卡，在其中选择"窗体"图标，单击"打开"按钮，或者双击"窗体"图标，即可创建一个新窗体，如图 7.4 所示。

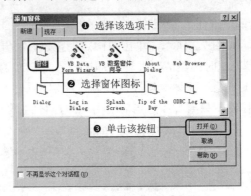

图 7.4　添加窗体

> **说明**
>
> 在工程资源管理器中单击鼠标右键，在弹出的快捷菜单中选择"添加"/"添加窗体"命令，如图 7.5 所示，同样可以弹出如图 7.4 所示的对话框。
>
>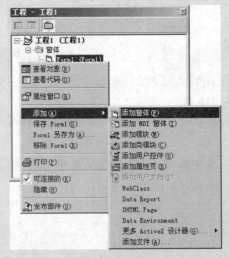
>
> 图 7.5　利用资源管理器添加窗体

2. 添加现存窗体

当开发的程序数量积累到一定程度时，会发现在程序中有很多可以重复使用的窗体。例如，将一个权限设置的窗体设置为通用的模块，每次使用时只需稍加改动就可以应用到新的程序中。对于这样的窗体，该如何添加到工程中呢？下面就介绍一下如何添加现存的窗体。

选择"工程"/"添加窗体"命令，在弹出的"添加窗体"对话框中选择"现存"选项卡，选择要添加的窗体，如这里的操作权限窗体，单击"打开"按钮，即可添加现存窗体，如图7.6所示。

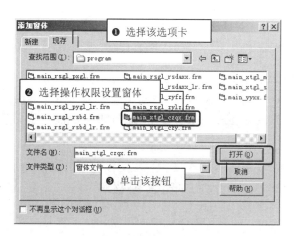

图 7.6 添加现存窗体

说明

在使用此方法添加窗体时要注意添加的窗体名称和工程中已经存在的窗体名称不能相同，如果出现名称相同的情况，则弹出如图7.7所示的错误提示信息。

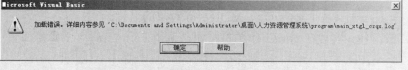

图 7.7 添加的窗体与已经存在的窗体同名

3. 移除窗体

当不再需要工程中的窗体时，可以将其从工程中移除。具体操作方法为：选中要删除的窗体，如Form2，选择"工程"/"移除Form2"命令，即可将该窗体移除，如图7.8所示。

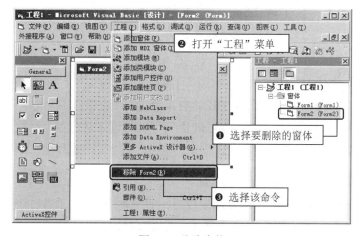

图 7.8 移除窗体

说明

这里的"移除 窗体名"命令，根据所选窗体名称的不同而不同。

注意

利用上面的方法只是将窗体从工程中移除，并没有将其从硬盘上删除。如果需要将其彻底删除，需要在工程存储的具体路径下将其删除。

7.1.5 加载与卸载窗体

1．利用 Load 语句加载窗体

利用 Load 语句可以把窗体加载到内存中。这里仅仅是加载到内存中，并没有显示出来，如果想显示出来需要使用 Show 方法（将在 7.3.1 节中进行介绍）。语法格式如下：

```
Load object
```

object：所在处是要加载的 Form 对象、MDIForm 对象的名称。

【例 7.1】 加载窗体，实现在 Form1 中单击按钮，调用 Form2 窗体。（**实例位置：光盘\TM\sl\7\1**）

代码如下：

```
Private Sub Command1_Click()
    Load Form2                              '加载 Form2 窗体
    Form2.Show                              '显示 Form2 窗体
End Sub
```

说明

在上面的代码中如果不加 Form2.Show，窗体被加载以后并不显示出来，因此没有什么效果。这里添加 Form2.Show 语句是为了突出程序效果。

2．利用 Unload 语句卸载窗体

在利用 Load 语句加载窗体以后，已经加载的窗体会占用一部分内存，如果不将其卸载会使计算机的运行速度变慢，影响程序的执行。利用 Unload 语句可以将窗体从内存中卸载。语法格式如下：

```
Unload object
```

object：所在处是要卸载的 Form 对象的名称。

【例 7.2】 卸载窗体。当 Form2 窗体被加载以后，即可利用 Unload 语句将其卸载；如果需要卸载本窗体，则直接使用 Unload Me 即可。（**实例位置：光盘\TM\sl\7\2**）

关键代码如下：

```
Private Sub Command2_Click()
    Unload Form2                                              '卸载 Form2 窗体
End Sub
Private Sub Command3_Click()
    Unload Me                                                 '卸载本窗体
End Sub
```

注意

如果利用 Unload 语句卸载的窗体是工程中最后一个被卸载的窗体，此卸载将结束程序的执行。

7.2　窗体的属性

视频讲解：光盘\TM\lx\7\窗体的属性.exe

本节主要介绍影响窗体外观的几个重要属性，包括名称（Name 属性）、标题（Caption 属性）、图标（Icon 属性）、背景（Picture 属性）和边框样式（BorderStyle 属性）等。

7.2.1　名称

窗体的名称是工程中用于窗体的唯一标识，因此在一个工程中，不能有两个名称相同的窗体。在创建窗体时，默认会提供一个窗体名，一般形式为 Form*，其中的 "*" 为从 1 开始的自然数。

在使用时可以通过 Name 属性来设置窗体的名称，该属性返回在代码中用于标识窗体对象的名称，在运行时是只读的。

语法格式如下：

`object.Name`

☑　object：一个窗体对象。

☑　Name：只能通过属性窗口进行设置。例如，在属性窗口中设置窗体的 Name 属性为 Frm_Main，如图 7.9 所示。设置完成后，在工程资源管理器中的显示效果如图 7.10 所示。

图 7.9　通过属性窗口设置 Name 属性

图 7.10　窗体在工程资源管理器中的显示效果

7.2.2　标题

窗体的 Caption 属性用于显示在 Form 或 MDIForm 对象的标题栏中的文本。当窗体处于最小化状态时，该文本被显示在窗体图标的下面。

语法格式如下：

object.Caption [= string]

☑　object：对象表达式。这里为窗体对象。

☑　string：字符串表达式，其值是被显示为标题的文本。

设计时，可以在属性窗口中进行设置。在属性窗口中选中 Caption 属性，在后面输入要显示的窗体标题，如图 7.11 所示。设置完成后的效果如图 7.12 所示。

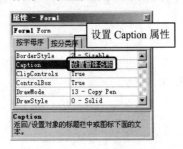

图 7.11　通过属性窗口设置　　　　　　图 7.12　设置完成后的效果

在运行时，Caption 属性也可以通过程序代码设置。

例如，在运行时设置窗体的标题为"设置窗体名称"，其运行后的显示效果如图 7.12 所示。程序代码如下：

```
Private Sub Form_Load()
    Me.Caption = "设置窗体名称"                          '设置窗体的 Caption 属性
End Sub
```

7.2.3　图标

窗体的 Icon 属性主要用于设置运行的窗体在处于最小化状态时显示的图标。一般情况下，如果不对 Icon 属性进行设置，VB 会给窗体设置一个默认的图标，在将工程生成 EXE 文件时，将显示这个图标。在实际的开发中，程序员往往会给自己的程序设置一个美观、大方又具有实际意义的图标。

语法格式如下：

object.Icon

object：所在处表示对象表达式，这里为窗体对象。

在设置 Icon 属性时，一般是在属性窗口中进行设置。具体的设置过程如下。

（1）选择要设置图标的窗体。

（2）在属性窗口中找到 Icon 属性，单击该属性后的███按钮，将弹出"加载图标"对话框。选择需要添加的图标，单击"打开"按钮，即可将选中的图标添加到窗体的标题栏中，如图 7.13 所示。

图 7.13　图标添加过程

设置 Icon 属性时，除了可以通过属性窗口设置外，还可以通过程序代码进行设置。如设置上面的形式，可以通过下面的代码来实现。

```
Private Sub Form_Load()
    Me.Icon = LoadPicture(App.Path & "\85.ico")                    '加载窗体图标
End Sub
```

7.2.4　背景

默认情况下，VB 灰色的窗体背景十分沉闷、单调。在设计应用程序时，可以为窗体设置一个符合程序主题的背景图片，以增强其美感。可以通过在窗体上添加一个 Image 控件或者 PictureBox 控件，然后在控件中添加图片来实现，也可以通过设置窗体的 Picture 属性来实现。

Picture 属性用于返回或设置窗体中要显示的图片。

语法格式如下：

object.Picture [= picture]

☑　object：对象表达式。

☑　picture：字符串表达式，指定一个包含图片的文件，其设置值如表 7.1 所示。

表 7.1　picture 的设置值

设　置　值	描　　述
(None)	（默认值）无图片
(Bitmap, icon, metafile, GIF, JPEG)	指定一个图片。设计时可以从属性窗口中加载图片。在运行时，也可以在位图、图标或元文件上使用 LoadPicture 函数来设置该属性

在使用 Picture 属性时，可以通过属性窗口来设置实现，也可以通过程序代码来实现。通过属性窗口的设置实现过程与设置 Icon 属性的过程是类似的，具体步骤如下：

（1）选择要添加图片的窗体。

（2）在属性窗口中找到 Picture 属性，单击其后的 按钮，将弹出"加载图片"对话框。在该对话框中选择需要添加到窗体上的图片，单击"打开"按钮，即可将选中的图片添加到窗体上。其执行过程如图 7.14 所示。

图 7.14   Picture 属性的设置

Picture 属性除了可以通过属性窗口设置实现以外，还可以通过程序代码实现。下面的代码即可实现上面介绍的效果。

```
Private Sub Form_Load()
    Me.Picture = LoadPicture(App.Path & "\VB 餐饮管理系统启动界面.jpg")          '给窗体添加图片
End Sub
```

7.2.5   边框样式

不同的窗体有不同的用途，根据其用途，可以将其设置成不同的样式。利用窗体的 BorderStyle 属性可以设置窗体的样式，该属性用于返回或设置对象的边框样式。当窗体对象在运行时，此设置是不可用的。

语法格式如下：

object.BorderStyle = [value]

☑   object：对象表达式，这里为窗体对象。

☑   value：值或常数，用于决定边框样式，其设置值如表 7.2 所示。

表 7.2　value 参数的设置

常　数	设　置　值	描　述
vbBSNone	0	无（没有边框或与边框相关的元素）
vbFixedSingle	1	固定单边框。可以包含控制菜单框、标题栏、"最大化"按钮和"最小化"按钮。只有使用"最大化"和"最小化"按钮才能改变大小
vbSizable	2	（默认值）可调整的边框。可以使用设置值 1 列出的任何可选边框元素重新改变尺寸
vbFixedDouble	3	固定对话框。可以包含控制菜单框和标题栏，但不能包含"最大化"和"最小化"按钮，不能改变尺寸
vbFixedToolWindow	4	固定工具窗口。不能改变尺寸。显示"关闭"按钮并用缩小的字体显示标题栏。窗体在 Windows 95 的任务栏中不显示
vbSizableToolWindow	5	可变尺寸工具窗口。可变大小。显示"关闭"按钮并用缩小的字体显示标题栏。窗体在 Windows 95 的任务栏中不显示

　　图 7.15 中列出了窗体的不同样式，读者在使用中可以根据不同的需要灵活选用。例如，在设计启动窗体时，可以将 BorderStyle 属性设置为 0，即无边框的形式，同时利用 Picture 属性设置窗体的背景图片，这样显示比较美观；在设计类似对话框的窗体时，可以将 BorderSytle 属性设置为 3，此时窗体只包括控制菜单框和标题栏，不能包含"最大化"和"最小化"按钮，不能改变尺寸。

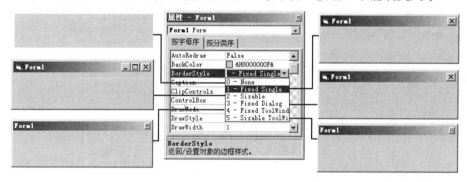

图 7.15　BorderStyle 属性设置

注意

　　BorderStyle 属性只能在设计时通过属性窗口设置，不能通过程序代码设计实现。

7.2.6　显示状态

　　在显示窗体时，根据程序需要可以将窗体显示为全屏、最小化或者正常显示的模式。利用窗体的 WindowState 属性可以设置窗体的显示状态。WindowState 属性用于返回或设置一个值，该值用来指定在运行时窗体的可视状态。

　　语法格式如下：

```
object.WindowState [= value]
```

☑ object：对象表达式。

☑ value：一个用来指定对象状态的整数，其设置值如表 7.3 所示。

表 7.3　value 的设置值

常　　数	值	描　　述
vbNormal	0	（默认值）正常
vbMinimized	1	最小化（最小化为一个图标）
vbMaximized	2	最大化（扩大到最大尺寸）

该属性可以在属性窗口中进行设置，也可以通过程序代码来设置。例如，下面的代码用于设置窗体最大化显示。

```
Private Sub Form_Load()
    Me.WindowState = vbMaximized                                    '设置窗体最大化显示
End Sub
```

当窗体被设置为不同的效果时，在状态栏中的效果也不相同，如图 7.16 所示。

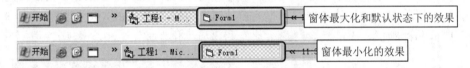

图 7.16　窗体在状态栏中的不同效果

7.2.7　显示位置

利用窗体的 StartUpPosition 属性可以设置窗体初次显示的位置，如显示在屏幕的中央或者屏幕的左上角等。该属性只能在设计时通过属性窗口来设置，在运行时不能使用。

StartUpPosition 属性返回或设置一个值，指定对象首次出现时的位置。

语法格式如下：

```
object.StartUpPosition = position
```

☑ object：对象表达式。

☑ StartUpPosition：整数，指定对象首次显示时的位置。其设置值如表 7.4 所示。

表 7.4　StartUpPosition 参数的设置值

常　　数	值	描　　述
vbStartUpManual	0	没有指定初始设置值
vbStartUpOwner	1	UserForm 所属的项目中央
vbStartUpScreen	2	屏幕中央
vbStartUpWindowsDefault	3	屏幕的左上角

利用 StartUpPosition 属性可以将窗体设置为 4 种不同的显示效果，如图 7.17 所示。

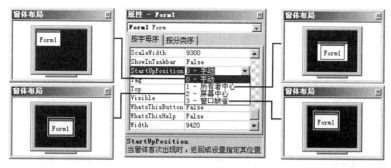

图 7.17　窗体的显示位置

7.3　窗体的方法

📀 视频讲解：光盘\TM\lx\7\窗体的方法.exe

本节主要介绍显示窗体、隐藏窗体和移动窗体的方法。

7.3.1　显示窗体

利用 Show 方法可以显示一个 MDIForm 或 Form 对象；不支持命名参数。

语法格式如下：

```
object.Show style, ownerform
```

☑　object：可选的参数。一个对象表达式。这里为窗体对象。

☑　style：可选的参数。一个整数，它用以决定窗体是模式还是无模式。如果 style 为 0，则窗体是无模式的；如果 style 为 1，则窗体是模式的。

☑　ownerform：可选的参数。字符串表达式，指出部件所属的窗体被显示。对于标准的 VB 窗体，使用关键字 me。

【例 7.3】　窗体显示。前文介绍了模式窗体和无模式窗体，这里利用 Show 方法显示这两种形式的窗体，并演示两者的区别。（实例位置：光盘\TM\sl\7\3）

在工程中添加 3 个窗体，在其中一个窗体上添加两个按钮，一个用于以无模式的形式调用窗体，另一个用于以有模式的形式调用窗体。以无模式调用窗体 Form2 以后，单击 Form1 窗体，Form1 窗体将获得焦点，成为当前窗体，并可以再切换回 Form2 窗体，如图 7.18 所示。无模式调用的程序代码如下：

```
Private Sub Command1_Click()                          '调用无模式窗体
    Form2.Show                                        '无模式调用 Form2 窗体
End Sub
```

说明

在 Show 的后面没有添加参数，这里默认为无模式显示。

单击"调用有模式窗体"按钮，调用有模式窗体 Form3，Form3 窗体获得焦点成为当前窗体。此时不能切换到其他窗体，除非 Form3 窗体被关闭，否则只能对 Form3 窗体进行操作，如图 7.19 所示。调用有模式窗体的代码如下：

```
Private Sub Command2_Click()                    '调用有模式窗体
    Form3.Show 1                                '有模式调用 Form3 窗体
End Sub
```

图 7.18　显示无模式窗体

图 7.19　显示有模式窗体

7.3.2　隐藏窗体

利用窗体的 Hide 方法可以将 MDIForm 或 Form 对象隐藏，但不能对其卸载。窗体被隐藏时，用户只有等到被隐藏窗体的事件过程的全部代码执行完后，才能够与该应用程序交互。如果调用 Hide 方法时窗体还没有加载，那么将加载该窗体但不显示它。

语法格式如下：

```
object.Hide
```

object：所在处代表一个对象表达式，这里为窗体对象。

📝 **说明**

隐藏窗体时，它将从屏幕上被删除，并将其 Visible 属性设置为 False。用户将无法访问隐藏窗体上的控件。

【例 7.4】 隐藏窗体。下面的代码用于隐藏 Form2 和隐藏自身。（实例位置：光盘\TM\sl\7\4）
代码如下：

```
Private Sub Command2_Click()
    Form2.Hide                                  '隐藏 Form2
End Sub
Private Sub Command3_Click()
    Me.Hide                                     '隐藏自身
End Sub
```

7.3.3　移动窗体

利用窗体的 Move 方法可以移动 MDIForm、Form 窗体对象。此方法不支持命名参数。

语法格式如下：

object.Move left, top, width, height

Move 方法的参数说明如表 7.5 所示。

表 7.5 Move 方法的参数说明

参 数	描 述
object	可选的参数。一个对象表达式，这里为窗体对象
left	必需的参数。单精度值，指示 object 左边的水平坐标（x 轴）
top	可选的参数。单精度值，指示 object 顶边的垂直坐标（y 轴）
width	可选的参数。单精度值，指示 object 新的宽度
height	可选的参数。单精度值，指示 object 新的高度

注意

只有 left 参数是必需的。但是，要指定任何其他的参数，必须先指定出现在语法中该参数前面的全部参数。例如，如果不先指定 left 和 top 参数，则无法指定 width 参数。

下面利用"窗体布局"窗口，详细地说明 Move 方法中各个参数所表示的意义。具体的示意图如图 7.20 所示。

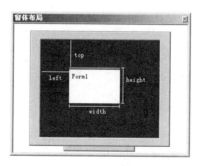

图 7.20 "窗体布局"窗口

7.4 窗体的事件

视频讲解：光盘\TM\lx\7\窗体的事件.exe

在对窗体进行各种操作时，便会引发窗体的相关事件。本节主要介绍常用窗体事件，包括单击和双击（Click/DblClick 事件）、载入和卸载（Load/QueryUnload/Unload 事件）等。

7.4.1 单击和双击

1. Click 事件

Click 事件是在窗体上按下然后释放一个鼠标按键时发生。对一个 Form 对象来说，该事件是在单击一个空白区域或一个无效控件时发生。

语法格式如下：

```
Private Sub Form_Click()
```

【例 7.5】 Click 事件。下面代码实现的是在程序运行时单击窗体弹出提示信息。（实例位置：光盘\TM\sl\7\5）

```
Private Sub Form_Click()                                    '窗体单击事件
    MsgBox "您单击了窗体！", vbInformation, "信息提示"          '弹出提示对话框
End Sub
```

2．DblClick 事件

在窗体上按下和释放鼠标按键并再次按下和释放鼠标按键时，将发生 DblClick 事件。对于窗体而言，当双击被禁用的控件或窗体的空白区域时，DblClick 事件被触发。

语法格式如下：

```
Private Sub Form_DblClick()
```

【例 7.6】 DblClick 事件。下面的代码实现的是在程序运行时双击窗体弹出提示信息。（实例位置：光盘\TM\sl\7\6）

```
Private Sub Form_DblClick()                                 '窗体双击事件
    MsgBox "您双击了窗体", vbInformation, "信息提示"           '弹出提示对话框
End Sub
```

注意

在 Click 事件中使用 MsgBox 将阻止 DblClick 事件的发生。因此，在程序开发中，应避免在同时存在 Click 事件和 DblClick 事件的时候，在 Click 事件中使用 MsgBox 函数。

7.4.2 载入和卸载

1．Load 事件

Load 事件是在一个窗体被装载时发生。当使用 Load 语句启动应用程序，或引用未装载的窗体属性或控件时，此事件被触发。

语法格式如下：

```
Private Sub Form_Load()
Private Sub MDIForm_Load()
```

【例 7.7】 Load 事件。在窗体加载时，向窗体上的 ComboBox 控件中添加项目，如图 7.21 所示。（实例位置：光盘\TM\sl\7\7）

图 7.21　Load 事件

程序代码如下：

```
Private Sub Form_Load()                          '窗体加载事件
    Dim i As Integer                             '定义整型变量
    For i = 0 To 5                               '循环添加项目
        Combo1.AddItem "项目 " & I               '添加项目
    Next i
    Combo1.ListIndex = 0                         '显示第一个项目
End Sub
```

2．QueryUnload 事件

QueryUnload 事件在一个窗体关闭之前发生。当一个 MDIForm 对象关闭时，QueryUnload 事件先在 MDI 窗体中发生，然后在所有 MDI 子窗体中发生。如果没有窗体取消 QueryUnload 事件，该 Unload 事件首先发生在所有其他窗体中，然后再发生在 MDI 窗体中。当一个子窗体或一个 Form 对象关闭时，在那个窗体中的 QueryUnload 事件先于该窗体的 Unload 事件发生。

语法格式如下：

```
Private Sub Form_QueryUnload(cancel As Integer, unloadmode As Integer)
Private Sub MDIForm_QueryUnload(cancel As Integer, unloadmode As Integer)
```

☑　cancel：一个整数。将此参数设定为除 0 以外的任何值，可在所有已装载的窗体中停止 QueryUnload 事件，并阻止该窗体和应用程序的关闭。

☑　unloadmode：一个值或一个常数，如表 7.6 所示，用于指示引起 QueryUnload 事件的原因。

表 7.6　unloadmode 参数返回值

常　　数	值	描　　述
vbFormControlMenu	0	用户从窗体上的"控件"菜单中选择"关闭"指令
vbFormCode	1	Unload 语句被代码调用
vbAppWindows	2	当前 Microsoft Windows 操作环境会话结束
vbAppTaskManager	3	Microsoft Windows 任务管理器正在关闭应用程序
vbFormMDIForm	4	MDI 子窗体正在关闭，因为 MDI 窗体正在关闭
vbFormOwner	5	因为窗体的所有者正在关闭，所以窗体也在关闭

【例 7.8】　QueryUnload 事件。当用户单击窗体上的"退出"按钮时，将退出本程序。此时触发 QueryUnload 事件，弹出提示对话框，询问是否退出，如图 7.22 所示。如果单击"是"按钮，则退出程序；如果单击"否"按钮，则结束 QueryUnload 事件的执行，不退出程序。

图 7.22　QueryUnload 事件

（**实例位置：光盘\TM\sl\7\8**）

关键代码如下：

```
Private Sub Command1_Click()
    Unload Me                                              '卸载
End Sub
Private Sub Form_QueryUnload(Cancel As Integer, UnloadMode As Integer)
    Dim Msg                                                '声明变量
    If UnloadMode > 0 Then                                 '如果正在退出应用程序
        Msg = "是否退出应用程序？"                          '给变量赋值
    Else                                                   '如果正在关闭程序
        Msg = "是否关闭窗体？"                              '给变量赋值
    End If
    '如果用户单击"否"按钮，则停止 QueryUnload 事件
    If MsgBox(Msg, vbQuestion + vbYesNo, "信息提示") = vbNo Then Cancel = True
End Sub
```

3. Unload 事件

当窗体从屏幕上被删除时，Unload 事件发生。当那个窗体被重新加载时，其所有控件的内容均被重新初始化。当使用 Control/Close 命令或 Unload 语句关闭该窗体时，此事件被触发。

语法格式如下：

```
Private Sub object_Unload(cancel As Integer)
```

☑ object：一个对象表达式，这里为窗体对象。

☑ cancel：一个整数，用来确定窗体是否从屏幕删除。如果 cancel 为 0，则窗体被删除；将 cancel 设置为任何一个非零的值可防止窗体被删除。

【例 7.9】 Unload 事件。利用 Unload 事件提示用户是否关闭窗体。在程序运行时，当单击"关闭"按钮时，将关闭窗体，此时触发 Unload 事件，在该事件中弹出提示对话框提示用户是否关闭，如图 7.23 所示。如果单击"是"按钮，则关闭窗体；单击"否"按钮，则退出 Unload 事件，不关闭窗体。（**实例位置：光盘\TM\sl\7\9**）

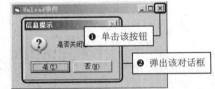

图 7.23　Unload 事件

程序代码如下：

```
Private Sub Form_Unload(Cancel As Integer)              'Unload 事件
    '如果用户单击 No 按钮，则停止 Unload 事件。
    If MsgBox("是否关闭窗体？", vbQuestion + vbYesNo, "信息提示") = vbNo Then
        Cancel = True                                  '不关闭窗体
    End If
End Sub
```

7.4.3　活动性

当一个对象成为活动窗口时，触发 Activate 事件。当一个对象不再是活动窗口时，触发 Deactivate

事件。

语法格式如下：

```
Private Sub object_Activate()
Private Sub object_Deactivate()
```

object：一个对象表达式，这里为窗体对象。

【例 7.10】　Activate/Deactivate 事件。利用 Activate 事件和 Deactivate 事件来判断窗体的活动性。当窗体被调用获得焦点，处于活动状态，触发 Activate 事件，其窗体标题为"当前活动窗体"；当窗体失去焦点，焦点被其他窗体占用，将触发 Deactivate 事件，窗体的标题被设置为"当前非活动窗体"，如图 7.24 所示。（实例位置：光盘\TM\sl\7\10）

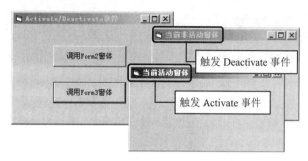

图 7.24　Activate/Deactivate 事件

注意

　演示本程序时，注意要无模式调用窗体，否则窗体不能失去焦点。

窗体 Form1 主要用于调用 Form2 窗体和 Form3 窗体，代码如下：

```
Private Sub Command1_Click()
    Form2.Show                                  '调用 Form2
End Sub
Private Sub Command2_Click()
    Form3.Show                                  '调用 Form3
End Sub
```

Form2 和 Form3 中的代码相同，具体如下：

```
Private Sub Form_Activate()                     'Activate 事件
    Me.Caption = "当前活动窗体"                    '设置窗体标题
End Sub
Private Sub Form_Deactivate()                   'Deactivate 事件
    Me.Caption = "当前非活动窗体"                  '设置窗体标题
End Sub
```

7.4.4　初始化

当应用程序创建 Form、MDIForm 时，触发 Initialize 事件。

语法格式如下：

```
Private Sub object_Initialize()
```

object：对象表达式，这里为窗体对象。

【例 7.11】 Initialize 事件。下面的代码可以在窗体初始化时，设置窗体的标题为"Initialize 事件"。（实例位置：光盘\TM\sl\7\11）

```
Private Sub Form_Initialize()                        '触发 Initialize 事件
    Me.Caption = "Initialize 事件"                    '设置窗体的标题
End Sub
```

注意

在使用 Initialize 事件时，要特别注意 SetFocus 方法的使用。不能在 Initialize 事件中使用 SetFocus 方法，如果使用将提示"无效的过程调用或参数"错误信息，如图 7.25 所示。这是因为在触发 Initialize 事件时，TextBox 控件还没有被加载到内存中，因此不能对其进行焦点设置。将 Text1.SetFocus 语句写在 Activate 事件中即可。

图 7.25 无效的过程调用或参数

7.4.5 调整大小

当一个窗体对象第一次显示或该窗体对象状态改变时，将触发 Resize 事件。例如，一个窗体被最大化、最小化或被还原。

语法格式如下：

```
Private Sub object_Resize()
```

object：一个对象表达式，这里为窗体对象。

【例 7.12】 Resize 事件。本实例演示的是当窗体的大小被改变时，触发 Resize 事件，在该事件中调整窗体上的 TextBox 控件的大小和位置。如图 7.26 所示为窗体启动时的默认状态；改变窗体的大小时，触发 Resize 事件，窗体上的 TextBox 控件也随之改变，如图 7.27 所示。（**实例位置：光盘\TM\ sl\7\12**）

程序代码如下：

```
Private Sub Form_Resize()
    Text1.Top = (Me.Height - Text1.Height) / 2           '设置 TextBox 控件的 Top 属性
    Text1.Left = (Me.Width - Text1.Width) / 2            '设置 TextBox 控件的 Left 属性
```

```
    Text1.Width = Me.Width / 2: Text1.Height = Me.Height / 2          '设置控件的 Width 和 Height 属性
End Sub
```

图 7.26　窗体启动的效果

图 7.27　触发 Resize 事件后的效果

7.4.6　重绘

在一个对象被移动或放大之后，或在一个覆盖对象的窗体被移开之后，该对象部分或全部暴露时，触发 Paint 事件。

语法格式如下：

```
Private Sub Form_Paint()
```

【例 7.13】　Paint 事件。下面的代码用于实现在 Paint 事件中绘制菱形，效果如图 7.28 所示。（实例位置：光盘\TM\sl\7\13）

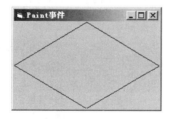

图 7.28　Paint 事件

```
Private Sub Form_Paint()                              '触发 Paint 事件
    Dim X, Y                                          '定义变量
    X = ScaleLeft + ScaleWidth / 2                    '设置横坐标
    Y = ScaleTop + ScaleHeight / 2                    '设置纵坐标
    Line (ScaleLeft, Y)-(X, ScaleTop)                 '画左上方直线
    Line -(ScaleWidth + ScaleLeft, Y)                 '画右上方直线
    Line -(X, ScaleHeight + ScaleTop)                 '画右下方直线
    Line -(ScaleLeft, Y)                              '画左下方直线
End Sub
```

7.4.7　焦点事件

1. GotFocus 事件

当对象获得焦点时触发该事件；获得焦点可以通过诸如按 Tab 键切换，或单击对象之类的用户动作，或在代码中用 SetFocus 方法改变焦点来实现。

语法格式如下：

```
Private Sub Form_GotFocus()
```

2．LostFocus 事件

此事件是在一个对象失去焦点时发生，焦点的丢失或者是由于制表键移动或单击另一个对象操作的结果，或者是代码中使用 SetFocus 方法改变焦点的结果。

语法格式如下：

```
Private Sub Form_LostFocus()
```

【例 7.14】GotFocus/LostFocus 事件。运行程序，单击"调用 Form2 窗体"，调用 Form2 窗体，Form2 窗体上没有控件，因此窗体获得焦点，触发 GotFocus 事件，输出"Form2 获得焦点"文字；单击 Form1 窗体，使 Form2 窗体失去焦点，触发 LostFocus 事件，输出"Form2 失去焦点"文字，如图 7.29 所示。（实例位置：光盘\TM\sl\7\14）

图 7.29　GotFocus/LostFocus 事件

程序代码如下：

```
Private Sub Form_GotFocus()                          '获得焦点事件
    Form1.Print "Form2 获得焦点"                       '输出文字
End Sub
Private Sub Form_LostFocus()                          '失去焦点事件
    Form1.Print "Form2 失去焦点"                       '输出文字
End Sub
```

7.5　窗体事件的生命周期

📹 视频讲解：光盘\TM\lx\7\窗体事件的生命周期.exe

窗体启动、运行和关闭过程会触发不同的事件，每个事件都有一定的生存期。下面就详细介绍每个过程中事件的生存期。

7.5.1　窗体启动过程

在程序运行时，如果窗体被调用，首先触发启动窗体的 Initialize 事件；紧跟着是 Load 事件；将窗体装入内存后，窗体被激活时，Activate 事件发生，如图 7.30 所示。这 3 个事件是在一瞬间发生的。

图 7.30　窗体启动过程中的事件执行次序

　　窗体的 Initialize 事件和 Load 事件都是发生在窗体被显示前，所以经常在事件过程中放置一些命令语句来初始化应用程序，但所能使用的命令语句是有限的，如 SetFocus 一类的语句就不能使用，而 Print 语句仅当窗体的 AutoRedraw 属性值为真（True）时，在 Load 事件中的 Print 语句才有效。

　　VB 程序在执行时会自动装载启动窗体，在使用 Show 方法显示窗体时，如果窗体尚未载入内存，则首先将其载入内存，并触发窗体的 Load 事件。若想将窗体载入内存但不显示，可利用 Load 语句来实现。

7.5.2　窗体运行过程

　　对于 GotFocus 事件，则有两种不同的情况：若窗体上没有可以获得焦点的控件，则窗体在 Activate 事件后立即触发 GotFocus 事件；当窗体上有可以获得焦点的控件时，则控件获得焦点，而不是窗体获得焦点。

　　对于多窗体的应用程序，当 Form1 由当前窗体变成非当前窗体时，若窗体之前是获得焦点的状态或窗体上没有其他可以获得焦点的控件，则先触发 LostFocus 事件，后触发 Deactivate 事件；当该窗体再次成为活动窗体时，只要该窗体加载完毕后没有卸载，就不会触发 Load 事件，但是会触发 Activate 事件。

　　如图 7.31 所示是当窗体成为活动窗体以后，到失去焦点时事件的执行次序，且窗体上没有可以获得焦点的控件。

图 7.31　窗体运行过程中的事件执行次序

7.5.3　窗体关闭过程

　　在调用 Hide 方法时，仅仅是将窗体暂时隐藏。这不同于卸载，卸载是将窗体上的所有属性重新恢复为初始值，同时还将触发窗体的卸载事件。如果卸载的窗体是工程的唯一窗体，将终止程序。

　　在 Windows 下，用户可通过使用菜单中的"关闭"命令或单击窗体上的"关闭"按钮来关闭窗体，并结束程序的运行。当需要用程序来控制时可通过 End 语句来实现，执行该语句后将终止应用程序的执行，并从内存卸载所有窗体。

　　在窗体卸载时，首先触发 QueryUnload 事件。该事件发生在窗体卸载或关闭之前，即 Unload 事件之前。当 Unload 事件发生以后，将触发 Terminate 事件。当 Terminate 事件发生以后，窗体所有的调用或引用都将从内存中删除，即窗体的一个生命周期完成。卸载窗体的一般次序如图 7.32 所示。

图 7.32　窗体关闭时的事件执行次序

【例 7.15】 窗体事件的生命周期。本实例主要用于演示窗体事件的触发次序。在工程中添加两个窗体，主要用于演示 Form1 窗体的事件触发次序。（实例位置：光盘\TM\sl\7\15）

具体执行的操作如下：

首先启动窗体，将依次触发 Initialize 事件、Load 事件、Activate 事件。窗体变成活动窗体，触发 Activate 事件。由于窗体上没有任何控件，则窗体获得焦点，触发 GotFocus 事件。

单击窗体调用 Form2 窗体，Form1 窗体失去焦点，依次触发 LostFocus 事件、Deactivate 事件。关闭 Form2，Form1 再次成为活动窗体，并获得焦点，依次触发 Activate 事件、GotFocus 事件。

关闭窗体依次触发的事件为 QueryUnload 事件、Unload 事件、Terminate 事件。

图 7.33 中显示了上面所述操作中窗体事件的执行次序。

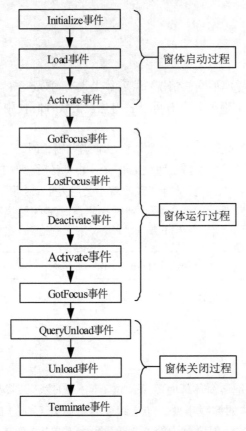

图 7.33　窗体事件的执行次序

程序代码如下：

```
Private Sub Form_Activate()                                         '窗体活动事件
    Print Spc(3); "触发 Activate 事件"                              '输出文字
End Sub
Private Sub Form_Click()                                            '窗体单击事件
    Form2.Show                                                     '调用 Form2
End Sub
Private Sub Form_Deactivate()                                       '窗体非活动事件
    Print Spc(3); "触发 Deactivate 事件"                           '输出文字
```

```
End Sub
Private Sub Form_GotFocus()                                              '窗体焦点事件
    Print Spc(3); "触发 GotFocus 事件"                                   '输出文字
End Sub
Private Sub Form_Initialize()                                            '窗体初始化事件
    MsgBox "触发 Initialize 事件", vbInformation, "信息提示"            '提示对话框
End Sub
Private Sub Form_Load()                                                  '窗体加载事件
    Print Spc(3); "触发 Load 事件"                                       '输出文字
End Sub
Private Sub Form_LostFocus()                                             '窗体失去焦点事件
    Print Spc(3); "触发 LostFocus 事件"                                  '输出文字
End Sub
Private Sub Form_QueryUnload(Cancel As Integer, UnloadMode As Integer)   '窗体询问关闭事件
    MsgBox "触发 QueryUnload 事件", vbInformation, "信息提示"           '提示对话框
End Sub
Private Sub Form_Terminate()                                             '窗体销毁事件
    MsgBox "触发 Terminate 事件", vbInformation, "信息提示"             '提示对话框
End Sub
Private Sub Form_Unload(Cancel As Integer)                               '窗体卸载事件
    MsgBox "触发 Unload 事件", vbInformation, "信息提示"                '提示对话框
End Sub
```

7.6　MDI 窗体

📀 **视频讲解：光盘\TM\lx\7\MDI 窗体.exe**

MDI 窗体是类似于 Word 应用程序的多文档窗体，在同时操作多个窗口时，MDI 窗体非常重要。MDI 窗体是在一个应用程序中能够同时处理两个或者两个以上窗体的界面形式，也称多文档界面。多文档界面和单文档界面的不同之处在于 SDI 中的各个窗体是相互独立的，例如 IE 浏览器，而 MDI 中的窗体则具有主从关系，例如微软的 Word。

下面介绍什么是 MDI 窗体、MDI 窗体的添加和移除、MDI 子窗体和 MDI 主窗体的设计等。

7.6.1　MDI 窗体概述

1. 多文档界面

MDI 为 Multiple-Document Interface 的缩写形式，中文含义是指多文档界面。在 MDI 窗体中，一个应用程序在运行时，除了一个主窗口外，还包含一系列的子窗口。MDI 应用程序由一个父窗体和若干个子窗体组成，可以同时显示多个窗体，每个窗体都在自己的窗口中显示。子窗口被包含在父窗口中，父窗口为应用程序中所有的子窗口提供工作的空间，如常用的 Word、Excel 等都是 MDI 应用程序。在 MDI 主窗体中，所有的子窗体都显示在工作区中，在工作区中可以打开多个窗体，并且窗体之间的切换比较灵活。

2．主窗体和子窗体

MDI 应用程序允许用户同时显示多个文档，每个文档显示在它自己的窗口中。文档或子窗体被包含在主窗体中，当主窗体最小化时所有的文档窗口也被最小化，只有主窗体的图标显示在任务栏中。

子窗体就是将 MDIChild 属性设置为 True 的普通窗体。一个应用程序可以包含许多相似或者不同样式的 MDI 子窗体。

3．SDI 和 MDI

SDI 窗体和 MDI 窗体各有优缺点，在实际的开发中要根据应用程序的开发目的来确定选择哪种设计方式，如在工资管理系统中，用户在使用中经常会遇到需要对多个窗体中的多个数据表进行对账的情况，这时采用 MDI 窗体的形式就比较合适。它可以非常方便地实现工资管理中各个数据表间的对账，如图 7.34 所示，可以将员工发放工资数和员工工资汇总部分进行比较对账。

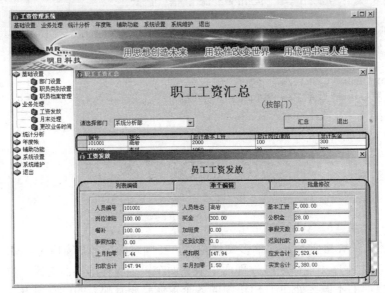

图 7.34　工资管理系统

7.6.2　MDI 窗体的添加和移除

1．MDI 窗体的添加

MDI 窗体的添加和普通窗体的添加非常相似，具体步骤如下：

（1）在工程资源管理器中单击鼠标右键，在弹出的快捷菜单中选择"添加"/"添加 MDI 窗体"命令。

（2）在弹出的"添加 MDI 窗体"对话框中，选择"新建"选项卡，选择"MDI 窗体"图标，单击"打开"按钮，即可向工程中添加一个 MDI 窗体。其执行过程如图 7.35 所示。

说明

选择"工程"/"添加 MDI 窗体"命令，同样可以弹出"添加 MDI 窗体"对话框。

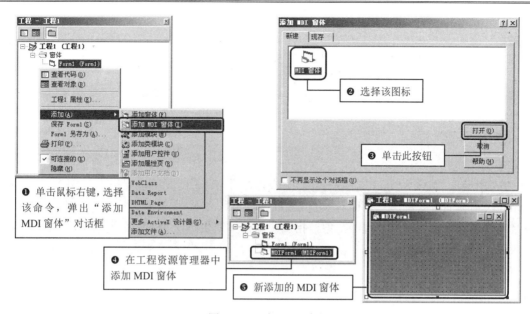

图 7.35 添加 MDI 窗体

2．MDI 窗体的移除

MDI 窗体的移除和普通窗体的移除是一样的，在工程资源管理器中选中要删除的 MDI 窗体，然后选择"工程"／"移除 MDIForm1"命令（这里的命令会随着窗体名称的不同而不同），即可将 MDI 窗体从工程中移除，如图 7.36 所示。

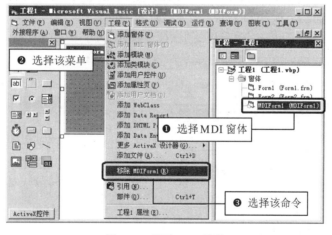

图 7.36 移除 MDI 窗体

说明

也可以通过右键快捷菜单的形式移除 MDI 窗体。在工程资源管理器中选中要删除的 MDI 窗体，单击鼠标右键，在弹出的快捷菜单中选择"移除 MDIForm1"命令，即可移除该 MDI 窗体。

7.6.3 MDI 子窗体

MDI 子窗体就是将 MDIChild 属性设置为 True 的普通窗体。由此可以看出，MDIChild 属性是窗体是否为 MDI 子窗体的重要标志。下面对 MDIChild 属性进行介绍。

MDIChild 属性用于返回或设置一个值，指示一个窗体是否被作为 MDI 子窗体在一个 MDI 窗体内部显示；在运行时是只读的。

语法格式如下：

object.MDIChild

object：一个对象表达式，这里为窗体对象。

MDIChild 属性的设置值可以为 True 或 False。当属性值为 True 时，说明窗体是一个 MDI 子窗体并且被显示在父 MDI 窗体内；当属性值为 False 时（默认情况下为 False），说明窗体不是一个 MDI 子窗体。

MDIChild 属性只能通过属性窗口进行设置，具体的设置方法如下：

（1）在工资资源管理器中，选择需要设置为 MDI 子窗体的窗体，如 Form1。

（2）在属性窗口中选择 MDIChild 属性，将其设置为 True。

（3）此时，在工资资源管理器中该窗体的图标被设置为 MDI 子窗体的效果如图 7.37 所示。

图 7.37　MDIChild 属性设置

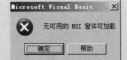

图 7.38　没有 MDI 主窗体

说明

当建立一个多文档接口（MDI）应用程序时要使用该属性。在运行时，该属性被设置为 True 的窗体被显示在 MDI 窗体内。一个 MDI 子窗体能够被最大化、最小化和移动，都在父 MDI 窗体内部进行。

7.6.4　MDI 程序的特点

MDI 主窗体除了不能添加没有 Align 属性的控件以外，还具有以下特点。

（1）一个应用程序最多只能有一个 MDI 窗体。

（2）MDI 子窗体不能是模式的。

（3）所有 MDI 子窗体都有可调整大小的边框、控制菜单框以及"最小化"和"最大化"按钮，而不管 BorderStyle、ControlBox、MinButton 和 MaxButton 属性的设置值如何。

（4）所有的子窗体都显示在 MDI 窗体工作区内。用户可移动、改变子窗体的大小，但对子窗体的所有操作都被限制在 MDI 窗体工作区之内。

（5）MDI 窗体和子窗体可拥有各自的菜单栏、工具栏和状态栏。如果子窗体有自己的菜单栏，如图 7.39 所示，则子窗体被显示时，MDI 窗体的菜单栏将被子窗体的菜单栏取代。

MDI 窗体和子窗体也可拥有各自的标题栏。当子窗体被最大化时，其标题显示在 MDI 窗体的标题栏中，其"最小化""最大化""关闭"按钮则显示在 MDI 窗体菜单栏的右端，如图 7.40 所示。

图 7.39　不显示子窗体的效果

图 7.40　显示子窗体的效果

（6）当子窗体被最小化时，其图标显示在 MDI 窗体底部，而不是显示在任务栏中。当 MDI 窗体被最小化时，所有的子窗体也被最小化，任务栏上只显示 MDI 窗体的图标，如图 7.41 所示。

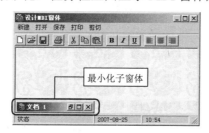

图 7.41　最小化子窗体

7.6.5 MDI 主窗体的设计

在设计 MDI 窗体时，和设计普通的窗体有一些不同——在 MDI 窗体上不能添加没有 Align 属性的控件。例如，文本框、列表框、标签等控件都不能放在 MDI 窗体上，而 ImageList、Toobar、StatusBar、Timer、Data 等控件则可以。

【例 7.16】 在此以如图 7.34 所示的 MDI 窗体为例，介绍 MDI 窗体的设计过程。（**实例位置：光盘\TM\sl\7\16**）

具体步骤如下：

（1）创建一个 VB 工程。选择"工程"/"添加 MDI 窗体"命令，弹出"添加 MDI 窗体"对话框，单击"打开"按钮，将添加一个 MDI 窗体。

注意

一个工程中只能有一个 MDI 窗体，因此当添加一个 MDI 窗体后，"添加 MDI 窗体"命令将变为灰色不可用。

（2）添加 TreeView 控件。在图 7.34 的左侧是一个 TreeView 控件，该控件不能被直接放置到 MDI 窗体上，需要通过一个辅助的控件来实现，即 PictureBox 控件。PictureBox 控件具有 Align 属性，而且该控件是一个具有容器性质的控件，可以容纳其他控件。在使用时，首先将 PictureBox 控件添加到窗体上，通过设置其 Align 属性定位其位置，并设置为无边框，然后将 TreeView 控件添加到 PictureBox 控件上，即可实现将 TreeView 控件放置在 MDI 窗体上。该方法对于其他的控件同样适用。

（3）添加子窗体。添加完 MDI 窗体以后，将添加 MDI 子窗体。MDI 子窗体和普通子窗体的添加方法是一样的，选择"工程"/"添加窗体"命令，弹出"添加窗体"对话框，单击"打开"按钮，将窗体添加到工程中。

此时添加的窗体只是普通的窗体，要想让它成为 MDI 子窗体，需要设置其 MDIChild 属性为 True，这样该窗体才能显示在 MDI 窗体的内部。

说明

其他部分的设计和普通窗体的设计相同，这里就不再赘述，关键代码可参见配书光盘。

7.7 系 统 对 象

视频讲解：光盘\TM\lx\7\系统对象.exe

VB 6.0 中提供了几个非常重要的系统对象，即应用程序对象（APP 对象）、屏幕对象（Screen 对象）、剪贴板对象（Clipboard 对象）、调试对象（Debug 对象）等。下面将对常用的系统对象进行详细介绍。

7.7.1　应用程序对象

App 对象是通过关键字 App 访问的全局对象。它指定如下信息：应用程序的标题、版本信息、可执行文件和帮助文件的路径及名称，以及判断是否运行前一个应用程序的示例。

下面介绍该对象的几个常用属性。

1．CompanyName 属性

此属性用于返回或设置一个字符串，该字符串包括运行中的应用程序的公司或创建者名称。该属性在运行时是只读的。

【例 7.17】　在程序标题栏中添加程序的创建者或公司的名称。（实例位置：光盘\TM\ sl\7\17）

代码如下：

```
Me.Caption = Me.Caption & "（" & App.CompanyName & "创建）"
```

程序运行效果如图 7.42 所示。

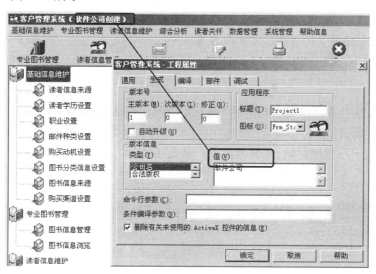

图 7.42　获取程序创建者或公司名称

2．EXEName 属性与 Path 属性

☑　EXEName 属性：返回当前正运行的可执行文件的根名（不带扩展名）。如果是在开发环境下运行，则返回该工程名。

☑　Path 属性：返回或设置当前路径。在设计时是不可用的。对于 App 对象，在运行时是只读的。

【例 7.18】　将当前运行的程序创建一个备份。（实例位置：光盘\TM\sl\7\18）

代码如下：

```
FileCopy App.Path & "\" & App.EXEName & ".EXE", App.Path & "\" & App.EXEName & "备份.EXE"
```

注意

本实例无法在工程中直接调试，需要将其生成并运行可执行文件后才能正常运行。

3．PrevInstance 属性

此属性用于返回是否运行前一个应用程序的示例。返回值为布尔类型。

【例 7.19】 判断应用程序是否运行过，如果运行过则关闭当前运行的程序。（**实例位置：光盘\TM\sl\7\19**）

代码如下：

```
Private Sub Form_Load()
    If App.PrevInstance = False Then              '当程序没运行过
    Else                                          '当程序已运行过
        MsgBox "程序已运行"                        '弹出提示对话框
        End                                       '关闭工程
    End If
End Sub
```

注意

本实例无法在工程中直接调试，需要将其生成并运行可执行文件后才能正常运行。

4．Title 属性

此属性用于返回或设置应用程序的标题，该标题要显示在 Microsoft Windows 的任务列表中。如果在运行时发生改变，那么发生的改变不会与应用程序一起被保存。

【例 7.20】 设置应用程序标题。（**实例位置：光盘\TM\sl\7\20**）

代码如下：

```
Private Sub Form_Load()
    App.Title = "读者管理系统"
    MsgBox "请按正确格式输入"
End Sub
```

运行本实例程序，弹出对话框，显示效果如图 7.43 所示。

图 7.43　程序对话框

7.7.2　屏幕对象

屏幕对象主要是根据窗体在屏幕上的布局而对其进行操作，并在运行时控制应用程序窗体之外的鼠标指针。Screen 对象通过关键字 Screen 访问。下面介绍该对象的几个常用属性。

1．ActiveControl 属性

该属性用于返回拥有焦点的控件。当窗体被引用时，例如在 ChildForm.ActiveControl 中，如果被引用的窗体是活动的，ActiveControl 指定将拥有焦点的控件。在设计时是不可用的；在运行时是只读的。

【例 7.21】　将窗体中获得焦点的控件隐藏。（**实例位置：光盘\TM\sl\7\21**）

代码如下：

```
Private Sub Form_Click()
    Screen.ActiveControl.Visible = False
End Sub
```

当 TextBox 控件（Text1）获得焦点时，显示效果如图 7.44 所示。单击窗体后，显示效果如图 7.45 所示。

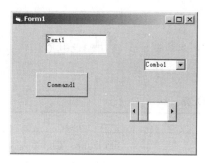

图 7.44　单击窗体前

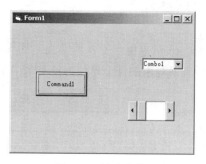

图 7.45　单击窗体后

2．ActiveForm 属性

该属性用于返回活动窗口的窗体。如果 MDIForm 对象是活动的或者是被引用的，则所指定的是活动的 MDI 子窗体。

【例 7.22】　通过使用 ActiveForm 属性实现"打老鼠"游戏的效果。（**实例位置：光盘\TM\sl\7\22**）

老鼠所在窗体的变化主要是由 Timer 控件实现的，主要代码如下：

```
Private Sub Timer1_Timer()
    Randomize                              '随机初始化
    clt(Int(Rnd * 3) + 1).SetFocus         '随机设置窗口焦点，其中 clt 为自定义的窗体对象集合
    Screen.ActiveForm.Image1.Visible = True '显示获得焦点窗体中的老鼠图片
End Sub
```

运行本实例程序后，效果如图 7.46 所示，小老鼠在各个窗体间来回穿梭。

图 7.46　打老鼠效果图

3．Height、Width 属性

这两个属性用于返回或设置对象高度与宽度，对于 Printer 和 Screen 对象在设计时不可用。

【例 7.23】　将程序窗口全屏显示。（**实例位置：光盘\TM\sl\7\23**）

代码如下：

```
Private Sub Form_Load()
    With Me
```

```
        .Top = 0
        .Left = 0
        .Width = Screen.Width
        .Height = Screen.Height
    End With
End Sub
```

7.7.3 剪贴板对象

Clipboard 对象用于操作剪贴板上的文本和图形，可以通过它来复制、剪切和粘贴应用程序中的文本和图形。该对象的几个常用方法如表 7.7 所示。

表 7.7　Clipboard 对象常用方法

方　　法	描　　述	示 例 代 码
GetData	用于从 Clipboard 对象返回一个图形	Me.Picture = Clipboard.GetData
GetText	用于返回 Clipboard 对象中的文本字符串	Me.Print Clipboard.GetText
SetData	用指定的图像格式将图片放到 Clipboard 对象上	Clipboard.SetData Me.Picture
SetText	用指定的 Clipboard 图像格式将文本字符串放到 Clipboard 对象中	Clipboard.SetText Text1.Text

7.7.4 调试对象

Debug 对象在运行时将输出发送到立即窗口。下面介绍该对象的几个方法。

1．Assert 方法

有条件地在该方法出现的行上挂起执行。

语法格式如下：

object.Assert booleanexpression

- ☑ object：必要参数。总是 Debug 对象。
- ☑ booleanexpression：必要参数。一个值为 True 或者 False 的表达式。

2．Print 方法

Print 方法用于在立即窗口中显示文本。

语法格式如下：

object.Print [outputlist]

- ☑ object：必要参数。对象表达式，其值为应用于列表中的对象。
- ☑ outputlist：可选参数。要打印的表达式或表达式的列表。如果省略，则打印一空白行。

7.8　小　　结

通过本章的学习，读者可以初步了解窗体在应用程序中的构建和使用，包括窗体的添加、移除、属性、方法和事件等。此外，本章还介绍了 MDI 窗体的相关知识，并结合实例使读者可以更加全面地了解窗体的相关知识。

7.9　练习与实践

1．设计一个窗体，将窗体的样式设置为如图 7.47 所示的样式。（**答案位置：光盘\TM\sl\7\24**）

2．设计两个窗体，一个窗体是用于登录系统（如图 7.47 所示），另一个窗体为系统主窗体（如图 7.48 所示）。（**答案位置：光盘\TM\sl\7\25**）

图 7.47　登录窗体

图 7.48　系统主窗体

要求：程序启动时，显示登录窗体，系统主窗体不可见；当输入用户名和密码，单击"登录"按钮后，显示系统主窗体，关闭登录窗体。在主窗体中单击"关闭系统"按钮，退出程序。

3．在上面的例子中，当用户单击"关闭系统"按钮时，提示对话框询问是否退出系统。（**答案位置：光盘\TM\sl\7\26**）

4．获取当前程序所在目录路径。（**答案位置：光盘\TM\sl\7\27**）

第 8 章

标准模块和类模块

（ 📹 视频讲解：12 分钟 ）

Visual Basic 中的代码都存储在模块中。模块有 3 种类型：窗体模块、标准模块和类模块。窗体模块可以看作是具有界面的类模块，在第 7 章中已经介绍过了。本章将对标准模块和类模块进行介绍。

通过阅读本章，您可以：

▸▸ 了解什么是标准模块

▸▸ 掌握标准模块的添加

▸▸ 了解什么是类模块

▸▸ 掌握类模块的添加

▸▸ 了解什么是类生成器

▸▸ 掌握类生成器的添加

▸▸ 掌握如何使用类生成器添加属性、方法和事件

▸▸ 了解标准模块和类模块的区别

8.1　标　准　模　块

　视频讲解：光盘\TM\lx\8\标准模块.exe

标准模块用于放置工程中公用的变量、常量、数据类型、函数过程和子过程等。下面介绍什么是标准模块及在工程中如何添加标准模块。

8.1.1　标准模块概述

标准模块是应用程序内供其他模块访问的公共过程和声明的容器，其扩展名是.bas。它可以包括变量、常量、类型、外部过程和全局过程的声明。标准模块中的代码不仅可以应用于一个工程，还可以应用到其他的工程中。

在工程资源管理器中，一般情况下会存在窗体对象（在第 7 章已经介绍过）、标准模块（Module）、类模块（Class）等资源，如图 8.1 所示。

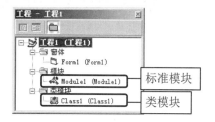

图 8.1　工程资源管理器

8.1.2　添加标准模块

1．添加新标准模块

选择"工程"/"添加模块"命令，在弹出的如图 8.2 所示"添加模块"对话框中选择"新建"选项卡，选择"模块"图标，单击"开始"按钮，即可添加一个标准模块到工程中，如图 8.3 所示。

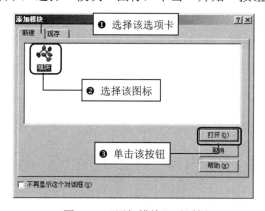

图 8.2　"添加模块"对话框

图 8.3　添加了标准模块的工程

说明

在工程资源管理器中单击鼠标右键，在弹出的快捷菜单中选择"添加"/"模块"命令，同样可以弹出如图 8.2 所示的对话框。

2．添加现存标准模块

对于一些比较通用的模块，如数据连接等，只需对其中的少部分内容进行修改，就可以将其应用到其他程序中，这样减少了程序代码的编写量，加快了程序的开发速度。具体方法为：选择"工程" /"添加模块"命令，在弹出的"添加模块"对话框中选择"现存"选项卡，选中需要添加的模块，单击"打开"按钮，如图 8.4 所示，即可将现存的标准模块添加到工程中。

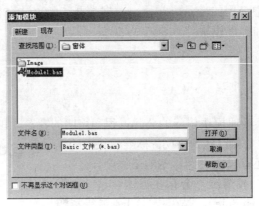

图 8.4　添加现存模块

8.2　类　模　块

📹 视频讲解：光盘\TM\lx\8\类模块.exe

类模块和标准模块在功能上比较类似。下面介绍什么是类模块及在工程中如何添加类模块。

8.2.1　类模块的概述

类模块是 VB 面向对象编程的基础，其扩展名是.cls。在类模块中可以编写代码创建新对象，该对象可以包括自己的属性、方法和事件，而自定义类模块的使用方法和 VB 中已经定义好的类是完全相同的。

在类模块中一般包括如下内容。

- ☑　常数、类型、变量和动态链接库的声明。
- ☑　子过程（Sub）、函数过程（Function）和属性过程（Property）。

8.2.2　添加类模块

1．添加新类模块

添加类模块和添加标准模块的方法类似，选择"工程" /"添加类模块"命令，在弹出的"添加类模块"对话框中选择"新建"选项卡，选择"类模块"图标，单击"打开"按钮，如图 8.5 所示，即可将新的类模块添加到工程中，如图 8.6 所示。

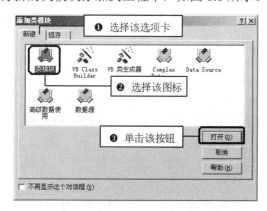 

图 8.5 添加新类模块　　　　　　　　　　　　图 8.6 添加完类模块的工程

说明

在工程资源管理器中单击鼠标右键，在弹出的快捷菜单中选择"添加"/"添加类模块"命令，同样可以弹出如图 8.5 所示的对话框。

2．添加现存的类模块

和标准模块相同，也可以将以前定义好的、已经存在的类模块添加到工程中。具体方法为：选择"工程"/"添加类模块"命令，在弹出的"添加类模块"对话框中选择"现存"选项卡，选择要添加的类模块，单击"打开"按钮，如图 8.7 所示，即可将该模块添加到工程中。

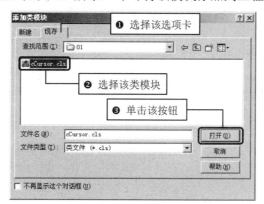

图 8.7 添加现存的类模块

8.3 标准模块和类模块的区别

视频讲解：光盘\TM\lx\8\标准模块和类模块的区别.exe

大多数标准模块都可以转换为类模块，但是这种转换会使代码的可用性降低。在 VB 中标准模块和类模块各有其不同的用处：一般情况下，可以将那些与特定窗体或控件无关的代码放在标准模块中，这样一个过程可以响应不同对象的调用，避免了代码的重复；类模块既包含代码又包含数据，可以将其理解为是没有物理表现的控件。

标准模块和类模块在使用时，可以从以下几点进行考虑。

（1）数据的存储方法。标准模块的数据存储只是一个备份，当其中定义的公共变量在程序运行时改变，后面的操作再次调用该变量时，得到的值还是原来的值，而类模块中的数据相对于类模块是独立存在的。

（2）变量的可见性。当变量在标准模块中声明为 Public 时，它在工程中任何地方都是可见的；而类模块中的 Public 变量，只有当对象变量含有对某一类实例的引用时才能访问。

（3）变量的引用。类模块必须先在程序中进行引用，然后才可以使用，而标准模块则不需要进行引用就可以直接使用。

（4）存活期。标准模块中的数据在程序作用域内存在，也就是说，它存在于程序的存活期中，而类模块中的数据只存在于对象的存活期内，它随对象的创建而创建，随对象的撤销而消失。

（5）类模块集结了标准模块中具有相同方法或属性的模块内容。

例如，要写一个坦克大战的游戏。做成标准的模块，就需要将坦克的生命、攻击力、攻击范围等都写在标准模块中，相应地该模块就会变得很大，同时模块中的内容也比较繁杂。如果是做成类模块，因为每个坦克都有生命、攻击力、攻击范围等属性，所以可以将这些动作写成一个类模块，在使用时直接调用这些属性即可。

综上所述，类模块可以把标准模块中的内容进行分类，使模块中的内容和作用更加清晰。

8.4 小 结

程序的模块化是程序员程序设计水平不断提升的一个重要标志，在程序的开发过程中应力求达到程序的模块化。在 VB 6.0 中由于类的引入可以使程序代码更加简化，更加规范化。希望通过本章的学习，读者可以对模块和类模块有所了解，并达到融会贯通的效果。

8.5 练习与实践

1. 尝试在工程中添加一个名为 MyModule 的标准模块，并在该模块中声明一个公用整型变量 a。（答案位置：光盘\TM\sl\8\1）

2. 尝试在工程中添加一个名为 MyClass 的类模块，并在该模块中创建一个名为 Myval 的属性，属性值为字符型。（答案位置：光盘\TM\sl\8\2）

第 9 章

常用标准控件

（ 📹 视频讲解：89 分钟 ）

在 VB 中，控件是构成应用程序的最基本的组成部分，VB 的学习过程很大一部分是在学习各种控件的属性和设置，因此学习和掌握各种控件的使用方法尤为重要。

本章主要介绍控件的基本知识，并详细介绍几种常用控件的使用方法，使读者能够掌握并使用基本控件。

通过阅读本章，您可以：

▶▶ 了解控件的作用

▶▶ 了解控件的分类

▶▶ 掌握控件的相关操作

▶▶ 了解开发过程中的几种常用控件

▶▶ 掌握相应控件的属性、事件和方法

▶▶ 学会相应控件的使用方法

▶▶ 能够在程序中使用控件

9.1 控 件 概 述

视频讲解：光盘\TM\lx\9\控件概述.exe

控件是 VB 开发环境中最重要的组成部分，VB 程序其实就是由许多控件组成的，学习 VB 编程就要学会各种控件的使用。下面介绍控件的基本知识。

9.1.1 控件的作用

控件用来实现用户与计算机的交互，还可以通过控件访问其他应用程序并处理数据。控件通过将固有的功能封装起来，只留出一些属性、方法和事件作为应用程序编写的接口，程序员在了解这些属性、事件和方法之后，就可以使用控件编写程序了。一般情况下，基本的控件在工具箱中可以直接找到，如按钮、标签和列表框等控件，高级或特殊控件则需先将其添加到工具箱中才能使用。

控件对于面向对象的编程来说，具有非常重要的意义。VB 属于事件驱动程序，其程序代码大多是写进一个控件的事件中，可以说 VB 程序功能的实现就是窗体中每个控件的属性、方法和事件的实现。

VB 开发环境中的控件实际上是一个控件类，当某个控件被放置到窗体上时，就创建了该控件类的一个对象。当进入到运行模式时，一旦窗体被加载，就生成了控件运行时的对象。直到窗体被卸载，该对象才被销毁，然而当窗体再次出现在设计模式下时，会重新生成一个设计时的对象。

9.1.2 控件的属性、方法和事件

1．属性

控件属性是指控件的性质。如果把一个控件比喻成一个物品的话，则控件的属性就可以体现为该物品的颜色、大小、重量等。控件的属性可分为公共属性和专有属性。公共属性是指每个控件都具有的属性，专有属性则是某个控件的特有属性。

控件属性可在属性窗口中进行设置，或在程序代码中设置。在属性窗口中设置控件的属性比较方便、直观，但是如果需要控件的属性在程序运行时改变，就必须在程序代码中设置其属性。

2．方法

方法只能在程序代码中使用，指的是某些规定好的、用于完成某种特定功能的特殊过程。例如，Show 方法用于显示窗体，Hide 方法用来隐藏窗体。

语法格式如下：

对象名.方法名[参数]

3．事件

事件是指能够被对象识别的一系列特定的动作，如 Click 鼠标单击事件、Load 窗体加载事件、KeyDown 键盘按下事件。

事件可以由用户激活（如键盘鼠标操作），也能被系统激活（如定时器事件），但在绝大多数情况下，事件都是被用户激活的。

9.1.3　控件的分类

在 VB 中控件主要分为标准内部控件和 ActiveX 控件两种。下面进行详细介绍。

1．标准内部控件

标准内部控件又称为常用控件，在 VB 开发环境中默认显示在工具箱中，如图 9.1 所示。这些控件是基础控件，使用的频率非常高，几乎所有的应用程序都会用到标准内部控件。

2．ActiveX 控件

ActiveX 是扩展名为.ocx 的独立文件，通常存放在 Windows 系统盘的 System 或 System32 目录下。在 VB 初始状态下的工具箱中，不包括 ActiveX 控件。ActiveX 控件拓展了 VB 的能力。如果使用 ActiveX 控件应先将其添加到工具箱中。添加方法：在 VB 开发环境中选择"工程"/"部件"命令，在弹出的"部件"对话框的列表框中选择相应的 ActiveX 控件，单击"确定"按钮，如图 9.2 所示。ActiveX 控件就被添加到工具箱中了，如图 9.3 所示。

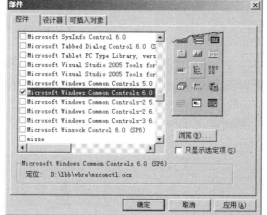

图 9.1　标准内部控件　　　　图 9.2　"部件"对话框　　　　图 9.3　添加 ActiveX 控件到工具箱中

3．可插入对象

可插入对象又称为 OLE 控件，在 VB 的窗体中可以插入大量的第三方对象，也可以插入 Word、Excel 等对象。由于这些对象能够被添加到工具箱中，因此也称这些对象为控件，并且这些对象也可以像控件一样使用。

9.2 控件的相关操作

 视频讲解：光盘\TM\lx\9\控件的相关操作.exe

要使用各种控件首先要学会其相关操作。学会在 VB 开发环境中对控件进行操作能够方便编程，有效地进行窗体布局，提高编程效率。下面介绍在 VB 开发环境中常用的控件操作。

9.2.1 向窗体上添加控件

向窗体上添加控件的方法很简单，主要有如下两种。

- ☑ 在工具箱中单击要添加到窗体中的控件，将光标放到窗体的适当位置后，按下鼠标左键，拖动到合适大小，再松开鼠标。
- ☑ 双击工具箱中要添加的控件，直接将控件添加到窗体上。

工具箱中的任何控件都可以采用这两种方法向窗体上添加。只是采用第二种方法添加控件后，需要在窗体上重新调整控件的大小和位置。

如果想在窗体上添加多个同一类型的控件，可以在按住 Ctrl 键的同时单击工具箱中的控件，然后将光标放置在窗体上，当光标指针变为十字形时，按住鼠标左键拖动即可添加控件，然后重复此操作直到添加完所需要的控件为止。

9.2.2 调整控件的大小

控件添加到窗体上后，可以对其大小进行调整，以达到美观的效果。主要有如下两种调整方法。

- ☑ 选择控件，将光标移至该控件周边的 8 个小方块上，当光标指针变为双箭头时，按住左键不放，然后拖动到合适大小，松开鼠标。
- ☑ 选择控件，按住 Shift 键，同时按方向键，即可调整大小。

技巧

同时选择多个控件，然后按住 Shift 键，使用方向键可同时调整多个控件的大小。

9.2.3 复制与删除控件

1. 复制控件

控件就像文字一样可以剪切和复制。可以将一个窗体上的控件复制到另外一个窗体上，操作方法如下：

（1）选中控件。

（2）在控件上单击鼠标右键，在弹出的快捷菜单中选择"复制"命令，或单击工具栏上的"复制"按钮。

（3）在需要粘贴的窗体上单击鼠标右键，在弹出的快捷菜单中选择"粘贴"命令，或者单击工具栏上的"粘贴"按钮。

注意

将控件复制到同一窗体上实际上是创建了控件数组。

2．删除控件

删除窗体上控件的方法很简单，用鼠标选择要删除的控件，直接按 Delete 键，或者单击鼠标右键，在弹出的快捷菜单中选择"删除"命令，即可删除所选择的控件。

3．恢复被删除的控件

如果误删了某个控件，还可以将其恢复回来。单击工具栏中的"撤销删除"按钮，或者按 Ctrl+Z 键，即可恢复所删除的控件。

注意

当连续删除多个控件时，撤销删除只能恢复最后一个被删除的控件，也就是撤销操作只能撤销最近一步的删除操作。

9.2.4　使用窗体编辑器调整控件布局

当窗体上有多个控件时，为了使窗体看起来整齐、美观，需要对窗体进行合理布局。例如，对齐控件、统一控件的尺寸或者调整控件间的距离等。如果采用手动调整，不但速度慢，而且调整的效果也不会很好。为此 VB 给用户提供了窗体编辑器，用来进行窗体布局。窗体编辑器在工具栏中，如图 9.4 所示。下面介绍使用窗体编辑器进行窗体布局的方法。

图 9.4　窗体编辑器

（1）如果窗体编辑器没有显示在工具栏中，首先在工具栏上单击鼠标右键，在弹出的快捷菜单中选择"窗体编辑器"命令，将窗体编辑器添加到工具栏中。

（2）添加完窗体编辑器后，在窗体上选择要调整的控件，然后在窗体编辑器上单击相应的按钮，或在相应的下拉菜单中选择相应的命令。

如图 9.5 所示，可以对选择的多个控件进行对齐。例如，如果控件是纵向排列的，可以选择"左对齐"；如果控件是横向排列的，可以选择"顶端对齐"或是"底端对齐"。

如图 9.6 所示，可以统一多个控件的尺寸。例如，要使选择的控件大小都相等，可以选择"两者都相同"。

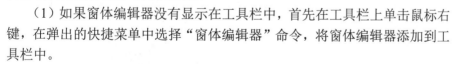

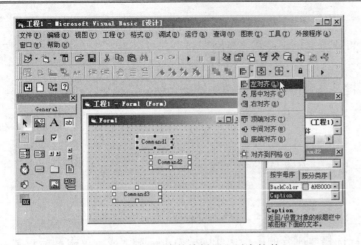

图 9.5　利用"窗体编辑器"对齐控件　　　　　　图 9.6　利用窗体编辑器设置控件尺寸相同

说明

通过"格式"菜单下的相应命令也可以实现上述功能，如图 9.7 所示。

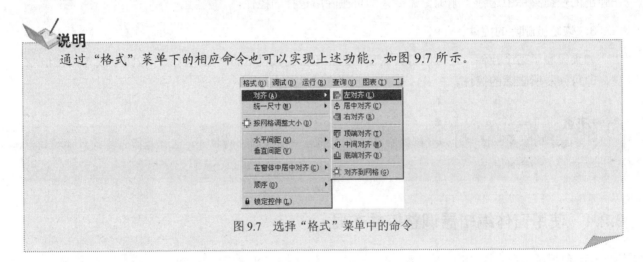

图 9.7　选择"格式"菜单中的命令

9.2.5　锁定控件

在设计窗体时，有时难免将窗体中已经设计好的控件误调到其他位置，这样就必须重新调整。为了避免这种情况的发生，可以将设计好的控件锁定，使其不能移动或改变大小。锁定控件的方法有如下几种：

☑ 选择"格式"/"锁定控件"命令，即可锁定当前窗体中的控件。

☑ 在工具栏的窗体编辑器中直接单击"锁定控件"按钮，即可将窗体中的控件锁定。

☑ 在窗体上单击鼠标右键，在弹出的快捷菜单中选择"锁定控件"命令，如图 9.8 所示，即可锁定窗体中的控件。

图 9.8　选择"锁定控件"命令

说明

解除对控件的锁定，只需再次选择"锁定控件"命令，或是单击窗体编辑器中的"锁定控件"按钮，窗体上的控件即可进行移动或更改大小。

9.3　标签和文本框

📹 **视频讲解：光盘\TM\lx\9\标签和文本框.exe**

标签和文本框都是 VB 程序开发中最经常使用的控件，主要应用于文本信息的操作。本节主要介绍标签和文本框的主要属性、方法和事件。

9.3.1　标签（Label 控件）

标签（Label）控件是图形控件，主要用来显示文本信息，通常用于在窗口中显示各种操作提示和文字说明。就像我们经常使用的便签一样，我们将文字写在便签上，然后贴在电脑上，而标签控件就是将文字写在标签控件上，然后贴在窗体上。例如，Label 控件和 TextBox 控件搭配使用时，标签用来标识 TextBox 控件所显示的内容。因为标签的事件和方法一般很少用到，所以下面只介绍标签的常用属性。

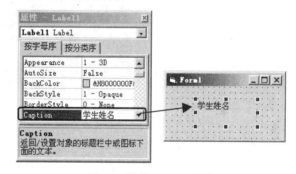

图 9.9　设置 Caption 属性

1．Caption 属性

Caption 属性是标签最重要的属性，用于确定标签控件的显示文本内容。例如设置标签的 Caption 属性为"学生姓名"，其效果如图 9.9 所示。

可以通过代码设置 Caption 属性，代码如下：

```
Label1.Caption = "学生姓名"
```

2．AutoSize 属性

AutoSize 属性用于决定标签是否自动改变大小来显示其全部的内容。当属性值为 True 时，标签会根据标题内容自动调整大小；当属性值为 False 时，控件将保持设计时定义的大小，超出控件区域的内容将被覆盖。该属性设置及其效果如图 9.10 所示。

另外，也可以通过代码设置 AutoSize 属性。代码如下：

```
Label1.AutoSize = True
Label2.AutoSize = False
```

3．BackStyle 属性

BackStyle 属性用于返回或设置一个值，决定标签控件的背景是否透明。在有背景图片的窗体上放置标签控件时，可以通过 BackStyle 属性来创建一个透明的控件。

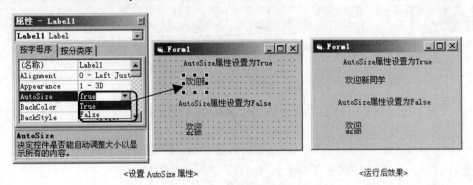

<设置 AutoSize 属性>　　　　　　　<运行后效果>

图 9.10　AutoSize 属性设置及其效果

当 BackStyle 属性设置为 0 时，该控件的背景是透明的；当 BackStyle 属性值为 1 时，其背景不透明是可见的。其效果如图 9.11 所示。

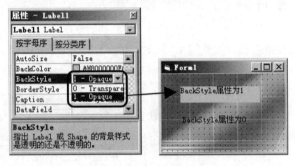

图 9.11　设置 BackStyle 属性

另外，也可以通过代码设置 BackStyle 属性。代码如下：

```
Label1.BackStyle = 1: Label2.BackStyle = 0
```

9.3.2　文本框（TextBox 控件）

文本框（TextBox）在窗体中为用户提供了一个既能显示又能编辑文本的对象。在文本框内，可进行文字编辑，如进行选择、删除、复制、粘贴和替换等操作。文本框常用于显示运行时代码中赋予控件的信息或显示用户输入的信息。文本框控件与标签控件非常类似，都可以显示文字信息，不同的是标签控件显示的文字信息不能被修改，而文本框控件显示的文字信息是可以被修改的。

下面介绍文本框常用的属性、事件和方法。

1．文本框的属性

（1）Text 属性

Text 属性是文本框最重要的属性，用于返回或设置编辑域中的文本。该属性设置及其效果如图 9.12 所示。

另外，也可以通过代码进行设置。例如将设置的内容显示在文本框中，代码如下：

```
Text1.Text = "欢迎新同学"
```

该语句实现了将字符串"欢迎新同学"显示在文本框 Text1 中。通过 Text 属性还可以实现返回文本框内容，代码如下：

```
Mystr = Text1.Text
```

上面代码是将文本框 Text1 内现有的文本内容返回，并赋值给变量 Mystr。Text 属性返回值的类型是字符型，如果用户要返回数值型的数据，例如文本框中输入了"20"，文本框返回值为字符串"20"，这时需要使用 Val 函数将字符型数据转换为数值型。代码如下：

```
Mystr = Val(Text1.Text)
```

（2）PasswordChar 属性

PasswordChar 属性用来设置文本框内输入的字符如何显示，多用于密码文本框，以此来隐藏密码。

例如，将要显示密码的文本框的 PasswordChar 属性设置为"*"号，则文本框内字符全部显示为"*"号，效果如图 9.13 所示。

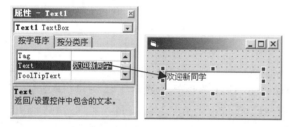

图 9.12　设置 Text 属性

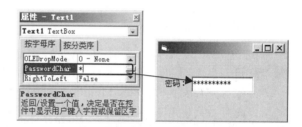

图 9.13　设置 PasswordChar 属性效果

说明

当然，也可以使用其他字符或是符号代替"*"号，但是覆盖密码的符号习惯上使用"*"号。

默认情况下 PasswordChar 属性为空，文本框内显示输入的字符。另外，也可以通过代码设置该属性，代码如下：

```
Text1.PasswordChar = "*"
```

说明

一般手动设置该属性比较方便，除非有特殊需要。

（3）Font 属性

Font 属性用来设置文本框控件显示文本的字体、字号、是否为粗体等。用属性窗口设置 Font 属性大家一定都很熟悉，下面介绍使用代码设置该属性。

Font 属性包含 FontName（字体名称）、FontSize（字体大小）、FontBold（粗体）、FontItalic（斜体）、

FontUnderline（下划线）等。例如，通过代码设置文本框 Text1 中文本的字体效果，代码如下：

```
Text1.FontName = "黑体"
Text1.FontSize = 10: Text1.FontBold = True : Text1.FontItalic = True: Text1.FontUnderline = True
```

上面的代码设置文本框 Text1 中的文本内容的字体名称为黑体，字号为 10，并设置字符为粗体、斜体并加了下划线，运行效果如图 9.14 所示。

（4）MultiLine 属性

MultiLine 属性用来指定文本框内文本是否能够换行，也就是能否显示多行文本。当该属性值为 True 时，文本框运行多行显示文本；当该属性值为 False 时，文本框忽略回车符并将文本内容限制在一行内。默认值为 False。在程序运行时，该属性为只读。其设置效果如图 9.15 所示。

图 9.14　Font 属性设置效果　　　　图 9.15　MultiLine 属性设置效果

> **说明**
>
> 当输入多行文本时，如果 Multiline 属性设置为 True，在 Text 属性处会显示下拉按钮，如图 9.16 所示。此时必须使用 Ctrl+Enter 键才能把焦点移到下一行。
>
>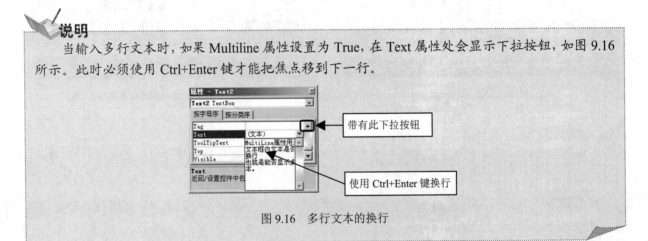
>
> 图 9.16　多行文本的换行

（5）ScrollBars 属性

ScrollBars 属性用于设置文本框的滚动条显示方式。该属性默认值为 0，表示控件中没有滚动条；当该属性设置为 1 时，表示控件中只有水平滚动条；当该属性设置为 2 时，表示控件中只有垂直滚动条；当该属性设置为 3 时，表示控件中既有水平滚动条又有垂直滚动条。其效果如图 9.17 所示。

只有当 Multiline 属性设置为 True 时，文本框才能添加滚动条。此属性是只读属性，不能用代码进行设置。

（6）Locked 属性

Locked 属性用于指定文本框在运行时能否进行编辑。当 Locked 属性值为 True 时，文本框中可以滚动和加亮控件中的文本，但不能对内容进行编辑；当 Locked 属性值为 False 时，在文本框中可以编辑文本。

2．文本框的事件

文本框控件的主要事件是 Change 事件，下面重点介绍。

程序运行后，当文本框内容进行了改变或是文本框的 Text 属性有所改变时将触发 Change 事件。例如，在程序运行状态下，在空文本框中输入字符串"1234"，则会触发 4 次 Change 事件。如果在该文本框的 Change 事件中写入了代码，那么这部分代码将会被执行 4 次。

【例 9.1】 制作一个简单的加法测试器，程序运行时随机产生整数，在后面的文本框内输入答案，如果正确将提示"答对了！"。（实例位置：光盘\TM\sl\9\1）

代码如下：

```
Private Sub Text3_Change()                                      'Text3 的 Change 事件
    If Val(Text3.Text) = Val(Text1.Text) + Val(Text2.Text) Then '判断如果第三个文本框为前两个文本框之和
        MsgBox "答对了！"                                         '提示"答对了"
        Text3.Text = ""                                          '将文本框设置为空
        Text1.Text = Int(Rnd() * 10)                            '为 Text1 赋随机数
        Text2.Text = Int(Rnd() * 10) + Text1.Text               '为 Text2 赋值
    End If
End Sub
```

程序运行效果如图 9.18 所示。

图 9.17 ScrollBars 属性设置效果

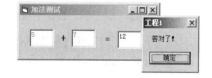

图 9.18 加法测试程序运行效果

实例 9.1 在 Text3 的 Change 事件下判断输入的内容是否正确，每当输入一次就触发一次 Text3 的 Change 事件，执行一遍 Change 事件下的代码。输入正确时显示提示信息，不正确时没有反应。读者可以尝试在 End If 语句前加上如下代码：

```
Else
    MsgBox "回答错误！"
```

这样在每输入一次数据时都有提示，甚至在答对后清空 Text3 文本内容时也会提示"回答错误！"。

3．文本框的方法

文本框控件的主要方法是 SetFocus 方法，下面重点介绍。

SetFocus 方法是使用文本框时经常用到的方法，主要实现使文本框获得焦点。例如，想让 Text1 获得焦点，可使用如下代码。

```
Text1.SetFocus
```

注意

不能在控件所在窗体的窗体加载事件中对该控件使用 SetFocus 方法，这是因为在窗体的 Load 事件完成前窗体或控件都是不可视的，所以不能使用 SetFocus 方法将焦点移动到正在加载的控件或窗体上。但是，可以通过在 Form_Activate 事件中添加 Text1.SetFocus 代码来实现焦点的设置。

9.4 命 令 按 钮

视频讲解：光盘\TM\lx\9\命令按钮.exe

命令按钮（CommandButton）也是编程中最常用的控件之一，其使用方法简单，用户可以通过单击按钮来执行操作。命令按钮常被用来启动、中断或结束一个进程。通过编写命令按钮的 Click 事件，可以指定按钮的功能。下面介绍命令按钮的属性和事件。

9.4.1 命令按钮的属性

（1）Caption 属性

命令按钮的 Caption 属性用于设置按钮的显示标题文字，通常被设置为显示按钮的功能，如"确定""退出""上一步"等。命令按钮的 Caption 属性设置后的显示效果如图 9.19 所示。

另外，命令按钮的 Caption 属性也可以通过代码进行设置。实现上面操作的代码如下：

```
Command1.Caption = "确定"
```

（2）Picture 属性

Picture 属性用于在按钮上显示图片，效果如图 9.20 所示。

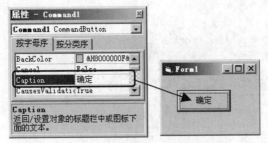

图 9.19　设置按钮 Caption 属性

图 9.20　为按钮加载图片

注意

> 只有当 Style 属性设置为 1 时，命令按钮上才能显示加载的图片。

还可以使用代码实现为按钮加载图片，代码如下：

```
Command1.Picture = LoadPicture("D:\登录.bmp")
```

其中，括号中内容为图片所在路径。

（3）Default 属性和 Cancel 属性

这两个属性分别用于设置使用键盘上的 Enter 键和 Esc 键触发窗体上相应的按钮单击事件。当命令按钮的 Default 属性设置为 True 时，在默认情况下，在运行程序时按 Enter 键就等于用鼠标单击了该按钮。当命令按钮的 Cancel 属性设置为 True 时，程序运行时当按下键盘上的 Esc 键时就相当于单击了此按钮。

在程序设计时，通常将"确定""是"等按钮的 Default 属性设置为 True，将"取消""否"等按钮的 Cancel 属性设置为 True。这样既符合 Windows 操作系统的使用风格，用户使用起来也会很方便。

9.4.2　命令按钮的事件

命令按钮最常用的事件就是 Click 事件。程序运行时，用户单击按钮将触发该事件，执行该事件下的代码，实现相应的功能。

【例 9.2】　在窗体上添加两个命令按钮，并进行属性设置。当单击"确定"按钮时，在窗体上输出"您单击了确定按钮"；当单击"取消"按钮时，窗体上的文本消失。（**实例位置：光盘\ TM\sl\9\2**）

代码如下：

```
Private Sub Command1_Click()              'Command1 的 Click 事件
    Print "您单击了确定按钮"              '在窗体上打印字符串
End Sub
Private Sub Command2_Click()              'Command2 的 Click 事件
    Form1.Refresh                         '刷新窗体
End Sub
```

程序运行效果如图 9.21 所示。

图 9.21　命令按钮的单击事件

9.5　单选按钮、复选框及框架

📹 视频讲解：光盘\TM\lx\9\单选按钮、复选框及框架.exe

即使不在 VB 程序中，单选按钮和复选框也经常能够看到。例如，在如图 9.22 所示的管理员信息设置界面中，选择"性别"的控件叫作单选按钮，选择"管理权限"的控件叫作复选框。单选按钮只能在一组选项中选择一项，而复选框可以在一组选项中选择多项。本节主要介绍单选按钮、复选框及框架的主要属性、方法和事件。

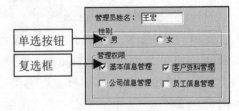

图 9.22　单选按钮与复选框

9.5.1　单选按钮（OptionButton 控件）

单选按钮（OptionButton）表示提供给用户一组选项，用户只能在该组选项中选择一项。单选按钮总是作为一个组来使用，当选中某一选项时，该单选按钮的圆圈内将显示一个黑点，表示选中，同时其他单选按钮中的黑点将消失，表示未选中。

1．单选按钮的属性

（1）Caption 属性

Caption 属性用于设置显示在单选按钮中的文本信息及单选按钮的标题。设置单选按钮的 Caption 属性效果如图 9.23 所示。

单选按钮的 Caption 属性也可以通过代码进行设置，代码如下：

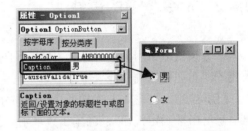

图 9.23　设置单选按钮的 Caption 属性

```
Option1.Caption = "男": Option2.Caption = "女"
```

（2）Value 属性

Value 属性是单选按钮比较重要的属性，用于返回或设置控件的状态。当单选按钮被选中时，Value 属性值为 True；当单选按钮没被选中时，其 Value 属性值为 False。例如图 9.23 中，第一个单选按钮（Caption 为"男"）的 Value 值为 True，第二个单选按钮（Caption 为"女"）的 Value 值为 False。

一般情况下，单选按钮的 Value 属性不需要在属性窗口进行设置。在程序运行时，系统会自动为单选按钮组中的第一个单选按钮的 Value 属性赋值为 True，也就是在程序运行时，会默认选中一个单选按钮。Value 属性常用于返回一个单选按钮的状态，然后根据该状态进行判断或其他操作。在代码设计时其语法格式如下：

```
object.Value[=value]
```

☑　object：对象表达式。

☑　value：其值用于指定控件状态、内容或位置。当设置为 True 时，表示已经选中了该单选按钮；

当设置为 False 时,表示没有选择该按钮。

（3）Style 属性

Style 属性用来指示单选按钮的显示类型和行为,在程序运行时是只读的。当值为 0 时（默认样式）,为标准单选按钮显示方式,即一个同心圆和一个标题的显示方式;当值为 1 时,以图形方式显示,显示为命令按钮样式,如图 9.24 所示。

除特殊需要,单选按钮一般都使用默认样式,即空心圆加上标题的显示样式,这样符合用户的使用习惯。

2. 单选按钮的事件

单击单选按钮会触发 Click 事件,也可在代码中通过将 Value 属性设置为 True 触发 Click 事件。下面通过实例介绍单选按钮的 Click 事件的使用方法。

【例 9.3】 在程序运行时单击单选按钮,标签中字体大小改变,效果如图 9.25 所示。（**实例位置:光盘\TM\sl\9\3**）

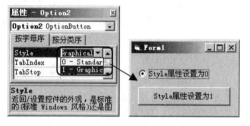

图 9.24 Style 属性设置效果

图 9.25 单选按钮单击事件实例演示

两个单选按钮的 Click 事件的代码如下:

```
Private Sub Option1_Click()
    Label1.FontSize = 10: Label1.Caption = "现在字号为 10"
End Sub
Private Sub Option2_Click()
    Label1.FontSize = 20: Label1.Caption = "现在字号为 20"
End Sub
```

运行程序后,默认选中"字号为 10"单选按钮。这时此单选按钮的 Value 值为 True,所以同样响应该单选按钮的单击事件,并执行其中的代码,将标签中文本显示为 10 号字体。

9.5.2 复选框（CheckBox 控件）

与单选按钮一样,复选框（CheckBox）也有两种状态,即"选中"和"未选中"。当复选框被选中时,在前面的方框内显示一个"√"号。在一组复选框中可以选择多个选项,也可以一个都不选。下面介绍复选框的属性和事件。

复选框的属性和单选按钮的属性基本相同,只是 Value 属性有很大的差别,下面重点介绍。

复选框的 Value 属性同样是用来返回或设置控件的状态。只是复选框的 Value 值包含 3 个,即 0、1 和 2。当 Value 属性值为 0 时,表示控件没有被选中;当值为 1 时,表示已选中;当值为 2 时,表示控件变灰，此时控件禁止使用。其效果如图 9.26 所示。

9.5.3 框架（Frame 控件）

框架（Frame 控件）用于为控件提供可标识的分组。单独使用框架控件没有什么实际意义，框架和窗体一样可以看成是容器类控件，将窗体上相同性质的控件放在框架中进行分组。

例如，窗体上的单选按钮组在程序运行时只能选择其中的一个。如果使用框架将单选按钮分成几组，那么每组中就都可以选择一个单选按钮。如图 9.27 所示，将单选按钮分成了两组，这样每一组中都可以选择一项。

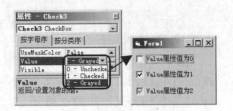

图 9.26 设置 Value 属性

图 9.27 框架作用演示

注意

窗体上的控件是不能被拖放到框架中的，必须将控件直接从工具箱添加到框架中或是粘贴到框架中。框架中的控件会随着框架的移动而移动。当框架不够大时，框架边框以外的部分将被覆盖。

下面介绍框架控件的常用属性。

（1）Caption 属性

框架的 Caption 属性用于显示框架中的文本信息，即显示框架内容的标题。设置框架的 Caption 属性效果如图 9.28 所示。

（2）BorderStyle 属性

BorderStyle 属性用于设置框架是否有边线。当 BorderStyle 属性值为 0 时，框架无边线；当属性值为 1 时（默认值），框架有凹陷边线。该属性设置效果如图 9.29 所示。

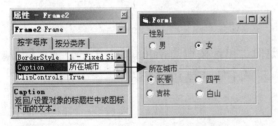

图 9.28 框架 Caption 属性设置效果

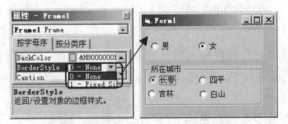

图 9.29 BorderStyle 属性设置效果

说明

当 BorderStyle 属性值为 0 时，框架的标题也不显示。

【例 9.4】 本实例实现设置字体的功能。在程序运行时，选择字体、字号、效果和颜色后单击"确定"按钮，文本框内的文字就会显示设置的效果，如图 9.30 所示。（**实例位置：光盘\TM\sl\9\4**）

图 9.30 字体设置程序界面

程序关键代码如下：

```
Private Sub Command1_Click()                                          '按钮的 Click 事件
    For i = 0 To 2                                                    '循环语句
        '判断如果单选按钮 Value 值为 True
        If Option1(i).Value = True Then
            '文本框的字体名称为单选按钮的标题
            Text1.FontName = Option1(i).Caption
        End If
        If Option3(i).Value = True Then                               '判断如果单选按钮的 Value 值为 True
            Text1.FontSize = Val(Option3(i).Caption)                  '文本框内的字号为单选按钮的标题
        End If
    Next i                                                            '继续循环
    Text1.FontBold = Check1.Value                                     '是否为粗体
    Text1.FontItalic = Check2.Value                                   '是否为斜体
    Text1.FontUnderline = Check3.Value                                '是否有下划线
    Text1.FontStrikethru = Check4.Value                               '是否有删除线
    If Option2(0).Value = True Then Text1.ForeColor = vbRed           '如果选择红，则文本字体颜色为红色
    If Option2(1).Value = True Then Text1.ForeColor = vbYellow        '如果选择黄，则文本字体颜色为黄色
    If Option2(2).Value = True Then Text1.ForeColor = vbBlue          '如果选择蓝，则文本字体颜色为蓝色
End Sub
```

在上述代码中使用了控件数组，利用循环语句查找被选中的单选按钮，单选按钮的 Caption 值恰好可以作为文本的字体名称（或字号大小），所以直接使用单选按钮的 Caption 属性值为文本框字体和字号大小赋值。对于字体效果的设置使用了复选框，当复选框被选中时也就是选择了该字体效果，所以使用复选框当前 Value 值（True 或 False）为文本框字体效果属性赋值。

9.6 列表框与组合框

视频讲解：光盘\TM\lx\9\列表框与组合框.exe

列表框和组合框在程序开发中也经常使用，主要用于显示和选择数据。本节主要介绍列表框控件与组合框控件的主要属性、事件和方法。

9.6.1　列表框（ListBox 控件）

列表框（ListBox 控件）用于显示项目列表，从列表中可以选择一项或多项。如果提供多项供用户选择，使用列表框将会很方便。在项目总数超过可显示的项目数时，则自动在列表框上添加滚动条。下面介绍列表框的主要属性、方法和事件。

1．列表框的属性

（1）Columns 属性

Columns 属性用来确定列表框项目显示的列数。当属性值为 0 时（默认值），以单列显示，在项目条数较多不能全部显示出来时，自动添加竖直滚动条；当该属性设置为大于 0 的数值时，列表框中显示指定的列数，列表框水平滚动。Columns 属性设置效果如图 9.31 所示。

（2）List 属性

List 属性用于返回或设置控件列表部分的项目。可以在属性窗口通过 List 属性设置项目内容，也可以使用代码进行提取或者设置。列表是一个字符串数组，数组的每一项都是一个列表项目。

设置列表框的 List 属性为"长春、四平、吉林"等信息，其效果如图 9.32 所示。

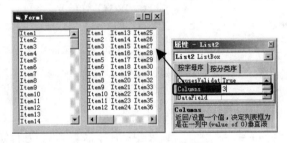

图 9.31　Columns 属性设置效果

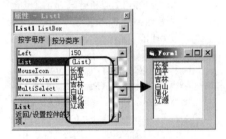

图 9.32　List 属性设置效果

 技巧

每输完一项后，按 Ctrl+Enter 键换行。

也可以通过代码实现上述操作，代码如下：

```
List1.List(0) = "长春"
List1.List(1) = "四平"
List1.List(2) = "吉林"
…
```

【例 9.5】　本实例实现在程序运行时，选择列表框中的项目，在下面的文本框内显示选择的项目。效果如图 9.33 所示。（**实例位置：光盘\TM\sl\9\5**）

程序代码如下：

```
Private Sub List1_Click()                    '列表框单击事件
    '将选择的项目的内容赋给标签标题
```

```
        Label1.Caption = "选择的城市为：" & List1.List(List1.ListIndex)
End Sub
```

（3）ListCount 属性

ListCount 属性用于返回列表框中项目的个数。

【例 9.6】 本实例实现利用 ListCount 属性来获取列表中元素个数，并将其显示在窗体的标签控件中。程序运行效果如图 9.34 所示。（实例位置：光盘\TM\sl\9\6）

程序代码如下：

```
Private Sub Form_Load()
        Label1.Caption = "列表中项目数为：" & List1.ListCount & "个"
End Sub
```

（4）ListIndex 属性

ListIndex 属性用于返回或设置控件中当前选择项目的索引值，在程序设计时不可用。

说明

如果没有在列表框中选择任何项，ListIndex 属性值为-1。

在前面的实例中已经用到了 ListIndex 属性，使用该属性获取当前选择的选项的索引值，也可以通过代码设置 ListIndex 值，将索引值为该值的项目选中。例如执行下面的代码：

```
List1.ListIndex = 2
```

则在图 9.33 所示的 List1 中第 3 项被选中。

（5）MultiSelect 属性

MultiSelect 属性决定了能否在列表框中选择多项，以及选择多项时的选择方式。其属性值有 0、1 和 2，具体描述如下：

☑ 当属性值为 0 时，表示一次只能选择一项，不能选择多项。

☑ 当属性值为 1 时，表示允许选择多项，单击或按下 Space 键（空格键），在列表中选中或取消选中项（方向键移动焦点）。

☑ 当属性值为 2 时，表示可以选择列表框中某个连续范围内的项，按下 Shift 键并单击或按下 Shift 键以及一个方向键，将在以前选中项的基础上扩展选择到当前选中项；按下 Ctrl 键并单击，可在列表中选中或取消选中项。

MultiSelect 属性设置效果如图 9.35 所示。

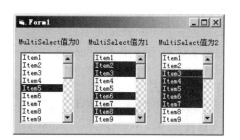

图 9.33 List 属性的应用   图 9.34 ListCount 属性应用   图 9.35 MultiSelect 属性设置效果

219

（6）Style 属性

Style 属性用于设置列表框的显示样式和行为。在运行时该属性只读。

当 Style 属性值为 0 时，显示标准样式，即显示样式如文本项的列表；当 Style 属性值为 1 时，每一个文本项的边上都有一个复选框，此时在列表框中可以选择多项。设置效果如图 9.36 所示。

2．列表框的方法

（1）AddItem 方法

AddItem 方法用于将项目添加到列表框中。前面已经介绍，使用列表框属性窗口设置 List 属性同样可以将项目添加到列表框中。

AddItem 方法的语法格式如下：

```
object.AddItem item, index
```

- ☑ object：必需的参数。一个对象表达式。
- ☑ item：必需的参数。字符串表达式，用来指定添加到该对象的项目。
- ☑ index：可选的参数。整数，用来指定 ListBox 控件的首项。

【例 9.7】 本实例实现运行程序后，单击"添加"按钮，就会在列表框中添加一项，并将新添加的内容显示在下面的标签中。程序运行效果如图 9.37 所示。（**实例位置：光盘\TM\sl\9\7**）

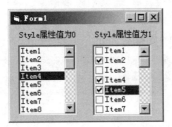

图 9.36 Style 属性设置效果

图 9.37 AddItem 方法应用

程序代码如下：

```
Dim i As Integer                                    '定义全局变量
Private Sub Command1_Click()
    List1.AddItem "Item" & i                        '向列表框中添加一项
    Label1.Caption = "新添加的项目为：" & List1.List(i)   '标签显示添加的新项
    i = i + 1                                       '变量值加 1
End Sub
```

说明

上面的实例中须将变量 i 定义为全局型，这样在每次单击后变量值都会加 1；或者定义为静态的局部变量，将 Dim 替换为 Static 即可。

（2）Clear 方法

Clear 方法用于清除列表框中的项目。

语法格式如下：

```
object.Clear
```

object：一个对象表达式。

例如，清除 List1 中的所有内容，代码如下：

```
List1.Clear
```

（3）RemoveItem 方法

RemoveItem 方法用于从列表框中删除指定项。

语法格式如下：

```
object.RemoveItem index
```

☑　object：必需的参数。一个对象表达式。

☑　index：必需的参数。一个整数，表示要删除的列表框中的首项。

【例 9.8】　本实例实现当程序运行时，选择左边列表框中的项目，单击"添加"按钮，将选中的项目添加到右边的列表框中；单击"移除"按钮，将选中的项目从右边的列表框中移除；单击"全部清除"按钮，将右边的列表框清空。程序运行效果如图 9.38 所示。（实例位置：光盘\TM\sl\9\8）

图 9.38　列表框应用实例

程序代码如下：

```
Private Sub Command1_Click()                                 '"添加"按钮单击事件
    If List1.ListIndex = -1 Then                             '如果在 List1 中没有选择项目
        MsgBox "请选择项目"                                   '提示信息
        Exit Sub                                             '退出过程
    End If
    For i = 1 To 20                                          '变量循环
        If List1.List(List1.ListIndex) = List2.List(i) Then  '如果在 List1 中选中的项目在 List2 中已存在
            MsgBox "该项已添加"                                '提示信息
            Exit Sub                                         '退出过程
        End If
    Next i                                                   '继续循环
    List2.AddItem (List1.List(List1.ListIndex))             '将在 List1 中选择的项目添加到 List2 中
End Sub
Private Sub Command2_Click()                                 '"移除"按钮的单击事件
    If List2.ListIndex = -1 Then                             '如果在 List2 中没有选择项目
        MsgBox "请选择要移除的项目！"                          '提示信息
        Exit Sub                                             '退出过程
    End If
    List2.RemoveItem (List2.ListIndex)                      '将选中项目移除
End Sub
Private Sub Command3_Click()                                 '"全部清除"按钮的单击事件
    If MsgBox("确定清空？ ", 4) = vbYes Then List2.Clear     '如果选择确定，将 List2 清空
End Sub
```

221

9.6.2 组合框（ComboBox 控件）

组合框（ComboBox）是文本框（TextBox）和列表框（ListBox）的组合，用户可以在组合框中输入文本，也可以在其中选择列表项。下面介绍组合框的属性。

1. List 属性

组合框的 List 属性同列表框的 List 属性一样，也是用于返回或设置控件列表部分的项目，设置方法也基本相同。

例如，设置 List 属性为"长春、四平、吉林……"，其效果如图 9.39 所示。

> **注意**
>
> 同列表框的 List 属性设置一样，在属性窗口进行设置的时候，在每输入完一项后，按 Ctrl+Enter 键换行。

使用代码设置 List 属性的语句如下：

```
Combo1.List(0) = "长春"
Combo1.List(1) = "四平"
Combo1.List(2) = "吉林"
……
```

2. Style 属性

Style 属性用于指定组合框的显示类型和行为，在程序运行时是只读的。下面对其属性值进行介绍。

☑ Style 属性值为 0 时，表示显示类型为下拉组合框。此时组合框包括一个下拉式列表和一个文本框，可以在文本框内输入或在下拉列表中选择。

☑ Style 属性值为 1 时，表示为简单组合框。此时包括一个文本框和一个不能下拉的列表，可以在文本框中输入或从列表中选择。简单组合框包括编辑和列表部分。按默认规定，简单组合框的大小调整是在没有任何列表显示的状态下进行的。增加 Height 属性值可显示列表的更多部分。

☑ Style 属性值为 2 时，表示为下拉式列表。这种样式允许从下拉列表中选择，而不能在文本框内输入。

设置 Style 属性的显示效果如图 9.40 所示。

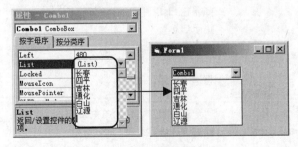

图 9.39 设置 List 属性效果

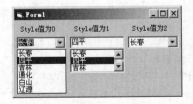

图 9.40 设置 Style 属性效果

3. ListIndex 属性

组合框的 ListIndex 属性同列表框的 ListIndex 属性一样，也是用于返回或设置控件中当前选择项目的索引。

语法格式如下：

```
object.ListIndex [= index]
```

- ☑　object：对象表达式。
- ☑　index：数值表达式，指定当前项目的索引。

【例 9.9】本实例实现当程序运行时，单击"添加项目"按钮，弹出输入对话框，输入要添加到组合框中的内容后单击"确定"按钮，即可添加到 Combo1 中；选择要移除的项目，单击"移除项目"按钮，即可移除所选项目。程序运行效果如图 9.41 所示。（**实例位置：光盘\TM\sl\9\9**）

图 9.41　ComboBox 控件应用实例

程序代码如下：

```
Dim s As String                                          '定义变量
Private Sub Command1_Click()
    s = InputBox("输入添加项，单击确定按钮", "添加项目")    '将输入内容赋给变量 s
    If s <> "" Then                                      '如果输入不为空
        Combo1.AddItem s                                 '将输入内容添加到组合框中
        Label1.Caption = "添加了新项目！"                  '设置标签显示内容
        Combo1.ListIndex = 0                             '将组合框中第一项显示在组合框的文本框中
    End If
End Sub
Private Sub Command2_Click()
    If Combo1.ListIndex = -1 Then                        '如果选项为空
        MsgBox "请先选择要删除的内容！"                     '提示信息
        Exit Sub                                         '退出此过程
    End If
    Combo1.RemoveItem Combo1.ListIndex                   '移除选中项目
    Label1.Caption = "移除了项目！"                       '设置标签显示内容
    Combo1.Text = ""                                     '组合框中的文本框为空
End Sub
```

这里使用了输入函数 InPutBox 进行数据输入，输入函数用来弹出一个输入对话框，并将输入的内容返回。输入函数的相关知识将在第 11 章详细介绍。

9.7　滚　动　条

📹 **视频讲解：光盘\TM\lx\9\滚动条.exe**

滚动条分为水平滚动条（HScrollBar 控件）和竖直滚动条（VScrollBar 控件）两种。这两种滚动条为在应用程序或控件中的水平或垂直滚动提供了便利，在信息量很大而控件又没有自动添加滚动条功能时，可以利用滚动条来提供便利的定位。

水平滚动条和竖直滚动条只是方向不同，其结构和操作是一样的，也就是具有相同的属性、事件和方法。

1．滚动条的属性

（1）Max 和 Min 属性

滚动条的值以整数形式表示，对于每个滚动条可指定在-32768～32767 之间的一个整数。垂直滚动条的最上端代表其最小值（Min），最下端代表最大值（Max）；水平滚动条的最左端代表最小值，最右端代表最大值。默认设置为：Max 属性值为 32767，Min 属性值为 0。

> **注意**
> 设置时应该尽量将 Max 属性值设置得比 Min 属性值大，并且 Min 属性值必须总是大于或等于 0。如果 Max 设置得比 Min 的值小，那么最大值将被分别设置为水平或垂直滚动条的最左或最上位置处。

（2）Value 属性

Value 属性指定当前滑块在滚动条上的位置，其值在 Min 和 Max 属性值之间。

语法格式如下：

```
object.Value[=value]
```

☑ object：对象表达式。

☑ value：用于指定控件的状态，设置介于-32768 与 32767 之间的值以定位滚动框。

（3）LargeChange 属性

LargeChange 属性表示当用户单击滚动条的空白处时，滑块移动的增量值。

（4）SmallChange 属性

SmallChange 属性表示当用户单击滚动条两端箭头时，滑块移动的增量值。

【例 9.10】 本实例实现单击滚动条的空白处或两端箭头，使滑块移动；当滑块移动时，图片框（PictureBox 控件）中的背景颜色深浅程度改变。程序运行效果如图 9.42 所示。（**实例位置：光盘\ TM\sl\9\10**）

图 9.42　滚动条属性实例

程序代码如下：

```
Private Sub Form_Load()
    HScroll1.Max = 200: HScroll1.Min = 0                      '设置最大值和最小值属性
    HScroll1.LargeChange = 40: HScroll1.SmallChange = 40      '设置增量值属性
```

```
        HScroll1.Value = 0                                      '设置滑块当前值为 0
        Picture1.BackColor = RGB(255, 255, 255)                 '设置图片框初始颜色
End Sub
Private Sub HScroll1_Change()                                   '滚动条的 Change 事件
        Picture1.BackColor = RGB(255 - HScroll1.Value, 255, 255 - HScroll1.Value)   '设置图片框背景颜色
End Sub
```

这里使用了 RGB 函数来设置一个颜色值，以返回颜色。

语法格式如下：

```
RGB(red, green, blue)
```

☑　red：数值范围为 0～255，表示颜色的红色成分。

☑　green：数值范围为 0～255，表示颜色的绿色成分。

☑　blue：数值范围为 0～255，表示颜色的蓝色成分。

RGB(255,255,255)表示白色；RGB(0,0,0)表示黑色。

2．滚动条的事件

（1）Change 事件

当滚动条的 Value 值改变时将触发 Change 事件，即移动滚动条的滑块或是通过代码改变 Value 值时将触发 Change 事件。

（2）Scroll 事件

当拖动滚动条的滑块时触发 Scroll 事件。

注意

　　Scroll 事件只有在滚动条的滑块上按下鼠标左键进行拖动时才会触发，单击两侧箭头或是滚动条空白处改变滑块位置并不能触发此事件。但是 Scroll 事件能够触发 Change 事件，因为拖动滑块时改变了 Value 值，从而触发 Change 事件。

【例 9.11】　本实例实现在程序运行时，使用鼠标拖动滚动条中的滑块，控制图片框中图片的移动。程序运行效果如图 9.43 所示。（**实例位置：光盘\TM\sl\9\11**）

图 9.43　滚动条事件实例

程序代码如下：

```
Private Sub Form_Resize()
    On Error Resume Next                                            '错误处理
    '除去竖直滚动条后窗体所剩宽度
    w = Form1.ScaleWidth - VScroll1.Width
    '除去水平滚动条后窗体所剩高度
    h = Form1.ScaleHeight - HScroll1.Height
    VScroll1.Move w, 0, VScroll1.Width, h: HScroll1.Move 0, h, w     '移动滚动条
    Picture1.Move 0, 0, w, h                                        '移动图片框并设置大小
    VScroll1.Min = 0: VScroll1.Max = Image1.Height - Picture1.Height '设置竖直滚动条最小值和最大值
    HScroll1.Min = 0: HScroll1.Max = Image1.Width - Picture1.Width   '设置水平滚动条的最小值和最大值
    HScroll1.LargeChange = (Image1.Width - Picture1.Width) / 10      '设置水平滚动条最大增量值
    HScroll1.SmallChange = (Image1.Width - Picture1.Width) / 10      '设置水平滚动条最小增量值
    VScroll1.LargeChange = (Image1.Height - Picture1.Height) / 10    '设置竖直滚动条最大增量值
    VScroll1.SmallChange = (Image1.Height - Picture1.Height) / 10    '设置竖直滚动条最小增量值
End Sub
Private Sub HScroll1_Scroll()                                        '水平滚动条的 Scroll 事件
    Image1.Left = -HScroll1.Value                                   '设置图片位置
End Sub
Private Sub VScroll1_Scroll()                                        '竖直滚动条的 Scroll 事件
    Image1.Top = -VScroll1.Value                                    '设置图片位置
End Sub
```

使用滚动条的 Scroll 事件只能在使用鼠标拖动滚动条的滑块时才能移动图片。如果把此例中的 Scroll 事件全部换为 Change 事件，则无论是拖动滑块还是单击两侧箭头或是滚动条空白处，都能实现图片的移动。

9.8　Timer 控件

视频讲解：光盘\TM\lx\9\Timer 控件.exe

一个时钟（Timer）控件能够有规律地以一定的时间间隔触发 Timer 事件，每隔一段时间执行一次 Timer 事件下的代码。

1．Timer 控件的属性

Interval 属性是时钟控件最重要的属性。它表示执行两次 Timer 事件的时间间隔，以 ms（0.001s）为单位，取值范围为 0～65535ms，所以最大的时间间隔大约为 1 分 5 秒。

当 Interval 属性值为 0 时表示 Timer 控件无效，如果希望每半秒触发一次 Timer 事件，将 Interval 属性值设置为 500；如果希望每一秒执行一次 Timer 事件，将 Interval 属性值设置为 1000。

程序运行期间，Timer 控件是隐藏的，不显示在窗体上，通常将时间显示在一个标签中。

2．Timer 控件的事件

Timer 控件只有一个 Timer 事件，在一个 Timer 控件预定的时间间隔过去之后发生，该间隔的频率

储存于该控件的 Interval 属性中。

【例 9.12】　本实例是一个打砖块的小游戏。在程序运行时，选择相应的等级，单击"开始"按钮，开始游戏，图片框中的砖块不停移动，使用鼠标单击砖块得分，时间限制为 30 秒。程序运行效果如图 9.44 所示。（实例位置：光盘\TM\sl\9\12）

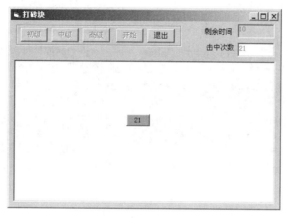

图 9.44　打砖块游戏运行效果

本程序使用了 3 个 Timer 控件，Timer1 用于控制砖块的显示位置和颜色，Interval 属性设置为 1000；Timer2 用于控制结束时的事件，Interval 属性设置为 30000；Timer3 用于计算并显示剩余时间，Interval 属性设置为 1000。

程序主要代码如下：

```
Dim n, s As Integer                                        '定义全局变量
Private Sub Command1_Click()
    Timer1.Interval = 1000                                 '设置 Timer1 的 Interval 属性值
    Command4.Enabled = True                                '开始按钮有效
End Sub
Private Sub Command2_Click()
    Timer1.Interval = 800                                  '设置 Timer1 的 Interval 属性值
    Command4.Enabled = True                                '开始按钮有效
End Sub
Private Sub Command3_Click()
    Timer1.Interval = 700                                  '设置 Timer1 的 Interval 属性值
    Command4.Enabled = True                                '开始按钮有效
End Sub
Private Sub Command5_MouseDown(Button As Integer, Shift As Integer, X As Single, Y As Single)
    '鼠标按下按钮事件
    n = n + 1                                              '击中次数加 1
    Text1.Text = n                                         '显示在"击中次数"文本框中
    Command5.Caption = n                                   '击中次数显示在砖块上
End Sub
Private Sub Timer1_Timer()
    Randomize                                              '初始化随机变量
    R = Int(Rnd * 256 + 0)                                 '把 Rnd 函数生成的随机数赋给变量 R
    G = Int(Rnd * 256 + 0)                                 '把 Rnd 函数生成的随机数赋给变量 G
```

```
        B = Int(Rnd * 256 + 0)                      '把 Rnd 函数生成的随机数赋给变量 B
        L = Int(Rnd * 5000 + 0)                     '把 Rnd 函数生成的随机数赋给变量 L
        T = Int(Rnd * 2000 + 0)                     '把 Rnd 函数生成的随机数赋给变量 T
        Command5.BackColor = RGB(R, G, B)           '用生成的变量 R、G、B 的值设置砖块的颜色
        Command5.Left = Picture1.Left + L           '用生成的变量 L 的值设置砖块的 left 位置
        Command5.Top = Picture1.Top + T             '用生成的变量 T 的值设置砖块的 top 位置
End Sub
Private Sub Timer2_Timer()
        Timer1.Enabled = False:Timer3.Enabled = False       '设置时间控件无效
        Command5.Visible = False:Command1.Enabled = True    '设置按钮有效或无效
        Command2.Enabled = True:Command3.Enabled = True
End Sub
Private Sub Timer3_Timer()
        s = s + 1                                   '使用时间累加
        Label1.Caption = 30 – s                     '将剩余时间显示在标签中
End Sub
```

9.9 控 件 数 组

 视频讲解：光盘\TM\lx\9\控件数组.exe

在程序中应用控件数组不仅使代码看起来统一，而且可以提高编码效率。本节就介绍控件数组的概念及如何创建、使用控件数组。

9.9.1 控件数组的概念

控件数组是指由一组相同类型的控件组成的集合，它们使用相同的名称并共享同一过程。这个控件集合中的每一个控件，都可以称为该控件数组中的数组元素。

在创建控件数组时，系统会为该控件数组中的每一个控件提供一个唯一的索引（Index），即下标，用来区分控件数组中不同的控件。

9.9.2 创建控件数组

创建控件数组常使用如下两种方法。

1．复制粘贴法

通过复制、粘贴控件，可创建控件数组，具体步骤如下：
（1）在窗体上添加一个要创建控件数组的控件。
（2）选中该控件，单击鼠标右键，在弹出的快捷菜单中选择"复制"命令。
（3）使用鼠标选中窗体，单击鼠标右键，在弹出的快捷菜单中选择"粘贴"命令。此时会弹出一个

如图 9.45 所示的提示对话框。单击"是"按钮，即可在窗体上添加一个新的控件数组元素。

图 9.45 创建控件数组时弹出的对话框

（4）重复执行步骤（3），直到添加完所需的控件数组元素为止。

注意

要在容器类型控件内创建控件数组，需要选中容器控件（如 Frame（框架）控件等），执行"粘贴"命令。

2. 设置控件 Name 属性

控件的 Name 属性在代码中用于标识控件的名称。通过将同类型控件的 Name 属性设置为相同名称，也可以创建控件数组，创建的步骤如下：

（1）向窗体或容器控件中添加两个或多个同类型控件。

（2）逐一选中添加的控件，在属性窗口中将这些控件的 Name 属性设置为名称一致，即可完成控件数组的创建。

提示

在第一次出现 Name 属性同名时，也会出现如图 9.45 所示的提示对话框。单击"是"按钮即可创建控件数组。

9.9.3 使用控件数组

【例 9.13】 在单击 CommandButton 控件数组中的按钮时，通过 Index（索引）属性判断单击的是哪个按钮。（**实例位置：光盘\TM\sl\9\13**）

程序代码如下：

```
Private Sub Command1_Click(Index As Integer)
    Select Case Index
        Case 0                                          '当控件索引值为 0 时
            MsgBox "你单击的是"确定"按钮", vbOKOnly, "提示"
        Case 1                                          '当控件索引值为 1 时
            MsgBox "你单击的是"取消"按钮", vbOKOnly, "提示"
    End Select
End Sub
```

控件数组在创建后，可以在程序执行时使用代码对控件数组中的元素进行添加，这样可以增加程序的灵活性。

【例 9.14】 选择所要添加的控件，在要添加控件的位置单击鼠标左键，即可使用控件数组添加控件。运行程序，添加控件后的效果如图 9.46 所示。（**实例位置：光盘\TM\sl\9\14**）

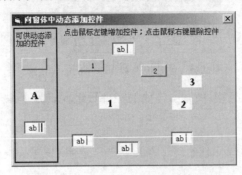

图 9.46   使用控件数组动态添加控件

程序代码如下：

```
Private Declare Function GetCursorPos Lib "user32" (lpPoint As POINTAPI) As Long
Private Type POINTAPI                                        '声明自定义类型用于保存鼠标坐标
    X As Long
    Y As Long
End Type
Private Sub Command1_MouseUp(Index As Integer, Button As Integer, Shift As Integer, X As Single, Y As
Single)
    Lbl_edg(0).BorderStyle = 0                               '设置标签控件的边框样式
End Sub
Private Sub Form_Load()
    Text1(0).Locked = True                                  '锁定文本框控件
End Sub
Private Sub Label1_Click(Index As Integer)
    Text4.Text = 3                                          '将 Text4 中的内容设置为 3
End Sub
Private Sub Label1_MouseDown(Index As Integer, Button As Integer, Shift As Integer, X As Single, Y As Single)
    If Button = 2 And Index > 0 Then                        '如果单击的是鼠标右键，且索引值大于 0
        Unload Label1(Index)                               '删除 label 控件
    End If
    If Index = 0 Then                                       '如果索引值为 0
        Lbl_edg(1).BorderStyle = 1                          '设置标签控件的边框样式
    End If
End Sub
Private Sub Label1_MouseUp(Index As Integer, Button As Integer, Shift As Integer, X As Single, Y As Single)
    If Index = 0 Then                                       '如果索引值为 0
        Lbl_edg(1).BorderStyle = 0                          '设置边框样式
    End If
End Sub
Private Sub Text1_Click(Index As Integer)
    Text4.Text = 2                                          '设置 Text4 中的内容为 2
End Sub
Private Sub Text1_MouseDown(Index As Integer, Button As Integer, Shift As Integer, X As Single, Y As Single)
    If Button = 2 And Index > 0 Then                        '如果单击的是鼠标右键，且索引值大于 0
```

```
            Unload Text1(Index)                                          '删除 text 控件
        End If
        If Index = 0 Then                                               '如果索引值为 0
            Lbl_edg(2).BorderStyle = 1                                  '设置边框样式为固定单边框
        End If
End Sub
Private Sub Form_MouseDown(Button As Integer, Shift As Integer, X As Single, Y As Single)
    Dim mouse As POINTAPI
    GetCursorPos mouse
    Text2.Text = Val(mouse.X) * 15 - Me.Left - 50                       '在 Text2 中显示横坐标位置
    Text3.Text = Val(mouse.Y) * 15 - Me.Top - 300                       '在 Text3 中显示纵坐标位置
    If Text2.Text > 1000 Then                                          '如果横坐标大于 1000
        If Text4.Text = 1 Then                                         '如果 Text4 中的值为 1
            If Button = 1 Then                                         '如果单击鼠标左键
                '添加 Command 控件
                i = Command1.ubound + 1                                '序号加 1
                Load Command1(i)                                       '加载按钮控件
                Command1(i).Left = Text2.Text                          '设置按钮控件的 Left 属性
                Command1(i).Top = Text3.Text                           '设置按钮控件的 Top 属性
                Command1(i).Caption = Str(i)                           '设置按钮控件的 Caption 属性
                Command1(i).Visible = True                             '设置按钮控件的可见性
            End If
        End If
        If Text4.Text = 2 Then                                         '如果 Text4 中的内容为 2
            If Button = 1 Then                                         '添加 text 控件
                i = Text1.ubound + 1                                   '序号加 1
                Load Text1(i)                                          '加载文本框控件
                Text1(i).Left = Text2.Text                             '设置文本框控件的 Left 属性
                Text1(i).Top = Text3.Text                              '设置文本框控件的 Top 属性
                Text1(i).Visible = True                                '设置文本框控件可见
            End If
        End If
        If Text4.Text = 3 Then                                         '如果 Text4 中的内容为 3
            If Button = 1 Then                                         '添加 label 控件
                i = Label1.ubound + 1                                  '序号加 1
                Load Label1(i)                                         '加载标签控件
                Label1(i).Left = Text2.Text                            '设置标签控件的 Left 属性
                Label1(i).Top = Text3.Text                             '设置标签控件的 Top 属性
                Label1(i).Caption = Str(i)                             '设置标签控件的显示内容
                Label1(i).Visible = True                               '设置标签控件可见
            End If
        End If
    End If
End Sub
Private Sub Command1_Click(Index As Integer)
    Text4.Text = 1                                                     '设置 Text4 中的内容为 1
End Sub
Private Sub Command1_MouseDown(Index As Integer, Button As Integer, Shift As Integer, X As Single, Y As
Single)
```

```
        If Button = 2 And Index > 0 Then              '如果单击鼠标右键，且索引值大于 0
            Unload Command1(Index)                    '删除 command 控件
        End If
        If Index = 0 Then                             '如果索引值为 0
            Lbl_edg(0).BorderStyle = 1                '设置边框样式为固定单边框
        End If
    End Sub
    Private Sub Command2_Click()
        End                                           '结束程序
    End Sub
    Private Sub Text1_MouseMove(Index As Integer, Button As Integer, Shift As Integer, X As Single, Y As Single)
        If Index = 0 Then                             '如果索引值为 0
            Lbl_edg(2).BorderStyle = 0                '设置边框样式无
        End If
    End Sub
```

9.10　小　　结

本章主要介绍了 VB 常用标准控件的基本属性、事件和方法。通过本章的学习，读者可以掌握常用标准控件的使用方法，并能够在应用程序中使用这些控件进行编程。

9.11　练习与实践

1．设计一个简单的调色板。使用 3 个水平滚动条，分别控制红、黄、蓝 3 种颜色，当拖动滚动条中的滑块时，改变窗体背景颜色中对应滚动条的颜色深度。例如，当向左拖动绿色滚动条的滑块时，窗体背景颜色的绿色成分减少。（答案位置：光盘\TM\sl\9\15）

2．参照实例 9.11，编写一个使用滚动条控制图片移动的程序，实现无论是拖动滑块还是单击两侧箭头或是滚动条空白处，都能使图片移动的效果。（答案位置：光盘\TM\sl\9\16）

第10章

菜单、工具栏和状态栏

(📹 视频讲解：60分钟)

菜单、工具栏和状态栏在 Windows 应用软件中比较常见，也是在设计应用程序时必不可少的重要元素。如果在自己设计的应用程序中使用菜单、工具栏和状态栏，一定会使程序看起来更加专业，在使用上也更加方便和快捷。本章将对菜单、工具栏和状态栏的设计和使用进行详细的介绍。

通过阅读本章，您可以：

▶▶ 熟悉菜单的组成

▶▶ 掌握菜单编辑器的使用

▶▶ 掌握标准菜单的设计

▶▶ 掌握弹出式菜单的设计和使用

▶▶ 掌握菜单数组的设计和使用

▶▶ 掌握工具栏的按钮设计

▶▶ 掌握工具栏的代码设计

▶▶ 掌握状态栏的设计和使用

10.1 菜 单 概 述

📹 视频讲解：光盘\TM\lx\10\菜单概述.exe

在可视化程序设计中菜单是最重要的元素之一，它可以方便地显示程序的各项功能，以方便用户的选择，并使用户快速进入到需要的界面中。

10.1.1 菜单的组成

在开发程序时，经常将程序的各项功能归类，集中存放在菜单中，用户只需使用鼠标单击或使用键盘上的几个快捷键就可以访问需要的功能。

下面以车辆管理系统中的菜单为例，介绍一下菜单的组成。菜单中包含的界面元素主要有菜单栏、访问键、快捷键、分隔条、选中提示、子菜单提示等，具体的组成如图 10.1 所示。

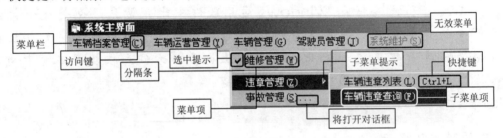

图 10.1　菜单的组成

☑　菜单栏：菜单栏位于标题栏下面，由多个菜单标题组成。

☑　访问键：为某个菜单项指定的字母键，在显示出有关菜单项以后，按该字母键即可选中该菜单项。

☑　分隔条：用于将属于同一类的菜单项分组显示。

☑　选中提示：当某个菜单项被选中时，在其左侧将显示一个勾选标记"√"；再次选中该菜单项时，选中提示消失。

☑　菜单项：菜单或子菜单的组成部分，每个菜单项代表一条命令或一个子菜单项。

☑　子菜单提示：如果某菜单项下面有子菜单，则在其右侧将出现一个指向右侧的三角箭头，该箭头即为子菜单提示。

☑　快捷键：为了更快捷地执行命令，可以为每个最底层的菜单项设置一个快捷键。对于带有快捷键的菜单项，用户可以在不单击菜单项的情况下，直接使用键盘上的快捷键执行相应的功能。

☑　对话框标识：在菜单项文字的末尾添加 3 个点，用于标识当用户单击该菜单项时，将打开一个对话框。

10.1.2　菜单编辑器

在 VB 中设置菜单非常容易，可以通过 VB 提供的菜单编辑器来设计实现。利用菜单编辑器可以创建菜单和菜单栏、在已有的菜单上增加新命令、用自己的命令替换已有的菜单命令，以及修改和删除已有的菜单和菜单栏。

1．菜单编辑器的调用

在使用菜单编辑器之前，首先需要启动它。其启动方式包括如下 4 种。

（1）选择"工具"/"菜单编辑器"命令。

（2）在"标准"工具栏上单击"菜单编辑器"图标 。

（3）使用鼠标右键单击要添加菜单的窗体，在弹出的快捷菜单中选择"菜单编辑器"命令。

（4）使用快捷键 Ctrl+E 调用菜单编辑器。

2．菜单编辑器的组成

使用上面介绍的 4 种方法都可以打开菜单编辑器。打开的菜单编辑器如图 10.2 所示。其中包括 3 个区域：菜单属性设置区、菜单编辑区和菜单列表区。

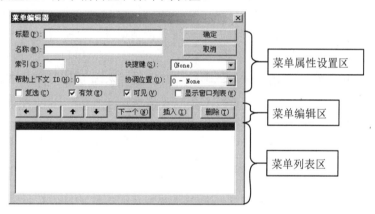

图 10.2　菜单编辑器的组成

3．菜单属性设置区

菜单属性设置区是指在菜单编辑器中分隔条上面的部分，主要用于设置菜单的相关属性。其主要的属性介绍如下。

☑　标题：该文本框用于设置在菜单栏上显示的文本。

➢　调用对话框。如果菜单项想调用一个对话框，在"标题"文本框中输入内容的后面应加"…"。

➢　设置访问键。如果想通过键盘来访问菜单，使某一字符成为该菜单项的访问键，可以用"（&+访问字符）"的格式。访问字符应当是菜单标题的第一个字母，除非别的字符更容易记。两个同级菜单项不能用同一个访问字符。在运行时访问字符会自动加上一条下划线，&字符则不见了。

> 设置分隔条。菜单中的分隔条可以将菜单分割成具有独立功能的几个菜单组。在设置时，在"标题"文本框中输入连字符（-），在显示时，即可显示为分隔条的形式。

☑ 名称：该文本框主要用于设置在代码中引用该菜单项的名称。不同菜单中的子菜单可以重名，但是菜单项名称应当唯一。

☑ 索引：在设置菜单数组时使用，用于指定该菜单项在菜单数组中的下标。一般为整型数值。在设置时，其索引值可以不连续，但是一定要按照递增的顺序填写下标，否则将不被菜单编辑器接受。

☑ 快捷键：可以在该组合框中输入快捷键，也可以选取功能键或键的组合来设置快捷键。快捷键将自动出现在菜单上。要删除快捷键，应选取列表顶部的（None）。

注意

菜单条上的第一级菜单不能设置快捷键。

☑ 帮助上下文 ID：指定一个唯一的数值作为帮助文本的标识符，可根据该数值在帮助文件中查找适当的帮助主题。

☑ 协调位置：允许选择菜单的 NegotiatePosition 属性。该属性决定当窗体的链接对象或内嵌对象活动而且显示菜单时，是否在菜单栏显示最上层 Menu 控件。

☑ 复选：如果选中（√），在初次打开菜单项时，该菜单项的左边将显示"√"。菜单条上的第一级菜单不能使用该属性。

☑ 有效：如果选中（√），在运行时以清晰的文字出现；未选中则在运行时以灰色的文字出现，不能使用该菜单。

☑ 可见：如果选中（√），在运行时将在菜单上显示该菜单项。

☑ 显示窗口列表：在 MDI 应用程序中，确定菜单项是否包含一个打开的 MDI 子窗体列表。

说明

在实际程序开发时，只有"标题"文本框和"名称"文本框是必须填写的，其他属性可根据需要自己选择使用。

4．菜单编辑区

菜单编辑区是指中间的 7 个按钮，主要用于对已经输入的菜单进行简单的编辑操作。下面介绍一下这几个按钮的功能。

☑ "右箭头"按钮：每次单击都把选定的菜单向右移一个等级。一共可以创建 4 个子菜单等级。

☑ "左箭头"按钮：每次单击都把选定的菜单向上移一个等级。一共可以创建 4 个子菜单等级。

☑ "上箭头"按钮：每次单击都把选定的菜单项在同级菜单内向上移动一个位置。

☑ "下箭头"按钮：每次单击都把选定的菜单项在同级菜单内向下移动一个位置。

☑ "下一个"按钮：将选定移动到下一行。

☑　"插入"按钮：在列表框的当前选定行上方插入一行。

☑　"删除"按钮：删除当前选定行。

5. 菜单列表区

该列表框中显示了菜单项的分级列表，通常将子菜单项缩进以指出它们的分级位置或等级。

10.2　标准菜单

 视频讲解：光盘\TM\lx\10\标准菜单.exe

在程序中，最常用的就是标准菜单，一般应用在程序的主界面中，并放置在窗体的顶部，用于调用程序的所有功能。标准菜单就像是我们生活中的抽屉一样，将程序的功能装进抽屉里，用的时候拉出来即可选用。下面通过几个例子介绍利用菜单编辑器设计菜单的方法。

10.2.1　创建最简菜单

通过前面的学习，我们了解了菜单编辑器的基本组成。在菜单的属性设置区域中有诸多的属性需要设置，其中"标题"和"名称"属性是必须要设置的，其他的属性可以采用默认值，或者不进行设置。

【例 10.1】　下面以客户管理系统中的部分菜单为例，介绍最简菜单的设计过程。（**实例位置：光盘\TM\sl\10\1**）

创建最简菜单的操作步骤如下：

（1）选中需要创建菜单的窗体，启动菜单编辑器。

注意

> 如果不选中窗体，菜单编辑器将不可用。

（2）在"标题"文本框中输入要显示在菜单上的标题，在"名称"文本框中输入菜单的名称。这里菜单的名称是菜单的标识，用于在编写代码时使用，而标题则用于显示在菜单上。

如这里输入菜单的标题为"客户信息管理"，在顶层菜单将显示"客户信息管理"字样；在"名称"文本框中输入"khxxgl"，用于在代码中使用。

（3）单击"下一个"按钮，设计下一个菜单。下一个菜单为"客户信息管理"的子菜单。需要单击"右箭头"按钮，将该菜单向右移一个等级。

如设计"客户信息添加"菜单，在显示时将显示为"客户信息管理"的子菜单。

（4）重复步骤（2）和步骤（3），直至完成菜单的设计。其设计和显示的效果如图 10.3 所示。

注意

> "标题"和"名称"属性必须都设置，缺一不可，否则将不被菜单编辑器接受。

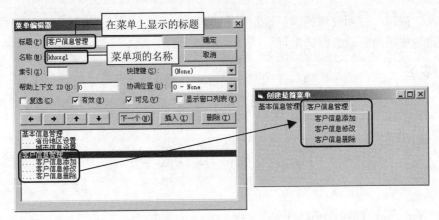

图 10.3　创建最简菜单

10.2.2　设置菜单的快捷键和访问键

快捷键就是用于执行一个命令的功能键或者组合键，如 Ctrl+C 为复制操作，Ctrl+V 为粘贴操作。为菜单设置快捷键后，用户就可以直接利用键盘执行菜单命令。

访问键是指用户按下 Alt 键的同时按下的键。例如，在一般的 Windows 环境中，Alt+F 用于打开"文件"菜单，这里的 F 键即为访问键。

【例 10.2】　创建带快捷键和访问键的菜单，如设置"客户信息管理"菜单的访问键为 C，只需在编辑"客户信息管理"菜单时，在"标题"文本框中输入"客户信息管理（&C）"。这里的"&C"，即用于设置访问键，在显示时即可显示为 C̲ 的形式。为了符合 Windows 操作系统的风格，这里使用"()"将访问键括起来。（**实例位置：光盘\TM\sl\10\2**）

利用菜单编辑器设置快捷键也非常简单，只需选中要设置快捷键的菜单，在"快捷键"下拉列表框中选择需要的快捷键即可，如设置"客户信息删除"菜单项的快捷键为 Ctrl+D，只需在"快捷键"下拉列表框中选择 Ctrl+D 选项即可。如果不需要，则选择 None 选项即可。其操作过程和演示效果如图 10.4 所示。

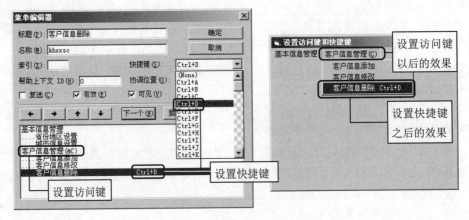

图 10.4　设置快捷键和访问键

10.2.3　创建级联菜单

在菜单编辑器中，以缩进的形式显示级联菜单。在菜单编辑器的菜单列表区中由内缩符号表明菜单项所在的层次，每 4 个点表示一层，最多可以有 5 个内缩符号，最后面的菜单项为第 5 层。如果一个菜单项前面没有内缩符号，则该菜单项称为第 0 级。程序运行时，选取 0 级菜单中的菜单项则显示一级子菜单，选取一级菜单中的菜单项则显示二级子菜单，以此类推。当选到没有子菜单的项目时，将执行菜单事件过程。

【例 10.3】 创建级联菜单。在菜单编辑器中单击"右箭头"按钮，创建子菜单。在设置菜单时最多可以设置 5 级菜单，如图 10.5 所示。(**实例位置：光盘\TM\sl\10\3**)

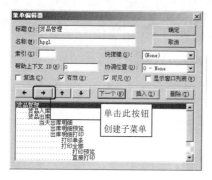 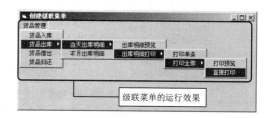

图 10.5　创建级联菜单

10.2.4　创建复选菜单

通过复选菜单可以实现在菜单中执行或取消执行某项操作。菜单的复选标记有两个作用：一是表示打开或关闭的状态，选取菜单命令可以交替地添加或删除复选标记；二是指示几个模式中哪个或哪几个在起作用。

【例 10.4】 通过菜单编辑器创建复选菜单。在菜单编辑器中选中需要设置为复选的菜单，例如选中"客户信息删除"，然后选中"复选"复选框，这样在菜单显示时即为复选的效果，其设置和实现的效果如图 10.6 所示。(**实例位置：光盘\TM\sl\10\4**)

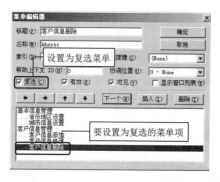 

图 10.6　创建复选菜单

10.2.5 设置菜单分隔条

在 Windows 中经常将一些功能相近的菜单项放在一组，各组之间利用分隔条分开，这样可以使菜单看起来更加清晰明了。

【**例 10.5**】 设置菜单分隔条。如果想利用分隔条将菜单分成几个逻辑的组，则只需在"标题"文本框中输入一个连字符，并在"名称"文本框中输入该菜单的名称，即可设置出菜单分隔条的效果，如图 10.7 所示。（**实例位置：光盘\TM\sl\10\5**）

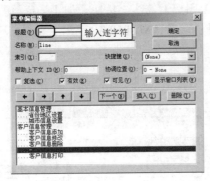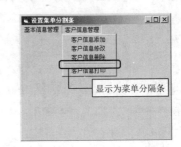

图 10.7 设置菜单分隔条

注意

在运行时，菜单的分隔条不能被选中，也不能执行代码。

10.2.6 设置菜单无效·

有些菜单对于不同权限的操作用户的使用权限是不同的，如系统设置方面的菜单，只有系统管理员才能使用，当普通用户进入到系统中时，这些菜单将被设置为无效。

【**例 10.6**】 设置菜单无效。在菜单使用时，还有一种状态，即设置菜单无效。利用菜单编辑器设置菜单无效也比较简单：选中需要设置的菜单项，然后取消选中"有效"复选框即可。例如，设置"客户信息打印"菜单项为无效，如图 10.8 所示。（**实例位置：光盘\TM\sl\10\6**）

图 10.8 设置菜单无效

10.2.7　为菜单事件添加代码

单击菜单所实现的功能是通过执行菜单事件中的程序代码来实现的。程序员在菜单编辑器中定义一个菜单之后，在该菜单的 Click 事件中就可以添加所需要的程序代码，完成相应的功能。例如，在单击"显示好友列表"菜单项之后，调用"好友列表"窗体，同时隐藏本窗体。其相关的程序代码如下：

```
Private Sub showF_Click()                                         '显示好友列表菜单项
    frm_HYLB.Show                                                 '显示好友列表窗体
    Unload me                                                     '卸载窗体
End Sub
```

10.3　弹出式菜单

📹 视频讲解：光盘\TM\lx\10\弹出式菜单.exe

弹出式菜单就像经常使用的公文包似的，平时将需要的东西都放进去，当需要的时候再找到公文包，将东西取出来。本节主要介绍什么是弹出式菜单，以及 PopupMemu 方法和弹出式菜单的设计与调用。

10.3.1　弹出式菜单概述

弹出式菜单是指在窗体上单击鼠标右键之后弹出的菜单，也称为浮动菜单。除了不显示 0 级菜单项的标题以外，弹出式菜单中的每个菜单项都可以有自己的子菜单。一般来说，弹出式菜单所显示菜单项的位置取决于单击鼠标右键时光标所处的位置。

可使用 PopupMenu 方法显示弹出式菜单。在 Windows 操作系统中激活上下文菜单，关键是在何种事件中调用 PopupMenu 方法。

10.3.2　PopupMenu 方法

可以使用 PopupMenu 方法调用弹出式菜单。其实在大部分响应事件中都可以激活弹出式菜单，但在通常情况下都是使用鼠标事件来调用 PopupMenu 方法的。

语法格式如下：

```
object.PopupMenu menuname, flags, x, y, boldcommand
```

PopupMenu 方法的语法中各参数的说明如表 10.1 所示。

表 10.1 参数说明

参　　数	说　　明
object	可选的参数。对象表达式，其值为 Form 或者 MDIForm
menuname	必需的参数。指出要显示的弹出式菜单名，指定的菜单项必须至少含有一个子菜单
flags	可选的参数。为一个数值或常数，用以指定弹出式菜单的位置和行为
x	可选的参数。指定显示弹出式菜单的 X 坐标
y	可选的参数。指定显示弹出式菜单的 Y 坐标
boldcommand	可选的参数。指定弹出式菜单中的菜单控件的名称，用以显示其黑体正文标题

说明

X 和 Y 坐标定义了弹出式菜单相对于指定窗体显示的位置，可使用 ScaleMode 属性指定 X 和 Y 坐标的度量单位。如果没有包括 X 和 Y 坐标，则弹出式菜单将显示在光标的当前位置。

10.3.3 弹出式菜单的设计和调用

定义弹出式菜单的方法和定义标准菜单的方法一样，任何含有一个或一个以上的子菜单的菜单项都可作为弹出式菜单。弹出式菜单的最高一级菜单项称为顶级菜单项，该顶级菜单项不会显示出来，这一点与下拉菜单不同。如果弹出式菜单的顶级菜单项是 0 级菜单项，则弹出时仅显示 1 级以下的菜单项及其子菜单项。这个 0 级菜单项必须被定义，因为 0 级菜单项的名称用于激活弹出式菜单。同样道理，可以使用任何一个级别已定义、具有下一级子菜单的菜单项作为弹出式菜单。

如果这个菜单仅在某个位置单击鼠标右键时才弹出，而不需要以下拉菜单的形式显示在屏幕上，则应在设计时使顶级菜单项不可见，即取消选中菜单编辑器中的"可见"复选框或在属性窗口设定 Visible 属性为 False。当一个菜单既作为下拉菜单使用，又作为弹出式菜单使用时，激活的弹出式菜单将自动不显示顶级菜单项。

【例 10.7】使用弹出式菜单设置窗体的背景色。本例中使用菜单编辑器设计菜单，并使用 PopupMenu 方法调用该菜单。（**实例位置：光盘\TM\sl\10\7**）

使用菜单编辑器设计用于设置窗体背景色的菜单项。设置顶层菜单的标题为"背景色"；名称为 MyMenu，该名称用于在 PopupMenu 方法中使用；设置顶层菜单不可见，即不显示在窗体的顶部。当使用 PopupMenu 方法调用该菜单时，顶层的菜单不可见，仅显示调用菜单的子菜单，如图 10.9 所示。

程序代码如下：

```
Private Sub Form_MouseUp(Button As Integer, Shift As Integer, X As Single, Y As Single)
    If Button = 2 Then                                         '当用户在窗体上单击鼠标右键
        PopupMenu MyMnu                                        '利用 PopupMenu 方法弹出菜单
    End If
End Sub
Private Sub MnuRed_Click()                                     '设置窗体背景色为红色的菜单命令
    Form1.BackColor = &HFF&                                    '设置窗体背景色为红色
End Sub
```

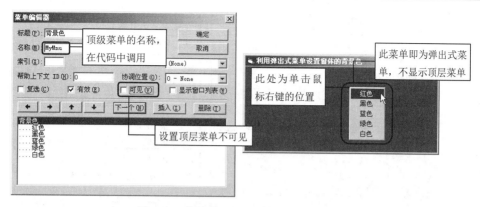

图 10.9　使用弹出式菜单设置窗体背景色

10.4　菜 单 数 组

视频讲解：光盘\TM\lx\10\菜单数组.exe

在设计应用程序菜单的时候，可以将同一组内的菜单项设置成菜单数组的形式，这样不仅方便管理，而且可以简化大量的程序代码。下面介绍创建菜单数组和为菜单数组编写代码。

10.4.1　创建菜单数组

每个菜单数组元素都用唯一索引值来标记，该值通过菜单编辑器中的"索引"文本框来设置。当一个数组元素识别一个事件时，VB 将 Index 属性值作为一个附加参数传递给事件过程。事件过程必须包含判断 Index 属性值的代码，从而确定正在使用哪个菜单项，进而执行相应的命令操作。

【例 10.8】　创建菜单数组。下面以客户管理系统中的部分菜单为例，介绍如何创建菜单数组。（**实例位置：光盘\TM\sl\10\8**）

在"菜单编辑器"中创建菜单数组的步骤如下：

（1）打开"菜单编辑器"，创建一个菜单项，设置"标题"和"名称"后，在"索引"文本框中将数组的第一个元素的索引设置为 0。例如，设置"区域信息设置"菜单项的"名称"为 Menu1，索引值为 0。

（2）在步骤（1）创建的菜单项的同一级上，创建第 2 个菜单。将第 2 个元素的"名称"设置为与第 1 个元素相同的名称，即 Menu1。并把其"索引"设置为 1，并设置菜单的标题。

（3）重复步骤（2），依次创建第 3 个、第 4 个菜单项，以此类推，但要保证所创建菜单项的索引值不相同，且为递增的形式。设计完成后的效果如图 10.10 所示。

注意

菜单数组中的各元素必须存在同一级别中，同时在菜单控件列表框中必须是连续的，而且，如果菜单数组中使用了分隔线，要把它也作为菜单数组中的一个元素。

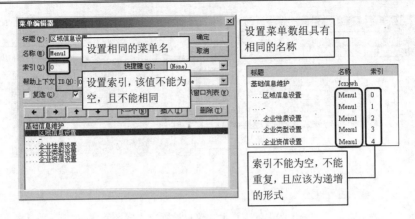

图 10.10　创建菜单数组

10.4.2　为菜单数组编写代码

因为菜单数组的名称都是相同的，和一般的控件数组一样，菜单数组的事件也是写在一个事件中，使用 Indcx 属性值进行区别。在实际的应用中使用 Select Case 语句块来判断触发的是哪个菜单项，并执行对应的 Case 语句后面的代码。上面介绍的"基础信息维护"的子菜单的单击事件代码如下：

```
Private Sub Menu1_Click(Index As Integer)          '基础信息维护
    Select Case Index                              '利用 Index 值确定菜单项
    Case 0                                         '区域信息设置
        Load Frm_Jcxxwh_Qysz                       '加载区域设置窗体
        Frm_Jcxxwh_Qysz.Show 1                     '显示区域设置窗体
    Case 2                                         '企业性质设置
        Load Frm_Jcxxwh_Qyxz                       '加载企业性质设置窗体
        Frm_Jcxxwh_Qyxz.Show 1                     '显示企业性质设置窗体
    Case 3                                         '企业类型设置
        Load Frm_Jcxxwh_Qylx                       '加载企业类型设置窗体
        Frm_Jcxxwh_Qylx.Show 1                     '显示企业类型设置窗体
    Case 4                                         '企业资信级别设置
        Load Frm_Jcxxwh_Qyzx                       '加载企业资信级别设置窗体
        Frm_Jcxxwh_Qyzx.Show 1                     '显示企业资信级别设置窗体
    End Select
End Sub
```

10.5　工具栏设计

视频讲解：光盘\TM\lx\10\工具栏设计.exe

本节介绍工具栏的概念、最简单工具栏的创建，以及为工具栏添加图片、分组、添加下拉菜单等。

10.5.1 工具栏概述

工具栏（Toolbar）是 Windows 窗口的重要组成部分之一，它为用户提供了应用程序中最常用的菜单命令的快速访问方式。工具栏通常位于菜单栏的下方，由许多命令按钮组成，每个命令按钮上都有一个代表某一项操作功能的小图标。由于工具栏具有直观易用的特点，所以被广泛用于各种实用软件的主界面当中。

Toolbar 控件不是 VB 的标准控件，在使用前需要将其添加到工具箱中。具体的方法：选择"工程" / "部件"命令，在弹出的对话框中选中 Microsoft Windows Common Controls 6.0（SP6）选项，即可添加一组控件到工具箱中，如图 10.11 所示。其中，鼠标指向的即为 Toolbar 控件。

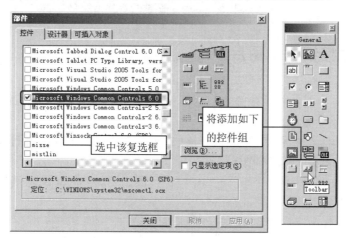

图 10.11 添加 Toolbar 控件

10.5.2 利用 Toolbar 控件创建最简工具栏

在工具栏中一般包括文字和图片，或者仅是图片。仅仅显示文字形式的工具栏，称为最简工具栏，因为其设计最简单，只需设置工具栏控件的按钮文字即可。下面介绍如何设计最简工具栏。

【例 10.9】 创建最简工具栏。（**实例位置：光盘\TM\sl\10\9**）

创建最简工具栏的步骤如下：

（1）添加 Toolbar 控件到工具箱，添加一个 Toobar 控件到窗体上。

（2）用鼠标右键单击 Toolbar 控件，在弹出的快捷菜单中选择"属性"命令，弹出"属性页"对话框，从中选择"按钮"选项卡。

（3）单击"插入按钮"按钮，插入一个按钮，自动生成"索引"值。在"标题"文本框中输入"新建"，该标题将显示在工具栏的第一个按钮上。

（4）重复步骤（3），直到创建完成所有的按钮。在创建工程中，可以调整所选择的按钮；当发现有不需要的按钮时，可以通过单击"删除按钮"按钮将其删除。

创建最简工具栏的过程和实现效果如图 10.12 所示。

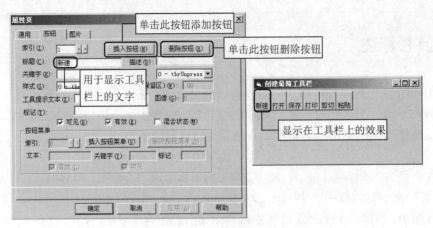

图 10.12　创建最简工具栏

10.5.3　为工具栏按钮添加图片

在一般的工具栏中，都是在按钮中添加一个图片，利用这个图片表达该按钮所执行的功能。下面介绍如何为工具栏按钮添加图片。

【例 10.10】　为工具栏添加图片。下面以设计如图 10.13 所示的工具栏为例，介绍为工具栏添加图片的步骤。（实例位置：光盘\TM\sl\10\10）

（1）添加一个 Toolbar 控件和一个 ImageList 控件到窗体上，ImageList 控件与 Toolbar 控件属于一个控件组，在第 12 章中将对其进行详细介绍。

（2）向 ImageList 控件中添加图片，并设置图片的关键字。

（3）用鼠标右键单击 Toolbar 控件，在弹出的快捷菜单中选择"属性"命令，在弹出的"属性页"对话框中选择"通用"选项卡。

（4）在"图像列表"下拉列表框中选择需要连接的 ImageList 控件，这里为 imlToolbarIcons，如图 10.14 所示。

图 10.13　工具栏添加图片的效果

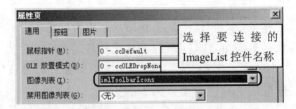

图 10.14　连接 ImageList 控件

（5）选择"按钮"选项卡，向 Toolbar 控件中添加按钮。因为在工具栏按钮上不显示文字，因此在"标题"文本框中不输入文字。

由于要显示图片，因此需要在"图像"文本框中输入要显示的图片的关键字。例如，在 Toolbar 控件中显示 ImageList 控件中的第 1 个图片，该图片在 ImageList 控件中的关键字为 New，因此需要在 Toolbar 控件"属性页"对话框的"图像"文本框中输入关键字 New，单击"应用"按钮，即可在该按钮上显示出对应的图片，如图 10.15 所示。

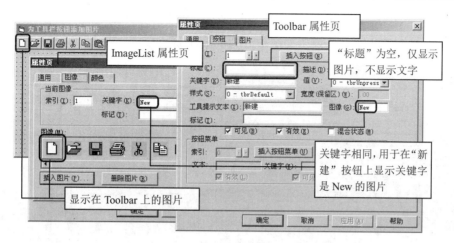

图 10.15　为工具栏按钮添加图片

（6）重复步骤（5），直至图片全部添加完成。

10.5.4　为工具栏按钮设置分组

将一类功能的按钮划分为一组，可以方便用户的操作。其设置方法也比较简单，只需通过设置Toolbar 控件的按钮样式即可。在设置工具栏按钮样式时，应用到了 Toolbar 控件的 Button 对象的 Style属性，该属性的设置值如表 10.2 所示。

表 10.2　Toolbar 控件的 Button 对象的 Style 属性设置值

值	常　　数	描　　述
0	tbrDefault	一般按钮。如果按钮代表的功能不依赖于其他功能，可以选择它
1	tbrCheck	开关按钮。当按钮具有开关类型时，可以使用该样式
2	tbrButtonGroup	编组按钮。该按钮的功能是将按钮进行分组，属于同一组的编组按钮相邻排列。当一组按钮的功能相互排斥时，可以使用该样式。编组按钮同时也是开关按钮，即同一组的按钮中只允许一个按钮处于按下状态，但所有按钮可能同时处于弹起状态
3	tbrSeparator	分隔按钮。分隔按钮只是创建一个宽度为 8 像素的按钮，此外没有任何功能。分隔按钮不在工具栏中显示，而只是用来把它左右的按钮分隔开来，或者用来封闭 ButtonGroup 样式的按钮。工具栏中的按钮本来是无间隔排列的，使用分隔按钮可以让同类或同组的按钮并列排放而与邻近组分开
4	tbrPlaceholder	占位按钮。占位按钮在工具栏中占据一定的位置，也不在工具栏中显示。占位按钮是唯一支持宽度（Width）属性的按钮
5	tbrdropdown	下拉按钮。单击它可以打开一个下拉菜单

该属性的设置也可以通过在"属性页"对话框中选择"按钮"选项卡，在"样式"下拉列表框中选择相应的属性值来实现。

【例 10.11】　为工具栏按钮设置分组。在此通过设置 Toolbar 控件的按钮样式来为工具栏按钮设置分组。在"属性页"对话框中，选择"按钮"选项卡，设置"样式"下拉列表框中的样式为 3，即可实现分隔按钮的效果。其中，由于工具栏控件的样式不同（有标准工具栏 tbrStandard 和扁平工具栏 tbrFlat 两种），其分隔按钮的样式也不同，效果如图 10.16 所示。（实例位置：光盘\TM\sl\10\11）

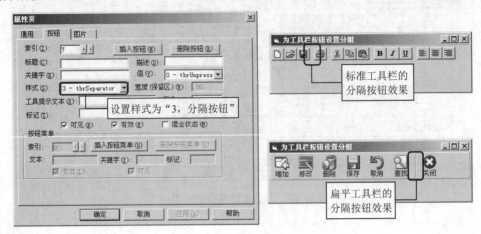

图 10.16　为工具栏按钮设置分组

10.5.5　为工具栏添加下拉菜单

在使用工具栏时，还会遇到另一种形式的工具栏按钮，即下拉按钮。通过下拉按钮可以将一类按钮都归为下拉菜单的形式，以避免将多个按钮都放置在工具栏上而导致工具栏杂乱无章问题。

【例 10.12】为工具栏添加下拉菜单。在工具栏中添加下拉菜单的方法很简单，不用编写任何代码，只需在 Toolbar 控件的"属性页"对话框中进行设置即可。（实例位置：光盘\TM\sl\10\12）

实现的具体方法如下：

（1）右击 Toolbar 控件，在弹出的快捷菜单中选择"属性"命令，在弹出的"属性页"对话框中选择"按钮"选项卡。

（2）单击"索引"旁边的箭头按钮，将索引移动到要添加下拉菜单的工具栏按钮上。在"样式"下拉列表框中选择"5-下拉按钮"。

（3）单击"按钮菜单"栏中的"插入按钮菜单"按钮，在该栏中将自动生成索引，输入按钮菜单的"文本"和"关键字"。

（4）重复步骤（3），直到添加完所需要的菜单为止。最后单击"确定"按钮，完成下拉菜单的创建。创建及演示的效果如图 10.17 所示。

说明

可以通过单击"删除按钮菜单"按钮删除已经创建的下拉菜单中的菜单项，也可以在下拉菜单中设置分隔条，设置的方法与在菜单编辑器中设置的方法类似。

运行时，单击工具栏中"查询"按钮右侧的下拉按钮，将弹出一个下拉菜单，单击其中的菜单项，即可执行相关的操作。

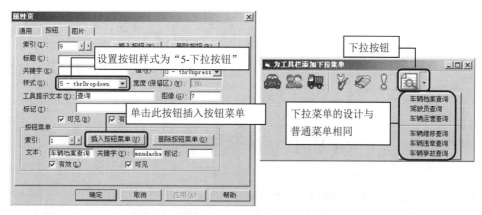

图 10.17　为工具栏添加下拉菜单

10.5.6　为工具栏按钮添加事件处理代码

ButtonClick 事件和 ButtonMenuClick 事件是工具栏最常用的两个事件。实际上，工具栏上的按钮是控件数组，单击工具栏上的按钮会触发 ButtonClick 事件或者 ButtonMenuClick 事件，其中主要利用数组的索引（Index 属性）或关键字（Key 属性）来识别被单击的按钮。

【例 10.13】　给工具栏按钮添加事件处理代码。如图 10.18 所示是一个简单的工具栏界面，其中应用到 Toolbar 控件的 ButtonClick 事件。在程序运行时，单击 Toolbar 上的按钮，利用 Select Case 语句块判断按钮的关键字（Key），进而判断单击的是哪个按钮，来实现相应的功能。（**实例位置：光盘\TM\sl\10\13**）

图 10.18　为工具栏按钮添加事件处理代码

程序代码如下：

```
Private Sub Toolbar1_ButtonClick(ByVal Button As MS ComctlLib.Button)
    Select Case Button.Key
        Case "add"
            '执行添加操作
        Case "modify"
            '执行修改操作
        Case "delete"
            '执行删除操作
        Case "save"
            '执行保存操作
        Case "cancel"
            '执行取消操作
        Case "find"
```

```
                '执行查找操作
            Case "close"
                '执行关闭操作
        End Select
End Sub
```

10.6　状态栏设计

📹 **视频讲解：光盘\TM\lx\10\状态栏设计.exe**

本节介绍什么是状态栏，以及在状态栏中显示日期、时间、操作员信息和鼠标位置。

10.6.1　状态栏概述

StatusBar 控件提供了窗体，该窗体通常位于父窗体的底部。通过这一窗体，应用程序能显示各种状态数据。StatusBar 最多能被分成 16 个 Panel 对象，这些对象包含在 Panels 集合中。

该控件是 ActiveX 控件，在使用前需要先将其添加到工具箱中。选择"工程"/"部件"命令，在弹出的对话框中选中 Microsoft Windows Common Controls 6.0（SP6）选项，即可将一组控件添加到工具箱中，如图 10.19 中鼠标所指的即为 StatusBar 控件。状态栏一般用于提示系统信息和操作提示，如系统日期、软件版本、键盘的状态等。

图 10.19　工具箱中的 StatusBar 控件

10.6.2　在状态栏中显示日期、时间

在状态栏中显示系统当前的日期、时间是状态栏控件比较常见的使用方式。下面通过例子来介绍其实现步骤。

【**例 10.14**】　在状态栏中显示日期、时间。一般有两种方法可以实现：一种是通过"属性页"对话框来设置；另一种则是通过代码进行设置。例如，要实现在第 1 个窗格中显示日期，在第 2 个窗格中显示时间。（**实例位置：光盘\TM\sl\10\14**）

1．通过"属性页"对话框设置

将 StatuBar 控件添加到窗体上，用鼠标右键单击该控件，在弹出的快捷菜单中选择"属性"命令，即可弹出"属性页"对话框。选择"窗格"选项卡，默认自动创建一个窗格。设置第 1 个窗格的"样式"为 6-sbrDate，显示当前系统的日期，其设置和显示效果如图 10.20 所示。

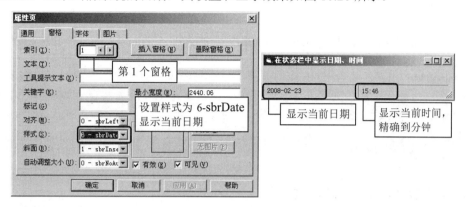

图 10.20　在状态栏中显示日期、时间

单击"插入窗格"按钮，插入一个窗格。设置第 2 个窗格的"样式"为 5-sbrTime，用于显示时间。最后，单击"确定"按钮。

2. 通过程序代码设置

另一种方法是通过程序代码来设置。在窗体中加入一个 Timer 控件，设置 Interval 属性为 60，然后添加如下代码。

```
Private Sub Timer1_Timer()                                        '显示系统时间、日期
    StatusBar1.Panels(1).Text = Format(Date, "YYYY-MM-DD")        '在第 1 个窗格中显示日期
    StatusBar1.Panels(2).Text = Format(Now, "hh:mm")             '在第 2 个窗格中显示时间
End Sub
```

10.6.3　在状态栏中显示操作员信息

在很多应用软件中都将操作员的姓名显示在状态栏中，下面通过实例来介绍其实现方法。

【例 10.15】　在状态栏中显示操作员的信息。在大多数软件的状态栏中，都具有显示系统登录操作员信息的功能。其实现原理为：用户在登录界面中输入用户名和密码，系统将用户名记录，将其赋值给主窗体状态栏的对应窗格，当主窗体显示时，即可在状态栏中显示出当前操作员的信息。（**实例位置：光盘\TM\sl\10\15**）

在本实例中，在"用户名"文本框中输入用户名，单击"登录"按钮进入到"在状态栏中显示操作员信息"窗体中，在状态栏中即可显示出当前操作员的信息，如图 10.21 所示。

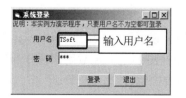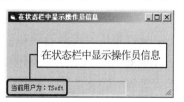

图 10.21　在状态栏中显示操作员信息

程序代码如下：

```
Private Sub Command1_Click()
    If Text1.Text <> "" Then                                          '如果用户名不为空
        Form2.StatusBar1.Panels(1).Text = "当前用户为：" & Text1.Text    '将用户名赋值到状态栏中
        Form2.Show                                                    '显示窗体2
        Unload Me                                                     '关闭登录窗体
    Else                                                              '如果用户名为空
        MsgBox "请输入用户名！ ", vbCritical, "信息提示"                 '输出提示信息
    End If
End Sub
```

10.6.4 在状态栏中显示鼠标位置

在一些绘图软件中，如 Windows 中的画图软件等，都可以在底部的状态栏中显示当前鼠标的位置，以方便用户的使用。

【例 10.16】 在状态栏中显示鼠标位置。利用窗体的 Mouse Move 事件，可以获取鼠标在当前位置的坐标，将其赋值给状态栏的窗格，就可以实现在状态栏中显示鼠标位置的效果，如图 10.22 所示。（实例位置：光盘\TM\sl\10\16）

图 10.22 在状态栏中显示鼠标的位置

程序代码如下：

```
Private Sub Form_MouseMove(Button As Integer, Shift As Integer, X As Single, Y As Single)
    StatusBar1.Panels(1).Text = " 当前鼠标的位置： " & X & "," & Y          '显示鼠标位置
End Sub
```

10.7 小 结

本章介绍了菜单、工具栏和状态栏的设计和使用，读者可以使用它们来强化界面的设计。将本章的内容和标准控件及 ActiveX 控件结合起来就可以设计出满足大多数用户需要的应用程序界面。读者在学习过程中结合本章中实例，融会贯通，就能轻松设计实现自己的菜单、工具栏和状态栏。

10.8　练习与实践

1. 设计一个生产管理系统的菜单，其主要设置参数如图 10.23 所示。（答案位置：光盘\TM\sl\10\17）

标题	名称	索引	标题	名称	索引
基础信息管理	Jcxx		产品库存管理	Kcgl	
……产品基础信息	menu1	0	……产品完工入库	menu4	0
……物料基本信息	menu1	1	……产品入库查询	menu4	1
……-	menu1	2	……-	menu4	2
……设备状态设置	menu1	3	……物料入库	menu4	3
……设备类型设置	menu1	4	……物料入库查询	menu4	4
计划信息管理	Jhgl		……-	menu4	5
……生产计划单管理	menu2	0	……生产领料	menu4	6
……生产计划单查询	menu2	1	……生产领料查询	menu4	7
……-	menu2	2	……-	menu4	8
……物料需求计划	menu2	3	……物料库存信息查询	menu4	9
生产设备管理	Sbgl		系统维护	Xtwh	
……生产设备档案	menu3	0	……密码修改	menu5	0
……生产设备查询	menu3	1	……操作权限设置	menu5	1
……-	menu3	2	……-	menu5	2
……生产设备报废	menu3	3	……数据备份与恢复	menu5	3
……生产设备报废查询	menu3	4	帮助信息	Bzxx	
……-	menu3	5	……关于	menu6	0
……生产设备维修	menu3	6	……-	menu6	1
……生产设备维修查询	menu3	7	……帮助	menu6	2

图 10.23　生产管理系统菜单

2. 设计一个工具栏，最终效果如图 10.24 所示。当用户单击某个按钮时，弹出单击了某个按钮的提示对话框。其中需要的图片到光盘对应路径下查找。（答案位置：光盘\TM\sl\10\18）

图 10.24　设计工具栏

3. 设计一个状态栏，最终效果如图 10.25 所示，其中显示了网址、操作员和日期时间信息。（答案位置：光盘\TM\sl\10\19）

图 10.25　设计状态栏

第11章

对话框

（ 📹 视频讲解：40分钟 ）

对话框是程序与用户进行交互的主要途径，在应用程序中会经常用到，如输入对话框、打开和保存对话框、消息对话框等。这些对话框既可以输入信息也可以显示信息，在应用程序中扮演着非常重要的角色。本章将针对对话框的相关内容，结合具体实例进行讲解。

通过阅读本章，您可以：

▶▶ 学会如何打开输入对话框

▶▶ 掌握输入对话框的使用方法

▶▶ 学会如何调用消息对话框

▶▶ 掌握如何对消息对话框进行设置

▶▶ 掌握消息对话框的返回值

▶▶ 学会如何调用"打开"对话框

▶▶ 学会如何调用"另存为"对话框

▶▶ 学会如何调用"颜色"对话框

▶▶ 学会如何调用"字体"对话框

▶▶ 学会如何调用"打印"对话框

▶▶ 学会如何调用"帮助"对话框

11.1 输入对话框（InputBox）

📺 **视频讲解：光盘\TM\lx\11\设计输入对话框.exe**

输入对话框返回一个输入值，用于输入数据或查找数据。在 VB 编程中可以使用 InputBox 函数弹出一个输入对话框，InputBox 函数的语法格式如下：

InputBox[$](提示 [,标题][,默认值][,x 坐标,y 坐标])

InputBox 函数语法中的参数及其说明如表 11.1 所示。

表 11.1 InputBox 函数参数说明

参　　数	说　　明
[$]	当该参数存在时，返回的是字符型数据；当该参数不存在时，返回的是变体型数据
提示	一个字符串表达式，用于提示用户输入的信息内容。该参数可以显示单行文字，也可以显示多行文字，但必须在行文字的末尾加上回车符 Chr(13) 和换行符 Chr(10) 或使用 vbCrlf 语句换行
[标题]	一个字符串表达式，该参数用于设置输入对话框标题栏中的标题。该参数是可选项，省略时，标题将使用工程名
[默认值]	可选项，用来在输入对话框的输入文本框中显示一个默认值
[x 坐标，y 坐标]	表示对话框（左上角）在屏幕上出现的位置。如果省略此参数，则对话框出现在屏幕的中央

📢 **注意**

使用 InpputBox 函数时应注意以下几点：

（1）在默认情况下，InputBox 函数用于返回字符串型的值。如果要返回数值型数据，须将返回值使用 Val 函数转换为数值型（其他字段类型与此相同）。如果声明了返回值的变量类型，则可不必进行类型转换。

（2）在使用输入对话框输入数据后，单击"确定"按钮（或按 Enter 键），返回输入值；单击"取消"按钮（或按 Esc 键），返回一个空字符串。

【例 11.1】 通过输入对话框输入信息，并将其显示在窗体上。程序运行效果如图 11.1 所示。（**实例位置：光盘\TM\sl\11\1**）

图 11.1 使用输入对话框

程序代码如下：

```
Dim str As String                                          '定义字符串变量
Dim stu As String                                          '定义字符串变量
```

```
Private Sub Command1_Click()
    str = "请输入学生姓名" + vbCrLf + "然后按回车键或单击"确定"按钮"        '设置提示内容
    stu = InputBox(str, "姓名输入框", , 2000, 3000)                         '返回输入值
    Print stu                                                                '打印输入值
End Sub
```

11.2　消息对话框（MsgBox）

　视频讲解：光盘\TM\lx\11\设计消息对话框.exe

消息对话框主要用于显示提示信息，等待用户单击按钮，并返回一个值，告诉应用程序用户单击的是哪个按钮并执行了什么操作。例如，当用户关闭应用程序时会弹出一个"是否确定退出程序"的提示对话框，包括"是"和"否"两个按钮供用户选择，然后根据用户的选择确定后面的操作。

消息对话框通过 MsgBox 函数进行调用，该函数的格式如下：

MsgBox(prompt[, buttons] [, title] [, helpfile, context])

MsgBox 函数语法中的参数及其说明如表 11.2 所示。

表 11.2　MsgBox 函数参数说明

参　　数	说　　明
prompt	必需的参数。字符串表达式，作为显示在对话框中的消息。prompt 的最大长度大约为 1024 个字符，由所用字符的宽度决定。如果 prompt 的内容超过一行，则可以在每一行之间用回车符（Chr(13)）、换行符（Chr(10)）或是回车与换行符的组合（Chr(13)&Chr(10)）将各行分隔开来
buttons	可选的参数。数值表达式是值的总和，指定显示按钮的数目及形式、使用的图标样式、默认按钮是什么及消息框的强制回应等。如果省略，则 buttons 的默认值为 0
title	可选的参数。在对话框标题栏中显示的字符串表达式。如果省略 title，则将应用程序名放在标题栏中
helpfile	可选的参数。字符串表达式，用于识别向对话框提供上下文相关帮助的帮助文件。如果提供了 helpfile，则必须提供 context
context	可选的参数。数值表达式，由帮助文件的作者指定给适当的帮助主题的帮助上下文编号。如果提供了 context，则必须提供 helpfile

其中 buttons 参数的设置值如表 11.3 所示。

表 11.3　buttons 参数设置值

常　　数	值	说　　明
vbOKOnly	0	在对话框中只显示"确定"按钮
vbOKCancel	1	在对话框中显示"确定"和"取消"两个按钮
vbAbortRetryIgnore	2	在对话框中显示"终止（A）"、"重试（R）"和"忽略（I）"3 个按钮
vbYesNoCancel	3	在对话框中显示"是（Y）"、"否（N）"和"取消"按钮
vbYesNo	4	在对话框中显示"是（Y）"和"否（N）"两个按钮
vbRetryCancel	5	在对话框中显示"重试（R）"和"取消"两个按钮
vbCritical	16	在对话框中显示严重错误图标☒并伴有声音

续表

常　　数	值	说　　明
vbQuestion	32	在对话框中显示询问图标❓并伴有声音
vbExclamation	48	在对话框中显示警告图标⚠并伴有声音
vbInformation	64	在对话框中显示消息图标ℹ并伴有声音
vbDefaultButton1	0	第 1 个按钮是默认值
vbDefaultButton2	256	第 2 个按钮是默认值
vbDefaultButton3	512	第 3 个按钮是默认值
vbDefaultButton4	768	第 4 个按钮是默认值
vbApplicationModal	0	应用程序强制返回；应用程序一直被挂起，直到用户对消息框作出响应才继续工作
vbSystemModal	4096	系统强制返回；全部应用程序都被挂起，直到用户对消息框作出响应才继续工作
vbMsgBoxHelpButton	16384	将 Help 按钮添加到消息框
vbMsgBoxSetForeground	65536	指定消息框窗口作为前景窗口
vbMsgBoxRight	524288	文本为右对齐
vbMsgBoxRtlReading	1048576	指定文本为希伯来和阿拉伯语系中的从右到左显示

说明

　　第 1 组值（0～5）描述了对话框中显示的按钮的类型与数目；第 2 组值（16、32、48 和 64）描述了图标的样式；第 3 组值（0、256、512 和 768）说明哪一个按钮是默认值；而第 4 组值（0 和 4096）则决定消息框的强制返回性。将这些数字相加以生成 buttons 参数值时，每组值只能取用一个数值。例如 1+48+0=49，表示在消息框中显示"确定"和"取消"两个按钮，显示"!"图标，默认按钮为第一个按钮，即"确定"按钮。也可以使用常数值相加的样式表示 buttons 参数值。例如，vbOKCancel+vbQuestion 表示在消息框中显示"确定"和"取消"两个按钮并显示"?"图标。

　　在弹出的消息框中选择相应的按钮后，系统将根据该按钮返回一个值给程序，然后根据这个值选择下面的操作，MsgBox 函数返回值如表 11.4 所示。

表 11.4　MsgBox 函数返回值

操　　作	返　回　值	常　　数
单击"确定"按钮	1	vbOK
单击"取消"按钮	2	vbCancel
单击"终止"按钮	3	vbAbort
单击"重试"按钮	4	vbRetry
单击"忽略"按钮	5	vbIgnore
单击"是"按钮	6	vbYes
单击"否"按钮	7	vbNo

　　【例 11.2】 本实例通过 MsgBox 函数调用消息对话框。当程序运行时，单击窗体上的"退出程序"按钮，提示消息框；单击"是"按钮，退出程序；单击"否"按钮继续执行程序，并将返回值显示在

窗体上；单击"取消"按钮，取消操作，并将返回值显示在窗体上。提示的消息框如图 11.2 所示。（**实例位置：光盘\TM\sl\11\2**）

图 11.2　消息对话框

程序代码如下：

```
Dim N1 As Integer                                    '定义整型变量存放返回值
Private Sub Command1_Click()
    N1 = MsgBox("确认退出程序？", 67, "提示信息")      '提示消息对话框
    If N1 = vbNo Then                                '如果单击"否"按钮
        Print "选择"否"的返回值为：" & N1            '在窗体上输出返回值
    ElseIf N1 = vbYes Then                           '如果单击"是"按钮
        End                                          '退出程序
    ElseIf N1 = vbCancel Then                        '如果单击"取消"按钮
        MsgBox "操作已经被取消！", 64, "提示信息"      '提示信息
        Print "选择"取消"的返回值为：" & N1          '在窗体上输出返回值
    End If
End Sub
```

11.3　公用对话框

视频讲解：光盘\TM\lx\11\公用对话框应用.exe

在应用程序中经常会用到一些公用对话框，例如打开文件和保存文件、打印和设置字体等操作对应的对话框，使用这些标准对话框可以减轻编程工作量。

11.3.1　公用对话框概述

VB 的 CommonDialog 控件提供了一组基于 Windows 的标准对话框。用户可以通过此控件在窗体上创建 6 种标准对话框，分别为"打开"对话框（Open）、"另存为"对话框、"颜色"对话框（Color）、"字体"对话框（Font）、"打印"对话框（Printer）和"帮助"对话框（Help）。

这几种常见的公用对话框的功能说明如表 11.5 所示。

表 11.5　公用对话框

对　话　框	描　　　述
"打开"对话框	选取要打开文件的文件名和路径
"另存为"对话框	指定保存信息的文件名和路径，通常用于保存文件
"颜色"对话框	在程序中从标准色中选取或创建要使用的颜色

续表

对 话 框	描 述
"字体"对话框	选取基本字体及设置想要的字体属性
"打印"对话框	选取打印机同时设置一些打印参数
"帮助"对话框	与自制或原有的帮助文件取得连接

　　CommonDialog 控件属于 ActiveX 控件，使用前需要先将其添加到工具箱中。添加方法为：选择"工程"/"部件"命令，在弹出的"部件"对话框中选择 Microsoft Common Dialog Control 6.0（SP3）选项，单击"确定"按钮，如图 11.3 所示，即可将 CommonDialog 控件添加到工具箱中。添加到工具箱中的 CommonDialog 控件如图 11.4 所示。

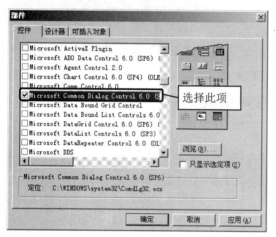

图 11.3　部件对话框

图 11.4　添加到工具箱中的 CommonDialog 控件

 说明

　　CommonDialog 控件添加到工具箱中后，就可以像使用标准控件一样将其添加到窗体中进行使用了。在程序运行时，该控件隐藏不显示。

　　然后通过编程即可实现相应的对话框功能。下面介绍 Action 属性和 Show 方法。

（1）Action 属性

该属性指定打开何种类型的对话框。各属性值对应打开的对话框如下。

☑　0：无对话框打开。

☑　1："打开"对话框。

☑　2："另存为"对话框。

☑　3："颜色"对话框。

☑　4："字体"对话框。

☑　5："打印"对话框。

☑　6："帮助"对话框。

该属性不能通过属性窗口进行设置，只能在程序中赋值。

（2）Show 方法

使用 Show 方法同样可以调用公用对话框。

- ☑ ShowOpen 方法："打开"对话框。
- ☑ ShowSave 方法："另存为"对话框。
- ☑ ShowColor 方法："颜色"对话框。
- ☑ ShowFont 方法："字体"对话框。
- ☑ ShowPrinter 方法："打印"对话框。
- ☑ ShowHelp 方法："帮助"对话框。

11.3.2　"打开"对话框

"打开"对话框在应用程序中经常用到，主要用于选择要打开的文件。"打开"对话框如图 11.5 所示。

图 11.5　"打开"对话框

将 CommonDialog 控件的 Action 属性设置为 1，或利用该控件的 ShowOpen 方法，都可调用"打开"对话框。此时的"打开"对话框并不能真正打开一个文件，它仅提供一个打开文件的用户界面，供用户选择要打开的文件，真正打开文件的工作要在后面通过编程来实现。

要用"打开"对话框打开一个文件，还要对下面的属性进行设置。

（1）FileName 属性

该属性用于设置"文件名"组合框中所显示的文件名。在程序执行时，用户用鼠标选中某个文件，其文件名就会被显示在"文件名"组合框中。用此文件名为 FileName 属性赋值，将得到一个包含路径名和文件名的字符串。

（2）FileTitle 属性

该属性用于返回或设置用户所要打开文件的文件名，不包含路径。当用户在对话框中选中要打开的文件时，系统自动将其文件名赋值给该属性。FileTitle 是不包含路径的文件名，FileName 是包含路径的文件名。

（3）Filter 属性

Filter 也称为过滤器，用于确定"打开"对话框文件列表框中所显示文件的类型。该属性值是由一组元素或用"｜"符号隔开的表示文件类型的字符串组成。该属性显示在"打开"对话框的"文件类型"下拉列表框中。例如，要在"文件类型"下拉列表框中显示 3 种文件类型（扩展名为 DOC 的 Word 文件、扩展名为 TXT 的文本文件、所有文件）以供用户选择，Filter 属性应设置为如下：

"文档(*.doc)|*.doc|TextFiles(*.txt)|*.txt|所有文件(*.*)|*.*"

下面通过实例介绍"打开"对话框的调用和使用方法。

【例 11.3】 通过调用"打开"对话框，获取文件的名称和所在路径，如图 11.6 所示。（**实例位置：光盘\TM\sl\11\3**）

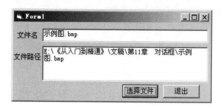

图 11.6 显示文件信息

程序代码如下：

```
Private Sub Command1_Click()
    CommonDialog1.Filter = "BMP 图片(*.BMP)|*.BMP|JPG 图片(*.JPG)|*.JPG|GIF 图片(*.GIF)|*.GIF|所有文件
(*.*)|*.*"                                          '设置文件格式
    CommonDialog1.Action = 1                        '设置调用"打开"对话框
    Text1.Text = CommonDialog1.FileTitle            '将选择的文件名赋给文本框
    Text2.Text = CommonDialog1.FileName             '将图片名及路径赋给文本框
End Sub
```

使用 ShowOpen 方法同样可以调用"打开"对话框，代码如下：

```
CommonDialog1.ShowOpen
```

可用此句代码替换实例 11.3 中的"CommonDialog1.Action = 1"来调用"打开"对话框。

11.3.3 "另存为"对话框

"另存为"对话框为存储文件提供了一个标准用户界面，用户需在该对话框中选择要存储文件的路径，才能将文件保存到指定的路径下。"另存为"对话框如图 11.7 所示。

下面介绍"另存为"对话框的调用方法。

将 CommonDialog 控件的 Action 属性设置为 2 或使用该控件的 ShowSave 方法，都可调用"另存为"对话框。此时的"另存为"对话框并不能真正存储文件，它仅提供一个存储文件路径的用户界面，供用户选择文件存储路径，真正的保存文件的工作要在后面通过编程来实现。

> **说明**
>
> "另存为"对话框标题栏上的标题可以通过 CommonDialog 控件的 DialogTitle 属性进行设置。例如将"另存为"改为"保存图片"，代码可写为"CommonDialog1.DialogTitle = "保存图片""。

【例 11.4】 本实例实现当程序运行时，在文本框内输入文字，单击窗体上的"另存为"按钮，打开"另存为"对话框，将文本框内的内容保存成纯文本文件。运行界面如图 11.8 所示。（**实例位置：光盘\TM\sl\11\4**）

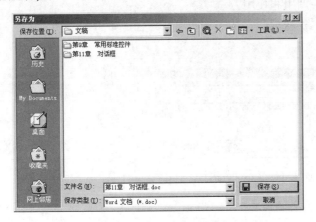

图 11.7 "另存为"对话框

图 11.8 使用"另存为"对话框

程序代码如下：

```
Private Sub Command1_Click()
    CommonDialog1.DialogTitle = "保存纯文本文件"          '指定对话框标题
    CommonDialog1.Filter = "文本文件|*.txt"               '设置文件格式
    CommonDialog1.InitDir = "E:\"                          '设置初始路径
    CommonDialog1.Action = 2                              '选择"另存为"对话框
    If CommonDialog1.FileName <> "" Then                  '如果输入了文件名
        Open CommonDialog1.FileName For Output As #1      '打开文件
        Print #1, Text1.Text                              '输入文本
        Close #1                                          '关闭文件
    End If
End Sub
```

另外，使用 ShowSave 方法也可以打开"另存为"对话框。代码如下：

```
CommonDialog1.ShowSave
```

11.3.4 "颜色"对话框

"颜色"对话框主要是供用户选择颜色，在应用软件中经常用到。通过将 CommonDialog 控件的 Action 属性值设置为 3 或使用 ShowColor 方法都可以调用"颜色"对话框。

在"颜色"对话框的调色板中提供了多种基本颜色，用户也可以自定义颜色。当用户在调色板中选中某颜色时，该颜色值将赋给 Color 属性。"颜色"对话框如图 11.9 所示。

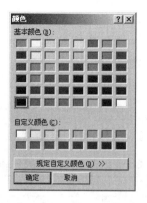

图 11.9 "颜色"对话框

【例 11.5】 通过调用"颜色"对话框，设置文本框中的字体颜色。（**实例位置：光盘\TM\sl\11\5**）
程序代码如下：

```
Private Sub Command1_Click()
    CommonDialog1.Action = 3                    '打开"颜色"对话框
    Text1.ForeColor = CommonDialog1.Color       '设置文本框前景颜色
End Sub
```

同样，可以使用 ShowColor 方法调用"颜色"对话框。代码如下：

```
CommonDialog1.ShowSave
```

11.3.5 "字体"对话框

"字体"对话框用于供用户选择字体，可以指定文字的字体、大小和样式等属性。通过将
CommonDialog 控件的 Action 属性值设置为 4，或使用 ShowFont 方法都可以调用"字体"对话框。"字
体"对话框如图 11.10 所示。

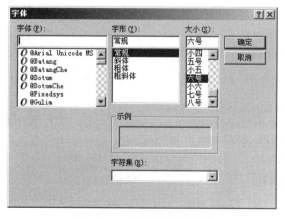

图 11.10 "字体"对话框

注意

在调用"字体"对话框前应先设置 Flags 属性，否则会产生不存在字体的错误，提示信息如图 11.11 所示。Flags 属性的设置值如表 11.6 所示。

图 11.11　未设置 Flags 属性时弹出的消息框

表 11.6　CommonDialog 控件的 Flags 属性值

常　　数	值	说　　明
cdlCFScreenFonts	1	使用屏幕字体
cdlCFPrinterFonts	2	使用打印机字体
cdlCFBoth	3	既可以使用屏幕字体，也可以使用打印机字体

【例 11.6】　调用"字体"对话框，对文本框中的文字进行字体设置。（**实例位置：光盘\TM\sl\11\6**）
程序代码如下：

```
Private Sub Command1_Click()
    CommonDialog1.Flags = 3                                          '设置 Flags 属性值
    CommonDialog1.Action = 4                                         '调用"字体"对话框
    '为字体赋值
    If CommonDialog1.FontName <> "" Then Text1.FontName = CommonDialog1.FontName
    Text1.FontSize = CommonDialog1.FontSize                          '为文本框字号赋值
    Text1.FontBold = CommonDialog1.FontBold                          '设置是否为粗体
    Text1.FontItalic = CommonDialog1.FontItalic                      '设置是否为斜体
End Sub
```

同样，可以使用 ShowFont 方法调用"字体"对话框。代码如下：

```
CommonDialog1.ShowFont
```

另外，通过设置 Flags 属性，可以调用带有"下划线"、"删除线"和"颜色"下拉列表框的"字体"对话框。代码如下：

```
CommonDialog1.Flags = cdlCFBoth Or cdlCFEffects
```

这时在对文本框字体进行赋值时就要加上这几种属性的赋值，代码如下：

```
Text1.FontStrikethru = CommonDialog1.FontStrikethru                  '设置删除线属性
Text1.FontUnderline = CommonDialog1.FontUnderline                    '设置下划线属性
Text1.ForeColor = CommonDialog1.Color                                '设置字体颜色
```

11.3.6　"打印"对话框

在打印文件时要用到"打印"对话框，在该对话框中可以设置打印方式。通过将 CommonDialog

控件的 Action 属性设置为 5 或使用 ShowPrinter 方法都可以调用"打印"对话框。调用的设置"打印"对话框并不能真正处理打印工作，仅是一个供用户设置打印参数的界面，设置的参数存储在 CommonDialog 控件的各属性中，再通过编程实现打印操作。"打印"对话框如图 11.12 所示。

图 11.12 "打印"对话框

注意

"打印"对话框中显示了当前安装的打印机信息，允许配置或重新安装默认打印机。

【例 11.7】 本实例实现调用"打印"对话框。当程序运行时单击窗体上的"打印"按钮，调出"打印"对话框。（实例位置：光盘\TM\sl\11\7）

程序代码如下：

```
Private Sub Command1_Click()
    CommonDialog1.Action = 5                        '调用"打印"对话框
End Sub
```

使用 ShowPrinter 方法调用"打印"对话框的代码如下：

```
CommonDialog1.ShowPrinter
```

11.3.7 "帮助"对话框

通过将 CommonDialog 控件的 Action 属性值设置为 6 或使用 ShowHelp 方法都可以调用"帮助"对话框。"帮助"对话框不能制作应用程序的帮助文件，只能用于提取指定的帮助文件。

说明

使用 CommonDialog 控件的 ShowHelp 方法调用"帮助"对话框前，应该先通过其 HelpFile 属性设置帮助文件（*.hlp）的名称和位置，并将 HelpCommand 属性设置为一个常数，否则将无法调用帮助文件。

【例 11.8】 本实例实现运行程序后单击窗体上的"帮助"按钮，打开一个指定的帮助文件。（**实例位置：光盘\TM\sl\11\8**）

程序代码如下：

```
Private Sub Command1_Click()
    CommonDialog1.HelpCommand = cdlHelpContents        '设置帮助类型属性
    CommonDialog1.HelpFile = "C:\windows\help\notepad.hlp"   '指定要打开的帮助文件
    CommonDialog1.ShowHelp                              '打开"帮助"对话框
End Sub
```

11.4 小 结

本章主要介绍了输入、输出对话框和公用对话框的相关知识。通过本章的学习，读者可以轻松地掌握输入、输出对话框的调用和设置方法，并能够掌握 6 种公用对话框的相关知识以及调用方法。

11.5 练习与实践

1. 设计一个小程序，调用"打开"对话框，获取一个纯文本文件的文件名和所在路径。（**答案位置：光盘\TM\sl\11\9**）

2. 设计一个小程序，用于对窗体上文本框内的文字进行字体和颜色的设置。（**答案位置：光盘\TM\sl\11\10**）

第 12 章

常用 ActiveX 控件

（ 📹 视频讲解：104 分钟 ）

所谓 ActiveX 控件，就是指扩展名为.ocx 的独立文件。其中包括各种版本 VB 提供的控件（例如 DataCombo、DataList 控件等）和仅在专业版和企业版中提供的控件（例如 ListView、Toolbar、Animation 和 Tabbed Dialog 控件），另外还有许多第三方提供的 ActiveX 控件。

本章针对添加 ActiveX 控件、注册 ActiveX 控件及常用 ActiveX 控件作了详尽的介绍，让您逐步体会 ActiveX 控件在实际编程中的应用。

通过阅读本章，您可以：

▶▶ 掌握添加 ActiveX 控件、删除 ActiveX 控件的方法

▶▶ 掌握手动注册 ActiveX 控件和编程注册 ActiveX 控件的方法

▶▶ 学会 ImageList 控件与其他控件的联合应用

▶▶ 掌握 ListView 控件几种显示数据的方法

▶▶ 掌握树状列表控件的重要属性及其在程序中的应用

▶▶ 灵活地运用选项卡、进度条和日期/时间选择控件

12.1　ActiveX 控件的使用

视频讲解：光盘\TM\lx\12\ActiveX 控件的使用.exe

本节主要介绍了在程序中如何加载和删除已有的 ActiveX 控件，以及对于从外界复制过来的 ActiveX 控件如何进行手动注册、编程注册和使用 REGSVR32.exe 工具注册。

12.1.1　添加 ActiveX 控件

所谓 ActiveX 控件，就是指扩展名为.ocx 的独立文件。其中包括 VB 提供的控件，还有许多第三方开发商提供的附加控件。这些 ActiveX 控件就像我们生活中假借的外物一样，可以帮助我们完成一些自身不能完成的工作。

将 ActiveX 控件和其他可加入的对象添加到工具箱中，即可在工程中使用它们。

注意

VB 的 ActiveX 控件是 32 位控件，而一些第三方开发商提供的 ActiveX 控件是 16 位控件，这样的控件不能在 VB 中使用。

下面介绍在工程中的工具箱中加入 ActiveX 控件，具体步骤如下：

（1）选择"工程"/"部件"命令，打开"部件"对话框，如图 12.1 所示。可以看到该对话框中列出了所有已经注册的可加入的对象、设计者和 ActiveX 控件。

技巧

在工具箱中单击鼠标右键，在弹出的快捷菜单中选择"部件"命令，也可以打开"部件"对话框。

（2）要在工具箱中加入 ActiveX 控件，需要选中该控件名称左边的复选框。

（3）单击"确定"按钮，关闭"部件"对话框。此时所有选择的 ActiveX 控件将出现在工具箱中。

如果要将 ActiveX 控件加入"部件"对话框，应单击"浏览"按钮，并找到扩展名为.ocx 的文件。这些文件通常安装在\Windows\System 或 System32 目录中，如图 12.2 所示。在将 ActiveX 控件加入可用控件列表框中时，VB 将自动在"部件"对话框中选中其名称前面的复选框。

说明

在众多控件名称中浏览已选择的 ActiveX 控件很困难，此时可以选中"只显示选定项"复选框，将已选择的 ActiveX 控件显示出来，以方便查看。

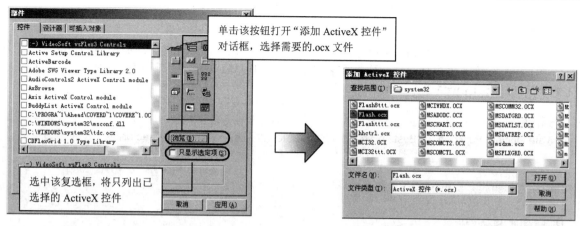

图 12.1　"部件"对话框　　　　　　　　　图 12.2　"添加 ActiveX 控件"对话框

12.1.2　删除 ActiveX 控件

删除 ActiveX 控件就是从工具箱中将选定的 ActiveX 控件删除。具体方法是：打开"部件"对话框，取消选中 ActiveX 控件名称前的复选框（这里要确保该 ActiveX 控件没被使用，否则将无法从工具箱中将其删除）。

12.1.3　注册 ActiveX 控件

作为 ActiveX 控件，在能够被任何 Windows 程序（包括 VB 程序）识别或者使用之前，外接程序必须被正确地注册到系统注册表中。在外接程序的编译过程中 VB 会自动将其注册到系统中，但是如果从外界复制 ActiveX 控件到本系统中使用，则用户必须在使用之前将其注册到该系统中。

注册 ActiveX 控件的方法主要有 3 种，下面分别介绍。

1．手动注册

选择"开始"/"运行"命令，如图 12.3 所示，打开"运行"对话框。在"打开"文本框中输入"regsvr32 C:\WINDOWS\system32*.ocx"。

例如，注册 Flash.ocx 控件，在"打开"文本框中输入"regsvr32 C:\WINDOWS\system32\flash.ocx"，如图 12.4 所示。

图 12.3　选择"运行"命令　　　　　图 12.4　在"运行"对话框中输入注册命令

单击"确定"按钮，弹出注册成功的提示对话框，表示 Flash 控件注册成功。

2. 编写程序自动注册

【例 12.1】 手动注册有时操作起来比较麻烦，下面编写程序，实现自动注册所需的 ActiveX 控件。新建一个工程，在该工程中会自动创建一个名为 Form1 的窗体，切换到代码窗口，编写如下代码。（实例位置：光盘\TM\sl\12\1）

```
Option Explicit
Private Declare Function GetSystemDirectory Lib "kernel32" Alias "GetSystemDirectoryA" ( _
                                            ByVal lpBuffer As String, _
                                            ByVal nSize As Long) As Long

Private Const max_path = 260
Private Const max_path1 = 261
Dim sysdir As String

Private Sub Form_Activate()
    On Error GoTo orroelink
    Dim retval, retval1, retval2
    Dim chrlen As Long
    Dim windir As String, MYPATH As String, a1 As String, a2 As String
    '获取系统路径
    sysdir = Space(max_path)
    chrlen = GetSystemDirectory(sysdir, max_path)
    If chrlen > max_path Then chrlen = GetSystemDirectory(sysdir, chrlen)
    sysdir = Left(sysdir, chrlen)
    '开启 Scrrun.dll
    Shell ("regsvr32 /s " & sysdir & "\Scrrun.dll 开启")
    '判断系统中是否存在 ActiveX 控件
    a1 = Dir(sysdir & "\Flash.ocx")
    If a1 = "" Then
        '复制并注册 ActiveX 控件
        FileCopy App.Path & "\link\Flash.ocx", sysdir & "\Flash.ocx"
        Shell ("regsvr32 /s " & sysdir & "\flash.ocx")
    End If
    a2 = Dir(sysdir & "\MCI32.OCX")
    If a2 = "" Then
        '复制并注册 ActiveX 控件
        FileCopy App.Path & "\link\MCI32.OCX", sysdir & "\MCI32.OCX"
        Shell ("regsvr32 /s " & sysdir & "\MCI32.OCX")
    End If
    Exit Sub
orroelink:
    MsgBox Err.Description, vbOKOnly, "提示信息"
End Sub
```

按 F5 键运行程序，便可自动注册 ActiveX 控件。

3. 使用 REGSVR32.exe 工具注册

在 VB 6.0 安装盘的 REGUTILS 目录下有 3 个可用于注册 OLE 控件及其 DLL 的工具，即 REGIT.EXE、

REGOCX32.EXE 和 REGSVR32.EXE。

- ☑ REGSVR32.EXE 用于注册 OLE Server，包括 OLE 控件的 DLL。
- ☑ REGOCX32.EXE 专用于注册 OCX 控件。
- ☑ REGIT.EXE 用于一次注册多个 OLE Server。

12.2　图像列表控件（ImageList）

📹 视频讲解：光盘\TM\lx\12\图像列表控件（ImageList）.exe

图像列表控件（ImageList）用于提供一些图像，类似于图像库，与其他控件关联应用。下面就认识一下 ImageList 控件，学习如何向 ImageList 控件中添加图像和使用屏蔽颜色。

12.2.1　认识 ImageList 控件

图像列表控件（ImageList）位于"部件"对话框的 Microsoft Windows Common Controls 6.0（SP6）选项中，其添加到工具箱中的图标为⬚。

它的作用有些像图像的储藏室，需要第 2 个控件显示它所储存的图像。第 2 个控件可以是任何能显示图像 Picture 对象的控件，也可以是特别设计的、用于关联 ImageList 控件的 Windows 通用控件之一。这些控件包括 ListView、Toolbar、TabStrip、Header、ImageCombo 和 TreeView 等。为了与这些控件一同使用 ImageList，必须通过一个适当的属性将特定的 ImageList 控件关联到第 2 个控件。对于 ListView 控件，必须设置其 Icons 和 SmallIcons 属性为 ImageList 控件。对于 TreeView、TabStrip、ImageCombo 和 Toolbar 控件，必须设置 ImageList 属性为 ImageList 控件。

12.2.2　添加图像

向 ImageList 控件中添加图像有两种方法：一是设计时通过"属性页"对话框添加图像；二是编写代码添加图像。

1．设计时添加图像

要在设计时添加图像，可以通过 ImageList 控件的"属性页"对话框来实现。具体步骤如下：

（1）在窗体上添加一个 ImageList 控件，右击它，在弹出的快捷菜单中选择"属性"命令，打开"属性页"对话框。

（2）选择"通用"选项卡，在此设置图像的大小和是否使用屏蔽颜色。如果使用屏蔽颜色，则图像可以透明。图像的大小可以选择，也可以自定义，如使用 32×32，选中 32×32 复选框即可。

📢 注意

　　一定要先设置图像的尺寸，然后再添加图像到 ImageList 控件中，否则如果图像尺寸不合适，就得将添加进来的图像全部删除，然后重新设置图像的尺寸。这样很麻烦，尤其图像较多时，笔者就遇到过这样的问题。

（3）选择"图像"选项卡，如图 12.5 所示。

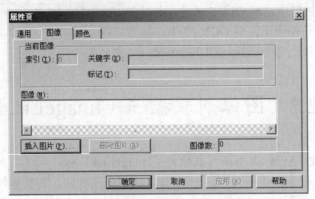

图 12.5 "图像"选项卡

（4）单击"插入图片"按钮，打开"选择图片"对话框，从中查找位图或图标文件，选中后单击"打开"按钮。

（5）在"关键字"文本框中输入一个字符串，为 Key 属性设置一个唯一的属性值。

（6）在"标记"文本框中输入一个字符串，为 Tag 属性设置属性值，该项是可选的。另外，Tag 属性不必唯一。

（7）重复步骤（4）～（6），直到在 ImageList 控件中填充了全部想要的图像。

2．编写代码添加图像

要在程序运行时，编写代码添加图像到 ImageList 控件中，可以使用 LoadPicture 函数，并结合 ListImages 集合的 Add 方法。

【例 12.2】 窗体载入时，将名为 ImageList1 的 ImageList 控件和一个图标一起加载。（实例位置：光盘\TM\sl\12\2）

代码如下：

```
Private Sub Form_Load()
    '如果路径是正确的，那么 5.ico 图标将被添加到 ListImages 集合中。为 Key 属性分配的属性值是工资 gz
    ImageList1.ListImages.Add , "gz", LoadPicture(App.Path & "\工具栏图标\5.ico")
End Sub
```

为了验证该图标确实被添加到了 ImageList 控件中，编写如下代码，将该图标文件作为窗体的图标显示出来。

```
Set Form1.Icon = ImageList1.ListImages(1).Picture
```

下面给出运行前后的效果，如图 12.6 和图 12.7 所示。

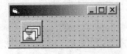

图 12.6 设计时效果

图 12.7 运行时效果

12.2.3 与其他控件关联

1. 与 Windows 公用控件关联

可以利用下列控件的属性来使用 ImageList 控件提供的图像，如表 12.1 所示。

表 12.1 可以设置 ImageList 图像的控件的属性

控 件	可设置为 ImageList 图像的属性
ImageCombo 控件	ComboItemImage、OverlayImage 和 SelImage 属性
ListView 控件	ListItemSmallIcon 和 Icon 属性
TreeView 控件	NodeImage 和 SelectedImage 属性
Toolbar 控件	ButtonImage、ButtonHotImageList 和 ButtonDisabledImageList 属性
TabStrip 控件	TabImage 属性

说明

有关和 TreeView、ListView、Toolbar 控件一起使用的 ImageList 的实例，可参阅这些控件的应用方案。

要和上述控件一起使用 ImageList，必须首先将 ImageList 和这些控件关联起来，然后为表 12.1 所列的某一种属性指定 Key 或 Index 属性值。可以在设计或运行时进行这些工作。除了 ListView 控件（在本主题中讨论）外，所有 Windows 公用控件都具有一个 ImageList 属性，该属性可以设置为正在使用的 ImageList 控件名。

注意

通常在将 ImageList 控件和其他控件关联之前，将需要的图像添加到 ImageList 控件中。一旦将 ImageList 和某个控件关联起来并将某个图像分配给控件的属性后，ImageList 控件就不允许添加其他的图像了。

【例 12.3】 将 ImageList 控件和 TreeView、TabStrip 或 Toolbar 控件关联。（实例位置：光盘\TM\sl\12\3）

具体步骤如下：

（1）在使用 ImageList 控件中图像的控件上右击，在弹出的快捷菜单中选择"属性"命令，打开"属性页"对话框。

（2）选择"通用"选项卡，在 ImageList 下拉列表框中选择 ImageList 控件的名称。

如果要在运行时关联 ImageList 控件，例如将 TreeView 控件与 ImageList 控件关联，代码如下：

```
Set TreeView1.ImageList = ImageList1              '将 TreeView 控件与 ImageList 控件关联
```

将 ImageList 控件和其他控件关联后，可以使用 ImageList 控件中图像的 Key 或 Index 属性来设置各种对象的属性。例如，下面的代码将 TreeView 控件中 Node 对象的 Image 属性设置成 Key 属性为 yg 的 ImageList 图像。

```
Private Sub Form_Load()
    Set TreeView1.ImageList = ImageList1          '将 TreeView 控件与 ImageList 控件关联
    TreeView1.Nodes.Add , , "a1", "员工 1", "yg"   '添加一个节点并设置其 Image 属性
End Sub
```

按 F5 键运行程序，结果如图 12.8 所示。

图 12.8　ImageList 控件与 TreeView 控件关联

2．与 ListView 控件关联

ListView 控件可以同时使用两个 ImageList 控件，原因是 ListView 控件具有 Icons 和 SmallIcons 两个属性，每个属性都可以和一个 ImageList 控件关联。可以在设计时或运行时设置这些关联。

在设计时将 ListView 控件和两个 ImageList 控件关联，具体步骤如下：

（1）在 ListView 控件上右击，在弹出的快捷菜单中选择"属性"命令，打开"属性页"对话框。

（2）选择"图像列表"选项卡，在"普通"下拉列表框中选择一个 ImageList 控件的名称。

（3）在"小图标"下拉列表框中，选择另一个 ImageList 控件的名称。

【例 12.4】　在程序运行时，也可以将 ImageList 控件与 ListView 控件关联。（实例位置：光盘\TM\sl\12\4）

代码如下：

```
Set ListView1.SmallIcons = ImageList1    '第一个 ImageList 的名称是"ImageList1"
Set ListView1.Icons = ImageList2         '第二个的名称是"ImageList2"
```

所使用的 ListView 控件取决于 ListView 控件的 View 属性中所决定的显示模式。如果 ListView 控件是在"图标"视图下，那么它将使用 Icons 属性中命名的 ImageList 控件所提供的图像。在其他视图（"列表"、"报表"或"小图标"）中，ListView 控件使用 SmallIcons 属性中命名的 ImageList 控件所提供的图像。

说明

有关详细的 ListView 控件的应用，可参见 12.3 节。

3．与不是 Windows 公用控件的控件关联

还可以把 ImageList 控件用作具有 Picture 属性的对象的图像库。这些对象包括 CommandButton 控件、OptionButton 控件、Image 控件、PictureBox 控件、CheckBox 控件、Form 对象和 Panel 对象（StatusBar 控件）。

ListImage 对象的 Picture 属性返回一个 Picture 对象，该对象可以用来分配给其他控件的 Picture 属性。例如，下面的代码将在名为 Picture1 的 PictureBox 控件中显示第 2 个 ListImage 对象。

```
Set Picture1.Picture = ImageList1.ListImages(2).Picture
```

12.2.4　创建组合图像

可以使用 ImageList 控件来创建组合图像（图片对象），这个组合图像是由两个图像通过使用 Overlay 方法结合 MaskColor 属性合成的。例如，如果有一个"不允许操作"的图像（一个圆中间有一个对角斜杠），那么可以把这个图像放在其他图像的上面，如图 12.9 所示，这样便形成了组合效果。

这样的效果需要使用 Overlay 方法。该方法中有两个参数：第一个参数指定了下面的图像；第二个参数指定了覆盖在第一个图像上的图像。两个参数都可以是 ListImage 对象的 Index 或 Key 属性。

【例 12.5】　实现图 12.9 所示组合后的效果，需要编写如下代码。（**实例位置：光盘\TM\sl\12\5**）

```
Private Sub Form_Load()
    ImageList1.MaskColor = vbGreen              '设置屏蔽颜色为绿色
    Set Picture1.Picture = ImageList1.Overlay(2, 1)   '将组合的图像通过 Picture 控件显示出来
End Sub
```

也可以使用图像的 Key 属性，代码如下：

```
'第一个图像的 Key 值是"no"，第二个图像的 Key 值是"box"
Set Picture1.Picture = ImageList1.Overlay("box","no")
```

按 F5 键运行程序，结果如图 12.10 所示。

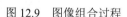

图 12.9　图像组合过程

图 12.10　组合后的图像在 Picture 控件中的显示效果

上面的实例同时也说明了 MaskColor 属性是如何工作的。简单地说，MaskColor 属性指定了当一个图像覆盖在另一个图像上面时，哪一种颜色将变成透明的。no 图像有一个绿色的背景，这样在代码指定 MaskColor 属性为 vbGreen（内部常量）时，图像中的绿色会在组合图像中变成透明的。

12.3　视图控件（ListView）

视频讲解：光盘\TM\lx\12\视图控件（ListView）.exe

视图控件（ListView）可使用 4 种不同视图显示项目。通过此控件，可将项目组成带有或不带有列标头的列，并显示伴随的图标和文本。下面介绍在工程中如何添加 ListView 控件及 ListView 控件在程序中的应用。

12.3.1　认识 ListView 控件

视图控件（ListView）位于"部件"对话框的 Microsoft Windows Common Controls 6.0（SP6）选项

中，其添加到工具箱中的图标为 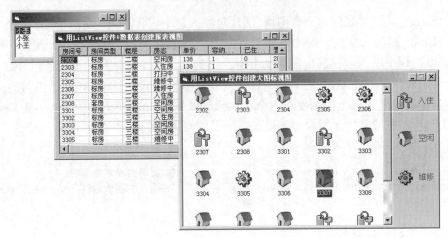。

ListView 控件可以用来显示不同类型的视图，如列表、图标、报表等，如图 12.11 所示。另外，与 TreeView 控件联合使用，可以给出 TreeView 控件节点的扩展视图。

图 12.11　用 ListView 控件显示不同类型的视图

12.3.2　添加数据

Add 方法是 ListItems 集合的方法，用于向 ListView 控件中添加 ListItem 对象，其语法格式如下：

object.ListItems.Add([Index],[key],[Text],[Icon],[SmallIcon])

相关参数说明如表 12.2 所示。

表 12.2　Add 方法中各参数的说明

参　　数	说　　明
object	必需的参数。对象表达式，其值是 ListItems 集合
index	可选的参数。指定在何处插入 ListItem 对象的整数。若未指定索引，则将 ListItem 对象添加到 ListItems 集合的末尾
key	可选的参数。唯一的字符串表达式，用来访问集合成员
text	可选的参数。与 ListItem 对象控件关联的字符串
icon	可选的参数。当 ListView 控件设为图标视图时，此整数设置从 ImageList 控件中选定的要显示的图标
smallIcon	可选的参数。当 ListView 控件设为小图标时，此整数设置从 ImageList 控件中选定的要显示的图标

【例 12.6】 下面使用 Add 方法将数据添加到 ListView 控件中。（实例位置：光盘\TM\ sl\12\6）
代码如下：

```
Private Sub Form_Load()
    ListView1.ListItems.Add 1, "empolyee1", "小李"          '添加员工小李
    ListView1.ListItems.Add 2, "empolyee2", "小张"          '添加员工小张
    ListView1.ListItems.Add 3, "empolyee3", "小王"          '添加员工小王
End Sub
```

运行程序，结果如图 12.12 所示。

图 12.12　用 ListView 控件显示数据

12.3.3　用“ListView 控件+数据表”创建报表视图

用 ListView 控件创建报表视图，首先要使用 ColumnHeader 对象的 Add 方法给报表添加一个表头，然后使用 ListSubItem 对象的 Add 方法添加内容。这里需要说明的是，ListSubItem 对象是否存在，以及其数目都取决于 ColumnHeader 对象是否存在及其数目。也就是说，如果没有 ColumnHeader 对象，就不能创建任何 ListSubItem 对象。进一步说，ColumnHeader 对象的数目决定了可为 ListItem 对象设置的 ListSubItem 对象的数目。

【例 12.7】　下面使用 ListView 控件以报表视图形式显示“客房信息表”中的所有记录。（**实例位置：光盘\TM\sl\12\7**）

代码如下：

```
Private Sub Form_Load()
    '建立一个 ADO 数据库连接
    Dim cnn As New ADODB.Connection
    Dim rs As New ADODB.Recordset
    '建立一个连接字符串
    '这个连接字符串可能根据数据库配置的不同而不同
    cnn.ConnectionString = "Provider=Microsoft.Jet.OLEDB.4.0;Data Source=" & _
                        App.Path & "\db_kfgl.mdb; Persist Security Info=False"
    '建立数据库连接
    cnn.Open
    rs.Open "select * from kf", cnn
    If rs.EOF Then Exit Sub
    '网格行
    ListView1.GridLines = True
    '采用报表显示模式
    ListView1.View = lvwReport
    Dim ListX As ListItem
    Dim ListSubX As ListSubItem
    Dim ColumnX As ColumnHeader
    Dim i As Integer
    '填充表头
    For i = 0 To rs.Fields.Count - 1
        Set ColumnX = ListView1.ColumnHeaders.Add
        ColumnX.Text = rs.Fields(i).Name
        ColumnX.Width = ListView1.Width / rs.Fields.Count
```

```
    Next i
    '填充数据
    Do Until rs.EOF
        '添加一行
        Set ListX = ListView1.ListItems.Add
        ListX.Text = rs.Fields(0).Value
        For i = 1 To rs.Fields.Count - 1
            Set ListSubX = ListX.ListSubItems.Add
            ListSubX.Text = rs.Fields(i).Value
        Next i
        rs.MoveNext
    Loop
    rs.Close                                      '关闭记录集对象
    Set rs = Nothing                              '从内存中删除记录集对象
    cnn.Close                                      '关闭连接
    Set cnn = Nothing                             '从内存中删除连接对象
End Sub
```

按 F5 键，运行程序，结果如图 12.13 所示。

图 12.13　以报表视图显示客房记录

技巧

用 ListView 显示数据时，有时可能会提示"索引超出边界"。出现该问题的原因有以下两点。

（1）主要是行数或是列数超出了范围，如索引应从 1 开始，设置为 0 则报错。例如：

```
ListView1.ListItems(i).SubItems(0)
```

（2）在加入一行之前没有创建一个新行。要避免出现该错误，必须在加入前添加一行。例如：

```
Dim itmX As ListItem                              '定义 ListItem 对象
While Not Rs.EOF                                  '如果记录集不是最后一条记录，则执行
                                                    循环体
    Set itmX = ListView1.ListItems.Add(, , CStr(Rs!Name))   '向 ListView 控件中添加一条数据
    If Not IsNull(Rs!dj) Then itmX.SubItems(1) = CStr(Rs!dj)
    If Not IsNull(Rs!jc) Then itmX.SubItems(2) = Rs!jc
    Rs.MoveNext
Wend
```

12.3.4　用 ListView 控件创建大图标视图

用 ListView 控件创建大图标视图需要将 ListView 控件与前面介绍的 ImageList 控件关联，并设置 ListView 控件的 View 属性值为 0-lvwIcon。

【例 12.8】　将例 12.7 中的"房态"信息用 ListView 控件以大图标的形式显示出来。（**实例位置：光盘\TM\sl\12\8**）

代码如下：

```
Dim itmX As ListItem                                    '声明一个 ListItem 对象
Dim text As String                                      '声明字符串变量
Dim cnn As New ADODB.Connection                         '声明一个数据库连接对象
Dim rs1 As New ADODB.Recordset                          '声明一个记录集对象
Private Sub Form_Load()
    cnn.Open "Provider=Microsoft.Jet.OLEDB.4.0;Data Source=" & App.Path & "\db_kfgl.mdb;Persist Security
Info=False"                                             '连接数据库
    rs1.Open "select * from kf order by  房态", cnn, adOpenKeyset, adLockOptimistic        '连接数据表
    If rs1.RecordCount > 0 Then                          '如果记录大于零
        rs1.MoveFirst                                    '将记录移到第一条
        '填充房间信息，不同的房态显示不同的图标
        Do While rs1.EOF = False
            text = rs1.Fields("房间号")
            Select Case rs1.Fields("房态")
            Case Is = "入住"
                Set itmX = ListView1.ListItems.Add(, , text, 1)
            Case Is = "空闲"
                Set itmX = ListView1.ListItems.Add(, , text, 2)
            Case Is = "维修"
                Set itmX = ListView1.ListItems.Add(, , text, 3)
            End Select
            rs1.MoveNext
        Loop
    End If
End Sub
```

按 F5 键运行程序，结果如图 12.14 所示。

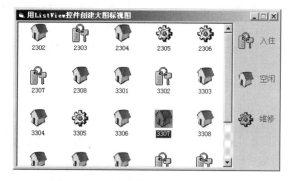

图 12.14　以大图标视图显示房态信息

12.4 树状控件（TreeView）

📀 视频讲解：光盘\TM\lx\13\树状控件（TreeView）.exe

本节主要介绍 TreeView 控件、向 TreeView 控件添加数据、删除数据和展开/收缩数据，以及结合数据表创建多级树状视图。

12.4.1 认识 TreeView 控件

树状列表控件 TreeView 位于"部件"对话框的 Microsoft Windows Common Controls 6.0（SP6）选项中，其添加到工具箱中的图标为。

TreeView 控件可以用于显示具有层次结构的数据，如组织树、索引项、磁盘中的文件和目录等，如图 12.15 所示。

图 12.15 用 TreeView 控件显示多级数据

12.4.2 添加数据

Add 方法是 TreeView 控件的 Node 对象的一个方法，用于在 TreeView 控件的 Nodes 集合中添加一个 Node 对象，其语法格式如下：

```
object.Add(relative, relationship, key, text, image, selectedimage)
```

280

Add 方法的参数及其相关说明如表 12.3 所示。

表 12.3　Add 方法的参数说明

参　　数	说　　明
object	必需的参数。对象表达式
relative	可选的参数。已存在的 Node 对象的索引号或键值。新节点与已存在的节点间的关系可在下一个参数 relationship 中找到
relationship	可选的参数。指定的 Node 对象的相对位置，其设置值如表 12.4 所示
key	可选的参数。唯一的字符串，可用于通过 Item 方法检索 Node 对象
text	必需的参数。在 Node 中出现的字符串
image	可选的参数。在关联的 ImageList 控件中的图像的索引
selectedimage	可选的参数。在关联的 ImageList 控件中的图像的索引，在 Node 对象被选中时显示

表 12.4　relationship 参数的设置值

常　　数	值	描　　述
tvwFirst	0	第一个节点，该节点（Node 对象）和在 relative 中被命名的节点位于同一层，并位于所有同层节点之前
tvwLast	1	最后的节点。该 Node 和在 relative 中被命名的节点位于同一层，并位于所有同层节点之后。任何连续添加的节点可能位于最后添加的节点之后
tvwNext	2	（默认）下一个节点。该 Node 位于在 relative 中被命名的节点之后
tvwPrevious	3	前一个节点。该 Node 位于在 relative 中被命名的节点之前
tvwChild	4	（默认）子节点。该 Node 为在 relative 中被命名的节点的子节点

注意

如果在 relative 参数中没有被命名的 Node 对象，则新节点被放在节点顶层的最后位置。

【例 12.9】　下面将图书信息以树状显示。（实例位置：光盘\TM\sl\12\9）

代码如下：

```
Private Sub Form_Load()
    Dim nodex As Node                                        '定义一个 Node 对象
    Dim i As Integer                                         '定义一个整型变量
    TreeView1.Style = tvwTreelinesPlusMinusPictureText       '设置 TreeView 控件的样式
    TreeView1.BorderStyle = ccFixedSingle                    '设置 TreeView 控件边框的样式
    Dim a                                                     '定义一个变量 a
    a = Array("(01)工程部", "(02)销售部", "(03)财务部", "(04)企划部")'给数组赋值
    '填充 TreeView 控件
    With TreeView1.Nodes
        Set nodex = .Add(, , "R", "吉林省长春市公司", 2)       '添加节点信息
        For i = 0 To 3                                        '循环
            Set nodex = .Add("R", tvwChild, "C" & i, a(i), 1) '添加节点信息
            nodex.EnsureVisible                               '展开节点
        Next
    End With
End Sub
```

按 F5 键运行程序，结果如图 12.16 所示。

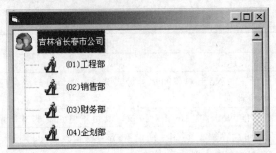

图 12.16 使用 Add 方法向 TreeView 控件添加数据

 技巧

当 TreeView 失去焦点时，原来选定的内容也同样会失去焦点，这样用户使用起来很不方便，不知道之前选定了哪项。如果设置 Node 对象的 HideSelection 属性值为 False，则即使 TreeView 失去焦点，选定内容还是会以选定状态出现。

12.4.3 删除指定节点数据

删除指定节点数据应使用 Node 对象的 Remove 方法。例如删除选定节点的内容，代码如下：

```
TreeView1.Nodes.Remove(TreeView1.SelectedItem.Index)
```

执行该语句便可删除选定节点的内容，但是如果选定了根节点，则该根节点和其下的子节点的内容也将全部被删除。此时应判断如果选定的根节点存在子节点，则不允许删除该根节点。方法是：首先使用 SelectedItem 属性确定选定的节点，然后使用 Children 属性确定选定根节点的子节点的数量，代码如下：

```
If TreeView1.SelectedItem.Children > 0 Then          '如果选定节点的子节点数大于零
    MsgBox "此节点存在子节点不允许删除！"            '提示用户
End If
```

 技巧

一次性清除所有数据可以使用 Clear 方法。

12.4.4 节点展开与折叠

节点展开与收缩应使用 Expanded 属性。该属性返回或设置一个布尔型值，用于指示节点是展开的还是折叠的，值为 True 表示展开节点，值为 False 表示折叠节点。下面举例说明。

展开第一个节点：

```
TreeView1.Nodes(1).Expanded = True
```

折叠第一个节点：

```
TreeView1.Nodes(1).Expanded = False
```

展开所有节点：

```
For i = 1 To TreeView1.Nodes.Count
    TreeView1.Nodes(i).Expanded = True
Next i
```

折叠所有节点：

```
For i = 1 To TreeView1.Nodes.Count
    TreeView1.Nodes(i).Expanded = False
Next i
```

12.4.5　用"TreeView 控件+数据表"创建多级树状视图

当某些数据存在上下级关系时，例如部门、地区等，此时使用 TreeView 控件显示既节省空间，又方便查看。

【例 12.10】 使用"TreeView 控件+部门数据表"实现添加和浏览多级部门信息，如图 12.17 所示。（实例位置：光盘\TM\sl\12\10）

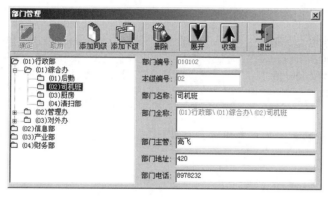

图 12.17　添加和浏览多级部门信息

具体实现步骤如下：

（1）新建一个工程，在该工程中会自动创建一个名为 Form1 的窗体，将该窗体重新命名为 main_jbzl_bmgl。

（2）使用 ToolBar 控件和 ImageList 控件制作工具栏，工具栏按钮属性设置如表 12.5 所示。

表 12.5　工具栏按钮属性设置

索　　引	标　　题	关　键　字	样　　式
1	确定	ok	0-tbrDefault
2	取消	cancel	0-tbrDefault
3			3-tbrSeparator

续表

索 引	标 题	关 键 字	样 式
4	添加同级	addnew	0-tbrDefault
5	添加下级	addChild	0-tbrDefault
6			3-tbrSeparator
7	删除	del	0-tbrDefault
8			3-tbrSeparator
9	展开	expand	0-tbrDefault
10	收缩	n expand	0-tbrDefault
11			3-tbrSeparator
12	退出	exit	0-tbrDefault

（3）在窗体上添加一个 TreeView 控件和另外一个 ImageList 控件，名称为 imlSmallIcons（其中包含两个文件夹图片，一个为打开状态，一个为关闭状态，关键字分别为 open 和 close），在 TreeView 控件的"属性页"对话框中设置"图像列表"为 imlSmallIcons。

（4）按照图 12.17 所示，添加一些 Label 控件和 TextBox 控件。

（5）引用 ADO 对象，用来操纵数据库。选择"工程"/"引用"命令，在打开的"引用"对话框中选择 Microsoft ActiveX Data Objects 2.7 Library，单击"确定"按钮。

（6）程序关键代码如下。

定义公用变量，代码如下：

```
Dim cnn As New ADODB.Connection          '定义 Connection 对象，用于连接数据库
Dim rs1 As New ADODB.Recordset           '定义 Recordset 对象，用于连接数据表
Dim i As Integer, bmjc As Integer        '定义两个整型变量
Dim blnTJ As Boolean                     '定义一个布尔型变量，用于判断是同级还是下级
Dim bmbh As String                       '定义一个字符型变量，用于存储部门编号
```

窗体载入时，初始化数据，连接数据库，代码如下：

```
Private Sub Form_Load()
    Me.Caption = "部门管理"                  '设置窗体标题
    '连接数据库
    cnn.Open "Provider=Microsoft.Jet.OLEDB.4.0;Data Source=" & _
            App.Path & "\db_manpowerinfo.mdb;Persist Security Info=False"
    tree_add                                '调用向 TreeView 控件添加数据的过程
    tlbState True                           '调用 tlbState 子过程设置工具栏按钮状态
    '设置第一个节点内容为选中状态
    If TreeView1.Nodes.Count > 0 Then TreeView1.Nodes(1).Selected = True
End Sub
```

单击工具栏按钮，实现向数据表和 TreeView 控件添加同级、下级数据，展开和收缩 TreeView 控件节点，代码如下：

```
Private Sub Toolbar1_ButtonClick(ByVal Button As MSComctlLib.Button)
    Select Case Button.Key
```

```
    Case "ok"                                       '单击"确定"按钮
        tlbState True                               '调用 tlbState 子过程设置工具栏按钮状态
        If Len(Text1(0)) > 10 Then                  '如果"部门编号"长度大于 10
            MsgBox "部门编号超长！"                   '提示用户
            Exit Sub                                '退出子过程
        End If
        '向数据表中添加数据
        rs1.Open "select * from  部门表", cnn, adOpenKeyset, adLockOptimistic      '连接部门表
        rs1.AddNew                                  '添加新记录
        For i = 0 To 6
            rs1.Fields(i) = Text1(i)                '使用循环语句为各字段赋值
        Next i
        rs1.Fields("编码级次") = Len(Text1(0)) / 2   '给"编码级次"字段赋值
        rs1.Update                                  '更新数据表
        rs1.Close                                   '关闭记录集对象
        '向 TreeView 控件中添加数据
        If TreeView1.Nodes.Count > 0 Then
            If blnTJ = True Then                    '如果为"添加同级"状态
                '为当前选中节点的下一个节点添加数据
                TreeView1.Nodes.Add TreeView1.SelectedItem.Key, tvwLast, Text1(3), "(" & _
                    Text1(1) & ")" & Text1(2), "close"
                TreeView1.SelectedItem.LastSibling.Selected = True
            Else                                    '否则
                '为当前选中节点的子节点添加数据
                TreeView1.Nodes.Add TreeView1.SelectedItem.Key, tvwChild, Text1(3), "(" & _
                    Text1(1) & ")" & Text1(2), "close"
                '对所有节点排序
                For i = 1 To TreeView1.Nodes.Count
                    TreeView1.Nodes(i).Sorted = True
                Next i
                TreeView1.SelectedItem.Child.LastSibling.Selected = True
            End If
        Else
            Set node1 = TreeView1.Nodes.Add(, tvwFirst, Text1(3), "(" & Text1(1) & ")" & Text1(2))
            node1.Selected = True
        End If
    Case "cancel"                                   '单击"取消"按钮
        tlbState True                               '调用 tlbState 子过程设置工具栏按钮状态
    Case "addnew"                                   '单击"添加同级"按钮
        tlbState False: blnTJ = True                '调用 tlbState 子过程，同时设置标记为"添加同级"
        '清空所有文本框中的数据
        For i = 0 To Text1.UBound
            Text1(i).text = ""
        Next i
        If TreeView1.Nodes.Count > 0 Then
            '按部门全称查询并排序表中记录
            rs1.Open "select * from  部门表  where  部门全称='" + _
                TreeView1.SelectedItem.LastSibling.Key + _
                "'order by  编码级次", cnn, adOpenKeyset, adLockOptimistic
```

```
            If rs1.RecordCount > 0 Then                      '如果表中有记录
                Text1(1) = Format(Val(rs1.Fields("本级编号")) + 1, "00")              '给"本级编号"文本框赋值
                '给"部门编号"文本框赋值
                Text1(0) = Left(rs1.Fields("部门编号"), Len(rs1.Fields("部门编号")) - 2) & Text1(1)
            End If
                rs1.Close                                    '关闭数据集对象
        Else
            Text1(0) = "01"
            Text1(1) = "01"
        End If
        Text1(2).SetFocus                                    ' "部门名称"文本框获得焦点
    Case "addchild"                                          '单击"添加下级"按钮
        If TreeView1.Nodes.Count = 0 Then
            MsgBox "没有上级部门，无法添加下级"
            Exit Sub
        End If
        tlbState False: blnTJ = False                        '调用 tlbState 子过程，同时设置标记为"添加下级"
        rs1.Open "select * from 部门表 where 部门编号 like  '" + Text1(0) + _
                "'+'__' or 部门编号= '" + Text1(0) + _
                "'order by 部门编号", cnn, adOpenKeyset, adLockOptimistic
        If rs1.RecordCount > 1 Then                          '如果表中记录数大于 1
            rs1.MoveLast                                     '将记录指针移到最后一条记录
            Text1(1) = Format(Val(rs1.Fields("本级编号")) + 1, "00")         '给"本级编号"文本框赋值
            '给"部门编号"文本框赋值
            Text1(0) = Left(rs1.Fields("部门编号"), Len(rs1.Fields("部门编号")) - 2) & Text1(1)
        Else
            Text1(1) = "01"                                  ' "本级编号"文本框值为 01
            Text1(0) = rs1.Fields("部门编号") & Text1(1) '给"部门编号"文本框赋值
        End If
        rs1.Close                                            '关闭数据集对象
        '清空所有文本框中的数据
        For i = 2 To Text1.UBound
            Text1(i).text = ""
        Next i
        Text1(2).SetFocus                                    ' "部门名称"文本框获得焦点
    Case "del"
        If TreeView1.SelectedItem.Children > 0 Then
            MsgBox "此部门存在下级部门，不允许删除！"
            Exit Sub
        End If
        cnn.Execute ("delete from 部门表 where 部门全称='" + TreeView1.SelectedItem.Key + "'")
        tree_add
    Case "expand"                                            '单击"展开"按钮
        '使用循环语句展开所有节点
        For i = 1 To TreeView1.Nodes.Count
            TreeView1.Nodes(i).Expanded = True
        Next i
    Case "nexpand"                                           '单击"折叠"按钮
        '使用循环语句将所有节点折叠
```

```
        For i = 1 To TreeView1.Nodes.Count
            TreeView1.Nodes(i).Expanded = False
        Next i
    Case "exit"                                    '单击"退出"按钮
        End                                        '结束程序
    End Select
End Sub
```

12.5　选项卡控件（SSTab）

📀 视频讲解：光盘\TM\lx\12\选项卡控件（SSTab）.exe

在输入大量数据时，如果不停地切换界面和使用一些控件，无疑会导致数据输入速度过慢。那么能不能在一个界面上完成这些工作，以提高工作效率、保证数据的完整性，并为用户操作提供方便呢？答案是肯定的，使用选项卡控件 SSTab 便可做到这一点。SSTab 控件就像是文件夹的标签一样，当选择某一个标签时，即可打开相应页面。接下来就详细介绍选项卡控件 SSTab。

12.5.1　认识 SSTab 控件

选项卡控件（SSTab）位于"部件"对话框的 Microsoft Tabbed Dialog Control 6.0（SP5）选项中，其添加到工具箱中的图标为 🖼️。

SSTab 控件提供了一组选项卡，每个选项卡都可作为其他控件的容器。在该控件中，同一时刻只有一个选项卡是活动的，这个选项卡向用户显示它本身所包含的控件而隐藏其他选项卡中的控件。

例如，在日常考勤管理界面中，将考勤记录、加班记录和出差记录放在了一个包含 3 个页面的 SSTab 控件中，如图 12.18 所示。

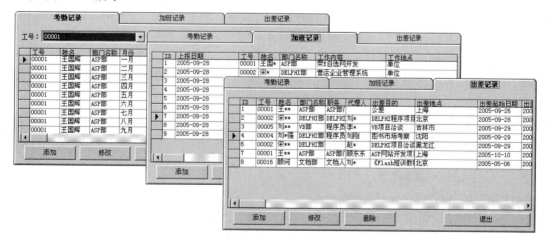

图 12.18　SSTab 控件在日常考勤管理中的应用

12.5.2　设置选项卡数目和行数

在设置 SSTab 控件中的选项卡数目之前，需要
确定在 SSTab 控件中包含什么内容并如何摆放。在
设计时和运行时均可设置选项卡的数目，但在设计
时设置选项卡的数目更加快捷简便。在设计时，可
以使用 SSTab 控件提供的"属性页"对话框来设置
其相关属性。用鼠标右键单击该控件，在弹出的快
捷菜单中选择"属性"命令，即可显示"属性页"
对话框，如图 12.19 所示。

通过设置 Tab 和 TabsPerRow 属性，可以定义选
项卡数和行数。例如，将"选项卡数"设置为 9，将
"每行选项卡数"设置为 3，即可创建一个包含 3 行
选项卡的选项卡式对话框，每行 3 个，共有 9 个选项卡。

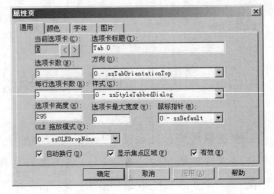

图 12.19　SSTab 控件的"属性页"对话框

在设置了选项卡的数目和行数后，每个选项卡就得到一个编号，该编号从零（0）开始，并可以被
单独选定。例如，可以在"当前选项卡"文本框中设置被选定的选项卡，然后改变该选项卡的标题，
也就是 TabCaption 属性。

在运行时，用户可以通过选择选项卡（即单击其标签）、按 Ctrl+Tab 键或每个选项卡的标题中定义
的热键在选项卡之间切换。例如，如果希望创建名为"打印"的选项卡，并希望通过 ALT+P 键访问该
选项卡，则可以将该选项卡的标题设置为&Print。

12.5.3　在选项卡中添加控件

SSTab 控件中的每个选项卡本质上都是其他控件的容器。使用 SSTab 控件时，应将完成相近功能
的控件组合在一起。例如，在"日常考勤管理"中，可以将"考勤记录"、"加班记录"和"出差记录"
通过一个包含 3 个选项卡的 SSTab 控件显示出来。确定了这些，就可以添加完成这些功能所需的控件了。

在设计时，要在某一选项卡中添加控件，首先要选中它，然后在其中添加所需控件。

注意

　　不能用双击的方法在指定选项卡中添加控件。在工具栏中双击某个控件，该控件将被放到
SSTab 控件的每一个选项卡中。

12.5.4　运行时启用和停用选项卡

根据应用程序的功能及创建的选项卡式对话框的特殊要求，可能需要在某些情况下停用某些选项

卡。可以用 TabEnabled 属性启用或者停用某个选项卡。当选项卡被停用时，选项卡上的文本变灰，成为不可使用的。

例如，让第 2 个选项卡不可用，代码如下：

```
SSTab1.TabEnabled(2) = False
```

注意

用 Enabled 属性可以启用和停用整个选项卡控件。

12.5.5　定制不同样式的选项卡

利用 SSTab 控件的相应属性，可以定制选项卡式对话框的外观和功能。可以在设计时用该控件的“属性页”对话框设置这些属性，也可以在运行时用代码设置。

1．Style 属性

使用 Style 属性能够设置两种不同样式的选项卡。在默认情况下，Style 属性被设置为显示 Microsoft Office 样式的选项卡，效果如图 12.20 所示。默认情况下，被选中的选项卡的标题文本用粗体字显示。

另一种可用的样式是“Windows 95 属性页”，效果如图 12.21 所示。与 Microsoft Office 样式不同，被选中的选项卡标题不显示为粗体。

图 12.20　Microsoft Office 样式的选项卡

图 12.21　“Windows 95 属性页”样式的选项卡

要使用以上所显示的样式，可分别设置 Style 属性（样式）为 ssStyleTabbedDialog 或 ssStylePropertyPage。

2．TabOrientation 属性

选项卡式对话框中的选项卡可以放在其任何一边（上、下、左、右），这是由 TabOrientation 属性决定的。其属性值包括 ssTabOrientationTop、ssTabOrientationBottom、ssTabOrientationLeft 和 ssTabOrientationRight，分别代表选项卡位于上边、下边、左边和右边。例如将选项卡放在左边，效果如图 12.22 所示。

如果将选项卡的位置设置为上、下以外的值时，就必须改变选项卡的字形。将选项卡放在左边或右边，都需要将文本旋转为竖直方向。在 SSTab 控件中，只有 TrueType 字体（也就是带@符号的字体）才能够竖直显示。可以通过 Font 属性或 SSTab 控件“属性页”对话框中的“字体”选项卡（如图 12.23 所示）来改变字形，改变后的效果如图 12.24 所示。

图 12.22　选项卡位于左边

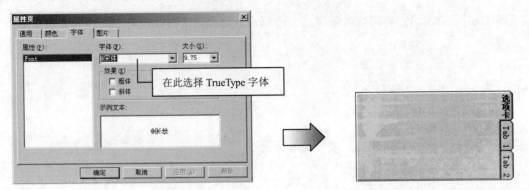

图 12.23　在"字体"选项卡中选择 TrueType 字体　　　　图 12.24　在选项卡中显示竖直方向的文字

12.5.6　图形化选项卡

可以在 SSTab 控件的任何一个选项卡上添加图片（位图、图标或元文件），效果如图 12.25 所示。

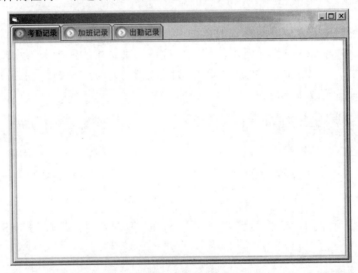

图 12.25　图形化选项卡

实现类似图 12.25 所示的图形化选项卡，在设计时要为每个选项卡设置 Picture 属性。方法是：单击选项卡，然后在"属性"窗口中设置该选项卡的 Picture 属性。在运行时，可以使用 LoadPicture 函数设置 SSTab 控件的 TabPicture 属性。例如，给第一个选项卡添加一个图形，代码如下：

```
Set SSTab1.TabPicture(0) = LoadPicture(App.Path & "\image\11.bmp")
```

【例 12.11】　下面介绍实现图形化选项卡的过程。（实例位置：光盘\TM\sl\12\11）

（1）新建一个工程，在该工程中会自动创建一个名为 Form1 的窗体。

（2）按照前面介绍的方法，在 Form1 窗体上添加一个 SSTab 控件。

（3）在第一个选项卡上添加一个 PictureBox 控件，设置其 Picture 属性，然后将该 PictureBox 控件分别复制到另外两个选项卡中。

（4）切换到代码窗口，编写如下代码。

```
Private Sub Form_Load()
    SSTab1_Click (PreviousTab)                              '调用事件过程 SSTab1_Click
End Sub
Private Sub SSTab1_Click(PreviousTab As Integer)
    For i = 1 To 3
        '为 3 个选项卡添加图形
        Set SSTab1.TabPicture(i - 1) = LoadPicture(App.Path & "\image\" & i & ".bmp")
    Next i
    '为选定的选项卡添加另外一种图形
    Select Case SSTab1.Tab
    Case 0
        Set SSTab1.TabPicture(0) = LoadPicture(App.Path & "\image\11.bmp")
    Case 1
        Set SSTab1.TabPicture(1) = LoadPicture(App.Path & "\image\22.bmp")
    Case 2
        Set SSTab1.TabPicture(2) = LoadPicture(App.Path & "\image\33.bmp")
    End Select
End Sub
```

12.6　进度条控件（ProgressBar）

视频讲解：光盘\TM\lx\12\进度条控件（ProgressBar）.exe

当进行需要几秒钟或者更长时间才能完成的操作时，实时为用户提供可视的反馈信息，以表明这个耗时的操作还要进行多长时间才能完成是非常有必要的。这就需要用到进度条控件（ProgressBar）。

12.6.1　认识 ProgressBar 控件

进度条控件（ProgressBar）位于"部件"对话框的 Microsoft Windows Common Controls 6.0（SP6）选项中，其添加到工具箱中的图标为 。

ProgressBar 控件可用图形显示事务的进程，该控件的边框在事务进行过程中逐渐被充满，如图 12.26 所示。

图 12.26　进度条示例

12.6.2　显示进展情况

要显示某个操作的进展情况，Value 属性将持续增长，直到达到了由 Max 属性定义的最大值。这样该控件显示的填充块数目总是 Value 属性与 Min 和 Max 属性之间的比值。例如，如果 Min 属性被设置为 1，Max 属性被设置为 100，Value 属性为 50，那么该控件将显示 50% 的填充块，如图 12.27 所示。

图 12.27　使用 Value、Min 和 Max 属性显示进展情况

12.6.3　将 Max 属性设置为已知的界限

要对 ProgressBar 控件进行编程，必须首先确定 Value 属性的界限。例如，如果正在下载文件，并且应用程序能够确定该文件有多少 KB，那么可将 Max 属性设置为该数值。在该文件下载过程中，应用程序还必须能够确定该文件已经下载了多少 KB，并将 Value 属性设置为该数值。

> **技巧**
>
> 在不能确定 Max 属性的情况下，则需要用 Animation 控件不停地显示动画，直到在结束事件中调用 Stop 方法为止。

12.6.4　隐藏 ProgressBar 控件

在操作开始之前通常不显示进度条，并且在操作结束之后它应再次消失。在操作开始时，将 Visible 属性设置为 True 以显示该控件；在操作结束时，将该属性重新设置为 False 以隐藏该控件。

12.6.5　用 ProgressBar 控件显示清空数据的进度

通过前面的讲解，相信读者对 ProgressBar 控件已有了初步的了解，下面再通过一个实例介绍 ProgressBar 控件在实际编程中的应用。

【例 12.12】　使用 ProgressBar 控件显示清空年度数据的进度，如图 12.28 所示。（**实例位置：光盘\TM\sl\12\12**）

具体实现步骤如下：

（1）新建一个工程，该工程中会自动创建一个名为 Form1 的窗体。

（2）按照前面介绍的方法，在 Form1 窗体中添加一个 ProgressBar 控件。

（3）在 Form1 窗体中添加 Label 控件、TextBox 控件和两个

图 12.28　清空年度数据的进程

CommandButton 控件。

（4）切换到代码窗口，编写如下代码。

```
Dim sql As String                                         '定义字符串变量
Dim workarea(200) As String                               '定义字符串数组
Dim counter As Integer                                    '定义一个整型变量
Dim cnn As New ADODB.Connection                           '定义数据库连接
Private Sub Form_Load()
    Text1.Text = "1998"                                   '设置文本框中的值
    '连接数据库
    cnn.Open "Provider=Microsoft.Jet.OLEDB.4.0;Data Source=" & _
            App.Path & "\sj\" & Text1.Text & _
            "\gzgl.mdb;Persist Security Info=False"
End Sub
Private Sub Command1_Click()
    ProgressBar1.Visible = True                            '设置进度条控件可见
    ProgressBar1.Max = UBound(workarea)                    '设置进度条的最大值
    ProgressBar1.Value = ProgressBar1.Min                  '设置进度条的值
    For counter = LBound(workarea) To UBound(workarea)     '循环
        workarea(counter) = "initial value " & counter
        ProgressBar1.Value = counter                       '设置进度条的值
        sql = "delete * from 部门表"                        '给 sql 变量赋值
        cnn.Execute sql                                    '执行 SQL 语句，删除部门表中的数据
        sql = "delete * from 人员表"                        '给 sql 变量赋值
        cnn.Execute sql                                    '执行 SQL 语句，删除人员表中的数据
        sql = "delete * from 人员类别表"                     '给 sql 变量赋值
        cnn.Execute sql                                    '执行 SQL 语句，删除人员类别表中的数据
        sql = "delete * from 工资数据表"                     '给 sql 变量赋值
        cnn.Execute sql                                    '执行 SQL 语句，删除工资数据表中的数据
        sql = "delete * from 工资汇总表"                     '给 sql 变量赋值
        cnn.Execute sql                                    '执行 SQL 语句，删除工资汇总表中的数据
        sql = "delete * from 参数表"                         '给 sql 变量赋值
        cnn.Execute sql                                    '执行 SQL 语句，删除参数表中的数据
        sql = "update 数据处理状态表 set 计算标志=false,汇总标志=false"   '给 sql 变量赋值
        cnn.Execute sql                                    '执行 SQL 语句，修改数据处理状态表
        sql = "update 结账状态表 set 结账标志=false"          '给 sql 变量赋值
        cnn.Execute sql                                    '修改结账状态表中的数据
    Next counter
    ProgressBar1.Visible = False                           '设置进度条控件不可见
    ProgressBar1.Value = ProgressBar1.Min                  '设置进度条控件的值为最小值
End Sub
```

12.7　日期/时间控件（DateTimePicker）

视频讲解：光盘\TM\lx\12\日期/时间控件（DateTimePicker）.exe

在设计程序过程中，经常需要对日期/时间进行显示、操纵、计算和读取等，此时使用日期/时间控

件（DateTimePicker）是最为方便的。下面介绍 DateTimePicker 控件及其在程序中的应用。

12.7.1 认识 DateTimePicker 控件

日期/时间控件（DateTimePicker，以下称为 DTPicker 控件）位于"部件"对话框的 Microsoft Windows Common Controls-26.0（SP4）选项中，其添加到工具箱中的图标为⧉。

DTPicker 控件主要用于显示日期和/或时间信息，并且可以作为一个用户用以修改日期和时间信息的界面。控件的显示包含由控件格式字符串定义的字段。当下拉 DTPicker 控件时，将会显示一个日历。

DTPicker 控件基本用途如下：

☑ 在需要显示使用受限制的或特殊格式字段的日期信息时，例如在某些工资表、计算住宿时间等涉及日期或时间的应用程序中，如图 12.29 所示。

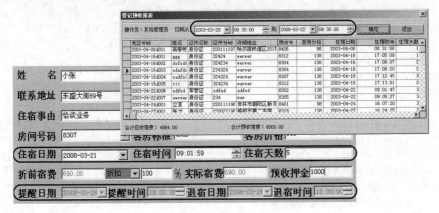

图 12.29　DTPicker 控件的典型用法

☑ 使用户通过单击鼠标就可以选择日期而不用输入日期值。

12.7.2 设置和返回日期

在 DTPicker 控件中当前选中的日期是由 Value 属性决定的。可以在显示该控件前（如在设计时或在 Form_Load 事件中）设置其 Value 属性，以便决定在控件中开始时选中哪个日期。例如下面的代码：

```
Private Sub Form_Load()
    DTPicker1.Value = "2008-03-20"                 '设置日期
End Sub
```

按 F5 键运行程序，效果如图 12.30 所示。

如果要设置 Value 值为当前系统日期，则将前面代码中的"2008-03-20"改为"Date"。

Value 属性返回一个原始的日期值，或者空值。利用如下几个 DTPicker 控件的属性，可以返回有关显示日期的特定信息。

☑ Month 属性：返回包含当前选定日期的月份整数值（1～12）。

图 12.30　当前选中的日期

- ☑ Day 属性：返回当前选定的日（1～31）。
- ☑ DayOfWeek 属性：返回一个值，指出所选日期是星期几，其值由 vbDayOfWeek 常量定义的值决定。
- ☑ Year 属性：返回包含当前选定日期的年份整数值。
- ☑ Week 属性：返回包含当前选定日期的星期序号。

12.7.3　实时读取 DTPicker 控件中的日期

使用 DTPicker 控件的 Change 事件可以确定用户何时更改了该控件中的日期值。在该事件中使用 Value 属性，便可实时读取 DTPicker 控件中的日期。例如，将实时读取的日期显示在立即窗口中，代码如下：

```
Private Sub DTPicker1_Change()
    Debug.Print DTPicker1.Value                          '在立即窗口中显示日期
End Sub
```

12.7.4　使用 CheckBox 属性来选择无日期

使用 CheckBox 属性能够指定 DTPicker 控件是否返回日期。默认情况下，CheckBox 属性值为 False，说明 DTPicker 控件总是返回一个日期。

要让用户能够指定无日期，可以将 CheckBox 属性值设置为 True。如果 CheckBox 属性值设置为 True，那么在 DTPicker 控件日期和时间左边的编辑部分中将出现一个小的复选框。如果该复选框没有被选中，那么 Value 属性返回一个空值；如果选中了该复选框，则 Value 属性返回当前显示日期。

例如，如果使用 DTPicker 控件输入软件完成日期，将 CheckBox 属性值设置为 True，效果如图 12.31 所示，此时软件完成日期为 "2008-03-21"；如果软件没有完成，可以将复选框中的 "√" 符号去掉，效果如图 12.32 所示，此时软件完成日期为 Null。

图 12.31　当前选中的日期

图 12.32　返回空日期

12.7.5　使用日期和时间的格式

DTPicker 控件提供了很强的灵活性，以便在控件中将日期和时间的显示格式化。可以使用所有标准的 VB 格式化字符串，也可以使用回调字段来创建自定义格式。

Format 属性决定了 DTPicker 控件如何格式化原始日期值，可以从预定义的格式化选项中选择一个。例如，让 DTPicker 控件显示时间，应在 "属性" 窗口中设置 Format 属性为 2-dtpTime，运行效果如图 12.33 所示。

图 12.33　当前选中的时间

技巧

如果让 DTPicker 控件显示当前系统时间，可以编写代码设置其 Value 属性为 Time。

CustomFormat 属性定义了用于显示 DTPicker 控件内容的格式表达式，可以通过指定格式字符串来告诉控件如何将日期输出格式化。

注意

在 CustomFormat 属性定义的日期或时间格式化前，要先将 Format 属性设置为 3-dtpCustom。

DTPicker 控件支持的格式字符串如表 12.6 所示。

表 12.6　DTPicker 控件支持的格式字符串

格式字符串	意　义	效　果
d	1 位或 2 位的日	1　日
dd	2 位日，1 位值时前面加 0（即 1 显示为"01"）	01　日
ddd	3 个字符，表示星期缩写	星期六
dddd	星期全名	星期六
h	12 小时格式 1 位或 2 位小时	2　小时
hh	12 小时格式 2 位小时，1 位值时前面加 0（即 1 显示为"01"）	02　小时
H	24 小时格式 1 位或 2 位小时	1　小时
HH	24 小时格式 2 位小时，1 位值时前面加 0（即 1 显示为"01"）	23　小时
m	1 位或 2 位分钟	3　分钟
mm	2 位分钟，1 位值时前面加 0（即 1 显示为"01"）	03　分钟
M	1 位或 2 位月份	3　月
MM	2 位月份，1 位值时前面加 0（即 1 显示为"01"）	03　月
MMM	3 个字符，表示月份缩写	三月
MMMM	月份全名	三月
s	1 位或 2 位的秒	5　秒
ss	2 位的秒，1 位值时前面加 0（即 1 显示为"01"）	05　秒
t	1 个字母 AM/PM 或汉字上午/下午的缩写（"AM"简写为"A"，"上午"简写为"上"）	上
tt	2 个字母 AM/PM 或汉字上午/下午的缩写（"AM"写为"AM"，"上午"写为"上午"）	上午
y	1 位年份（即 2008 显示为"8"）	8　年
yy	年份的最后 2 位（即 2008 显示为"08"）	08　年
yyy	完整的年份（即 2008 显示为"2008"）	2008　年
X	回调字段，使程序员可以控制显示字段，可以使用一系列多个"X"来表示唯一的回调字段	

可以在格式字符串中添加主体文本。例如，如果希望 DTPicker 控件按照"今天是：2008 年 03 月 01 日星期六,18 点 18 分 18 秒"的格式显示当前日期，那么需要设置 CustomFormat 属性的格式字符串为"'今天是：'yyy'年'MM'月'dd'日'dddd',18 点 18 分 18 秒"。设置完成后，运行程序，效果如图 12.34 所示。

图 12.34　按自定义的格式显示日期、星期和时间

注意

主体文本必须用单引号括起来。

12.7.6　使用 DTPicker 控件计算日期或天数

DTPicker 控件还可以用于日期和天数的计算。例如，在宾馆客房住宿登记模块中自动计算客人退宿日期和住宿天数，如图 12.35 所示。

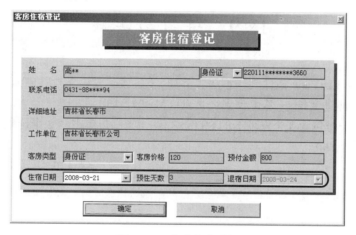

图 12.35　客房住宿登记

计算退宿日期和住宿天数使用 DTPicker 控件非常方便。通过加减一个整数得到需要的日期；通过两个日期控件相减得到相差的天数。代码如下：

```
d=DTPicker1.Value- DTPicker2.Value        '计算天数，d 为天数
DTPicker1.Value= DTPicker2.Value+d        '计算日期
```

【例 12.13】　在客房住宿登记窗体中实现自动计算退宿日期和预住天数。（**实例位置：光盘\TM\sl\12\13**）

（1）新建一个工程，在该工程中会自动创建一个名为 Form1 的窗体。

（2）按照前面介绍的方法，在 Form1 窗体中添加两个 DTPicker 控件，DTPicker1 用于供用户选择住宿日期，DTPicker2 用于显示退宿日期。退宿日期由系统计算得到，因此设置该控件不可用。

（3）在 Form1 窗体上，添加如图 12.35 所示的 Label、TextBox 和 CommandButton 控件。

（4）切换到代码窗口，编写如下代码。

```
Private Sub DTP1_Change()
    DTP2.Value = DTP1.Value + Val(TxtDays.Text)              '计算退宿日期
End Sub
Private Sub TxtDays_Change()
    DTP2.Value = DTP1.Value + Val(TxtDays.Text)              '计算预住天数
End Sub
```

12.8　小　　结

本章介绍了添加 ActiveX 控件、删除 ActiveX 控件和注册 ActiveX 控件的多种方法，这些是应用 ActiveX 控件的基础，读者应熟练掌握。另外，在介绍常用 ActiveX 控件时结合了大量实例，使读者可以更好地了解 ActiveX 控件在实际程序开发中的应用。

12.9　练习与实践

1．用 TreeView 和 ListView 控件制作程序主界面。（答案位置：光盘\TM\sl\12\14）

2．为启动界面添加进度条。（答案位置：光盘\TM\sl\12\15）

3．在窗体上添加一个包含 3 个选项卡的 SSTab 控件，当用户单击第 2 个选项卡时，提示用户。（答案位置：光盘\TM\sl\12\16）

第13章

鼠标键盘处理

（ 📹 视频讲解：30分钟）

鼠标键盘事件是应用程序中经常会用到的事件，窗体和大多数控件都能响应鼠标和键盘事件。例如，窗体和图像控件等能够检测光标指针位置，判断按下的是哪个鼠标键；利用键盘事件，可以响应多种键盘操作，也可以解释和处理 ASCII 字符。本章将分别介绍鼠标、键盘处理技术的相关知识。

通过阅读本章，您可以：

▶▶ 学会如何设置光标指针形状

▶▶ 学会如何将光标指针设置为指定的图片

▶▶ 学会将光标指针设置为指定的动画

▶▶ 掌握鼠标的单击、双击事件

▶▶ 掌握鼠标的按下和抬起事件

▶▶ 掌握鼠标的移动事件

▶▶ 掌握鼠标拖放技术

▶▶ 掌握键盘的按下和抬起事件

▶▶ 学会 KeyPress 事件

13.1　光标指针的设置

> **视频讲解：光盘\TM\lx\13\鼠标指针的设置.exe**

在 VB 中可以设置光标指针的形状，也可通过设置改变光标指针的样式，如将光标指针设置为指定的图片和动画等。下面介绍具体的设置方法。

13.1.1　设置光标指针形状

通过设置控件的 MousePointer 属性可以定义当光标指针指向该控件时显示的形状。MousePointer 属性返回一个值，该值用于显示光标指针的类型。

语法格式如下：

```
object.MousePointer [= value]
```

- ☑　object：对象表达式。
- ☑　value：整数。value 设置值如表 13.1 所示。

表 13.1　value 的值

常　　数	值	说　　明
vbDefault	0	（默认值）形状由对象决定
vbArrow	1	箭头
vbCrosshair	2	十字线
vbIbeam	3	I 形
vbIconPointer	4	图标（矩形内的小矩形）
vbSizePointer	5	尺寸线（指向东、南、西、北 4 个方向的箭头）
vbSizeNESW	6	右上、左下尺寸线（指向东北和西南方向的双箭头）
vbSizeNS	7	垂直尺寸线（指向南和北两个方向的双箭头）
vbSizeNWSE	8	左上、右下尺寸线（指向东南和西北方向的双箭头）
vbSizeWE	9	水平尺寸线（指向东和西两个方向的双箭头）
vbUpArrow	10	向上的箭头
vbHourglass	11	沙漏（表示等待状态）
vbNoDrop	12	不允许放下
vbArrowHourglass	13	箭头和沙漏
vbArrowQuestion	14	箭头和问号
vbSizeAll	15	四向尺寸线
vbCustom	99	通过 MouseIcon 属性所指定的自定义图标

例如，要实现当鼠标指向窗体上的按钮时显示沙漏图标，只需将该按钮控件的 MousePointer 属性

值设置为 11。当程序运行时，将光标放在该按钮上时，光标指针即变为沙漏样式，如图 13.1 所示。

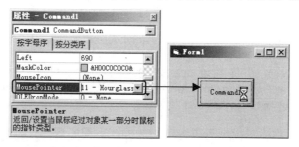

图 13.1　设置按钮控件的 MousePointer 属性

也可以使用代码实现上面的显示效果，代码如下：

```
Private Sub Form_Load()
    Command1.MousePointer = 11
End Sub
```

13.1.2　设置光标指针为指定的图片

通过将控件的 MousePointer 属性值设置为 99-Custom，然后通过控件的 MouseIcon 属性选择指定的图片，可以将光标指针定义为指定的图片。

MousePointer 属性用于返回或设置控件中自定义的光标指针图标。

语法格式如下：

```
object.MouseIcon = LoadPicture(pathname)
```

☑　object：对象表达式。

☑　pathname：字符串表达式，指定包含自定义图标文件的路径和文件名。

例如，将窗体上按钮的 MousePointer 属性值设置为 99，然后通过 MouseIcon 属性选择所需的图片。这样运行程序后，当光标放置在窗体中的按钮上时，光标指针即显示为所选择图片的样式，效果如图 13.2 所示。

图 13.2　设置光标指针为指定的图片

也可以通过代码设置控件属性，将光标指针设置为指定图片。代码如下：

```
Private Sub Form_Load()
    Command1.MousePointer = 99
    Command1.MouseIcon = LoadPicture(App.Path & "\exp.ico")
End Sub
```

13.1.3　设置光标指针为指定的动画

通过 API 函数还可以将光标指针设置为指定的动画，主要使用 LoadCursorFromFile、DestroyCursor

和 SetClassLong 来实现。

在使用 API 函数前要先进行声明，这几个函数的声明语句如下：

```
Private Declare Function LoadCursorFromFile Lib "user32" Alias "LoadCursorFromFileA" (ByVal lpFileName As
String) As Long
Private Declare Function DestroyCursor Lib "user32" (ByVal hCursor As Long) As Long
Private Declare Function SetClassLong Lib "user32" Alias "SetClassLongA" (ByVal hwnd As Long, ByVal nIndex
As Long, ByVal dwNewLong As Long) As Long
```

【例 13.1】 本实例实现将光标指针设置为动画的样式。程序运行时，当光标放置在窗体上时，光标指针显示为设置的动画。程序运行效果如图 13.3 所示。（**实例位置：光盘\TM\sl\13\1**）

图 13.3 将光标指针设置为动画

程序代码如下：

```
'声明 API 函数
Private Declare Function LoadCursorFromFile Lib "user32" Alias "LoadCursorFromFileA" (ByVal lpFileName As
String) As Long
Private Declare Function DestroyCursor Lib "user32" (ByVal hCursor As Long) As Long
Private Declare Function SetClassLong Lib "user32" Alias "SetClassLongA" (ByVal hwnd As Long, ByVal nIndex
As Long, ByVal dwNewLong As Long) As Long
Private Const GCL_HCURSOR = (-12)
Dim AniCur As Long                                                     '声明变量
Private Sub Form_Load()
    AniCur& = LoadCursorFromFile(App.Path & "\Neko.ani")              '将加载的文件赋给变量
    SetClassLong Me.hwnd, GCL_HCURSOR, AniCur                         '显示动画文件
End Sub
Private Sub Form_Unload(Cancel As Integer)
    DestroyCursor AniCur                                              '卸载动画文件
End Sub
```

13.2 鼠标事件的响应

📹 **视频讲解：光盘\TM\lx\13\鼠标事件的响应.exe**

用户操作鼠标时触发鼠标事件，对鼠标的动作作出反应就是对鼠标事件的响应。鼠标事件包括 Click、DblClick、MouseDown、MouseUp 和 MouseMove 事件，下面分别介绍。

13.2.1　鼠标单击和双击（Click 事件和 DblClick 事件）

（1）Click 事件

鼠标的 Click 事件是在用鼠标单击某个对象时发生的。前面的章节中在使用实例进行讲解时已经多次用到了各个对象的 Click 事件，下面将详细介绍 Click 事件的相关知识。

语法格式如下：

```
Private Sub object_Click([index As Integer])
```

- ☑　object：一个对象表达式。
- ☑　index：一个整数，用来唯一标识一个在控件数组中的控件。

注意

对于在控件上发生的 Click 事件，要注意以下几点。

- ☑　对于 CheckBox 控件、CommandButton 控件、ListBox 控件或 OptionButton 控件来说，Click 事件仅当单击鼠标左键时发生。
- ☑　当窗体带有 Default 属性设置为 True 的 CommandButton 控件时，按下 Enter 键触发 Click 事件。
- ☑　当窗体带有 Cancel 属性设置为 True 的 CommandButton 控件时，按下 Esc 键触发 Click 事件。

例如，当程序运行时，单击 CommandButton 控件，触发该控件的 Click 事件，就会执行 Click 事件中的代码，这样就是响应了鼠标的单击事件。

（2）DblClick 事件

当在某个对象上双击鼠标（即快速地连续两次按下和释放鼠标按键）时触发 DblClick 事件。

语法格式如下：

```
Private Sub object_DblClick(index As Integer)
```

- ☑　object：对象表达式。
- ☑　index：如果控件在控件数组内，则这个 index 值用来标识该控件。

13.2.2　鼠标按下和抬起（MouseDown 事件和 MouseUp 事件）

（1）MouseDown 事件

当按下鼠标按键时触发 MouseDown 事件，该事件是鼠标事件中常用的事件。

语法格式如下：

```
private Sub Form_MouseDown(Button As Integer,Shift As Integer,X As Single,Y As Single)
```

☑ Button：返回一个整数，该整数用于标识按下的鼠标按键是哪一个键（左键、右键或中键）。使用表 13.2 中所列的常数对该参数进行测试，从而判断按下的鼠标键。

表 13.2　Button 常数按钮值

常　数	值	说　明
vbLeftButton	1	左键被按下
vbRightButton	2	右键被按下
vbMiddleButton	4	中键被按下

☑ Shift：返回一个整数，在 Button 参数指定的键被按下或者被释放的情况下，该整数对应于 Shift、Ctrl 和 Alt 键的状态。

☑ X，Y：返回光标指针的当前位置。

（2）MouseUp 事件

当用户在对象上释放鼠标按键时触发 MouseUp 事件。

语法格式如下：

```
private Sub Form_MouseUp(Button As Integer.Shift As Integer,X As Single,Y As Single)
```

其参数说明与 MouseDown 语句参数说明相同。

【例 13.2】　本实例实现当程序运行时，在窗体上的按钮上按下鼠标按键时按钮标题显示为"按钮被按下"；当释放鼠标按键时，按钮标题显示"按钮被释放"，效果如图 13.4 和图 13.5 所示。（**实例位置：光盘\TM\sl\13\2**）

图 13.4　当按下鼠标按键时

图 13.5　当释放鼠标按键时

程序代码如下：

```
Private Sub Command1_MouseDown(Button As Integer, Shift As Integer, X As Single, Y As Single)
    Command1.Caption = "按钮被按下"                        '鼠标按键被按下时的事件响应
End Sub
Private Sub Command1_Mouseup(Button As Integer, Shift As Integer, X As Single, Y As Single)
    Command1.Caption = "按钮被释放"                        '鼠标按键被释放时的事件响应
End Sub
```

13.2.3　鼠标移动（MouseMove 事件）

当用户在窗体或控件上移动鼠标时触发 MouseMove 事件。只要鼠标位置在对象的边界范围内，该对象就能接收鼠标的 MouseMove 事件。

语法格式如下：

```
private Sub Form_MouseMove(Button As Integer,Shift As Integer,X As Single,Y As Single)
```

【例 13.3】　本实例实现当程序运行时，将鼠标移动到窗体上的标签位置，该标签突出显示。主要是通过鼠标移动事件实现鼠标移动到标签上时，标签的 BorderStyle 属性赋值为 1，显示在窗体上就是凹下去的效果。程序运行效果如图 13.6 所示。（实例位置：光盘\TM\sl\13\3）

图 13.6　鼠标移动事件实例界面

程序代码如下：

```
Private Sub Label1_MouseMove(index As Integer, Button As Integer, Shift As Integer, X As Single, Y As Single)
        Label1(index).BorderStyle = 1                    '将当前鼠标所在标签的 BorderStyle 属性赋值为 1
        Label1(index).Caption = "鼠标移动到此标签上"       '设置当前标签标题
End Sub
Private Sub Form_MouseMove(Button As Integer, Shift As Integer, X As Single, Y As Single)
    For i = 0 To Label1.UBound
        Label1(i).BorderStyle = 0                        '鼠标不在标签上移动，标签的 BorderStyle 属性值为 0
        Label1(i).Caption = "鼠标离开了此标签"             '设置当前标签标题
    Next i
End Sub
```

13.2.4　鼠标拖放（OLE 拖放操作）

鼠标的拖放操作在 Windows 操作系统下经常会用到，例如将一个文件夹拖放到另一个文件夹中。在 VB 应用程序中，可以通过 OLE 拖放技术实现在控件和控件之间、控件和其他 Windows 应用程序之间拖动文本和图形。在使用 OLE 拖放技术时，并不是把一个控件拖动到另一个控件并调用代码，而是将数据从一个控件或应用程序移动到另一个控件或应用程序中。例如，可以选择并拖动 Excel 中的一个单元格区域至应用程序的 DataGrid 控件上。下面介绍与拖放技术有关的属性、事件和方法。

（1）DragMode 属性

DragMode 属性返回或设置一个值，确定在拖放操作中所用的是手动还是自动拖动方式。当 DragMode 属性值设置为 1 时，则启用自动拖动模式。

当用户在源对象上按下鼠标左键同时拖动鼠标，对象的图标便随光标指针移动到目标对象上，当释放鼠标时在目标对象上产生 DragDrop 事件。

注意

如果仅将控件的 DragMode 属性值设置为 1，当程序运行时拖动控件，控件的图标随着鼠标移动，但当释放鼠标后对象本身并不会移动到新的位置上或被加到目标对象中，在目标对象的 DragDrop 事件中进行程序设计才能实现真正的拖放。

（2）DragIcon 属性

DragIcon 属性用于指定在拖动过程中显示的对象图标。在拖动对象时，并不是对象在移动，而是移动对象的图标。当对对象的 DragIcon 属性进行设置后，拖动对象时显示的拖动图标为设置的图片，释放对象后恢复为原来的对象样式。可以在属性窗口进行设置，也可以在程序中进行赋值。如果 DragIcon 属性值为空，则在拖动控件时，随光标移动的是被拖动控件的边框。

注意

运行时，DragIcon 属性可以设置为任何对象的 DragIcon 或 Icon 属性，也可以用 LoadPicture 函数返回的图标给它赋值。

（3）OLEDropAllowed 属性

OLEDropAllowed 属性用于决定 OLE 容器控件是否是 OLE 拖放操作的放目标。

语法格式如下：

object.OLEDropAllowed [= boolean]

☑ object：对象表达式。

☑ boolean：布尔表达式，确定 OLE 容器控件是否为放目标。如果将其设置为 True，则在拖动链接对象或内嵌对象时，当光标指针在 OLE 容器控件上移动时会出现放图标；如果将其设置为 False，则拖动链接或嵌入对象时，在 OLE 容器控件上将不出现放图标。

说明

如果 OLEDropAllowed 属性设置为 True，则拖动对象时，OLE 容器控件不接收 DragDrop 或 DragOver 事件。同样，当 OLEDropAllowed 属性设置为 True 时，DragMode 属性的设置对 OLE 容器控件的拖放动作没有影响。

（4）Drag 方法

Drag 方法用于控件（除了 Line、Menu、Shape、Timer 和 CommonDialog 控件）的开始、结束或取消拖放操作。仅当控件的 DragMode 属性值为 0 且采用手工拖放时，用该方法来实现控件的拖放操作。

语法格式如下：

object.Drag action

☑ object：一个对象表达式。

☑ action：一个可选的常数或数值。其设置值如表 13.3 所示。

表 13.3 Drag 方法的 action 参数设置值

常　　数	值	说　　明
vbCancel	0	取消拖放操作
vbBeginDrag	1	开始拖动 object
vbEndDrag	2	结束拖动 object

（5）DragDrop 事件

DragDrop 事件在一个完整的拖放操作完成或使用 Drag 方法并将其 action 参数设置为 2（Drop）时发生。前面介绍的拖放属性和拖放方法都是作用在源对象上的，而 DragDrop 事件是发生在目标对象上的。

语法格式如下：

```
Private Sub Form_DragDrop(source As Control, x As Single, y As Single)
Private Sub MDIForm_DragDrop(source As Control, x As Single, y As Single)
Private Sub object_DragDrop([index As Integer,]source As Control, x As Single, y As Single)
```

参数说明如表 13.4 所示。

表 13.4 DragDrop 事件语法参数说明

参　　数	说　　明
object	一个对象表达式
index	一个整数，用来唯一地标识一个在控件数组中的控件
source	正在被拖动的控件。可用此参数将属性和方法包括在事件过程中
x, y	指定当前光标指针在目标窗体或控件中水平（x）和垂直（y）位置的坐标值。该坐标系是通过 ScaleHeight、ScaleWidth、ScaleLeft 和 ScaleTop 属性进行设置的

【例 13.4】 通过控件的 DragDrop 事件实现控件在窗体上动态移动的功能，程序运行效果如图 13.7 和图 13.8 所示。（实例位置：光盘\TM\sl\13\4）

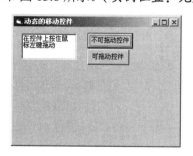

图 13.7 拖动前各控件位置

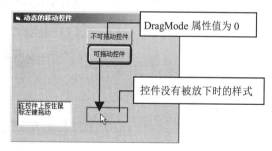

图 13.8 拖动的效果

程序代码如下：

```
Private Sub Form_DragDrop(Source As Control, X As Single, Y As Single)    '窗体的 DragDrop 事件
    Source.Move (X - Source.Width / 2), (Y - Source.Height / 2)           '控件放下位置
End Sub
```

（6）DragOver 事件

当源对象被拖动到某个对象上时，在该对象上便触发 DragOver 事件。可用此事件对光标指针在一个有效目标上的进入、离开或停顿等进行监控。光标指针的位置决定接收此事件的目标对象。

语法格式如下：

```
Private Sub Form_DragOver(source As Control, x As Single, y As Single, state As Integer)
Private Sub MDIForm_DragOver(source As Control, x As Single, y As Single, state As Integer)
Private Sub object_DragOver([index As Integer,]source As Control, x As Single, y As Single, state As Integer)
```

DragOver 事件语法中各参数的说明如表 13.5 所示。

表 13.5　DragOver 事件语法参数说明

参　数	说　明
object	一个对象表达式
index	一个整数，用来唯一标识控件数组中的控件
source	正在被拖动的控件。可用此参数在事件过程中引用各属性和方法
x, y	指定当前光标指针在目标窗体或控件中水平（x）和垂直（y）位置的坐标值。该坐标系是通过 ScaleHeight、ScaleWidth、ScaleLeft 和 ScaleTop 属性设置的
state	一个整数，对应于一个控件的转变状态 ☑　　0：进入（源控件正被向一个目标范围内拖动） ☑　　1：离去（源控件正被向一个目标范围外拖动） ☑　　2：跨越（源控件在目标范围内从一个位置移到了另一位置）

注意

应使用 DragMode 属性和 Drag 方法指定开始拖动的方式。

【例 13.5】　本实例实现将一个文本框内选中的内容拖动到另一个文本框中。在程序运行时，在"源文件"文本框内选择内容，然后按住鼠标左键拖动，即可将选择的内容拖动到"目标文件"文本框中。运行效果如图 13.9 所示。（实例位置：光盘\TM\sl\13\5）

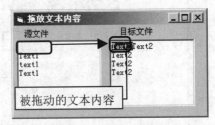

图 13.9　文本内容拖放

程序代码如下：

```
Private Sub Form_Load()
    Text1.OLEDragMode = 1: Text2.OLEDropMode = 2                '设置文本框的 OLEDragMode 属性
End Sub
```

说明

OLEDragMode 属性用于返回或设置目标部件如何处理放操作。当该属性值为 0 时，目标部件不接受 OLE 放操作，并且显示 No Drop 图标；当属性值为 1 时，为人工方式，目标部件触发 OLE 放事件，允许程序员用代码处理 OLE 放操作；当属性值为 2 时，为自动方式，如果拖动对象包含目标部件可识别格式的数据，则自动接受 OLE 放操作；当 OLEDropMode 设置为 2 时，控件的鼠标事件和 OLE 拖放事件都不会发生。

13.3　键盘事件的响应

📹 **视频讲解：光盘\TM\lx\13\键盘事件的响应.exe**

键盘事件也是编程中经常用到的事件，键盘上每个按键执行的每个动作都是一个键盘事件。对键盘按键动作作出反应就是键盘事件的响应。键盘事件有 3 种，分别为 KeyDown 事件、KeyUp 事件和 KeyPress 事件。下面分别进行介绍。

13.3.1　ASCII 码

ASCII 码是美国标准信息交换码（American Standard Code for Information Interchange）的缩写。键盘上的按键与 ASCII 码值相对应，通过读取或设置键盘的 ASCII 码值可以实现控制键盘的相关操作。常用 ASCII 字母键码如表 13.6 所示。读者可以对 ASCII 键码进行查阅。

13.3.2　KeyDown 事件和 KeyUp 事件的使用

当焦点置于某对象上时按下键盘上的键，将触发 KeyDown 事件；释放按键则触发 KeyUp 事件。VB 中的大部分控件都能接收这两个事件。

1. KeyDown 事件

KeyDown 事件在窗体具有焦点且在键盘上按下一个键时被触发。其语法格式如下：

```
Private Sub Form_KeyDown(KeyCode As Integer,Shift As Integer)
```

☑ KeyCode：该参数用来返回一个键码。键码将键盘上的物理按键与一个数值相对应，并定义了对应的键码常数。详细的键码常数表参见 VB 帮助文件。

☑ Shift：该参数是用来响应 Shift、Ctrl 和 Alt 键状态的一个整数。如果需要测试 Shift 参数，可使用该参数中定义的各位 Shift 常数。Shift 属性的常数值及其说明如表 13.7 所示。

表 13.6　常用 ASCII 字母键码表

十进制	代码	字符	十进制	字符	十进制	字符	十进制	字符	十进制	字符	十进制	字符	十进制	字符	十进制	字符
0	NUL	空	32	(space)	64	@	96	`	128	Ç	160	á	192	└	224	α
1	SOH	文头	33	!	65	A	97	a	129	ü	161	í	193	┴	225	β
2	STX	正文开始	34	"	66	B	98	b	130	é	162	ó	194	┬	226	Γ
3	ETX	正文结束	35	#	67	C	99	c	131	â	163	ú	195	├	227	π
4	EOT	文尾	36	$	68	D	100	d	132	ä	164	ñ	196	─	228	Σ
5	ENQ	查询	37	%	69	E	101	e	133	à	165	Ñ	197	┼	229	σ
6	ACK	确认	38	&	70	F	102	f	134	å	166	ª	198	╞	230	μ
7	BEL	振铃	39	'	71	G	103	g	135	ç	167	º	199	╟	231	τ
8	BS	backspace	40	(	72	H	104	h	136	ê	168	¿	200	╚	232	Φ
9	HT	水平制表符	41	)	73	I	105	i	137	ë	169	⌐	201	╔	233	Θ
10	LF	换行	42	*	74	J	106	j	138	è	170	¬	202	╩	234	Ω
11	VT	起始	43	+	75	K	107	k	139	ï	171	½	203	╦	235	δ
12	FF	换页	44	,	76	L	108	l	140	î	172	¼	204	╠	236	∞
13	CR	回车	45	-	77	M	109	m	141	ì	173	¡	205	═	237	φ
14	SO	移出	46	.	78	N	110	n	142	Ä	174	«	206	╬	238	∈
15	SI	移入	47	/	79	O	111	o	143	Å	175	»	207	╧	239	∩
16	DLE	数据链路转意	48	0	80	P	112	p	144	É	176	░	208	╨	240	≡
17	DC1	设备控制1	49	1	81	Q	113	q	145	æ	177	▒	209	╤	241	±
18	DC2	设备控制2	50	2	82	R	114	r	146	Æ	178	▓	210	╥	242	≥
19	DC3	设备控制3	51	3	83	S	115	s	147	ô	179	│	211	╙	243	≤
20	DC4	设备控制4	52	4	84	T	116	t	148	ö	180	┤	212	╘	244	⌠
21	NAK	反确认	53	5	85	U	117	u	149	ò	181	╡	213	╒	245	⌡
22	SYN	同步空闲	54	6	86	V	118	v	150	û	182	╢	214	╓	246	÷
23	ETB	传输块结束	55	7	87	W	119	w	151	ù	183	╖	215	╫	247	≈
24	CAN	取消	56	8	88	X	120	x	152	ÿ	184	╕	216	╪	248	°
25	EM	媒体结束	57	9	89	Y	121	y	153	Ö	185	╣	217	┘	249	∙
26	SUB	替换	58	:	90	Z	122	z	154	Ü	186	║	218	┌	250	·
27	ESC	转意	59	;	91	[	123	{	155	¢	187	╗	219	█	251	√
28	FS	文件分隔符	60	<	92	\	124	|	156	£	188	╝	220	▄	252	ⁿ
29	GS	组分隔符	61	=	93	]	125	}	157	¥	189	╜	221	▌	253	²
30	RS	记录分隔符	62	>	94	^	126	~	158	₧	190	╛	222	▐	254	■
31	US	单元分隔符	63	?	95	_	127	⌂	159	ƒ	191	┐	223	▀	255	lank "FF"

表 13.7　Shift 属性的常数值

常　　数	值	说　　明
vbShiftMask	1	Shift 键的位屏蔽
vbCtrlMask	2	Ctrl 键的位屏蔽
vbAltMask	4	Alt 键的位屏蔽

注意

为了在每个控件识别其所有键盘事件之前使窗体接收这些键盘事件，需要将窗体上的 KeyPreview 属性设置为 True。

【例 13.6】　本实例实现当程序运行时，光标在文本框中，按 Enter 键，光标从文本框上移动到按钮上。（**实例位置：光盘\TM\sl\13\6**）

程序代码如下：

```
Private Sub Text1_KeyDown(KeyCode As Integer, Shift As Integer)      '文本框的 KeyDown 事件
    If KeyCode = 13 Then                                             '如果按下的键为回车键
        Command1.SetFocus                                           '将焦点移动到按钮上
    End If
End Sub
```

2．KeyUp 事件

当窗体上具有焦点时释放一个键或者将窗体的 KeyPreview 属性设置为 True 释放一个键时触发 KeyUp 事件。其语法格式如下：

```
Private Sub Form_Keyup(KeyCode As Integer,Shift As Integer)
```

☑　KeyCode：一个键代码，诸如 vbKeyF1（F1 键）或 vbKeyhome（Home 键）。必须指定键代码。

☑　Shift：是在该事件发生时响应表示 Shift、Ctrl 和 Alt 键状态的一个整数。Shift 参数是一个位域，它用最少的位响应 Shift 键（位 0）、Ctrl 键（位 1）和 Alt 键（位 2）。这些位分别对应于值 1、2 和 4。可通过一些、所有或无位的设置来指明有一些、所有或零个键被按下。

【例 13.7】　本实例实现程序运行时按下键盘上的 Enter 键，窗体上显示"Enter 键被按下"；当释放 Enter 键时，窗体上显示"Enter 键被释放"。程序运行效果如图 13.10 所示。（**实例位置：光盘\TM\sl\13\7**）

图 13.10　KeyDown 与 KeyUp 事件实例

程序代码如下：

```
Private Sub Form_KeyUp(KeyCode As Integer, Shift As Integer)
    If KeyCode = 13 Then                        '如果键码值为 13
        Print "Enter 键被释放"                   '在窗体上输出信息
    End If
End Sub
```

13.3.3 KeyPress 事件的使用

当窗体中没有可视和有效的控件或 KeyPreview 属性被设置为 True 时，用户在按下和释放一个有 ASCII 码相对应的键时触发 KeyPress 事件。

KeyPress 事件并不是按下键盘上任意一个键都会被触发，它只会对产生 ACSII 码值的按键进行响应。所以，对于像方向键和功能键这样没有 ASCII 码值的按键，KeyPress 事件不会被触发。

语法格式如下：

```
Private Sub Form_KeyPress(KeyAscii As Integer)
```

KeyAscii：返回一个标准数字 ANSI 键代码的整数。KeyAscii 通过引用传递，对它进行改变可给对象发送一个不同的字符。将 KeyAscii 改变为 0 时可取消按键，这样一来对象便接收不到字符。

📢 注意

KeyPress 与 KeyDown、KeyUp 事件有所区别，KeyPress 不显示键盘的物理状态，而只是传递一个字符。

KeyPress 事件中的参数 KeyAscii 用于接收被敲击键的 ASCII 码，可以通过该参数的返回值判断对哪个键进行了单击。KeyPress 事件将每个字符的大、小写形式作为不同的键代码解释，即作为两种不同的字符。

【例 13.8】 本实例实现当程序运行时在窗体上的文本框内输入内容，不能输入数值型信息。程序运行效果如图 13.11 所示。（**实例位置：光盘\TM\sl\13\8**）

图 13.11 禁止输入数值型信息

程序代码如下：

```
Private Sub Text1_KeyPress(KeyAscii As Integer)
    char = Chr(KeyAscii)                         '将按键的 ASCII 码值转换为字符型
```

```
If IsNumeric(char) Then                          '如果是数值
    KeyAscii = char                              '将字符赋给参数
    MsgBox "禁止输入数值型数据！"                    '提示信息
End If
End Sub
```

13.4　小　　结

本章主要介绍了鼠标键盘的基本属性、事件和方法。通过本章的学习，读者可以掌握处理鼠标和键盘事件的方法，在开发应用程序过程中熟练应用鼠标与键盘事件，可以增强应用程序的实用性。

13.5　练习与实践

1．在窗体上添加一个标签控件，编写代码，使程序运行时按下鼠标左键，标签变为绿色；释放鼠标时标签变为蓝色。（**答案位置：光盘\TM\sl\13\9**）

2．设计一个程序，实现当程序运行时在文本框中输入字母，输入的小写字母转换为大写字母，输入的大写或非字母字符保持不变（使用 Ucase 函数将小写字母转换为大写字母）。（**答案位置：光盘\TM\sl\13\10**）

第14章

程序调试和错误处理

(📹 视频讲解：16分钟)

在程序设计时，出现错误是在所难免的，越复杂的程序越容易产生错误，有些错误还会导致程序无法正常运行。因此程序的调试工作就显得尤为重要，在设计程序时要通过不断地测试来捕捉错误。VB 提供了强大的调试工具，可以方便地进行程序调试。另外，还可以通过VB有关错误处理语句对产生的错误进行处理。

通过阅读本章，您可以：

▶▶ 了解3种错误类型

▶▶ 掌握错误产生的主要原因

▶▶ 了解3种工作模式

▶▶ 掌握3种工作模式的切换方法

▶▶ 掌握调试工具的使用方法

▶▶ 掌握插入断点和逐语句跟踪的排错方法

▶▶ 掌握 Err 对象的使用方法

▶▶ 掌握 On Error 语句的使用方法

▶▶ 学会如何退出错误处理

14.1　错误类型

视频讲解：光盘\TM\lx\14\错误类型.exe

在程序设计时，出现错误是在所难免的。在编写代码或程序运行中，如果捕获到错误信息，屏幕上将显示错误信息提示对话框。VB 中的这些错误信息按照类型大致可以分为编译错误、运行错误与逻辑错误 3 种。

14.1.1　编译错误

编译错误发生在代码编辑时，也可称为语法错误，即由于代码的结构违反了语句的语法规定而产生。例如，遗漏了标点符号或关键字就属于编译错误。当出现编译错误时，系统将出错行的代码变成红色高亮度显示，并提示错误原因。

通常情况下可以通过设置"自动语法检测"来使系统自动检测语法错误。当一行代码输入完后，光标转移到其他行时，如果存在错误，将提示错误信息。其设置方法为：选择"工具"/"选项"命令，在弹出的"选项"对话框中选择"编辑器"选项卡，选中"代码设置"栏中的"自动语法检测"复选框，如图 14.1 所示，这样程序在编译时就会自动检测语法错误。

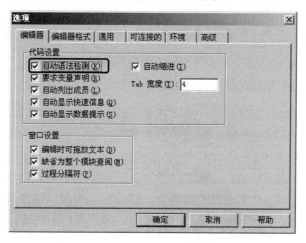

图 14.1　选中"自动语法检测"复选框

在设置"自动语法检测"后，当用户在输入代码时，系统就会在用户输入完一行代码并移动光标时自动执行语法检测来查找错误。例如，当输入 If 语句时没有输入 Then 关键字，当光标离开该行以后，将弹出编译错误对话框，提示错误原因，如图 14.2 所示。

有些编译错误在代码编写时可能无法发现，需要当程序运行到相应的位置时才提示错误。例如缺少配对结构的错误，在使用 If 语句时，如果没有 End If 语句，运行时将会提示错误信息，如图 14.3 所示。

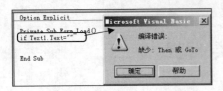

图 14.2 "编译错误"实例　　　　　　　　图 14.3 程序运行时发现的编译错误

14.1.2 运行错误

运行错误是在程序编译通过后运行代码时发生的，一般是由于程序执行过程中出现了非法操作引起的。例如，在进行除法运算时除数为 0、类型不匹配、访问的文件不存在等。

运行错误相对于语法错误比较难发现，需要通过不同的方法进行多次测试才会发现。因此在编写代码时，要考虑程序执行的每一步会发生什么变化，然后再将代码应用到程序中。

例如，定义了一个数值型变量 i，当程序运行时，通过文本框控件输入数据，将输入的数据赋值给变量 i，如果输入了非数值型信息，系统将出现错误提示，单击"调试"按钮，将会转到代码窗口中出错的代码行上，程序进入中断模式，如图 14.4 所示。

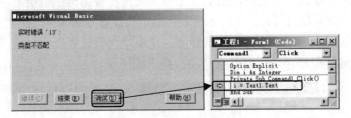

图 14.4 运行时错误

这时就要加判断，限制在文本框内输入的数据必须为数值型。

14.1.3 逻辑错误

逻辑错误是指程序没有按预期的方式执行，没有得到预期的效果，而代码又不存在语法错误，程序可以正常执行。这类错误不会产生错误提示信息，错误很难发现，需要程序员仔细分析程序，使用调试工具反复进行调试才能发现。例如，函数定义错误、循环条件不正确、语句顺序不对等。

14.2 工 作 模 式

视频讲解：光盘\TM\lx\14\三种工作模式的切换.exe

VB 的工作状态可以分为 3 种模式，即设计模式、运行模式和中断模式。用户要时刻知道应用程序正处在何种模式下，才能更好地测试和调试应用程序。

14.2.1　设计模式

应用程序的创建工作大多数都是在设计模式中完成的。在设计模式下可以进行程序的界面设计、属性设置、代码编辑等，此时标题栏显示"设计"字样，如图 14.5 所示。

图 14.5　设计模式

14.2.2　运行模式

执行"启动"命令后，程序即由设计模式进入运行模式，标题栏显示"运行"字样。在运行模式下，可以查阅代码，但不能进行修改，如图 14.6 所示。

图 14.6　运行模式

14.2.3　中断模式

当程序运行时，选择"运行"/"中断"命令或者直接单击工具栏中的"中断"按钮，程序将切换到中断模式。中断模式窗体状态如图 14.7 所示。在中断模式下可以浏览和修改代码、查阅变量取值等。

图 14.7　中断模式

在 VB 中可通过以下几种方式进入中断模式。

☑　在运行模式下选择"中断"命令。

☑　在程序代码中设置断点或 Stop 语句，程序执行到断点或 Stop 语句处时即进入中断模式。

☑　由程序运行错误而导致的中断。

14.3　调试工具及使用

🎬 视频讲解：光盘\TM\lx\14\调试工具及使用.exe

为了有效排除程序中发生的各种错误，VB 提供了强大的调试工具与良好的调试环境。

14.3.1 "调试"工具栏的使用

VB 提供了专门的"调试"工具栏供程序员对代码进行调试。"调试"工具栏中包含了在调试代码时经常用到的一些工具按钮。如果在 VB 集成开发环境的工具栏中没有找到"调试"工具栏，选择"视图"/"工具栏"/"调试"命令，或在工具栏的空白处单击鼠标右键，在弹出的快捷菜单中选择"调试"命令，即可将"调试"工具栏添加到集成开发环境的工具栏中，如图 14.8 所示。

"调试"工具栏如图 14.9 所示，其中共有 3 组 12 个按钮，前 3 个按钮在标准工具栏中也可以看到。

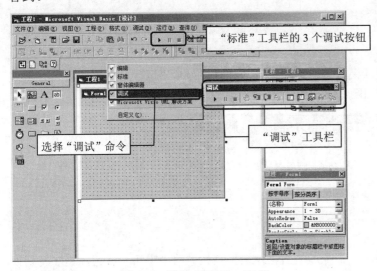

图 14.8　添加"调试"工具栏

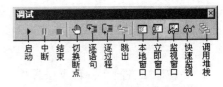

图 14.9　"调试"工具栏

14.3.2　本地窗口的使用

本地窗口中显示了所有在当前过程中声明的变量及变量的值。当程序从运行模式切换到中断模式或操纵堆栈中的变量时，就会自动刷新并显示当前过程中声明的变量及变量的值。本地窗口如图 14.10 所示。

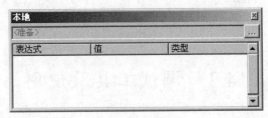

图 14.10　本地窗口

本地窗口各组成部分的功能如表 14.1 所示。

表 14.1　本地窗口各组成部分说明

项　　目	说　　明
<准备>	显示当前调用堆栈中的过程
...	单击该按钮，将打开"调用堆栈"对话框，列出调用堆栈中的过程。选择相应的过程，本地窗口中会显示该过程中声明的变量及变量的值
表达式	列出变量的名称。列表中的第一个变量是一个特殊的模块变量，可用来扩充显示出当前模块中的所有模块层次变量。对于类模块，会定义一个系统变量<Me>。对于常规模块，第一个变量是<name of the current module>。全局变量以及其他工程中的变量，都不能从本地窗口中访问
值	列出变量的值。选择任意一个变量的值，可以编辑一个新值。所有的数值变量都应该有一个值，而字符串变量则可以有空值
类型	列出变量的类型

14.3.3　立即窗口的使用

程序在中断模式时自动显示立即窗口。立即窗口是在调试程序中最常用的窗口，既快捷又方便。立即窗口不接受数据声明，但可以使用 Sub 和 Function 过程，由此可用任何给定的一系列参数来测试过程的结果。

可以在立即窗口中使用 Print 语句或"?"显示变量的值；也可以在程序代码中利用 Debug.Print 方法，把输出送到立即窗口。

例如，查询网格控件的行数和列数，可使用立即窗口得到结果。在立即窗口中输入代码，在中断模式下按 Enter 键，该窗口中就会显示出查询结果，如图 14.11 所示。

图 14.11　立即窗口

14.3.4　监视窗口的使用

在工程中如果设置了监视内容（表达式或变量），监视窗口就会自动显示。监视窗口可显示当前的监视表达式，并负责监视这个表达式或变量在程序中的变化。

在使用监视窗口监视某个表达式或变量前，需要先将其设置为监视内容。监视内容的设置方法如下：

（1）使用鼠标选中要监视的代码内容。

（2）选择"调试"/"添加监视"命令，打开"添加监视"对话框，在其中添加监视表达式以及设置监视类型，如图 14.12 所示。

（3）设置完成后单击"确定"按钮，即可创建监视内容。这时监视窗口会自动出现并显示刚添加的监视内容，如图 14.13 所示。

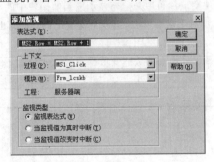

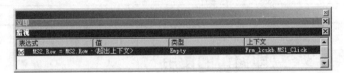

图 14.12　"添加监视"对话框　　　　　　图 14.13　添加监视内容后的监视窗口

 说明

添加监视内容时也可用鼠标选择要监视的内容，然后将其直接拖放到监视窗口中。

监视窗口中各组成部分的说明如表 14.2 所示。

表 14.2　监视窗口中各组成部分的说明

组 成 部 分	说　　明
表达式	列出所监视的表达式，并在最左边列出监视图标 66
值	列出在切换为中断模式时表达式的值。选择任意一个监视内容的值，可以编辑一个新值。如果这个新值是无效的，则编辑字段会突出显示，同时还会出现一个消息框来描述这个错误，此时通过 Esc 键中止之前的更改
类型	列出表达式的类型
上下文	列出监视表达式的内容

 说明

中断模式时，监视表达式的内容不在所选择的范围内时，当前的值不会显示出来。

14.3.5　插入断点和逐语句跟踪

设置断点可以在程序运行到断点处时中断程序的运行，然后逐语句跟踪检查相关变量、表达式的值是否在预期的范围内。断点可在 3 种模式下设置或删除。在代码窗口选择可能存在问题的语句作为断点，按下 F9 键或是在代码所在行的左侧灰色边框处单击鼠标左键，即可添加断点，如图 14.14 所示。在断点处再次单击即可取消断点。

程序运行到断点处时中断。切换到中断模式，此时可以直接查看变量或表达式的值，只要把光标悬停在要查看的语句上，就会显示该变量或表达式的值，如图 14.15 所示。

图 14.14 插入断点

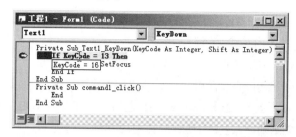

图 14.15 查看参数值

若要继续跟踪断点后面的语句执行情况，只要按 F8 键或者单击"调试"工具栏中的"逐语句"按钮，带有黄色箭头的突出显示将按照程序执行顺序逐行移动。

设置断点和逐语句跟踪是最简单、最常用的程序调试方式。

14.4　错误处理语句和对象

📹 视频讲解：光盘\TM\lx\14\错误处理语句和对象.exe

无论程序设计得多么完美都有可能产生错误，而有些错误是无法预料的，如突然断电等。因此，在产生错误时就需要使用一些错误处理的语句和对象来处理它。

VB 预定义了一些专门包含运行时错误信息的对象，以及当程序产生错误后进行错误处理的语句。使用这些对象和语句可以有效地对错误进行处理。

14.4.1　Err 对象

Err 对象中含有有关当前程序运行时的错误信息，当程序运行中出现问题时，错误信息就会在 Err 对象中反映出来。Err 对象是程序中固有的公用对象，即在过程中不需要创建即可直接使用的。

Err 对象的属性和方法说明如表 14.3 所示。

表 14.3　Err 对象的属性和方法说明

属性/方法	说　　　明
Description 属性	返回或设置一个包含与对象相关联的描述性字符串
HelpContext 属性	返回或设置一个包含 Windows 操作系统帮助文件中主题的上下文 ID
HelpFile 属性	返回或设置一个表示帮助文件的完整限定路径
LastDLLError 属性	返回因调用动态链接库（DLL）而产生的系统错误号
Number 属性	返回或设置表示错误的数值，Err 对象的默认属性
Source 属性	返回或设置一个指明最初生成错误的对象或应用程序的名称
Clear 方法	用于清除 Err 对象的所有属性设置。在错误处理之后使用，用来清除之前产生的 Err 对象的属性
Raise 方法	生成运行时错误

下面针对 Err 对象的主要属性和方法作进一步说明。

（1）Description 属性

Description 属性返回 String 类型的值，描述程序的错误信息。当无法处理或不想处理错误时，可以使用这个属性提示用户。

（2）Number 属性

Number 属性表示错误的数值编号，可以根据这个编号进行错误处理。每个错误产生时都有一个错误号，错误号在 1～65535 之间，其中 1～1000 之间的错误号是系统已经使用的或保留供以后使用的，当产生自定义错误时应该使用其他的错误号。

（3）Clear 方法

Clear 方法用于清除该对象的属性设置。它把 Err 的数值型属性设置为 0，字符串型属性设置为空字符串。

14.4.2 捕获错误（On Error 语句）

利用 On Error 语句可以捕获错误信息。该语句可启动一个错误处理程序，并指定该错误处理程序在过程中的位置，也可用来禁止一个错误处理程序。

如果程序中不使用 On Error 语句，则运行时的错误可能导致程序运行终止。On Error 语句有 3 种语法格式：

```
On Error GoTo <位置>
On Error GoTo 0
On Error Resume Next
```

1．On Error GoTo 语句

当程序出现错误时，使用 On Error GoTo 语句将程序的执行流程转移到指定的代码行，由错误处理程序针对具体的错误进行处理。其中，"位置"可以是任何标签或行号。指定的位置必须在发生错误的过程中，如果过程中不存在这个位置，VB 将会产生一个编译错误。

On Error GoTo 0 语句用于禁止当前过程中任何已启动的错误处理程序。计时过程中包含编号为 0 的行，也不把 0 指定为处理错误代码的起点。

2．On Error Resume Next 语句

On Error Resume Next 语句是在程序运行错误发生时继续执行发生错误语句之后的语句，而不中断程序的运行。使用该语句可以不顾运行时的错误，继续执行程序。该语句可以将错误处理程序代码直接放在发生错误处，也就是将错误处理程序直接嵌入在发生错误的过程中，而不用像 On Error GoTo 语句那样到指定的位置上去执行。

另外，如果不做错误处理程序，会忽略错误继续执行代码，这相当危险。此时，错误没有被提示也没有被纠正，可能会给后面的操作留下隐患。

14.4.3 退出错误处理（Resume 语句）

错误处理完成后应及时退出，并控制程序返回到合适的位置，使程序继续执行。使用 Resume 语句可实现这一功能。

Resume 语句有如下 3 种用法。

☑ Resume[0]：程序返回到出错语句处继续执行。

☑ Resume Next：程序返回到出错语句的下一句继续执行。

☑ Resume Line：程序返回到标签或行号处继续执行。

其中，Resume[0]语句的作用是重新执行与包含该语句的错误处理程序同一过程中的出错语句。如果错误来自从该过程中调用的被调过程，则重新执行这个调用过程的语句。

Resume Line 语句的作用是执行以参数 Line 为行号或行标签的语句，参数 Line 必须是和错误处理程序在同一个过程中的标签或行号。

例如，当用户删除了所有的类别信息后，又一次单击了"删除"按钮，这时便出现如图 14.16 所示的错误信息。

图 14.16　删除记录时出现的运行错误

出现这种错误时，可以使用 Resume Next 语句。只要在删除语句前加上"On Error Resume Next"语句，即可解决这一问题。

14.4.4 编写错误处理函数

错误处理实际上相当于大楼出现明火时（发生错误），烟雾感应器捕获到高于正常密度的烟雾（捕获错误），从而自动喷水进行灭火（处理错误）。

【例 14.1】 本实例编写了一个错误处理函数，在按钮单击事件中调用这个函数进行错误处理。程序运行效果如图 14.17 所示。（**实例位置：光盘\TM\sl\14\1**）

图 14.17　错误提示框

程序代码如下：

```
Public Function StrErr() As String                          '声明变量
    Dim strinfo As String
    strinfo = "错误号：" & Err.Number & vbCrLf & _
              "错误描述：" & Err.Description                  '将错误信息赋给变量
    MsgBox strinfo, 48, "错误提示！"                          '显示提示信息
End Function
Private Sub Command1_Click()
    On Error GoTo handle1                                    '错误处理
    Dim i As Integer                                        '声明变量
    i = Text1.Text                                          '错误的赋值
Exitsub
handle1:                                                     '指定标签
    Call StrErr                                             '调用错误处理函数
End Sub
```

14.5 小   结

本章主要介绍了 VB 中的错误类型、调试工具的使用及排错方法。通过本章的学习，读者可以了解 VB 中的常见错误，掌握调试工具的使用，学会如何处理 VB 应用程序设计过程中出现的常见问题。

14.6 练习与实践

1. 找出"光盘\TM\sl\14\2"程序中的错误，并将其改正过来。
2. 拦截程序中出现的错误，并且提示。（**答案位置：光盘\TM\sl\14\2**）

第15章

文件系统编程

（ 📹 视频讲解：98分钟 ）

对文件的操作是程序开发语句可以实现的最基本的功能之一。Microsoft VB 6.0 具有较强的文件处理能力，它为用户提供了多种处理文件的方法及大量与文件系统有关的语句、函数及控件，用户使用这些技术可以编写出功能强大的文件处理程序。本章将对各种文件的操作方法进行介绍。

通过阅读本章，您可以：

▶▶ 了解文件的基本概念

▶▶ 认识文件系统控件

▶▶ 掌握文件系统控件的使用方法

▶▶ 掌握文件操作语句的使用方法

▶▶ 掌握文件操作函数的使用方法

▶▶ 掌握顺序文件的读写方法

▶▶ 掌握随机文件的读写方法

▶▶ 掌握二进制文件的读写方法

15.1 文件的基本概念

📹 视频讲解：光盘\TM\lx\15\文件的基本概念.exe

文件是存储在外部介质上的数据或信息的集合，用来永久保存大量的数据。计算机中的程序和数据都是以文件的形式进行存储的。大部分的文件都存储在诸如硬盘驱动器、磁盘和磁带等辅助设备上，并由程序读取和保存。在程序运行过程中所产生的大量数据，往往也都要输出到磁盘介质上进行保存。

15.1.1 文件的结构

为了有效地对数据进行读写，数据必须以某种特定的格式存储，这种特定的格式称为文件结构。VB 文件由记录组成，记录由字段组成，字段由字符组成。

☑ 文件：由具有同一记录结构的所有记录组成的集合。每个文件都应该有一个文件名，它是对文件进行访问的唯一手段。文件名一般由主文件名（简称文件名）和扩展名组成。

☑ 记录：由一组域组成的一个逻辑单位。一个记录中的各个域之间应该相互有关系。每个记录有一个记录名，用来表示一个唯一的记录结构。记录是计算机进行信息处理的基本单位。

☑ 字段：也称域。域是文件中的一个重要概念，一般是由几个字符所组成的一项独立的数据。每个域都有一个域名，每个域中具体的数据值称为该域的域值。

☑ 字符：构成文件的最基本单位，凡是单一字节、数字、标点符号或其他特殊符号都是一个字符。

15.1.2 文件的分类

1. 根据数据的使用分类

根据数据的使用情况，文件可以分为数据文件和程序文件两类。

（1）数据文件

数据文件中存放普通的数据，如药品信息、学生信息等，这些数据可以通过特定的程序存取。

（2）程序文件

程序文件中存放计算机可以执行的程序代码，包括源文件和可执行文件等，如 VB 中的工程文件（.vbp）、窗体文件（.frm）、窗体的二进制数据文件（.frx）、标准模块文件（.bas）、类模块文件（.cls）、可执行文件（.exe）等都是程序文件。

VB 中的程序文件还包括 ActiveX 控件的文件（.ocx）、资源文件（.res）及动态链接库文件（.dll）等。

2. 根据数据编码方式分类

（1）ASCII 文件

ASCII 文件又称为文本文件，字符以 ASCII 码方式存放，Windows 中的字处理软件建立的文件就是 ASCII 文件。

（2）二进制文件

二进制文件中的数据是以字节为单位存取的，不能用普通的字处理软件创建和修改。

3．根据数据访问方式分类

VB 中提供了 3 种访问数据的方式，即顺序访问、随机访问和二进制访问，相应的文件可分为顺序文件、随机文件和二进制文件。

15.1.3　文件处理的一般步骤

不同类型的文件，其访问方式是有所区别的，但是在 VB 中无论是什么类型的文件，其处理步骤基本上是相同的。一般按照下列 3 个步骤进行。

（1）打开文件

对文件进行操作前必须先打开文件。

（2）对文件进行读写操作

对打开的文件执行所要求的读写操作。对文件的读操作，就是把文件中的数据传输到内存程序中；对文件的写操作，就是把内存中的数据存储到外部设备并作为文件存放。

（3）关闭文件

在完成了对打开的文件的读写操作后，应及时将其关闭以释放相关文件缓冲，缓冲区中的剩余数据被读入内存或写入文件。

15.2　文件系统控件

视频讲解：光盘\TM\lx\15\文件系统控件.exe

VB 提供了两种可以进行文件操作的控件：一种是由 CommonDialog 控件提供的通用对话框，即常用的诸如"打开""保存"等对文件进行操作的对话框；另一种是使用 VB 提供的 3 个文件系统控件自行创建的对话框。使用后一种方法可以自己设计一些具有独特风格的文件操作界面，可使访问文件系统的对话框更加直观。

VB 提供的 3 个文件系统控件，分别是驱动器列表框（DriveListBox）、目录列表框（DirListBox）

和文件列表框（FileListBox）。由于这 3 个控件都用来进行文件的操作，所以又被统称为文件系统控件。使用文件系统控件可以方便地进行文件操作。这 3 个控件是 VB 的内部控件，在 VB 的工具箱中即可看到，如图 15.1 所示。

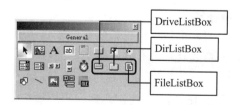

图 15.1　文件系统控件

15.2.1 驱动器列表框（DriveListBox 控件）

驱动器列表框（DriveListBox）控件能够提供本地计算机上有效磁盘驱动器的名称。这是一个下拉式列表框，与 ComboBox 控件相似，只是列表内容是事先建立好的。程序运行时可以在其下拉列表中选择一个磁盘驱动器，如软驱、硬盘分区和光驱等。

1．主要属性

（1）Drive 属性

Drive 属性用于返回或设置所选择的驱动器，包括在运行中控件创建或刷新时系统已有的或连接到系统上的所有驱动器。在程序运行时，可以通过键盘输入有效的驱动器名，也可以在控件的下拉列表框中选择驱动器。默认显示用户系统上的当前驱动器，程序设计时不可用。

语法格式如下：

```
object.Drive [= drive]
```

- ☑ object：对象表达式。
- ☑ drive：字符串表达式，指定所选择的驱动器。

【例 15.1】　本实例实现在程序运行时，在窗体上的 DriveListBox 控件中选择驱动器名称，所选择的驱动器名称将显示在下面的标签中。程序运行效果如图 15.2 所示。（**实例位置：光盘\TM\sl\15\1**）

程序代码如下：

```
Private Sub Drive1_Change()
    Label1.Caption = Drive1.Drive                        '显示当前驱动器的名称
End Sub
```

（2）List 属性

List 属性用于返回或设置控件的列表部分的项目。列表是一个字符串数组，数组的每一项都是一个列表项目，在程序运行时该属性只读。

语法格式如下：

```
object.List(index) [= string]
```

- ☑ object：对象表达式。
- ☑ index：列表中具体某一项目的号码。
- ☑ string：字符串表达式，指定列表项目。

> **注意**
>
> 列表中第一个项目的索引为 0，而最后一个项目的索引为 ListCount-1。对于 DriveListBox 控件，列表内容是包含有效的驱动连接列表。

【例 15.2】　本实例实现当程序运行时，单击窗体上的"显示"按钮，将当前驱动器列表框中的项目显示在下面的标签中。程序运行效果如图 15.3 所示。（**实例位置：光盘\TM\sl\15\2**）

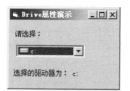

图 15.2　Drive 属性演示界面　　　　图 15.3　DriveListBox 控件的 List 属性演示界面

程序代码如下：

```
Private Sub Command1_Click()
    Dim i As Integer                           '定义整型变量
    Dim s As String                            '定义字符串变量
    For i = 0 To Drive1.ListCount – 1          '循环次数为驱动器中列表项数目
        s = s + "   " & Drive1.List(i)         '将列表项赋给变量
        Label1.Caption = s                     '将变量赋给标签
    Next i
End Sub
```

2．主要事件

Change 事件在驱动器列表框中当前所选择的驱动器名称发生改变时被触发，如程序运行时在下拉列表框中选择一个新的驱动器或通过代码改变 Drive 属性的设置都会触发该事件。

15.2.2　目录列表框（DirListBox 控件）

目录列表框（DirListBox）控件用于显示当前驱动器上的目录列表。其操作与 ListBox 控件相似，但它具有显示当前所选驱动器目录清单的功能。目录显示方式与 Windows 显示风格相同，根目录突出显示，其他各级子目录依次缩进。

DirListBox 控件的常用属性有 List 属性、ListIndex 属性和 Path 属性，下面分别介绍。

（1）List 属性

DirListBox 控件的 List 属性用于返回或设置控件的列表部分的项目。列表是一个字符串数组，数组的每一项都是一个列表项目，此属性在运行时只读。

语法格式如下：

`object.List(index) [= string]`

- ☑　object：对象表达式。
- ☑　index：列表中具体某一项目的号码。
- ☑　string：字符串表达式，指定列表项目。

（2）ListIndex 属性

ListIndex 属性用于返回或设置控件中当前选择项目的索引值，该属性值为整型，在设计时不可用。

语法格式如下：

`object.ListIndex [= index]`

- ☑　object：对象表达式。
- ☑　index：数值表达式，指定当前项目的索引。

注意

DirListBox 并不在操作系统级设置当前目录，而只是突出显示目录并将其 ListIndex 设置为-1。第一个子目录的 ListIndex 属性值为 0，下一级的依次为 1、2、3 等，如图 15.4 所示。

图 15.4　DirListBox 控件的 ListIndex 属性值

可以利用该属性访问任何一级目录，也可以访问当前目录的上一级或是下一级目录。

（3）Path 属性

Path 属性用于返回或设置当前路径。例如在目录列表框中选择了 C 盘的根目录，则 Path 属性为 "C:\"；如果选中了 C 盘下的 Windows 文件夹，则 Path 属性为 "C:\Windows"，也可以通过代码进行设置。例如：

```
Dir1.Path = "C:\Windows"
```

上面的代码设置 "C:\Windows" 为当前目录，并突出显示，如图 15.5 所示。程序运行时，在目录列表框中选择某个目录，系统就会把这个目录的路径赋给 Path 属性。Path 属性值的改变将触发该控件的 Change 事件。该属性在程序设计时是不可用的。

【例 15.3】 本实例演示 DirListBox 控件的 Path 属性的使用。运行程序，在 DirListBox 控件中选择相应的文件夹，在下面的标签中显示该文件夹的路径，如图 15.6 所示。（**实例位置：光盘\TM\sl\15\3**）

图 15.5　为 Path 属性赋值

图 15.6　Path 属性实例演示界面

程序代码如下：

```
Private Sub Drive1_Change()
    Dir1.Path = Drive1.Drive            '将选择的驱动器赋给 Path
End Sub
Private Sub Dir1_Change()
    Label1.Caption = Dir1.Path          '将 Path 值赋给标签
End Sub
```

15.2.3　文件列表框（FileListBox 控件）

文件列表框（FileListBox 控件）用于将 Path 属性指定的目录下的文件列表显示出来。FileListBox

控件与 ListBox 控件相似，只是其中的列表内容显示的是所选目录的文件名清单。

下面介绍 FileListBox 控件的主要属性和事件。

1. 主要属性

（1）Path 属性

Path 属性用于返回或设置当前路径，在设计时不可用。

语法格式如下：

```
object.Path [= pathname]
```

☑　object：对象表达式。

☑　pathname：一个用来计算路径名的字符串表达式。

【例 15.4】 本实例演示文件列表框控件的 Path 属性的
使用。程序运行时，在驱动器列表框中选择驱动器，在目
录列表框中选择文件所在文件夹，所选文件夹下的所有文
件显示在文件列表框中，用鼠标单击文件列表框中的文件，
则在下面的标签中显示选择的文件所在路径。程序运行效
果如图 15.7 所示。（**实例位置：光盘\TM\sl\15\4**）

程序代码如下：

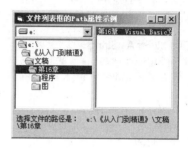

图 15.7　文件列表框的 Path 属性实例演示界面

```
Private Sub Dir1_Change()
    File1.Path = Dir1.Path                        '为文件列表框的 Path 属性赋值
End Sub
Private Sub Drive1_Change()
    Dir1.Path = Drive1.Drive                      '为目录列表框的 Path 属性赋值
End Sub
Private Sub File1_Click()
    Label1.Caption = "选择文件的路径是：    " & File1.Path    '将文件路径显示在标签中
End Sub
```

（2）Pattern 属性

Pattern 属性用于返回或设置一个值，指示在运行时显示在 FileListBox 控件中的文件的扩展名。

语法格式如下：

```
object.Pattern [= value]
```

☑　object：对象表达式。

☑　value：一个用于指定文件规格的字符串表达式，例如"*.*"或"*.frm"。默认值是"*.*"，
　　可返回所有文件的列表。除使用通配符外，还可以使用以分号（;）分隔的多种格式。

例如，可以使用下面的代码指定在运行时显示在 FileListBox 控件中的文件扩展名。

```
File1.Pattern = "*.txt"              '显示所有的文本文件
File1.Pattern = "*.txt;*.doc"        '显示所有的文本文件和 Word 文档文件
File1.Pattern = "???.txt"            '显示文件名包含 3 个字符的文本文件
```

（3）FileName 属性

FileName 属性用于返回或设置所选文件的文件名，其值为字符串。在设计时不可用。

语法格式如下：

```
object.FileName [= pathname]
```

☑　object：对象表达式。

☑　pathname：字符串表达式，指定路径和文件名。

FileName 属性不包括路径名，这和 CommonDialog 控件的 FileName 属性不同。在程序设计时，使用文件系统控件浏览文件时，如果要进行进一步操作如打开、保存等，就必须获得具有全部路径的文件名，例如 "C:\MyFolder\MyFile.txt"。通常采用将 FileListBox 控件的 Path 属性和 File 属性值中的字符串连接起来的方法来获得带路径的文件名。在使用中要注意判断 Path 属性的最后一个字符是否是目录分隔号 "\"，如果不是应添加一个 "\" 号，以保证目录的正确。可利用如下代码实现：

```
Dim MyStr As String                                    '定义字符串变量
If Right(File1.Path, 1) = "\" Then                     '如果路径最后一个字符是 "\"
    MyStr = File1.Path & File1.FileName                '将路径和文件名连接起来
Else
    MyStr = File1.Path & "\" & File1.FileName          '将加上 "\" 符号后的路径和文件名连接
End If
Print MyStr                                             '打印输出变量的值
```

2. 主要事件

（1）PathChange 事件

当 FileListBox 控件中的路径改变时，PathChange 事件被触发。FileName 或 Path 属性值的改变都能引起路径的改变，也就是都能触发 PathChange 事件。

语法格式如下：

```
Private Sub object_PathChange([index As Integer])
```

☑　object：一个对象表达式。

☑　index：一个整数，用来唯一标识一个在控件数组中的控件。

注意

可使用 PathChange 事件过程来响应 FileListBox 控件中路径的改变。当将包含新路径的字符串赋值给 FileName 属性时，FileListBox 控件就调用 PathChange 事件。

图 15.8　PathChange 事件示例界面

【例 15.5】　本实例实现当程序运行时选择不同的文件夹，改变 FileListBox 的路径，触发 PathChange 事件，在标签中显示当前 FileListBox 的路径，如图 15.8 所示。（**实例位置：光盘\TM\sl\15\5**）

程序代码如下：

```
Private Sub Dir1_Change()
    File1.Path = Dir1.Path                             '为文件路径赋值
```

```
End Sub
Private Sub Drive1_Change()
    Dir1.Path = Drive1.Drive                                    '为目录列表框路径赋值
End Sub
Private Sub File1_PathChange()
    Label1.Caption = "路径为：   " & File1.Path                  '将文件路径赋值给标签
End Sub
Private Sub Form_Load()
    Label1.Caption = "路径为：   " & Dir1.Path                   '将路径赋值给标签
End Sub
```

（2）PatternChange 事件

当文件的列表样式（如"*.*"）被代码中对 FileName 或 Path 属性的设置所改变时，触发此事件。

语法格式如下：

```
Private Sub object_PatternChange([index As Integer])
```

☑ object：一个对象表达式。

☑ index：一个整数，用于唯一标识一个在控件数组中的控件。

说明

可使用 PatternChange 事件过程来响应 FileListBox 控件中样式的改变。当将包含新样式的字符串赋值给 FileName 属性时，FileListBox 控件将调用 PatternChange 事件。

【例 15.6】 本例演示了 FileListBox 控件的 PatternChange 事件。运行程序，在下拉列表框中选择文件类型，在 FileListBox 控件中将显示所选文件夹下相应类型的文件，在下面的标签中显示文件路径，如图 15.9 所示。（实例位置：光盘\TM\sl\15\6）

图 15.9　FileListBox 控件的 PatternChange 事件应用

主要代码如下：

```
Private Sub File1_PatternChange()
    File1.Pattern = Combo1.Text                                 '将选择的文件类型赋给 Pattern 属性
```

```
        Label1.Caption = "文件的路径为: " & File1.Path                         '在标签中显示文件路径
End Sub
```

15.2.4 文件系统控件的联动

在应用程序开发过程中，一般将文件系统的 3 个控件联合使用，即所谓的文件系统控件的联动。下面通过一个典型实例来介绍。

【例 15.7】 将 DriveListBox 控件、DirListBox 控件、FileListBox 控件联动，实现选择文件的功能，效果如图 15.10 所示。（实例位置：光盘\TM\sl\15\7）

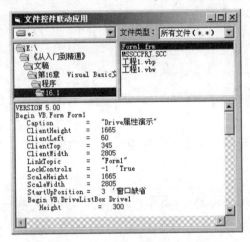

图 15.10　文件系统控件联动程序

主要代码如下：

```
Private Sub Combo1_Click()
    File1.Pattern = Mid(Combo1.Text, 21)                                 '设置文件类型
End Sub
Private Sub Dir1_Change()
    File1.Path = Dir1.Path                                               '为文件列表框赋值
End Sub
Private Sub Drive1_Change()
    Dir1.Path = Drive1.Drive                                             '为目录列表框赋值
End Sub
Private Sub File1_Click()
    Dim st As String, fpath As String                                   '定义变量
    If Right(Dir1.Path, 1) = "\" Then                                   '如果路径以 "\" 结尾
        fpath = Dir1.Path & File1.FileName                              '将路径赋给变量
    Else
        fpath = Dir1.Path & "\" & File1.FileName                        '将路径赋给变量
    End If
    Text1.Text = ""                                                     '文本框设置为空
    Open fpath For Input As #1                                          '打开文件
```

```
    Do While Not EOF(1)                              '直到文件末尾
        Line Input #1, st                            '读取文件内容
        Text1.Text = Text1.Text + st + vbCrLf        '将文件内容赋给文本框
    Loop
    Close #1                                         '关闭文件
End Sub
```

15.3　文件的操作语句

 视频讲解：光盘\TM\lx\15\文件的操作语句.exe

VB 对文件的操作主要由文件操作语句和函数完成，本节将介绍几个常用的文件操作语句。

15.3.1　改变当前驱动器（ChDrive 语句）

ChDrive 语句用来改变当前的驱动器。

语法格式如下：

```
ChDrive drive
```

drive：必要的参数，是一个字符串表达式，用于指定一个存在的驱动器。如果使用零长度的字符串（""），则当前的驱动器将不会改变。如果 drive 参数中有多个字符，则 ChDrive 只会使用首字母。

例如，使用 ChDrive 语句设置 "D" 为当前驱动器，代码如下：

```
ChDrive "D"                                          '使 "D" 成为当前驱动器
```

注意

ChDrive 语句改变的是默认的驱动器，当再次加载窗体时显示的是更改后的驱动器。

【例 15.8】　本实例实现通过 ChDrive 语句改变当前驱动器。运行程序后单击窗体上的 "更改盘符" 按钮，打开 Form2 窗体，单击窗体上的 "返回" 按钮，返回 Form1。这时窗体上驱动器列表框中显示的是更改后的盘符，如图 15.11 所示。（**实例位置：光盘\TM\sl\15\8**）

程序代码如下：

图 15.11　更改盘符

```
Private Sub Command1_Click()
    ChDrive Drive1.List(Drive1.ListIndex)            '将驱动器设置为当前驱动器
    Unload Me                                        '卸载此窗体
    Load Form2                                       '加载 Form2
    Form2.Show                                       '显示 Form2 窗体
    Drive1.Refresh                                   '刷新驱动器列表框
End Sub
```

15.3.2　改变目录或文件夹（ChDir 语句）

ChDir 语句用来改变当前的目录或文件夹。

语法格式如下：

```
ChDir path
```

path：必要参数，是一个字符串表达式，用于指明哪个目录或文件夹将成为新的默认目录或文件夹。path 可能包含驱动器。如果没有指定驱动器，则 ChDir 在当前的驱动器上改变默认目录或文件夹。

> **注意**
>
> ChDir 语句可以改变默认目录位置，但不会改变默认驱动器位置。例如，如果默认的驱动器是 C，则可以改变驱动器 D 上的默认目录，但是 C 仍然是默认的驱动器。

例如，可以应用下面的语句改变目录或文件夹。

将当前目录或文件夹改为"MYDIR"：

```
ChDir "MYDIR"
```

将工作目录设到应用程序所在目录：

```
ChDir App.Path
```

将目录设到操作系统路径下：

```
ChDir "D:\WINDOWS\SYSTEM"
```

15.3.3　删除文件（Kill 语句）

Kill 语句用于从磁盘中删除文件。

语法格式如下：

```
Kill pathname
```

pathname：必要参数，用来指定一个文件名的字符串表达式。pathname 可以包含目录或文件夹以及驱动器。

> **注意**
>
> Kill 语句是从驱动器中删除一个或多个文件，其作用就像 Windows 操作系统中的 Shift+Delete 键一样，所以使用时要谨慎，而且 Kill 语句允许使用"?"与"*"通配符。

【例 15.9】　本实例实现使用 Kill 语句删除文件。建议删除文件时要谨慎，因为如果删除的是系统文件，将导致其他程序或者操作系统运行时出错。本例特地创建了"删除.txt"的文本文件，在使用程

序时可以删除此文件。程序运行效果如图 15.12 所示。（实例位置：光盘\TM\sl\15\9）

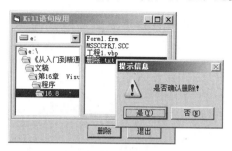

图 15.12　使用 Kill 语句删除文件

程序代码如下：

```
Private Sub Command1_Click()
    If MsgBox("是否确认删除！", 52, "提示信息") = vbYes Then        '提示信息
        Kill File1.Path & "\" & File1.FileName                '删除指定路径下的文件
        File1.Refresh                                         '文件列表框刷新
    End If
End Sub
Private Sub Dir1_Change()
    File1.Path = Dir1.Path                                    '为文件列表框路径赋值
End Sub
Private Sub Drive1_Change()
    Dir1.Path = Drive1.Drive                                  '为目录列表框赋值
End Sub
Private Sub Form_Load()
    Drive1.Drive = App.Path                                   '将当前路径赋给驱动器
    Dir1.Path = Drive1.Drive                                  '将驱动器路径赋给目录列表框
    File1.FileName = Dir1.Path                                '为文件名赋值
    Open App.Path & "删除.txt" For Binary As #1               '打开文本文件
    Close #1                                                  '关闭文本文件
End Sub
```

15.3.4　创建目录或文件夹（MkDir 语句）

MkDir 语句用于创建一个新的目录或文件夹。
语法格式如下：

```
MkDir path
```

path：必要参数，用于指定所要创建的目录或文件夹的字符串表达式。path 可以包含驱动器。如果没有指定驱动器，则 MkDir 语句会在当前驱动器上创建新的目录或文件夹。
例如，在 D 盘下创建一个新的文件夹，代码如下：

```
MkDir "d:\myfolder"                                          '在盘符 D 下创建一个 myfolder 文件夹
```

注意

如果创建的文件夹已经存在，则会产生错误。

15.3.5 复制文件（FileCopy 语句）

FileCopy 语句用于复制一个文件。

语法格式如下：

FileCopy source, destination

☑ source：必要参数。字符串表达式，用于表示要被复制的文件名。source 可以包含目录或文件夹及驱动器。

☑ destination：必要参数。字符串表达式，用于指定要复制的目的文件名。destination 可以包含目录或文件夹以及驱动器。

说明

如果想要对一个已打开的文件使用 FileCopy 语句，则会产生错误。

【例 15.10】 本例使用 FileCopy 语句实现对文件的复制。运行程序，选择要复制的文件及要将文件复制到的地址，然后单击"确定"按钮，即可将源地址中的文件复制到目标地址中，在复制完成后会出现复制成功的提示信息。程序运行效果如图 15.13 所示。（**实例位置：光盘\TM\sl\15\10**）

图 15.13　文件复制程序界面

程序代码如下：

```
Private Sub Command1_Click()                          '选择要复制文件的路径
    CommonDialog1.ShowOpen                            '打开"打开"对话框
    Text1.Text = CommonDialog1.FileName               '将文件名赋给 text1
End Sub
Private Sub Command2_Click()                          '选择文件存放的路径
    CommonDialog1.ShowSave                            '打开"保存"对话框
    Text2.Text = CommonDialog1.FileName               '将文件名赋给 Text2
End Sub
Private Sub Command3_Click()                          '复制文件
    If Text1.Text = "" Or Text2.Text = "" Then        '如果文本框为空
        MsgBox "输入不能为空值"                         '提示信息
```

```
    Else
        FileCopy Text1.Text, Text2.Text                    '复制文件
        MsgBox "文件复制成功！", vbInformation, "提示信息"      '提示信息
    End If
End Sub
Private Sub Command4_Click()                              '关闭退出
    End
End Sub
```

15.3.6 重命名（Name 语句）

Name 语句用于重新命名一个文件、目录或文件夹。

语法格式如下：

Name oldpathname As newpathname

- ☑ oldpathname：必要参数。字符串表达式，指定已存在的文件名和位置，可以包含目录或文件夹及驱动器。
- ☑ newpathname：必要参数。字符串表达式，指定新的文件名和位置，可以包含目录或文件夹及驱动器。由 oldpathname 所指定的文件名不能存在。如果存在将产生同名的文件，造成重命名失败。

例如，使用下面的代码可以重命名一个文件。

Name OldName As NewName   '将名为 OldName 的文件命名为 NewName

注意

在一个已打开的文件上使用 Name 语句，将会产生错误。因此，必须在改变名称之前，先关闭打开的文件。

15.3.7 设置文件属性（SetAttr 语句）

SetAttr 语句用于为一个文件设置属性信息。

语法格式如下：

SetAttr pathname, attributes

- ☑ pathname：必要参数。用于指定一个文件名的字符串表达式，可以包含目录或文件夹及驱动器。
- ☑ attributes：必要参数。常数或数值表达式，其总和用来表示文件的属性。attributes 参数设置值如表 15.1 所示。

表 15.1　attributes 参数的值及说明

常　　数	值	说　　明
vbNormal	0	常规（默认值）
vbReadOnly	1	只读
vbHidden	2	隐藏
vbSystem	4	系统文件
vbArchive	32	上次备份以后，文件已经改变

例如，使用下面的语句设置文件属性。

```
SetAttr"TEXT", vbHidden                                    '设置隐含属性
SetAttr"TEXT", vbHidden + vbReadOnly                       '设置隐含并只读
```

注意

如果想要给一个已打开的文件设置属性，则会产生运行时错误。

15.4　常用的文件操作函数

视频讲解：光盘\TM\lx\15\常用的文件操作函数.exe

本节介绍几个常用文件操作函数的使用方法，使读者掌握对文件的基本操作。

15.4.1　获取路径（CurDir 函数）

CurDir 函数用于返回一个 Variant(String)（字符串）值，用来代表当前的路径。

语法格式如下：

```
CurDir[(drive)]
```

drive：可选的参数，是一个字符串表达式，它指定一个存在的驱动器。如果没有指定驱动器，或 drive 是零长度字符串（""），则 CurDir 函数会返回当前驱动器的路径。

下面举例说明对 CurDir 函数的应用。

使用 CurDir 函数来返回当前的路径。代码如下：

```
'假设 C 驱动器的当前路径为 "C:\WINDOWS\SYSTEM"
'假设 D 驱动器的当前路径为 "D:\Program Files"
'假设 D 为当前的驱动器
Dim MyPath
MyPath = CurDir                            '返回 "D:\Program Files"
MyPath = CurDir("C")                       '返回 "C:\WINDOWS\SYSTEM"
MyPath = CurDir("D")                       ' "D:\Program Files"
```

获取应用程序目录下 Access 数据库所在的路径。

```
Dim Paths
Paths=CurDir & "\db_Data.mdb"
```

15.4.2　获取文件属性（GetAttr 函数）

GetAttr 函数用于返回一个 Integer（整数）值，此值为一个文件、目录或文件夹的属性。

语法格式如下：

GetAttr(pathname)

pathname：必要参数，是用来指定一个文件名的字符串表达式。pathname 可以包含目录或文件夹以及驱动器。

由 GetAttr 返回的值是表 15.2 所示的这些属性值的总和。

表 15.2　GetAttr 函数返回值的说明

常　　数	值	说　　明
vbNormal	0	常规
vbReadOnly	1	只读
vbHidden	2	隐藏
vbSystem	4	系统文件
vbDirectory	16	目录或文件夹
vbArchive	32	上次备份以后，文件已经改变
vbAlias	64	指定的文件名是别名

注意

若要判断是否设置了某个属性，在 GetAttr 函数与想要得知的属性值之间使用 And 运算符与逐位比较。如果所得的结果不为零，则表示设置了这个属性值。

15.4.3　获取文件创建或修改时间（FileDateTime 函数）

FileDateTime 函数用于返回一个 Variant(Date)（日期型）值，此值为一个文件被创建或最后修改的日期和时间。

语法格式如下：

FileDateTime(pathname)

pathname：必要参数，用于指定一个文件名的字符串表达式。pathname 可以包含目录或文件夹及驱动器。

使用 FileDateTime 函数可以获得文件创建或最近修改的日期与时间。日期与时间的显示格式根据操作系统的地区设置而定。例如，文件路径为"D:\我的文件\系统文档"，上次被修改的时间为 2005

年 2 月 16 日下午 4 时 35 分 47 秒，获取其最后修改时间的代码如下：

```
StrTime = FileDateTime("D:\我的文件\系统文档")          '变量 StrTime 中的值为 2005-2-16 4:35:47
```

15.4.4 返回文件长度（FileLen 函数）

FileLen 函数用于返回一个长整型数值，代表一个文件的长度，单位是字节。

语法格式如下：

```
FileLen(pathname)
```

pathname：必要参数，用于指定一个文件名的字符串表达式。pathname 可以包含目录、文件夹以及驱动器。

例如，使用 FileLen 函数来返回指定文件夹中文件的字节长度。假如"\Myfile.txt"的长度为 20，则变量 StrLen 的值也为 20。代码如下：

```
StrLen = FileLen("D:\我的文件\Myfile.txt")          '变量 StrLen 的返回值为 20
```

15.4.5 测试文件结束状态（EOF 函数）

EOF 函数用于返回一个 Integer（整数）值，用于测试当前读写位置即文件指针是否位于"文件号"所在文件的末尾。是文件尾则返回 True，否则返回 False。它包含布尔型值 True，表明已经到达为随机或顺序 Input 打开的文件的结尾。

语法格式如下：

```
EOF(filenumber)
```

filenumber：必要参数，是一个 Integer（整数）值，包含任何有效的文件号。

例如，使用 EOF 函数可以检测文件是否已经读到末尾。假设"D:\我的文件夹\Myfile.txt"中的文件为有数个文本行的文本文件。代码如下：

```
Open "D:\我的文件夹\Myfile.txt" For Input As #1          '为输入打开文件
Do While Not EOF(1)                                     '检查文件尾
    Line Input #1, Inputstr                            '读入数据，并将其存入变量 Input 中
    Debug.Print Inputstr                               '在立即窗口中显示
Loop
Close #1                                               '关闭文件
```

> **📢注意**
>
> （1）只有到达文件结尾时，EOF 函数才返回 False。对于访问 Random 或 Binary 而打开的文件，直到最后一次执行的 Get 语句无法读出完整的记录时，EOF 都返回 False。
>
> （2）对于为访问 Binary 而打开的文件，在 EOF 函数返回 True 之前，试图使用 Input 函数读出整个文件的任何尝试都会导致错误发生。在用 Input 函数读出二进制文件时，要用 LOF 和 Loc 函数来替换 EOF 函数，或者将 Get 函数与 EOF 函数配合使用。对于为 Output 打开的文件，EOF 总是返回 True。

15.4.6 获取打开文件的大小（LOF 函数）

LOF 函数用于返回一个 Long（长整数）型值，表示用 Open 语句打开的文件的大小，以字节为单位。
语法格式如下：

```
LOF(filenumber)
```

filenumber：必要参数，是一个 Integer（整数）值，包含一个有效的文件号。

例如，使用 LOF 函数来得知已打开文件的大小，代码如下：

```
Dim FileLength                              '定义变量
Open "D:\我的文件夹\Myfile.txt" For Input As #1    '打开文件
    FileLength = LOF(1)                     '取得文件长度
Close #1                                    '关闭文件
```

注意

> 对于尚未打开的文件，使用 FileLen 函数将得到文件的长度。

15.5 顺 序 文 件

📹 视频讲解：光盘\TM\lx\15\顺序文件.exe

顺序文件就是普通的文本文件，以字符的形式按照先后顺序存储数据。其文件结构简单，占用的
磁盘空间较少，访问时要按照顺序逐个查找。下面介绍顺序文件的打开与关闭及读取与写入操作。

15.5.1 顺序文件的打开与关闭

1．打开顺序文件

在对文件进行操作之前首先必须打开文件，同时指定读写操作和数据存储位置。打开文件使用
Open 语句，Open 语句分配一个缓冲区供文件进行输入/输出之用，并决定缓冲区所使用的访问模式。
语法格式如下：

```
Open FileName For [Input | Output | Append ] [ Lock ] As filenumber [ Len = Buffersize ]
```

顺序文件可通过以下 3 种方式打开，不同的方式可以对文件进行不同的操作。

☑ Input 方式

以此方式打开的文件，是用来读入数据的，可从文件中把数据读入内存，即读操作。FileName 指
定的文件必须是已存在的文件，否则会出错。不能对此文件进行写操作。例如，用下面的语句打开一

个文件。

```
Open "text" For input As #1                     '打开输入文件
```

☑　Output 方式

以此方式打开的文件，是用来输出数据的，可将数据写入文件，即写操作。如果 FileName 指定的文件不存在，则创建新文件；如果是已存在的文件，系统将覆盖原文件。不能对此文件进行读操作。例如，下面的代码用来打开一个输出文件 Path。

```
Open "Path" For Output As #1                    '打开输出文件
```

☑　Append 方式

以此方式打开的文件，也是用来输出数据的。与 Output 方式打开不同的是，如果 FileName 指定的文件已存在，不覆盖文件原内容，文件原有内容被保留，写入的数据追加到文件末尾；如果指定文件不存在，则创建新文件。

下面的代码用于打开 C 盘根目录下的 MyFile.txt 文件，如果源文件存在，则写入的数据追加在文件的末尾。

```
Open "c:\MyFile.txt" ForAppend As #1
```

当以 Input 方式打开顺序文件时，该文件必须已经存在，否则会产生一个错误，然而，当以 Output 或 Append 方式打开一个不存在的文件，Open 语句首先创建该文件，然后再打开它。当在文件与程序之间复制数据时，可利用参数 Len 指定缓冲区的字符数。

2．关闭顺序文件

当打开顺序文件并对其进行读写操作后，应将其及时关闭，以避免占用资源。通常使用 Close 语句将其关闭。

语法格式如下：

```
Close [filenumberlist]
```

filenumberlist：可选的参数，是指文件号的列表，如#1、#2。如果省略，将关闭 Open 语句打开的所有活动文件。

例如，使用下面的语句关闭一个已打开的文件。

```
Close #1
```

说明

（1）Close 语句用于关闭使用 Open 语句打开的文件，Close 语句具有下面两个作用。

☑　将 Open 语句创建的文件缓冲区中的数据写入文件中。

☑　释放表示该文件的文件号，以方便被其他 Open 语句使用。

（2）若 Close 语句的后面没有跟随文件号，则关闭使用 Open 语句打开的所有文件。

（3）若不使用 Close 语句关闭打开的文件，当程序执行完毕时，系统也会自动关闭所有打开的文件，并将缓冲区中的数据写入文件中。但是，这样执行有可能会使缓冲区中的数据最后不能写入到文件中，造成程序执行失败。

15.5.2　顺序文件的读取操作

要读取文本文件的内容，首先应使用 Input 方式打开文件，然后再从文件中读取数据。VB 提供了一些能够一次读写顺序文件中的一个字符或一行数据的语句和函数，下面分别进行介绍。

（1）Input#语句

Input#语句用于从文件中依次读出数据，并放在变量列表中对应的变量中。变量的类型与文件中数据的类型要求对应一致。

语法格式如下：

```
Input #filenumber, varlist
```

☑　filenumber：必要的参数。任何有效的文件号。

☑　varlist：必要的参数。用逗号分隔的变量列表，将文件中读出的值分配给这些变量。这些变量不可能是一个数组或对象变量，但是可以使用变量描述数组元素或用户定义类型的元素。

说明

文件中的字符串数据项若用双引号括起来，双引号内的任何字符（包括逗号）都视为字符串的一部分，所以若有些字符串数据项内需要有逗号，最好用 Write 语句写入文件，再用 Input 语句读出来，这样在文件中存放数据时就不会出现问题。

【例 15.11】　读取文本文件中的内容，并显示在文本框中。运行本实例程序后，单击"打开文件"按钮，选择某文本文件，显示效果如图 15.14 所示。（**实例位置：光盘\TM\sl\15\11**）

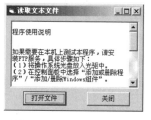

图 15.14　读取文本文件

关键代码如下：

```
Text1.Text = ""                              '清空文本框中的内容
With CommonDialog1                           '针对 CommonDialog 控件执行相应的操作
    .InitDir = App.Path                      '设置初始化的默认路径为当前路径
    .Filter = "文本文件|*.txt"                 '设置要打开的文件类型为文本文件
    .ShowOpen                                '打开"打开"对话框
End With
Open CommonDialog1.FileName For Input As 1   '打开文件
Dim str As String
Do While Not EOF(1)                          '循环至文件尾
    Input #1, str                            '读取文件
```

```
        Text1.Text = Text1.Text & vbNewLine & str          '将文件赋值给文本框
    Loop
    Close 1                                                  '关闭文件
```

（2）Line Input#语句

Line Input#语句用于从已打开的顺序文件中读出一行，并将它分配给字符串变量。Line Input#语句一次只从文件中读出一个字符，直到遇到回车符（Chr(13)）或回车/换行符（Chr(13)+Chr(10)）为止。回车/换行符将被跳过，而不会被附加到字符变量中。

语法格式如下：

```
Line Input #filenumber, varname
```

☑ filenumber：必要的参数。任何有效的文件号。

☑ varname：必要的参数。有效的 Variant 或 String 变量名。

【例 15.12】 本实例使用 Line Input#语句读取顺序文件中的数据。运行程序后选择要读取的文件，单击"读取文本"按钮，即可将文本内容显示在文本框中。程序运行效果如图 15.15 所示。（实例位置：光盘\TM\sl\15\12）

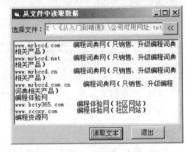

图 15.15　从文件中读取数据

程序代码如下：

```
Private Sub Command1_Click()
    Dim MyLine                                           '定义变量
    If Text2.Text <> "" Then                             '如果文本框中的内容不为空
        Open Text2.Text For Input As #1                  '打开文件
        Do While Not EOF(1)                              '循环至文件尾
            Line Input #1, MyLine                        '读入一行数据并将其赋予某变量
            Text1.Text = Text1.Text + MyLine + vbCrLf    '在立即窗口中显示数据
        Loop
        Close #1                                         '关闭文件
    End If
End Sub
Private Sub Command2_Click()
    CommonDialog1.InitDir = App.Path                     '设置 CommonDialog 的默认路径
    CommonDialog1.Filter = "文本文件|*.txt"              '设置要打开的文件为文本文件
    CommonDialog1.ShowOpen                               '显示打开对话框
    Text2.Text = CommonDialog1.FileName                  '在文本框中显示要打开的文件的路径
End Sub
Private Sub Command3_Click()
    End                                                  '关闭窗体
End Sub
```

（3）Input 函数

Input 函数用于返回字符串类型的值。Input 函数只用于以 Input 或 Binary 方式打开的文件，其中包含以 Input 或 Binary 方式打开的文件中的字符。通常用 Print#或 Put 语句将 Input 函数打开的数据写入文件。

语法格式如下：

Input(number, [#]filenumber)

- ☑ number：必要的参数。任何有效的数值表达式，指定要返回的字符个数。
- ☑ filenumber：必要的参数。任何有效的文件号。

【例 15.13】 读取文本文件中的内容，并显示在文本框中。运行本实例程序后，单击"打开文件"按钮，选择某文本文件，显示效果如图 15.16 所示。（**实例位置：光盘\TM\sl\15\13**）

代码如下：

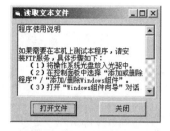

图 15.16　读取文本文件

```
Private Sub Command1_Click()
    With CommonDialog1
        .InitDir = App.Path
        .Filter = "文本文件|*.txt"                    '指定文件类型
        .ShowOpen                                    '打开"打开"对话框
    End With
    Open CommonDialog1.FileName For Binary As 1      '打开文件
    Text1.Text = Input(LOF(1), 1)                    '将文件内容写入文本框
    Close 1                                          '关闭文件
End Sub
```

15.5.3　顺序文件的写入操作

在 VB 中对顺序文件进行写操作主要使用 Print #语句和 Write #语句。

（1）Print #语句

Print #语句用于将格式化显示的数据写入顺序文件中。

语法格式如下：

Print #filenumber, [outputlist]

- ☑ filenumber：必要的参数。任何有效的文件号。
- ☑ outputlist：可选的参数。表达式或是要打印的表达式列表。

注意

Print 方法所"写"的对象是窗体、打印机或控件，而 Print #语句所"写"的对象是文件。如下面的语句实现了将 Text1 控件中的内容写入到#1 文件中：

Print #1,Text1.Text

【例 15.14】下面使用 Print #语句将 Excel 中的工资数据导出为网上银行数据，程序运行效果如图 15.17 所示。输入相关信息，单击"导出"按钮，导出效果如图 15.18 所示。（**实例位置：光盘\TM\sl\15\14**）

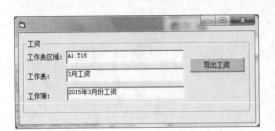

图 15.17　将 Excel 中数据导出为网上银行数据　　　　图 15.18　导出后效果

程序代码如下：

```vb
Private Sub Command1_Click()
    Dim i As Integer, r As Integer                              '声明变量
    Dim newxls As Excel.Application                             '定义 Excel.Application 类型变量
    Dim newbook As Excel.Workbook                               '定义 Excel.Workbook 类型变量
    Dim newsheet As Excel.Worksheet                            '定义 Excel.Worksheet 类型变量
    Set newxls = CreateObject("Excel.Application")             '创建 Excel 应用程序,打开 Excel 2000
    Set newbook = newxls.Workbooks.Open(App.Path & "\工资数据\" & Text3)    '打开文件，并赋给变量
    Set newsheet = newbook.Worksheets(Text2.Text)              '创建工作表
    r = newsheet.Range(Text1.Text).Rows.Count                 '将数量赋给变量
    Open App.Path & "\MyFile.txt" For Output As #1            '打开文本文件
    '写入信息
    Print #1, "#总计信息"
    Print #1, "#注意：本文件中的金额均以分为单位！"
    Print #1, "#币种|日期|总计标志|总金额|总笔数|"
    Print #1, "RMB|20070417|1|1495000|8|"
    Print #1, "#明细指令信息"
    Print #1, "#其中付款账号类型：灵通卡、理财金 0；信用卡 1"
    Print #1, "#币种|日期|顺序号|付款账号|付款账号类型|收款账号|收款账号名称|金额|用途|备注信息|是否允许
收款人查看付款人信息|"
    For i = 6 To r
        Print #1, "RMB|" & Year(Date) & Format(Month(Date), "00") & Format(Day(Date), "00") & "|" & i - 4 &
"|9558***************|灵通卡|" & _
                newsheet.Cells(i, 20) & "|" & newsheet.Cells(i, 2) & "|" & newsheet.Cells(i, 18) & "00|mr|mr|0|"
    Next i
    Print #1, "*"
    Close                                                       '关闭文件
    newxls.Quit                                                 '退出 Excel
End Sub
```

（2）Write #语句

Write #语句用于将数据写入顺序文件。

语法格式如下：

```vb
Write #filenumber, [outputlist]
```

☑　filenumber：必要的参数。任何有效的文件号。

☑　outputlist：可选的参数。要写入文件的数值表达式或字符串表达式，多个表达式之间用逗号分隔。

【例 15.15】　利用 Write #语句向文件中写入数据。（**实例位置：光盘\TM\sl\15\15**）

程序代码如下：

```
Private Sub Command1_Click()
    Open App.Path & "\MyFile.txt" For Output As #1        '打开输出文件
    Write #1, 123456789                                   '写入以逗号隔开的数据
End Sub
```

（3）Write #语句与 Print #语句的区别

☑　Write #语句通常采用紧凑格式输出，即各数据项之间用逗号分隔，在写入文件时，数据项之间会自动用逗号分界符分隔开，而 Print #语句中的表达式之间因所用分隔符——逗号或分号的不同，其数据项间的位置也不同，也不会自动加入定界符。

☑　Write #语句输出字符串时带双引号，而 Print #语句不带。

☑　Write #语句通常与 Input #读语句配合使用，Print #语句通常与 Line Input #读语句配合使用。

☑　Write#语句通常用于数据写入文件后还要用 VB 程序读出时，而 Print #语句通常用在向文件中写入数据后，要显示或打印出来时作为格式输出语句。

15.6　随　机　文　件

视频讲解：光盘\TM\lx\15\随机文件.exe

前面对顺序文件作了介绍，下面将对随机文件进行介绍。

15.6.1　随机文件的打开与关闭

（1）随机文件的打开

随机文件的打开同样使用 Open 语句，但是打开模式必须是 Random 方式，同时要指明记录长度。文件打开后可同时进行读写操作。

语法格式如下：

```
Open FileName For Random [Access access] [lock] As [#]filenumber [Len=reclength]
```

表达式“Len=reclength”指定了每个记录的字节长度。如果 reclength 比写文件记录的实际长度短，则会产生一个错误；如果 reclength 比记录的实际长度长，则记录可写入，只是会浪费一些磁盘空间。例如，可利用下面的语句打开一个随机文件 MyFile.txt。

```
Open "C:\MyFile.txt" For Random Access Read As #1 Len = 100
```

（2）随机文件的关闭

随机文件的关闭与关闭顺序文件相同。例如，下面的代码可以将所有打开的随机文件都关闭。

```
Close
```

15.6.2 读取随机文件

使用 Get#语句可以从随机文件中读取记录。

语法格式如下：

```
Get [#]filenumber, [recnumber], varname
```

Get#语句中各参数的说明如表 15.3 所示。

表 15.3 参数说明

参　　数	描　　述
filenumber	必要的参数。任何有效的文件号
recnumber	可选的参数。指出了所要读的记录号
varname	必要的参数。一个有效的变量名，将读出的数据放入其中

【例 15.16】　本实例利用 Get#语句将文件中的记录读取到变量中，单击窗体，可将其输出到窗体上，如图 15.19 所示。（**实例位置：光盘\TM\sl\15\16**）

图 15.19　Get#语句示例

程序代码如下：

```
Private Type Record                                    '定义用户自定义的数据类型
    ID As Integer
    Name As String * 30
End Type
Private Sub Form_Click()
    Dim MyRecord As Record, Position                   '声明变量
    '为随机访问打开样本文件
    Open App.Path & "\MyFile.txt" For Random As #1 Len = Len(MyRecord)
    '使用 Get#语句来读样本文件
    Position = 3                                       '定义记录号
    Get #1, Position, MyRecord                         '读第 3 个记录
    Print MyRecord.Name
    Close #1                                           '关闭文件
End Sub
```

15.6.3 写入随机文件

Put #语句可以实现将一个变量的数据写入磁盘文件中。
语法格式如下：

Put [#]filenumber, [recnumber], varname

Put #语句中各参数的说明如表 15.4 所示。

表 15.4 参数说明

参　　数	描　　　述
filenumber	必要的参数。任何有效的文件号
recnumber	可选的参数。Variant（Long）。记录号（Random 方式的文件）或字节数（Binary 方式的文件），指明在此处开始写入
varname	必要的参数。包含要写入磁盘的数据的变量名

注意

对于以 Random 方式打开的文件，在使用 Put #语句时，应注意以下几点。

☑ 如果已写入的数据长度小于用 Open 语句的 Len 子句所指定的长度，则 Put #语句以记录长度为边界写入随后的记录。记录终点与下一个记录起点之间的空白将用现有文件缓冲区内的内容填充。因为填入的数据量无法确定，所以一般说来，最好设法使记录的长度与写入的数据长度一致。如果写入的数据长度大于由 Open 语句的 Len 子句所指定的长度，则会导致错误发生。

☑ 如果写入的变量是一个可变长度的字符串，则 Put #语句先写入一个含有字符串长度的双字节描述符，然后再写入变量，Open 语句的 Len 子句所指定的记录长度至少要比实际字符串的长度多 2 字节。

☑ 如果写入的变量是数值类型的 Variant，则 Put #语句先写入 2 字节来辨认 Variant 的 VarType，然后才写入变量。例如，当写入 VarType 3 的 Variant 时，Put #语句会写入 6 字节。其中，前两个字节辨认出 Variant 为 VarType 3（Long），后 4 个字节则包含 Long 类型的数据。Open 语句的 Len 子句所指定的记录长度至少需要比储存变量所需的实际字节多 2 字节。

【例 15.17】 使用 Put #语句将记录信息写入到 MyFile.txt 文件中。运行程序，效果如图 15.20 所示。（**实例位置：光盘\TM\sl\15\17**）

图 15.20 Put#语句示例

单击"写入"按钮，即可将记录信息写入到 MyFile.txt 文件中；单击"输出"按钮，即可将 MyFile.txt 文件中的内容输入到窗体上。程序代码如下：

```
Private Sub Command1_Click()                                    '将记录写入 MyFile.txt 文件中
    Dim MyRecord As Record, recordnumber                        '声明变量
    '以随机访问方式打开文件
    Open App.Path & "\MyFile.txt" For Random As #1 Len = Len(MyRecord)
    For recordnumber = 1 To 5                                    '循环 5 次
        MyRecord.ID = recordnumber                              '定义 ID
        MyRecord.Name = "奥运北京    " & recordnumber            '建立字符串
        Put #1, recordnumber, MyRecord                          '将记录写入文件中
    Next recordnumber
    Close #1                                                    '关闭文件
    MsgBox "已经将记录写入到 MyFile.txt 文件中", vbInformation, "信息提示"
End Sub
Private Sub Command2_Click()                                    '将写入到 MyFile.txt 文件中的记录输入到窗体上
    Dim MyRecord As Record, recordnumber                        '定义变量
    '打开工程文件下的 MyFile.txt 文件
    Open App.Path & "\MyFile.txt" For Random As #1 Len = Len(MyRecord)
    For recordnumber = 1 To 5                                    '循环
        Get #1, recordnumber, MyRecord                          '取出文件中的内容
        Print MyRecord.Name                                     '输出到窗体上
    Next recordnumber
    Close #1                                                    '关闭文件
End Sub
```

15.7 二进制文件

视频讲解：光盘\TM\lx\15\二进制文件.exe

二进制文件是二进制数据的集合。二进制文件的访问与随机文件的访问十分类似，不同的是随机文件是以记录为单位进行读写操作的，而二进制文件则是以字节为单位进行读写操作的。文件中的字节可以代表任何东西。二进制存储密集、控件利用率高，但操作起来不太方便，工作量也很大。

15.7.1 二进制文件的打开与关闭

（1）二进制文件的打开

二进制文件一经打开，就可以同时进行读写操作，但是一次读写的不是一个数据项，而是以字节为单位对数据进行访问。任何类型的文件都可以以二进制的形式打开，因此二进制访问能提供对文件的完全控制。

语法格式如下：

```
Open pathname For Binary As filenumber
```

可以看出，二进制访问中的 Open 语句与随机存储中的 Open 语句不同，它没有 Len=reclength。如果在二进制访问的语句中包括了记录长度，则被忽略。

下面的语句用于以二进制的形式打开 C 盘根目录下的 MyFile.txt 文件。

```
Open "C:\MyFile.txt" For Binary As #1
```

（2）二进制文件的关闭

二进制文件的关闭和其他文件的关闭相同，利用 Close #filenumber 即可实现。例如，下面的代码用于关闭#1 文件。

```
Close #1
```

15.7.2　二进制文件的读取与写入操作

二进制文件的读取和随机文件一样，使用 Get#语句从指定的文件中读取数据，使用 Put#语句将数据写入到指定的文件中。

（1）二进制文件的读操作

二进制文件的读操作可以采用 Get#语句来实现。利用 Get#语句读取二进制文件与读取随机文件类似，这里不再赘述。

（2）二进制文件的写操作

在二进制文件打开后，可以使用 Put#语句对其进行写操作。

语法格式如下：

```
Put [#]filenumber, [recnumber], varname
```

Put#语句将变量的内容写入到所打开的文件指定位置，它一次写入的长度等于变量的长度。例如，变量为整型，则写入 2 字节的数据。如果忽略位置参数，则表示从文件指针所指的位置开始写入数据，数据写入后，文件指针会自动向后移动。文件刚打开时，指向第一个字节。

如图 15.21 所示是数据备份的过程，单击"备份"按钮，利用二进制形式打开系统数据库（db_wygl.mdb），并将其中数据以二进制的形式读出，再以二进制的形式写入备份的数据库文件。

图 15.21　数据备份效果

程序代码如下：

```
Dim str1 As String: Dim str2 As String: Dim char(1 To 5) As Byte    '声明两个字符串变量；一个字节类型数组
Private Sub Form_Load()
    str1 = App.Path & "\db_wygl.mdb"                                 '设置源文件
    str2 = App.Path & "\数据备份\db_wygl.mdb"                         '设置备份目标
```

```
End Sub
Private Sub Command1_Click()                                          '开始备份
    a = MsgBox("确定备份数据？", 4, "信息提示")                       '提示对话框
    If a = vbYes Then                                                '当单击"是"按钮时
        Command1.Enabled = False                                     '禁用 Command1
        ProgressBar1.Visible = True                                  '将进度条控件设置为可见
        ProgressBar1.Max = 10                                        '设置进度条最大值
        ProgressBar1.Min = 0                                         '设置进度条最小值
        ProgressBar1.Value = 0                                       '设置进度条初始值
        Open str1 For Binary As #1                                   '打开源文件
        Open str2 For Binary As #2                                   '打开备份目标文件
        Dim i As Integer                                             '声明整型变量
        For i = 1 To FileLen(str1) Step 5                            '创建步长为 5 的 For 循环
            Get #1, i, char                                          '获取字节
            Put #2, i, char                                          '写入字节
            ProgressBar1.Value = CInt(i * 10 / FileLen(str1))        '设置进度条控件进度
        Next i
        Close
        ProgressBar1.Value = ProgressBar1.Min                        '设置进度为最小值
        MsgBox "数据库备份成功！", , "信息提示"                      '弹出提示对话框
        Command1.Enabled = True                                      '激活控件
    End If
End Sub
```

15.8　小　　结

本章介绍了文件系统的相关知识及相关操作，重点介绍了对各种文件的读取和写入操作。通过本章的学习，读者可以了解文件的基本知识，掌握常用的文件操作语句和函数的使用方法，学会对不同文件的基本读写操作。

15.9　练习与实践

1．更改某文件的文件名。（答案位置：光盘\TM\sl\15\18）
2．打开文本文件并显示在文本框中。（答案位置：光盘\TM\sl\15\19）
3．将文本框中的内容输出到某文本文件中。（答案位置：光盘\TM\sl\15\20）

高级应用

▸▸ 第 16 章　图形图像技术

▸▸ 第 17 章　多媒体技术

▸▸ 第 18 章　SQL 应用

▸▸ 第 19 章　数据库开发技术

▸▸ 第 20 章　数据库控件

▸▸ 第 21 章　网络编程技术

本篇将介绍图形图像技术、多媒体技术、SQL 应用、数据库开发技术、数据库控件、网络编程技术等。学习完这一部分，将能够开发数据库应用程序、多媒体程序和网络程序等。

第16章

图形图像技术

（🎥 视频讲解：25分钟）

　　随着计算机软件技术的发展，程序界面设计已经成为计算机学科的重要分支之一。简洁、美观、友好的程序界面是软件成功的主要因素之一，而要开发一个成功的程序界面，首先需要掌握的就是 Visual Basic 图形、图像技术。

　　图形、图像和文本是信息表示的重要形式，几乎所有的应用程序都要涉及图形、图像和文本的处理。Visual Basic 为应用程序提供了复杂的图形、图像和文本功能，可以使开发出来的应用程序更生动、更具有吸引力，让用户更方便地进行相关的操作。因此，掌握图形、图像技术并将其运用到软件开发中，对于软件的发展具有十分重要的意义。

　　通过阅读本章，您可以：

▶▶　　了解图形图像处理基础

▶▶　　了解 Visual Basic 的坐标系统

▶▶　　掌握如何使用 Visual Basic 的坐标系统

▶▶　　常用的图形方法

▶▶　　掌握常用的图形的属性

▶▶　　掌握图形绘制控件

▶▶　　掌握图像处理控件

▶▶　　掌握常用的图像处理函数

16.1 图形图像处理基础

视频讲解：光盘\TM\lx\16\图形图像处理基础.exe

图形界面是 Windows 操作系统的一个显著特点，为人机交互提供了友好、方便和快捷的可视化操作环境，深受广大用户的欢迎。要制作美观、友好的图形界面，首先要了解如何查看图形的颜色及怎样设置图形的颜色等图形的基本操作知识。

16.1.1 系统颜色

在应用程序中设置控件或窗体的颜色时，可以不指定颜色而直接使用系统自带的颜色。当用户改变计算机中系统的颜色值时，应用程序将根据用户的定义自动改变颜色值。

对于系统颜色来说，直接设置颜色值的高字节和使用 RGB 函数设置颜色值的高字节不同。对于系统的颜色设置来说高位字节是 80，而对于 RGB 函数的颜色设置值来说高位字节是 0，剩下的数字则表示系统的颜色值。

16.1.2 在对象浏览器中查看系统颜色常量

在设计时，如果需要设置窗体或控件的系统颜色，可以在"属性"窗口中选择"系统"选项卡，从中即可设置其颜色为系统颜色，如图 16.1 所示。设置完成后，可以自动转换为十六进制的值。

也可以在对象浏览器中的"所有库"下拉列表框中选择 SystemColorConstants 来显示所有的系统颜色常量。使用对象浏览器可以显示工程和库中有效的类，包括自定义的类，用这些类所创建的对象都拥有同样的成员（属性、方法和事件），在对象浏览器中可以查看这些类的对象及对象的成员。选择"视图"/"对象浏览器"命令、按 F2 键或在工具栏上单击"对象浏览器"按钮都可以打开对象浏览器。

在打开的"对象浏览器"窗口中的"所有库"下拉列表框中选择 SystemColorConstants 选项，在其成员列表中即可显示所有的系统颜色常量，如图 16.2 所示。

图 16.1 设置系统颜色

图 16.2 对象浏览器

16.1.3 QBColor 函数

VB 中提供了两个颜色函数：QBColor 函数和 RGB 函数。其中，QBColor 函数能够返回一个 Long 型值，用来表示所对应颜色值的 RGB 颜色码。其语法格式如下：

QBColor(color)

其中，color 为必要的参数，是一个介于 0～15 的整型数值，color 的取值如表 16.1 所示。

表 16.1　QBColor 函数可选择的颜色

值	颜　色	值	颜　色	值	颜　色	值	颜　色
0	黑色	4	红色	8	灰色	12	亮红色
1	蓝色	5	洋红色	9	亮蓝色	13	亮洋红色
2	绿色	6	黄色	10	亮绿色	14	亮黄色
3	青色	7	白色	11	亮青色	15	亮白色

例如，使用 QBColor 函数将 Text1 控件的背景色设置为亮绿色，代码如下：

Text1.BackColor = QBColor(10)　　　　　　　　　'Text1 控件的背景颜色为亮绿色

16.1.4 RGB 函数

RGB 函数用来表示一个 RGB 颜色值。此函数通常用于和色彩有关的方法或属性上。在编写应用程序时，如需要使某些记录或标识等显示不同的颜色以表示区分或警示，可以使用 RGB 函数。RGB 函数和 QBColor 函数在使用范围上大致相同，但是在颜色的显示上，RGB 函数要比 QBColor 函数更加丰富多彩。

语法格式如下：

RGB(red, green, blue)

RGB 函数的参数说明如表 16.2 所示。

表 16.2　RGB 函数的参数说明

参　　数	说　　明
red	必要的参数，Variant (Integer)，数值范围为 0～255，表示颜色的红色成分
green	必要的参数，Variant (Integer)，数值范围为 0～255，表示颜色的绿色成分
Blue	必要的参数，Variant (Integer)，数值范围为 0～255，表示颜色的蓝色成分

注意

使用 RGB 函数设置颜色受系统限制，如果系统只能显示 16 色，那么 RGB 函数就不能设置出更多的颜色。

例如，利用 RGB 函数将 Text1 控件的背景色设置成红色，代码如下：

```
Text1.BackColor = RGB(255, 0, 0)                          '设置 Text1 控件的背景颜色为红色
```

16.2　坐标系统

视频讲解：光盘\TM\lx\16\坐标系统.exe

在 VB 中，包括系统标准坐标系统和用户自定义坐标系统两种坐标系。坐标系的坐标单位可以分为 Twip、Point、Pixel、Character、Inch、mm、cm 和用户自定义 8 种形式。不同规格的坐标系统只是度量单位和精度改变，坐标轴的长度或作图区域的大小并不因此而改变。

16.2.1　默认的坐标系统

每个容器都有一个二维的坐标系统，一个坐标系统由坐标原点、坐标度量单位、坐标轴的方向 3 个要素构成。坐标度量单位由容器对象的 ScaleMode 属性决定，但是无论 ScaleMode 属性取何值，默认坐标原点（0,0）都为对象的左上角，横向向右为 X 轴正方向，纵向向下为 Y 轴正方向。

当新建一个窗体时，新窗体采用默认坐标系统，原点在窗体的左上角，Height=3600，Width=4800，ScaleHeight=3195，ScaleWidth=4680，单位为缇，即 Twip。

16.2.2　自定义的坐标系统

对象的坐标系统允许用户自行定义，自定义坐标系统的方法有以下两种。

1. 采用 Scale 方法自定义坐标系统

Scale 方法是自定义坐标系最常用的方法，主要用来定义 Form、PictureBox 或 Printer 的坐标系统。其语法格式如下：

```
[对象].Scale (xLeft, yTop) - (xRight,yBottom)
```

其中，对象可以是窗体、图片框或打印机，默认为焦点所在的窗体对象；(xLeft, yTop)表示对象左上角的坐标值；(xRight,yBottom)表示对象右下角的坐标值。

【例 16.1】　使用 Scale 方法建立如图 16.3 所示的坐标系统。（实例位置：光盘\TM\sl\16\1）

实现的代码如下：

```
Private Sub Form_Activate()
    Form1.Scale (-100, 100)-(100, -100)                   '自定义坐标系
    Line (-100, 0)-(300, 0)                               '画 X 轴
    Line (0, 100)-(0, -150)                               '画 Y 轴
    DrawWidth = 10                                        '设置图形的宽度
    Form1.Circle (0, 0), 0, vbRed                         '绘制红色圆心
```

```
    CurrentX = 0: CurrentY = 0: Print "(0,0)"              '圆心处打印圆心标记（0, 0）
    CurrentX = 90: CurrentY = 10: Print "X 轴"             '在 X 轴下方打印 X 轴标记
    CurrentX = 5: CurrentY = 95: Print "Y 轴"              '在 Y 轴右侧打印 Y 轴标记
End Sub
```

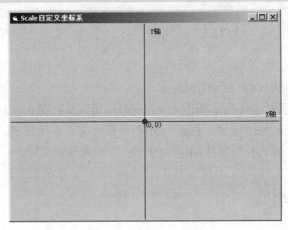

图 16.3　Scale 自定义坐标系

2．使用 Scale 方法的属性自定义坐标系

当对象的 ScaleMode 属性设置为数值 0 或常量 vbUser 时，用户可以使用 Scale 方法的属性自定义坐标系。Scale 方法的属性如表 16.3 所示。

表 16.3　Scale 方法的属性

属　　　性	含　　　义
ScaleHeight 属性	表示新坐标系绘图区域的高度
ScaleWidth 属性	表示新坐标系绘图区域的宽度
ScaleLeft 属性	表示新坐标系绘图区域左上角的水平坐标
ScaleTop 属性	表示新坐标系绘图区域左上角的垂直坐标

例如，要实现图 16.3 所示坐标系的关键代码也可以修改如下：

```
Form1.ScaleMode = 0                  '指示对象坐标的度量单位为自定义
Form1.ScaleLeft = -100               '设置左上角的水平坐标
Form1.ScaleTop = 100                 '设置左上角的垂直坐标
Form1.ScaleWidth = 200               '设置新坐标系绘图区域的宽度
Form1.ScaleHeight = -200             '设置新坐标系绘图区域的高度
```

16.3　图形外观效果

视频讲解：光盘\TM\lx\16\图形属性.exe

本节主要介绍决定图形外观效果的相关知识，包括绘图坐标、图形位置和大小、图形的边框效果、绘制效果、前景色和背景色及填充效果。

16.3.1　绘图坐标

CurrentX 属性和 CurrentY 属性用于返回或指定下次绘图时的鼠标指针位置。其中，CurrentX 属性表示画笔水平坐标，CurrentY 属性表示画笔垂直坐标。建立窗体或者图片框后，这两个属性的默认值都是 0，若要改变画笔的位置，给这两个属性重新赋值即可。在调用相应的绘图方法后，CurrentX 属性和 CurrentY 属性的值也会随之变化。

使用表 16.4 所列的图形方法时，CurrentX 和 CurrentY 的设置值将按表中说明改变。

表 16.4　CurrentX 和 CurrentY 属性在不同方法中的设置值

方　　法	CurrentX,CurrentY	方　　法	CurrentX,CurrentY
Circle	对象的中心	NewPage	0 设置值 0
Cls	0 设置值 0	Print	下一个打印位置
EndDoc	0 设置值 0	Pset	画出的点
Line	线终点		

例如，把当前窗体的绘图坐标恢复到左上角的语句如下：

```
CurrentX = 0                                      '设置当前水平坐标为 0
CurrentY = 0                                      '设置当前垂直坐标为 0
```

16.3.2　图形位置和大小

1. 图形位置（Left 属性和 Top 属性）

Left 属性用于返回或设置图形左边与其容器的左边之间的距离。
Top 属性用于返回或设置图形顶部与其容器的顶边之间的距离。
语法格式如下：

```
object.Left [= value]
object.Top [= value]
```

☑　object：对象表达式。
☑　value：数值表达式，用于指定距离。

Left 属性和 Top 属性的度量单位取决于所在容器的坐标系统。当用户或使用代码移动对象时，这些属性值将会发生改变。

2. 图形的大小（Height 属性和 Width 属性）

Height 属性和 Width 属性用来设置图形的高度和宽度。
语法格式如下：

```
object.Height [=value]
object.Width [=value]
```

☑　object：对象表达式。

☑　value：数值表达式，用于指定距离。

【例 16.2】 本例实现的是将 Shape 控件的大小设置为窗口大小的 50%，并使控件位于窗体中间，如图 16.4 所示。（**实例位置：光盘\TM\sl\16\2**）

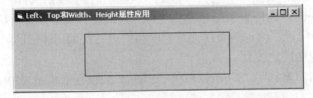

图 16.4　Left、Top 和 Width、Height 属性应用

程序实现代码如下：

```
Private Sub Form_Resize()
    Shape1.Width = Form1.Width * 0.5                          '设置控件的宽度
    Shape1.Height = Form1.Height * 0.5                        '设置控件的高度
    Shape1.Left = (Form1.ScaleWidth - Shape1.Width) / 2       '在水平方向上居中
    Shape1.Top = (Form1.ScaleHeight - Shape1.Height) / 2      '在垂直方向上居中
End Sub
```

16.3.3　图形的边框效果

图形的边框效果是通过 BorderStyle、BorderWidth 和 BorderColor 3 个属性设置的。其中，BorderStyle 属性用于设置图形的边框样式，有 7 种不同的取值，其效果如图 16.5 所示。

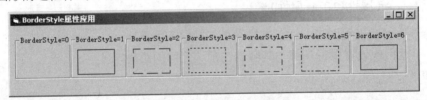

图 16.5　BorderStyle 属性应用

BorderWidth 属性用于设置边框的宽度，其设置值受 BordStyle 属性影响。表 16.5 给出了 BorderStyle 设置值对 BorderWidth 属性的影响。

表 16.5　BorderStyle 设置值对 BorderWidth 属性的影响

边框样式	对 BorderWidth 的影响
0	忽略 BorderWidth 设置
1～5	边框宽度从边框中心扩大，控件的宽度和高度从边框的中心度量
6	边框的宽度在控件上从边框的外边向内扩大，控件的宽度和高度从边框的外面度量

如果 BorderWidth 属性值大于 1，则有效的 BorderStyle 设置值为 1（实线）和 6（内收实线）。

BorderColor 属性用于设置边框的颜色，使用 Microsoft Windows 运行环境的红-绿-蓝（RGB）颜色方案，有效取值范围是 0～16777215（&HFFFFFF）。

16.3.4　绘制效果

使用图形方法绘制图形时可以通过 DrawWidth 属性、DrawStyle 属性和 DrawMode 属性设置图形的效果。其中，DrawWidth 属性用于返回或设置图形方法输出的线宽，以像素为单位，取值范围是 1～32767，默认值为 1；DrawStyle 属性用于决定图形方法输出的线型样式，有 7 种不同的取值，其效果如图 16.6 所示。

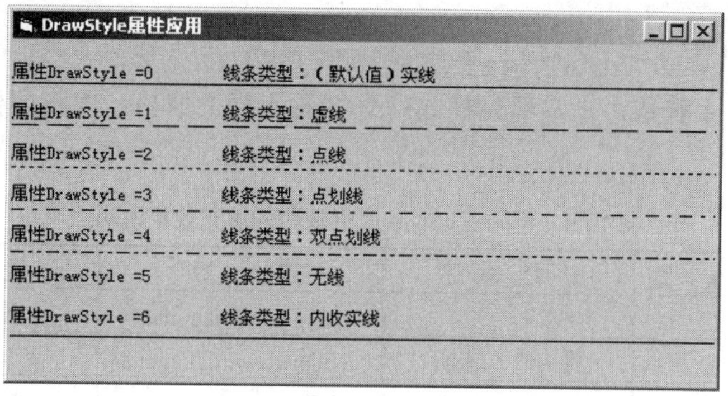

图 16.6　DrawStyle 属性应用

DrawMode 属性用于返回或设置一个值，以决定图形方法的输出外观或者 Shape 及 Line 控件的外观。当用 Shape、Line 控件或图形方法画图时，使用该属性产生可视效果。VB 将绘图模式的每一个像素与现存背景色中相应的像素作比较，然后进行逐位比较操作。

16.3.5　前景色和背景色

BackColor 属性用于返回或设置对象的背景颜色；ForeColor 属性用于返回或设置在对象里显示图片和文本的前景颜色。语法格式如下：

```
object.BackColor [= color]
object.ForeColor [= color]
```

☑　object：对象表达式。

☑　color：值或常数，确定对象前景或背景的颜色。

对于所有的窗体和控件，在设计时的默认设置值为：BackColor 设置为由常数 vbWindowBackground 定义的系统默认颜色；ForeColor 设置为由常数 vbWindowText 定义的系统默认颜色。

在 Label 和 Shape 控件中，如果 BackStyle 属性的设置值为 0（透明），则忽略 BackColor 属性。如果在 Form 对象或 Picturebox 控件中设置 BackColor 属性，则所有的文本和图片（包括指定的图片）都被擦除。设置 ForeColor 属性值不会影响已经绘出的图片或打印输出。在其他的所有控件中，屏幕的颜色会立即改变。

16.3.6　填充效果

FillColor 属性用于返回或设置填充形状的颜色，也可以用来填充由 Circle 和 Line 图形方法生成的圆和方框。默认情况下，FillColor 设置为 0（黑色）。除 Form 对象之外，如果 FillStyle 属性设置为默认值 1（透明），则忽略 FillColor 设置值。

FillStyle 属性返回或设置用来填充 Shape 控件及由 Circle 和 Line 图形方法生成的圆和方框的模式。语法格式如下：

`object.FillStyle [= number]`

其中，number 是一个整数，指定填充样式，有 8 种不同的取值，取不同值时的填充效果说明如表 16.6 所示。

表 16.6　不同 FillStyle 属性值时的填充效果说明

常　　数	设　置　值	功　能　描　述	常　　数	设　置　值	功　能　描　述
vbFSSolid	0	实线	vbUpwardDiagonal	4	上斜对角线
vbFSTransparent	1	（默认值）透明	vbDownwardDiagonal	5	下斜对角线
vbHorizontalLine	2	水平直线	vbCross	6	十字线
vbVerticalLine	3	垂直直线	vbDiagonalCross	7	交叉对角线

16.4　绘　图　方　法

视频讲解：光盘\TM\lx\16\绘图方法.exe

本节介绍绘制图形的方法，包括画点方法 PSet、画线方法 Line、画圆方法 Circle、清屏方法 Cls 等。

16.4.1　画点

PSet 方法可以在窗体和图片框的指定位置上，用指定的颜色画点。PSet 方法的语法格式如下：

`object.PSet [Step] (x, y), [color]`

☑　object：窗体或者图片框的对象名。
☑　color：颜色参数，指定所画点的颜色，可以是颜色函数、长整数或者是颜色常量。
☑　[Step](x,y)：位置参数，指定画点位置的坐标。如果 Step 关键字省略，则(x,y)指的是绝对坐标，原点在窗体或者图片框的左上角；如果 Step 关键字没有省略，则(x,y)指的是相对坐标，是相对于(CurrentX,CurrentY)点的坐标。

例如，在坐标（500, 900）处画一个红点，代码如下：

```
CurrentX = 100                                      '指定当前横坐标
CurrentY = 100                                      '指定当前纵坐标
PSet (400, 800), RGB(255, 0, 0)                     '在坐标处绘制红色的点
```

16.4.2　画线

Line 方法可以在窗体和图片框的指定位置上，按指定的颜色画直线或矩形。

语法格式如下：

object.Line [Step] (x1, y1) [Step] (x2, y2), [color], [B][F]

Line 方法的参数说明如表 16.7 所示。

表 16.7　Line 方法的参数说明

参　　数	描　　述
object	可选的参数。对象表达式。如果 object 省略，则为具有焦点的窗体
Step	可选的参数。关键字，指定起点坐标（相对于由 CurrentX 和 CurrentY 属性提供的当前图形位置）
(x1, y1)	可选的参数。Single（单精度浮点数），直线或矩形的起点坐标。ScaleMode 属性决定了使用的度量单位。如果省略，线起始于由 CurrentX 和 CurrentY 指示的位置
Step	可选的参数。关键字，指定相对于线的起点的终点坐标
(x2, y2)	必需的参数。Single（单精度浮点数），直线或矩形的终点坐标
color	可选的参数。Long（长整型数），画线时用的 RGB 颜色。如果它被省略，则使用 ForeColor 属性值。可用 RGB 函数或 QBColor 函数指定颜色
B	可选的参数。如果包括，则利用对角坐标画出矩形
F	可选的参数。如果使用了 B 选项，则 F 选项规定矩形以矩形边框的颜色填充。不能不用 B 而用 F。如果不用 F 而使用了 B，则矩形用当前的 FillColor 和 FillStyle 属性值填充。FillStyle 属性的默认值为 transparent

【例 16.3】　使用 Line 方法在窗体上绘制 3 个矩形。（**实例位置：光盘\TM\sl\16\3**）

代码如下：

```
Private Sub Form_Resize()
    Form1.ForeColor = QBColor(12)                   '设置窗体的颜色为红色
    '绘制第 1 个矩形
    Line (500, 500)-Step(500, 0)                    '绘制矩形上面的边
    Line -Step(0, 500)                              '绘制矩形右面的边
    Line -Step(-500, 0)                             '绘制矩形下面的边
    Line -Step(0, -500)                             '绘制矩形左面的边
    Line (1000, 1000)-Step(500, 500), , B           '绘制第 2 个矩形
    Line (1500, 500)-(2000, 1000), , BF             '绘制第 3 个矩形
End Sub
```

程序运行效果如图 16.7 所示。

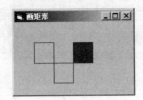

图 16.7　画矩形

说明

程序第 1 行用于指定窗体的前景颜色。第 1 个矩形是通过绘制矩形的 4 条边完成的。

16.4.3　画圆

Circle 方法可以在指定的窗体或者图片框上，用指定的颜色画圆、椭圆或者一段弧。
语法格式如下：

object.Circle [Step] (x, y), radius, [color, start, end, aspect]

- ☑ (x,y)：必需的参数，Single（单精度浮点数），代表圆、椭圆或弧的中心坐标。
- ☑ radius：必需的参数，Single（单精度浮点数），代表圆、椭圆或弧的半径。
- ☑ start, end：可选的参数，Single（单精度浮点数），当弧、部分圆或椭圆画完以后，start 和 end 指定的（以弧度为单位）是弧的起点和终点位置，其范围为-2pi~2pi，起点的默认值是 0，终点的默认值是 2*pi。
- ☑ aspect：可选的参数，Single（单精度浮点数），表示圆的纵横尺寸比，默认值为 1.0，即它在屏幕上产生一个标准圆（非椭圆）。

注意

其他参数说明参见 Line 方法中的参数说明。

【例 16.4】　在窗体上绘制一个彩色的圆饼，圆饼的圆心位于窗体的正中心，圆饼的颜色由系统随机产生，并使此圆饼最大。运行效果如图 16.8 所示。（**实例位置：光盘\TM\sl\16\4**）

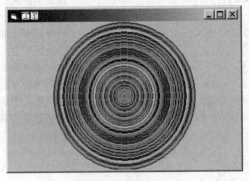

图 16.8　画同心圆

新建一个工程，在打开窗体的代码编辑器中输入如下代码。

```
Private Sub Form_Resize()
    Dim Xpos, Ypos As Integer                        '定义整型变量标记圆心
    Dim Lim, Rad As Integer                          '定义整型变量标记半径
    Dim R, G, B As Integer                           '定义整型变量记录颜色
    ScaleMode = 3                                    '指示对象坐标的度量单位为像素
    Xpos = Me.ScaleWidth / 2                         '确定圆心横坐标
    Ypos = Me.ScaleHeight / 2                        '确定圆心纵坐标
    If Xpos > Ypos Then                              '确定最大半径
        Lim = Ypos                                   '如果窗口宽大于窗口高，则 Lim 为高度的一半
    Else
        Lim = Xpos                                   '如果窗口宽小于窗口高，则 Lim 为宽度的一半
    End If
    For Rad = 0 To Lim                               '循环画出多个半径逐渐增大的同心圆
        Randomize                                    '初始化随机函数
        R = 255 * Rnd: G = 255 * Rnd: B = 255 * Rnd  '随机产生颜色值
        Circle (Xpos, Ypos), Rad, RGB(R, G, B)       '画圆
    Next
End Sub
```

16.4.4　清屏

Cls 方法可以清除运行时窗体或图片框中由 PSet、Line、Circle 等方法所生成的图形和文本，并使窗体返回到窗体或者图片框的左上角（即 CurrentX 和 CurrentY 属性复位为 0）。Cls 方法不能清除窗体或图片框的背景色和窗体内部的控件对象。

语法格式如下：

object.Cls

object：一个对象表达式。

例如，Form1.Cls 将清除在窗体 Form1 上绘制或者输出的图形文本等。

16.4.5　获取颜色值

Point 方法可以返回窗体或者图片控件上指定点的颜色，其语法格式如下：

object.Point(x, y)

☑ object：可选的参数。一个对象表达式。如果省略 object，则为带有焦点的 Form 窗体。

☑ x,y：必要的参数。均为单精度值，指示 Form 或 PictureBox 的 ScaleMode 属性中该点的水平（X 轴）和垂直（Y 轴）坐标。必须用括号将这些值括起来。如果由 x 和 y 坐标所引用的点位于 object 之外，Point 方法将返回-1。

例如，Form1.Point(Me.ScaleWidth/2, Me.ScaleHeight/2)将返回窗体中心的颜色值。

16.4.6　绘制图形

PaintPicture 方法用于在 Form、PictureBox 或 Printer 上绘制图形文件（.bmp、.wmf、.emf、.cur、.ico 或 .dib）的内容。PaintPicture 方法可以取代 Windows 的 API 函数 BitBlt，其语法格式如下：

object.PaintPicture picture, x1, y1, width1, height1, x2, y2, width2, height2, opcode

PaintPicture 方法的参数说明如表 16.8 所示。

表 16.8　PaintPicture 方法的参数说明

参　　数	描　　述
object	可选的参数。一个对象表达式。如果省略 object，则为带有焦点的 Form 对象
picture	必需的参数。要绘制到 object 上的图形源。Form 或 PictureBox 必须是 Picture 属性
x1, y1	必需的参数。均为单精度值，指定在 object 上绘制 picture 的目标坐标（X 轴和 Y 轴）。object 的 ScaleMode 属性决定使用的度量单位
width1	可选的参数。单精度值，指示 picture 的目标宽度。object 的 ScaleMode 属性决定使用的度量单位。如果目标宽度比源宽度（width2）大或小，将适当地拉伸或压缩 picture。如果该参数省略，则使用源宽度
height1	可选的参数。单精度值，指示 picture 的目标高度。object 的 ScaleMode 属性决定使用的度量单位。如果目标高度比源高度（height2）大或小，将适当地拉伸或压缩 picture。如果该参数省略，则使用源高度
x2, y2	可选的参数。均为单精度值，指示 picture 内剪贴区的坐标（X 轴和 Y 轴）。object 的 ScaleMode 属性决定使用的度量单位。如果该参数省略，则默认为 0
width2	可选的参数。单精度值，指示 picture 内剪贴区的源宽度。object 的 ScaleMode 属性决定使用的度量单位。如果该参数省略，则使用整个源宽度
height2	可选的参数。单精度值，指示 picture 内剪贴区的源高度。object 的 ScaleMode 属性决定使用的度量单位。如果该参数省略，则使用整个源高度
opcode	可选的参数。是长型值或仅由位图使用的代码。它用来定义在将 picture 绘制到 object 上时对 picture 执行的位操作（例如，vbMergeCopy 或 vbSrcAnd 操作符）

例如，语句"Form1.PaintPicture Picture1.Picture,0,200,Picture1.width,Picture1.height"将复制窗体中的图片框并将其绘制到窗体中。

16.5　图像处理函数

 视频讲解：光盘\TM\lx\16\图像处理函数.exe

本节介绍加载图像函数 LoadPicture 和保存图像函数 SavePicture。

16.5.1　加载图像（LoadPicture 函数）

LoadPicture 函数将图形载入到窗体的 Picture 属性、PictureBox 控件或 Image 控件。其语法格式如下：

LoadPicture([filename], [size], [colordepth],[x,y])

参数说明如表 16.9 所示。

表 16.9　LoadPicture 函数的参数说明

参　　数	说　　明
filename	可选的参数。字符串表达式，指定一个文件名。可以包括文件夹和驱动器。如果未指定文件名，Load Picture 清除图像或 PictureBox 控件
size	可选的参数。如果 filename 是光标或图标文件，指定所需图像大小
colordepth	可选的参数。如果 filename 是光标或图标文件，指定所需颜色深度
x	可选的参数。如果参数 filename 是一个光标或图标文件，则参数为 x 指定想要图片的宽度
y	可选的参数。如果参数 filename 是一个光标或图标文件，则参数为 y 指定想要图片的高度

例如，"Set Form1.Icon = LoadPicture("MYICON.ICO")" 语句将 LoadPicture 函数的返回值赋给 Form 对象的 Icon 属性。

16.5.2　保存图片（SavePicture 函数）

从对象或控件（如果有一个与其相关）的 Picture 或 Image 属性中将图形保存到文件中。其语法格式如下：

SavePicture picture, stringexpression

☑　picture：产生图形文件的 PictureBox 控件或 Image 控件。

☑　stringexpression：欲保存的图形文件名。

例如，语句 "SavePicture Image1.Picture, "c:\MyPicture.bmp"" 把 Image 对象中的图片 "MyPicture.bmp" 保存到 C 盘根目录下。

16.6　图形、图像处理控件

视频讲解：光盘\TM\lx\16\图形、图像处理控件.exe

为了方便处理图形、图像，VB 提供了图形、图像处理控件。本节将详细介绍这些控件，其中包括 Shape 控件、Line 控件、PictureBox 控件和 Image 控件。

16.6.1　Shape 控件

形状控件提供了显示一些规则图形的简易方法，可以显示方框、圆或者椭圆，只要设置形状的相应属性，即可得到所需要的效果。形状控件能够响应事件，也可以在运行时动态改变。

下面介绍一下形状控件的常用属性。

☑　Shape 属性

Shape 属性用来设置其显示的形状，有 6 种取值，如表 16.10 所示。

表 16.10　Shape 属性设置值及描述

Shape 属性值	常　　数	描　　述
0	vbShapeRectangle	矩形（默认值）
1	vbShapeSquare	正方形
2	vbShapeOval	椭圆形
3	vbShapeOval	圆形
4	vbShapeRoundedRectangle	圆角矩形
5	vbShapeRoundedSquare	圆角正方形

【例 16.5】　当 Shape 属性取不同值时形状控件的外观如图 16.9 所示。（实例位置：光盘\TM\sl\16\5）

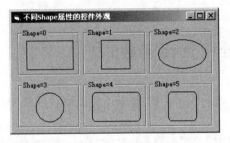

图 16.9　取不同 Shape 属性值时的控件外观

实现代码如下：

```
Private Sub Form_Load()
    Dim i As Integer
    For i = 0 To 5                           '循环设置控件数组
        Frame1(i).Caption = "Shape=" & i     '设置 Frame 控件的标题栏
        Shape1(i).Shape = i                  '设置 Shape 控件的外观
    Next
End Sub
```

☑　FillStyle 属性

FillStyle 属性可以构成不同的填充效果，其取值范围是 0～7，不同的取值对应不同的填充效果。

【例 16.6】　FillStyle 属性取不同值时 Shape 控件有不同的填充效果，如图 16.10 所示。（实例位置：光盘\TM\sl\16\6）

图 16.10　取不同 FillStyle 属性值时的控件外观

实现代码如下：

```
Private Sub Form_Load()
    Dim i As Integer
    For i = 0 To 7                                       '循环设置控件数组
        Frame1(i).Caption = "FillStyle=" & i             '设置 Frame 控件的标题栏
        Shape1(i).FillStyle = i                          '设置形状控件的填充效果
    Next
End Sub
```

16.6.2　Line 控件

Line 控件是图形控件，可以显示水平线、垂直线或者对角线。该控件主要用于在界面上绘制线条，供修饰之用。通过设置线条控件的相应属性，可以产生不同风格、不同颜色的线条。线条控件的属性主要有 BorderStyle、BorderWidth 和 BorderColor 等。

Line 控件和 Line 方法都可以用来在窗体上绘制直线，但是如果窗体的 AutoRedraw 属性设置为False，则 Line 方法必须通过 Refresh 方法才能显示出来，而 Line 控件总是能够显示在窗体上，除非将Visible 属性设置为 False。Line 控件不具有 Move 方法，但是可以通过改变 X1、X2 和 Y1、Y2 属性来移动直线或者调整直线的大小。

16.6.3　PictureBox 控件

PictureBox 控件的主要作用是为用户显示图片。实际显示图片由 Picture 属性决定，Picture 属性包括被显示的图片的文件名（及可选的路径名）。

PictureBox 控件常用的属性如表 16.11 所示。

表 16.11　PictureBox 控件的常用属性

属　　性	功　能　描　述
AutoSize	返回或设置一个值，以决定控件是否自动改变大小以显示其全部内容
CurrentX	返回或设置下一次打印或绘图方法的水平（CurrentX）坐标。设计时不可用
CurrentY	返回或设置下一次打印或绘图方法的垂直（CurrentY）坐标。设计时不可用
FillColor	返回或设置用于填充形状的颜色
FillStyle	返回或设置用来填充 PictureBox 控件的模式
FontTransparent	返回或设置一个值，该值用来决定 PictureBox 控件上的背景文本和图形被显示在字符周围的空区
Image	返回持久图形的句柄，该句柄由 Microsoft Windows 运行环境提供
Picture	返回或设置控件中要显示的图片

其中，Picture 属性是 PictureBox 控件最重要的属性之一。在 PictureBox 控件中显示图片是由 Picture 属性决定的，有两种方法可以实现图片的添加。

（1）在设计时加载。在"属性"窗口中找到 Picture 属性，单击其右边的■按钮，打开文件对话框，选择要添加的图片。

（2）在运行时加载。在运行时可以通过 LoadPicture 函数来设置 Picture 属性，也可以将其他控件的 Picture 值赋给 PictureBox 控件的 Picture 属性。语法格式如下：

```
object.Picture [= picture]
```

☑ object：对象表达式。

☑ picture：字符串表达式，指定一个包含图片的文件，可以设置为 Bitmap、Icon、Metafile、GIF、JPEG 型的图片。

例如，运行时向 PictureBox 控件中添加图片的代码如下：

```
Picture1.Picture = LoadPicture("D:\图片素材\明日企标.jpg ")     '动态加载图片
```

注意

PictureBox 控件具有 AutoSize 属性，当该属性设置为 True 时，PictureBox 能自动调整大小与显示的图片匹配，但是此时图片框将不考虑窗体的大小及窗体上的其他控件。

16.6.4　Image 控件

Image 控件主要用来显示图形，它可显示位图、图标、图元文件、增强型图元文件、JPEG 文件或 GIF 文件等主要图形文件。Image 控件使用较少的系统资源，所以重画起来比 PictureBox 控件要快，但是它只支持 PictureBox 控件的一部分属性、事件和方法。虽然可以把 Image 控件放在容器里，但是 Image 控件不能作为容器。其常用的属性如表 16.12 所示。

表 16.12　Image 控件的常用属性

属　性	描　述
BorderStyle	返回或设置对象的边框样式
Stretch	返回或设置一个值，用来指定一个图形是否要调整大小，以适应 Image 控件的大小
Picture	返回或设置控件中要显示的图片

其中，Stretch 属性用于在设计时调整 Image 控件大小，即决定是否使图片伸缩。若将该属性设置为 True，则将伸缩 Picture 属性加载的图片，如图 16.11 所示。

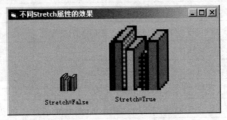

图 16.11　不同 Stretch 属性的效果

16.7　小　　结

本章主要介绍了 VB 图形、图像的属性、方法、处理函数及图形控件等知识，并通过一些简单实用的例子和图片说明了它们的使用方法。实际上设计图形、图像程序是一个复杂的过程，本章只是对图形、图像必须掌握的知识进行介绍，读者可以根据这些知识进行扩展，从而编写出丰富多彩的图形、图像处理程序。

16.8　练习与实践

1. 在绘图或者设计网页时经常需要使用网格，以方便定位。设计一个程序，在窗体上绘制网格，其中颜色为非活动窗体标题栏的颜色，即&H80000003 或 vbInactiveTitleBar。运行结果如图 16.12 所示。（**答案位置：光盘\TM\sl\16\7**）

2. 复制文件或安装程序时经常要显示一个进度条，以显示当前的进度。用 PictureBox 和 Timer 控件设计制作一个类似 ProgressBar 控件的进度条，运行效果如图 16.13 所示。（**答案位置：光盘\TM\sl\16\8**）

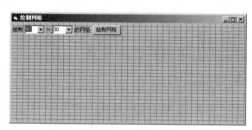

图 16.12　绘制网格

图 16.13　绘制进度条

3. 浏览图片时经常需要翻转图片，设计一个可以翻转图片的程序，运行效果如图 16.14 和图 16.15 所示。（**答案位置：光盘\TM\sl\16\9**）

图 16.14　翻转前的图片

图 16.15　水平翻转后的图片

第**17**章

多媒体技术

(▣ 视频讲解：43分钟)

　　很多程序都具有多媒体的功能，如声音、图像、动画、视频甚至游戏等，这就要求我们掌握一些多媒体技术。在 VB 中，可以通过其自带的 MMControl 控件和 Animation 控件播放音频、视频和动画，也可以通过 WindowsMediaPlay 控件播放 CD、VCD 等，使用 ShockwaveFlash 控件播放 Flash 动画，并与 VB 程序进行交互。

　　通过阅读本章，您可以：

- ▸▸ 认识 MMControl 控件，掌握 MMControl 控件的常用属性和事件
- ▸▸ 掌握使用 MMControl 控件播放各种音频和视频的方法
- ▸▸ 认识 Animation 控件，掌握 Animation 控件的常用属性、方法
- ▸▸ 学会使用 Animation 控件播放 AVI 动画
- ▸▸ 认识 MediaPlay 控件，了解其常用属性和方法，以及如何播放视频
- ▸▸ 学会 ShockwaveFlash 控件加载到程序中的方法
- ▸▸ 掌握如何使用 ShockwaveFlash 控件播放 Flash 动画，并与 VB 程序进行交互
- ▸▸ 通过几个典型的综合应用，进一步掌握多媒体技术在 VB 程序中的应用

17.1　MMControl 控件

视频讲解：光盘\TM\lx\17\MMControl 控件.exe

MMControl 控件包含一组高层次的独立于设备的命令，通过这些命令可以控制音频和视频等外围设备，包括 CD、VCD、WAV、MIDI、AVI 等。下面介绍 MMControl 控件的主要属性和事件。

17.1.1　认识 MMControl 控件

MMControl 控件属于 ActiveX 控件，使用前应首先将其添加到工具箱中。选择"工程"/"部件"命令，打开"部件"对话框，选择 Microsoft Multimedia Control 6.0（SP3）选项，单击"确定"按钮，即可将其添加到工具箱中。在工具箱中双击图图标，即可将其添加到窗体上。添加过程如图 17.1 所示。

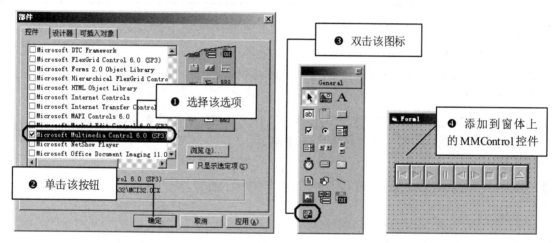

图 17.1　MMControl 控件添加过程

从图 17.1 可以看出，窗体上的 MMControl 控件由多个按钮组成，这些按钮从左到右依次是起始点、终止点、播放、暂停、后退、前进、停止、录制和弹出，其功能是管理 MCI 设备和播放音频或视频文件。

17.1.2　MMControl 控件的属性

1. Command 属性

Command 属性用于指定将要执行的 MCI 命令，以控制播放、存储多媒体文件。这些命令及功能如表 17.1 所示。

表 17.1　MCI 命令

命　令	功　能
Open	打开 MCI 设备
Close	关闭 MCI 设备
Play	用 MCI 设备进行播放
Pause	暂停播放或录制
Stop	停止 MCI 设备
Back	向后步进可用的曲目
Step	向前步进可用的曲目
Prev	使用 Seek 命令跳到当前曲目的起始位置。若在前一个 Prev 命令执行后 3s 内再次执行，则跳到前一曲目的起始位置；若已在第一个曲目，则跳到第一个曲目的起始位置
Next	使用 Seek 命令跳到下一个曲目的起始位置。若已在最后一个曲目，则跳到最后一个曲目的起始位置
Seek	向前或向后查找曲目
Record	录制 MCI 设备的输入
Eject	从 CD 驱动器中弹出音频 CD
Save	保存打开的文件

实际编程中，常用命令为 Open、Play 和 Close。下面举例说明。

打开一个多媒体文件：

```
MMControl1.FileName = "filename"
MMControl1.Command = "open"
```

上述代码中的 filename 是指定要打开的多媒体文件名及路径，如果需要自动识别该路径，可将多媒体文件放在工程所在的文件夹，然后使用 App.Path。

播放多媒体文件：

```
MMControl1.Command = "Play"
```

关闭多媒体文件：

```
MMControl1.Command = "Close"
```

【例 17.1】　窗体加载时，播放背景音乐；窗体卸载时，关闭背景音乐。（实例位置：光盘\TM\sl\17\1）

代码如下：

```
Private Sub Form_Load()
    '播放背景音乐
    With MMControl1
        .Visible = False                          '设置 MMControl1 控件不可见
        .FileName = App.Path & "\back\mr.wav"      '指定声音文件
        .Command = "Open"                          '打开多媒体文件
        .Command = "Play"                          '播放多媒体文件
    End With
End Sub
Private Sub Form_Unload(Cancel As Integer)
    Form1.MMControl1.Command = "Close"             '关闭多媒体文件
End Sub
```

2．DeviceType 属性

DeviceType 属性用于指定要打开的 MCI 设备的类型，这些类型及说明如表 17.2 所示。

表 17.2　DeviceType 属性设置值

设 备 类 型	设 置 值	文 件 类 型	说　　明
CD audio	CDaudio		音频 CD 播放器
Digital Audio Tape	dat		数字音频磁带播放器
Digital video(not GDI-based)	DigitalVideo		窗口中的数字视频
Other	Other		未定义 MCI 设备
Overlay	Overlay		覆盖设备
Scanner	Scanner		图像扫描仪
Sequencer	Sequencer	.mid	音响设备数字接口（MIDI）序列发生器
VCR	VCR		视频磁带录放器
AVI	AVIVideo	.avi	视频文件
VCD	MPEGVideo	.dat	视频文件
Videodisc	Videodisc		视频播放器
Waveaudio	Waveaudio	.wav	播放数字波形文件的音频设备

DeviceType 属性一般可以不设置，但是以下两种情况下必须设置。

☑ 播放 CD、VCD 时，必须指定设备类型。

☑ 如果文件的扩展名没有指定将要使用的设备类型，那么打开复杂 MCI 设备时也必须指定设备类型。

3．TimeFormat 属性

TimeFormat 属性用于指定所有位置信息所使用的时间格式，其设置值为 0～10，如表 17.3 所示。

表 17.3　TimeFormat 属性的设置值

值	常　量	说　　明
0	mciFormatMilliseconds	毫秒数用 4 字节整数变量保存
1	mciFormatHms	小时数、分钟数和秒数被压缩到一个 4 字节整数中。从最低有效字节到最高有效字节，这 4 个数分别是小时数（最低有效字节）/分钟数/秒数/未使用（最高有效字节）
2	mciFormatMsf	分钟数、秒数和帧被压缩到一个 4 位的整数中。从最低有效字节到最高有效字节，这 4 个数分别是分钟数（最低有效字节）/秒数/帧/未使用（最高有效字节）
3	mciFormatFrames	帧用 4 字节的整数变量保存
4	mciFormatSmpte24	24-帧 SMPTE 将以下数值压缩到一个 4 字节的整数中。从最低有效字节到最高有效字节，这 4 个数分别是小时数（最低有效字节）/分钟数/秒数/帧（最高有效字节）。SMPTE（动画和电视工程师协会）时间是一种绝对的时间格式，它按小时数、分钟数、秒数和帧的格式显示。标准的 SMPTE 的分度类型有 24fps、25fps 和 30fps（帧/秒）
5	mciFormatSmpte25	25-帧 SMPTE 按照与 24-帧 SMPTE 相同的顺序将数据压缩到一个 4 字节变量中
6	mciFormatSmpte30	30-帧 SMPTE 按照与 24-帧 SMPTE 相同的顺序将数据压缩到一个 4 字节变量中
7	mciFormatSmpte30Drop	30-放下-帧 SMPTE 按照与 24-帧 SMPTE 相同的顺序将数据压缩到一个 4 字节变量中

值	常　量	说　明
8	mciFormatBytes	字节数用 4 字节整数变量保存
9	mciFormatSamples	示例用 4 字节整数变量保存
10	mciFormatTmsf	曲目、分钟数、秒数和帧被压缩到一个 4 字节整数中。从最低有效字节到最高有效字节，这 4 个数分别是曲目（最低有效字节）/分钟数/秒数/帧（最高有效字节）

4．From 属性

From 属性指定开始播放文件或录制文件的开始时间。

5．To 属性

与 From 属性对应，To 属性用于指定播放文件或录制文件的结束时间。

6．Position 属性

该属性用于返回正在播放的多媒体文件的位置，时间单位由 TimeFormat 属性决定。

7．Length 属性

该属性用于指定打开的 MCI 设备上多媒体文件的总体播放长度，时间单位由 TimeFormat 属性决定。

8．Start 属性

该属性用于指定当前正在播放的多媒体文件的起始位置，时间单位由 TimeFormat 属性决定。

9．Mode 属性

该属性用于返回打开的 MCI 设备的当前模式，其设置值如表 17.4 所示。

表 17.4　Mode 属性的设置值

值	常数/设备模式	说　明
524	mciModeNotOpen	设备没有打开
525	mciModeStop	停止
526	mciModePlay	正在播放
527	mciModeRecord	正在录制
528	mciModeSeek	正在搜索
529	mciModePause	暂停
530	mciModeReady	设备准备好

【例 17.2】　播放背景音乐，并显示当前状态。（实例位置：光盘\TM\sl\17\2）

（1）启动 VB，新建一个工程，将 MMControl 控件添加到工具箱中。

（2）在窗体上添加一个 MMControl 控件和一个 Label 控件，均使用默认名称。

（3）切换到代码窗口，编写如下代码。

```
Private Sub Form_Load()
    With MMControl1
```

```
            .FileName = App.Path & "\back\mr.wav"          '指定多媒体文件
            .Command = "Open"                              '打开多媒体文件
            .Command = "Play"                              '播放多媒体文件
        End With
End Sub
'显示播放状态
Private Sub MMControl1_StatusUpdate()
    Select Case MMControl1.Mode
    Case 524
        Label1.Caption = "设备没有打开"
    Case 525
        Label1.Caption = "停止"
    Case 526
        Label1.Caption = "正在播放"
    Case 527
        Label1.Caption = "正在录制"
    Case 528
        Label1.Caption = "正在搜索"
    Case 529
        Label1.Caption = "暂停"
    Case 530
        Label1.Caption = "设备准备好"
    End Select
End Sub
Private Sub Form_Unload(Cancel As Integer)
    Form1.MMControl1.Command = "Close"                     '关闭正在播放的多媒体文件
End Sub
```

按 F5 键运行程序，结果如图 17.2 所示。

图 17.2 播放 WAV

10. Track 属性

Track 属性表示当前 MCI 设备上可用的曲目个数。例如播放 CD 时，显示当前曲目编号。

```
Private Sub MMControl1_StatusUpdate()
    Label2.Caption = "当前曲目：" & Str$(MMControl1.Track)      '显示当前曲目
End Sub
```

说明

如果要获得总曲目数，可以使用 Tracks 属性。

11. Error 和 ErrorMessage 属性

使用 Error 和 ErrorMessage 属性，可以处理 MMControl 控件产生的错误。在每个命令后可以检查错误情况。例如，在 Open 命令之后，可用下面的代码检查 Error 属性的值，以判断是否存在 CD 驱动器。如果没有可用的 CD 驱动器，则返回错误信息。

```
If Form1.MMControl1.Error Then
    MsgBox Form1.MMControl1.ErrorMessage,vbCritical, "未安装 CD 播放器或 CD 播放器不能正常工作"
End If
```

17.1.3 MMControl 控件的事件

1. ButtonClick 事件

当用户单击 MMControl 控件的各个命令按钮时，触发该事件。下面给出各命令按钮所对应的事件，如表 17.5 所示。

表 17.5 各命令按钮所对应的事件

命 令 按 钮	说　　明	事　　件
⏮	倒带	MMControl1_PrevClick
⏭	快进	MMControl1_NextClick
▶	步进	MMControl1_StepClick
◀	回倒	MMControl1_BackClick
⏸	暂停	MMControl1_PauseClick
▶	播放	MMControl1_PlayClick
●	录音	MMControl1_RecordClick
■	停止	MMControl1_StopClick
⏏	弹出	MMControl1_EjectClick

【例 17.3】 单击"弹出"按钮，提示光盘弹出。（**实例位置：光盘\TM\sl\17\3**）

代码如下：

```
Private Sub MMControl1_EjectClick(Cancel As Integer)
    MsgBox "光盘弹出！"                              '弹出提示对话框
End Sub
```

2. StatusUpdate 事件

按照 UpdateInterval 属性所给定的时间间隔自动地发生。这一事件允许应用程序更新显示，以通知用户当前 MCI 设备的状态，如例 17.2 所示。

3. Done 事件

当 Notify 属性为 True，MCI 命令结束时触发 Done 事件。该事件有一个参数 NotifyCode，该参数表示 MCI 命令是否成功，其设置值如表 17.6 所示。

表 17.6 NotifyCode 参数的设置值

值	常　　量	说　　明
1	mciSuccessful	命令成功执行
2	mciSuperseded	命令被其他命令所替代
4	mciAborted	命令被用户中断
8	mciFailure	命令失败

【例 17.4】 当播放完多媒体文件时，将触发 MMControl 控件的 Done 事件，在该事件下将 MMControl 控件的"暂停"和"停止"按钮设置为不可用。（实例位置：光盘\TM\sl\17\4）

主要代码如下：

```
Private Sub MMControl1_Done(NotifyCode As Integer)
    MMControl.StopEnabled = False            '"停止"按钮不可用
    MMControl.PauseEnabled = False           '"暂停"按钮不可用
End Sub
```

17.2 Animation 控件

📹 视频讲解：光盘\TM\lx\17\Animation 控件.exe

Animation 控件可用于播放无声的 AVI 文件。由于它使用独立的线程，因此应用程序可以在播放 AVI 文件的同时做其他事情，如播放一些小巧的、用于提醒用户注意的动画。例如，Windows 操作系统中的文件复制和查找文件等动画就是用 Animation 控件实现的。

17.2.1 认识 Animation 控件

Animation 控件属于 ActiveX 控件，使用前应首先将其添加到工具箱中。选择"工程"/"部件"命令，打开"部件"对话框，选择 Microsoft Windows Common Controls-2 6.0（SP4）选项，单击"确定"按钮，即可将其添加到工具箱中。在工具箱中双击 图标，即可将其添加到窗体上。添加过程如图 17.3 所示。

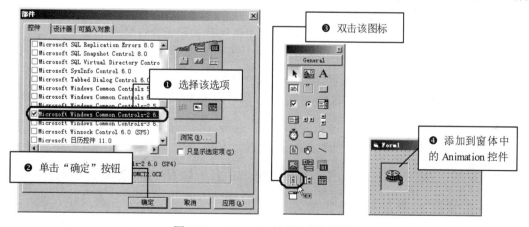

图 17.3 Animation 控件的添加过程

17.2.2　Animation 控件的属性

Animation 控件只有一个主要属性，即 AutoPlay 属性。该属性用于在将 AVI 文件加载到 Animation 控件时，返回或设置一个值，该值确定 Animation 控件是否开始播放该 AVI 文件。如果值为 True，表示播放 AVI 文件；如果值为 False，表示不播放 AVI 文件。

17.2.3　Animation 控件的方法

1．Open 方法

Open 方法用于打开一个将要播放的 AVI 文件。如果 AutoPlay 属性设置为 True，则只要加载了该 AVI 文件，就开始播放它。在关闭 AVI 文件或设置 Autoplay 属性为 False 之前，它都将不断重复播放。

【例 17.5】　窗体启动时，自动循环播放指定的 AVI 文件。（**实例位置：光盘\TM\sl\17\5**）

（1）启动 VB，新建一个工程，将 Animation 控件添加到工具箱中。

（2）在窗体上添加一个 Animation 控件，使用默认名称。

（3）切换到代码窗口，编写如下代码。

```
Private Sub Form_Load()
    Animation1.AutoPlay = True
    Animation1.Open App.Path & "\aa.avi"
End Sub
```

2．Play 方法

在 Animation 控件中播放 AVI 文件，包括 3 个主要参数。其中，Repeat 参数用于指定重复播放的次数，默认值为-1，即重复播放次数不受限定；Start 参数用于指定开始的帧，默认值是 0，表示在第 1 帧上开始播放，最大值是 65535；End 参数用于指定结束的帧，默认值是-1，表示上一次播放的帧，最大值是 65535。

【例 17.6】　窗体启动时，播放指定的 AVI 文件。（**实例位置：光盘\TM\sl\17\6**）

（1）启动 VB，新建一个工程，将 Animation 控件添加到工具箱中。

（2）在窗体上添加一个 Animation 控件，使用默认名称。

（3）切换到代码窗口，编写如下代码。

```
Private Sub Form_Load()
    Animation1.Open App.Path & "\aa.avi"
    Animation1.Play
End Sub
```

按 F5 键运行程序，结果如图 17.4 所示。

图 17.4　播放 AVI

3．Stop 方法

Stop 方法用于在 Animation 控件中终止播放 AVI 文件。例如，终止正在播放的 AVI 文件，代码如下：

```
Animation1.Stop
```

注意

　　Stop 方法仅终止那些用 Play 方法启动的 AVI 动画。当 Autoplay 属性设置为 True 时，使用 Stop 方法终止 AVI 动画，会导致返回错误。

4．Close 方法

Close 方法用于在 Animation 控件中关闭当前打开的 AVI 文件。如果没有加载任何文件，则 Close 方法不执行任何操作，也不会产生任何错误。

　　例如，关闭正在播放的 AVI 文件，代码如下：

```
Animation1.Close
```

17.3　WindowsMediaPlayer 控件

　　视频讲解：光盘\TM\lx\17\WindowsMediaPlayer 控件.exe

　　本节介绍的 WindowsMediaPlayer 控件实际就是 Windows 7 操作系统提供的多媒体播放器 Windows Media Player。该控件支持多种多媒体格式，MIDI 文件、MP4 音频视频文件、MPEG-2 TS 视频文件、QuickTime 电影文件、Windows Media 文件、Windows 图片文件、Windows 音频文件和 Windows 视频文件等；另外，它还支持媒体播放列表（*.wpl、*.asx、*.wax、*.wmx 和*.m3u 等，常用的是*.wpl），用户可以将自己喜欢的图片、音乐和视频保存到一个播放列表中进行播放。

17.3.1　认识 WindowsMediaPlayer 控件

　　WindowsMediaPlayer 控件是 ActiveX 控件（文件名为 wmp.dll），使用时应首先将其添加到工具箱中。选择"工程"/"部件"命令，打开"部件"对话框，选择 Windows Media Player 选项，然后单击"确定"按钮，即可将其添加到工具箱中。在工具箱中双击 🖺 图标，即可将其添加到窗体上。添加过程如图 17.5 所示。

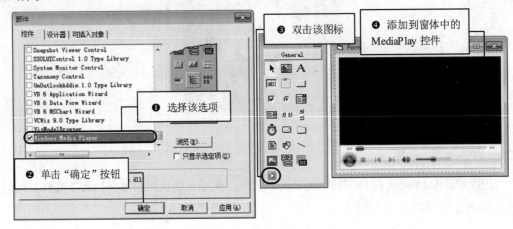

图 17.5　WindowsMediaPlayer 控件添加过程

17.3.2　WindowsMediaPlayer 控件的主要属性

1. URL 属性

URL 属性用于返回或设置要播放的多媒体文件的位置，本机或网络地址，是一个字符串。
指定程序路径下的多媒体文件：

```
WindowsMediaPlayer1.URL = "d:\test.mp3"
```

指定对话框控件提供的多媒体文件：

```
CommonDialog1.ShowOpen
WindowsMediaPlayer1.URL = CommonDialog1.FileName
```

2. uiMode 属性

该属性用于设置播放器界面模式，可为 Full、Mini、None 和 Invisible，是字符型。
设置播放器为迷你模式：

```
WindowsMediaPlayer1.uiMode = "Mini"
```

3. playState 属性

该属性用于显示播放器的状态，其属性值如表 17.7 所示。

表 17.7　参数说明

值	常　量	说　明
0	wmppsUndefined	未知状态
1	wmppsStopped	播放停止

续表

值	常　　量	说　　明
2	wmppsPaused	播放暂停
3	wmppsPlaying	正在播放
4	wmppsScanForward	向前搜索
5	wmppsScanReverse	向后搜索
6	wmppsBuffering	正在缓冲
7	wmppsWaiting	正在等待流开始
8	wmppsMediaEnded	播放流已结束
9	wmppsTransitioning	准备新的媒体文件
10	wmppsReady	播放准备就绪
11	wmppsReconnecting	尝试重新连接流媒体数据
12	wmppsLast	上一次状态，状态没有改变

4．enableContextMenu 属性

该属性用于启用/禁用右键菜单。

5．fullScreen 属性

该属性用于设置播放器是否全屏显示。

6．controls 属性

该属性用于播放器的基本控制，它下面还有一些属性和方法，如播放 play 方法、暂停 pause 方法、停止 stop 方法等。

7．settings 属性

该属性主要用于播放器的基本设置，它下面还有一些属性，如调节音量 volume 属性、是否自动播放 autoStart 属性、是否静音 mute 属性等。

17.4　ShockwaveFlash 控件

视频讲解：光盘\TM\lx\17\ShockwaveFlash 控件.exe

Flash 是一款功能强大的多媒体工具，通过它不仅可以制作出丰富多彩的网络动画，而且还能打造出精彩的 MTV。在 VB 程序中，可以通过使用 ShockwaveFlash 控件播放 Flash 动画。下面介绍在程序中如何添加 ShockwaveFlash 控件及其属性、方法和事件，讲解过程中结合了大量的实例。

17.4.1　认识 ShockwaveFlash 控件

在 VB 程序中，可以使用 ShockwaveFlash 控件播放 Flash 动画，并可以实现暂停、播放、下一帧、上一帧等功能。通过其 FSCommand 命令可与 VB 应用程序进行交互，即通过 Flash 动画中提供的按钮来调用 VB 程序中相应的功能，如图 17.6 所示。

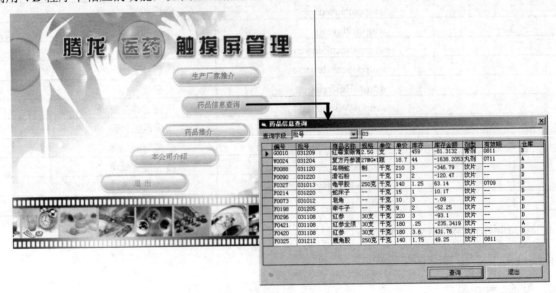

图 17.6　Flash 与 VB 应用程序交互

ShockwaveFlash 控件是 ActiveX 控件，主要通过安装 Flash 或者注册 Flash.ocx 文件来获得。使用 ShockwaveFlash 控件前应首先将其添加到工具箱中。选择"工程" / "部件"命令，打开"部件"对话框，选择 Shockwave Flash 选项，然后单击"确定"按钮，即可将其添加到工具箱中。在工具箱中双击 图标，即可将其添加到窗体上。添加过程如图 17.7 所示。

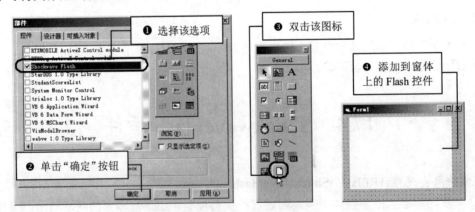

图 17.7　Flash 控件添加过程

17.4.2　ShockwaveFlash 控件的属性

1. Movie 属性

Movie 属性是 ShockwaveFlash 控件最常用的属性之一，主要用于设置一个路径，确定 ShockwaveFlash

控件播放的 Flash 动画文件所在位置。

【例 17.7】 窗体启动时，播放 Flash 动画。（实例位置：光盘\TM\sl\17\7）

代码如下：

```
Private Sub Form_Load()
    ShockwaveFlash1.Movie = App.Path & "\main.swf"                    '窗体载入时，播放 Flash
End Sub
```

2. WMode 属性

WMode 属性用于设置 Flash 窗口的模式（包括 3 种模式：Window、Opauqe 和 Transparent）。在与 VB 结合时，一般将 WMode 属性设置为 Transparent（透明）。方法有两种：一种是在"属性"窗口中找到 WMode 属性，在其旁边的文本框中输入"Transparent"，如图 17.8 所示；一种是打开"属性页"对话框，在"窗口模式"下拉列表框中选择 Transparent，如图 17.9 所示。

图 17.8 在"属性"窗口中设置 WMode 属性

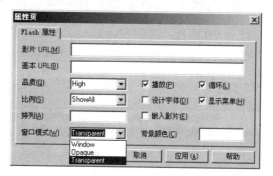

图 17.9 在"属性页"对话框中设置 WMode 属性

注意

WMode 属性不能通过代码设置。

17.4.3 ShockwaveFlash 控件的方法

ShockwaveFlash 控件的主要方法介绍如下。

☑ Play 方法：用于播放 ShockwaveFlash 控件加载的 Flash 动画。

☑ Stop 方法：用于终止 ShockwaveFlash 控件加载的正在播放的 Flash 动画。

☑ Back 方法：跳到 ShockwaveFlash 控件中的 Flash 动画上一帧。

☑ Forward 方法：跳到 ShockwaveFlash 控件中的 Flash 动画下一帧。

17.4.4 ShockwaveFlash 控件的事件

下面介绍 ShockwaveFlash 控件的一个重要的事件——FSCommand 事件。

首先来了解一下 Flash 控制 VB 程序的基本原理。在 Flash 的 ActionScript 中有个 FSCommand 函数，该函数可以发送 FScommand 命令，使动画全屏播放、隐藏动画菜单，更重要的是它可以与外部文件和程序进行通信，而在 VB 程序中，就是利用 ShockwaveFlash 控件的 FSCommand 事件过程来接收这些命令的，从而根据不同的命令及参数实现对 VB 程序的控制。

【例 17.8】 首先用 Flash 制作一个界面和一些交互按钮，并在每个按钮上加入如下代码，并将 Flash 导出为 SWF 文件。（实例位置：光盘\TM\sl\17\8）

```
on (release) {
fscommand ("command1");
    '发送 command1 命令
}
```

说明

command1 是命令的名称，在实际应用中可以根据该按钮实现的功能进行命名。

然后打开 VB 工程，加载 ShockwaveFlash 控件，并使用其 Movie 属性播放 Flash。
最后在窗体上双击 Flash 控件，在其 FSCommand 事件过程中编写如下代码。

```
Private Sub ShockwaveFlash1_FSCommand(ByVal command As String, ByVal args As String)
    Select Case command
    Case "command1"
        MsgBox "明日提示", vbInformation, "信息"
        …
    End Select
End Sub
```

17.5　多媒体综合应用

视频讲解：光盘\TM\lx\17\多媒体综合应用.exe

以上介绍了用于操纵多媒体文件的各种控件，下面再通过 CD 播放器、VCD 播放器和多媒体演示程序，使读者进一步掌握多媒体控件在程序中的应用。

17.5.1　CD 播放器

【例 17.9】 下面使用 MMControl 控件制作 CD 播放器。运行程序，效果如图 17.10 所示。（实例位置：光盘\TM\sl\17\9）

图 17.10　CD 播放器

程序实现步骤如下：

（1）新建一个工程，在该工程中将 MMControl 控件添加到工具箱中。

（2）在窗体上添加一个 MMControl 控件，设置 Visible 属性为 False，用来播放 CD。

（3）选择"工程"/"部件"命令，打开"部件"对话框，选择 Shock waveFlash，将 Flash 控件添加到工具箱中，单击"确定"按钮。

（4）在窗体上添加一个 ShockwaveFlash 控件，用于显示 CD 播放器界面。

（5）设置窗体的 Height 属性值为 9000，Width 属性值为 12000，BorderStyle 属性值为 0-None，StartUpPosition 属性值为"2-屏幕中心"。

（6）完成以上设置后，切换到代码窗口，编写如下代码。

```vb
Private Sub Form_Load()
    ShockwaveFlash1.Movie = App.Path & "\main.swf"      '加载 Flash 主界面
    '初始化 MMControl 设备
    MMControl1.Visible = False
    MMControl1.Notify = True
    MMControl1.Shareable = False
    MMControl1.TimeFormat = 0
    MMControl1.DeviceType = "cdaudio"
    MMControl1.command = "Open"
    MMControl1.UpdateInterval = 1000
    Me.Height = 2265:    Me.Width = 7050
    txtTracks.Text = MMControl1.Tracks                  '在文本框中显示总曲目数
    txtTrack.Text = "0"                                 '设置当前曲目为 0
End Sub
Private Sub MMControl1_StatusUpdate()
    txtTrack.Text = Str$(MMControl1.Track)              '在文本框中显示当前曲目
End Sub
Private Sub ShockwaveFlash1_FSCommand(ByVal command As String, ByVal args As String)
    Select Case command
    Case 1                                              '播放
        MMControl1.command = "Play"
    Case 2                                              '暂停播放
        MMControl1.command = "Pause"
    Case 3                                              '播放上一首
        MMControl1.command = "Prev"
    Case 4                                              '播放下一首
        MMControl1.command = "next"
    Case 5                                              '停止播放，回到第一个曲目
        MMControl1.command = "Stop"
        MMControl1.To = MMControl1.Start
        MMControl1.command = "seek"
        MMControl1.Track = 1
    Case 6                                              '弹出光盘
        MMControl1.command = "stop"
        MMControl1.command = "eject"
    Case 7                                              '关闭 MMControl 设备并退出
        MMControl1.command = "Stop"
```

```
            MMControl1.command = "Close"
        End
    End Select
End Sub
```

17.5.2　DVD 播放器

【例 17.10】 下面使用 WindowsMediaPlayer 控件制作 DVD 播放器。运行程序，效果如图 17.11 所示。（**实例位置：光盘\TM\sl\17\10**）

图 17.11　DVD 播放器

程序实现步骤如下：

（1）新建一个标准工程，在该工程中将 WindowsMediaPlayer 和 CommonDialog 控件添加到工具箱中。

（2）在窗体上添加 1 个 WindowsMediaPlayer 控件、1 个 CommonDialog 控件和 5 个 CommandButton 控件。

（3）主要程序代码如下：

```
Private Sub Form_Load()
    Caption = "WindowsMediaPlayer 控件示例"                    '设置窗体标题栏内容
    '设置按钮显示的内容
    Command1.Caption = "打开"
    Command2.Caption = "播放"
    Command3.Caption = "暂停"
    Command4.Caption = "停止"
    Command5.Caption = "退出"
    WindowsMediaPlayer1.settings.playCount = 3                '设置播放数量
    WindowsMediaPlayer1.settings.autoStart = True             '设置自动播放
    Command2.Enabled = False: Command3.Enabled = False: Command4.Enabled = False '设置按钮不可用
End Sub
Private Sub Command1_Click()
    CommonDialog1.Action = 1
    WindowsMediaPlayer1.URL = CommonDialog1.FileName          '指定播放文件
    If CommonDialog1.FileName <> "" Then                      '如果选择了多媒体文件
```

```
        Caption = "正在播放：" & CommonDialog1.FileName        '将多媒体文件名显示在窗体标题栏上
        Command3.Enabled = True: Command4.Enabled = True        '设置按钮不可用
    End If
End Sub
Private Sub Command2_Click()
    WindowsMediaPlayer1.Controls.play                           '播放多媒体文件
    Command2.Enabled = False: Command3.Enabled = True: Command4.Enabled = True '设置按钮不可用
End Sub
Private Sub Command3_Click()
    On Error Resume Next
    WindowsMediaPlayer1.Controls.pause                          '暂停播放多媒体文件
    Command3.Enabled = False: Command2.Enabled = True           '设置按钮不可用
End Sub
Private Sub Command4_Click()
    WindowsMediaPlayer1.Controls.Stop                           '停止播放多媒体文件
    Command4.Enabled = False: Command2.Enabled = True           '设置按钮不可用
End Sub
```

17.5.3　多媒体演示程序

【例 17.11】 下面使用"MMControl+ShockwaveFlash 控件"制作多媒体演示程序，其中 MMControl 控件用于控制背景音乐，ShockwaveFlash 控件用于制作动态主界面，并与 VB 程序进行交互。运行程序，效果如图 17.12 所示。（**实例位置：光盘\TM\sl\17\11**）

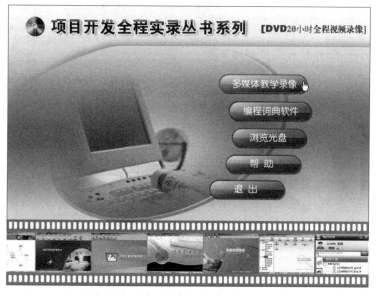

图 17.12　多媒体演示程序

程序实现步骤如下：

（1）新建一个工程，将 MMControl 和 ShockwaveFlash 控件添加到工具箱中。

（2）在窗体上添加一个 MMControl 控件和一个 ShockwaveFlash 控件。

（3）程序主要代码如下：

```
Private Declare Function WinExec Lib "kernel32" (ByVal lpCmdLine As String, _
                        ByVal nCmdShow As Long) As Long    '声明 API 函数 WinExec
Private Sub Form_Load()
    ShockwaveFlash1.Movie = App.Path & "\swf\main.swf"      '播放 Flash
    ShockwaveFlash1.Menu = False                             '不显示菜单
    ShockwaveFlash1.Playing = True                           '设置正在播放
    With MMControl1
        .FileName = App.Path & "\back\mr.wav"               '指定音频文件
        .command = "Open"                                    '打开音频文件
        .command = "play"                                    '播放音频文件
    End With
End Sub
'此处省略了循环播放的代码，这部分代码可参见光盘中的源程序
Private Sub ShockwaveFlash1_FSCommand(ByVal command As String, ByVal args As String)
    Select Case command                                      '通过不同的命令按钮，执行不同的功能
    Case "1"
        MsgBox "多媒体视频讲解"
    Case "2"
        MsgBox "编程词典"                                     '编程词典
    Case "3"
        WinExec "explorer.exe " & Left(App.Path, 3), 10      '浏览光盘
    Case "4"
        MsgBox "帮助"                                         '帮助
    Case "5"
        End
    End Select
End Sub
```

17.6 小　结

本章介绍了 MMControl 控件、Animation 控件、MediaPlay 控件、ShockwaveFlash 控件的主要属性、方法和事件，这些知识是编写多媒体程序的基础，读者应重点掌握。

17.7 练习与实践

1．使用 MMControl 控件播放 MIDI、WAV 和 AVI 文件。（答案位置：光盘\TM\sl\17\12）

3．使用 WindowsMediaPlay 控件播放音乐列表。（答案位置：光盘\TM\sl\17\13）

4．制作一个 Flash 播放器。（答案位置：光盘\TM\sl\17\14）

第 **18** 章

SQL 应用

(📹 视频讲解：**87** 分钟)

    SQL 是一种结构化查询语言，不仅具有强大的查询功能，而且还具有创建数据库对象、数据结构、添加数据和修改数据等功能。由于 SQL 是与数据库打交道的，本章先介绍数据库的基础知识和常用数据库的安装、创建数据库及表的过程，接着从最常用的 SQL 语句入手，使读者快速应用 SQL，从而为编写数据库应用程序奠定坚实的基础。

    通过阅读本章，您可以：

▶▶   了解什么是数据库

▶▶   掌握常用数据库软件的安装

▶▶   学会创建数据库及表的方法

▶▶   掌握检索数据、排序数据和过滤数据的 SQL 语句

▶▶   掌握数据汇总、分组统计和子查询

▶▶   掌握多种向表中插入数据的 SQL 语句

▶▶   掌握修改和删除数据的 SQL 语句

18.1　数据库的基本知识

📹 **视频讲解：光盘\TM\lx\18\数据库的基本知识.exe**

理解和使用数据库是掌握 SQL 的基础，下面就先简单地介绍一下数据库的概念及常用数据库软件的安装和使用。

18.1.1　什么是数据库

从字面上看数据库，就是存放数据的仓库。从本质上讲，数据库是指数据和数据对象的集合。这种集合可以长期存储，具有确定的数据存储结构，同时能以安全和可靠的方法进行数据的检索和存储。数据对象是指表（tabel）、视图（view）、存储过程（stored procedure）和触发器（trigger）等。

18.1.2　数据库软件的安装和使用

流行的数据库软件有多种，经常和 VB 配合使用的是 Access 数据库管理系统和 SQL Server 数据库管理系统。下面就详细介绍这两种数据库管理系统的安装和使用。

1．Access 的安装和使用

Access 数据库管理系统是 Microsoft Office 中自带的一个组件，安装 Office 的同时便可以将其安装到系统中。它是当前比较流行的关系型数据库管理系统之一，能够满足小型企业客户/服务器解决方案的要求。因此，在使用 VB 开发中小型管理系统时，一般都使用 Access 数据库。

【例 18.1】 下面以 Access 2003 数据库管理系统为例介绍创建 Access 数据库和表的过程。（**实例位置：光盘\TM\sl\18\1**）

（1）启动 Access 2003，选择"文件"/"新建"命令，在"新建文件"任务窗格中单击"空数据库"，打开"文件新建数据库"对话框，在"文件名"文本框中输入"db_books"，单击"确定"按钮，数据库创建成功。

（2）在"对象"栏中单击"表"选项，选择"使用设计器创建表"，然后单击工具栏中的"新建"按钮，在打开的"新建表"对话框中选择"设计视图"，单击"确定"按钮。

（3）在"字段名称"列中的第 1 个单元格中输入字段名称"条形码"；单击"数据类型"列中的第 1 个单元格，再单击出现的下拉按钮，在打开的下拉列表框中选择数据类型"文本"；"说明"列用来输入一些描述性文字，为了将来数据库的可读性和可维护性，如果是英文字段一定要在此说明；在"字段属性"中设置长度为 20。

📝 **说明**

设置字段的数据类型即定义用户可以在字段中输入的值类型。例如，如果要使字段存储可以用于计算的数值，要将其数据类型设置为"数字"或"货币"。

（4）按照步骤（3）依次添加"书名"、"作者"、"出版社"、"数量"、"单价"和"金额"等字段，如图 18.1 所示。

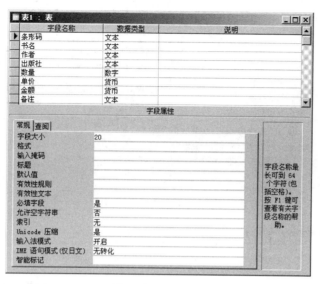

图 18.1　表设计器

（5）单击工具栏中的"保存"按钮，在弹出的"另存为"对话框中输入表名"图书信息表"，单击"确定"按钮，数据表即创建成功。

2．SQL Server 2008 的安装

SQL Server 是由微软公司开发的一套功能强大的数据库管理系统，包括多种版本。下面介绍如何安装 SQL Server 2008。

（1）将安装盘放入光驱，光盘自动运行，并弹出如图 18.2 所示界面。

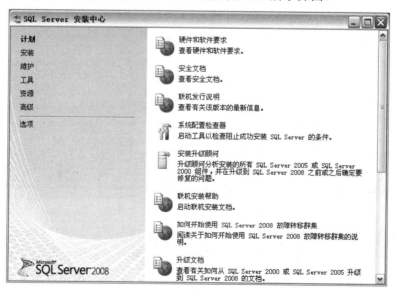

图 18.2　SQL Server 安装中心

（2）在 SQL Server 安装中心窗体中单击左侧的"安装"选项，如图 18.3 所示。

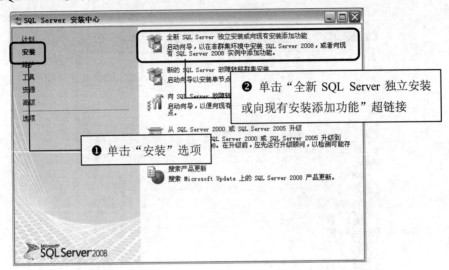

图 18.3　单击左侧的"安装"选项

（3）单击"全新 SQL Server 独立安装或向现有安装添加功能"超链接，打开"安装程序支持规则"窗口，如图 18.4 所示。

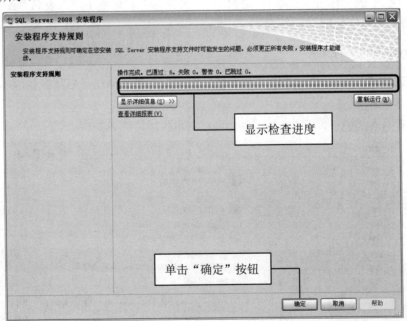

图 18.4　"安装程序支持规则"窗口

（4）单击"确定"按钮，打开"产品密钥"窗口，如图 18.5 所示，该窗口中输入产品密钥。

（5）单击"下一步"按钮，进入"许可条款"窗口，如图 18.6 所示，选中"我接受许可条款"复选框。

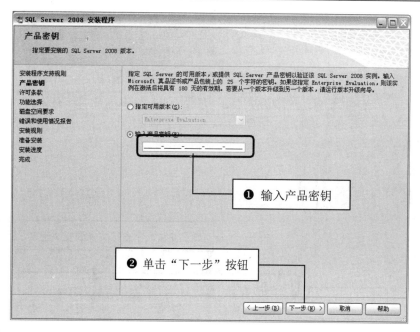

图 18.5　"产品密钥"窗口

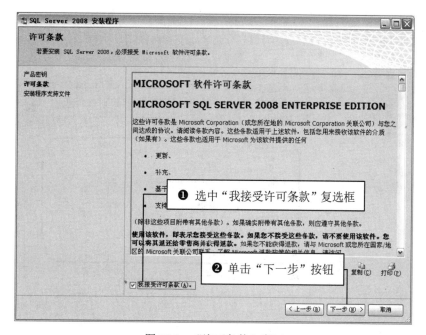

图 18.6　"许可条款"窗口

（6）单击"下一步"按钮，打开"安装程序支持文件"窗口，如图 18.7 所示，单击"安装"按钮，安装程序支持文件。

（7）安装完程序支持文件后，窗体上会出现"下一步"按钮，单击"下一步"按钮，进入"安装程序支持规则"窗口，如图 18.8 所示，该窗口中，如果所有规则都通过，则"下一步"按钮可用。

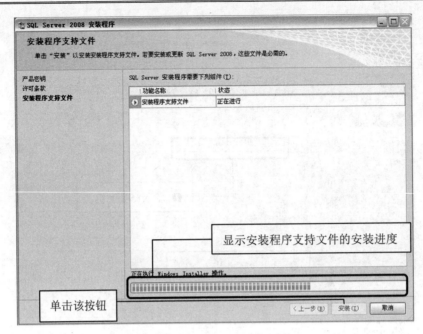

图 18.7 "安装程序支持文件"窗口

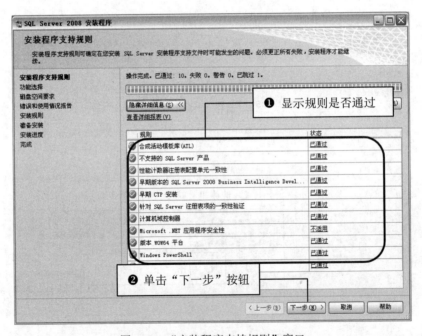

图 18.8 "安装程序支持规则"窗口

（8）单击"下一步"按钮，进入"功能选择"窗口，这里可以选择要安装的功能，如果全部安装，则可以单击"全选"按钮进行选择，如图 18.9 所示。

（9）单击"下一步"按钮，进入"实例配置"窗口，在该窗口中选择实例的命名方式并命名实例，然后选择实例根目录，如图 18.10 所示。

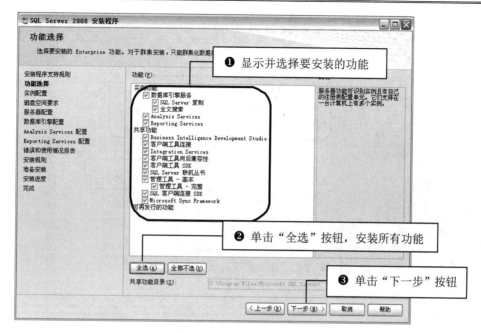

图 18.9 "功能选择"窗口

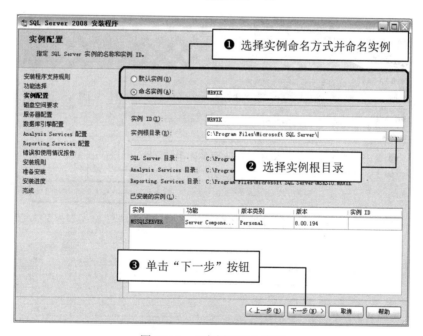

图 18.10 "实例配置"窗口

（10）单击"下一步"按钮，进入"磁盘空间要求"窗口，该窗口中显示安装 SQL Server 2008 所需的磁盘空间，如图 18.11 所示。

（11）单击"下一步"按钮，进入"服务器配置"窗口，如图 18.12 所示，单击"对所有 SQL Server 服务使用相同的账户"按钮，以便为所有的 SQL Server 服务设置统一账户。

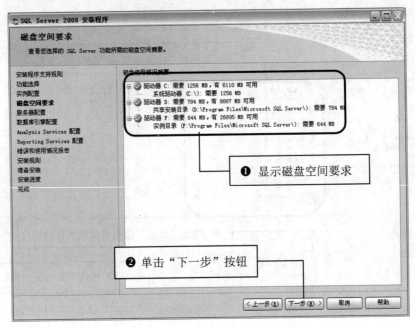

图 18.11 "磁盘空间要求"窗口

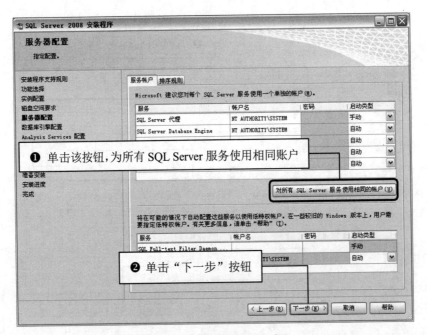

图 18.12 "服务器配置"窗口

（12）单击"下一步"按钮，进入"数据库引擎配置"窗口，选择身份验证模式，并输入密码，然后单击"添加当前用户"按钮，如图 18.13 所示。

（13）单击"下一步"按钮，进入"Analysis Services 配置"窗口，单击"添加当前用户"按钮，如图 18.14 所示。

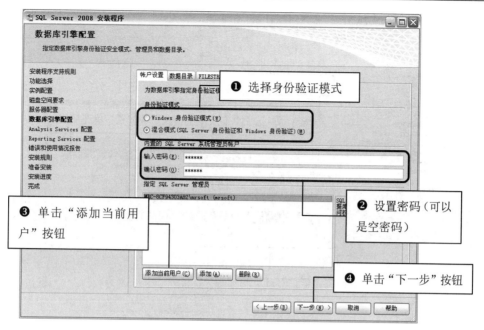

图 18.13 "数据库引擎配置"窗口

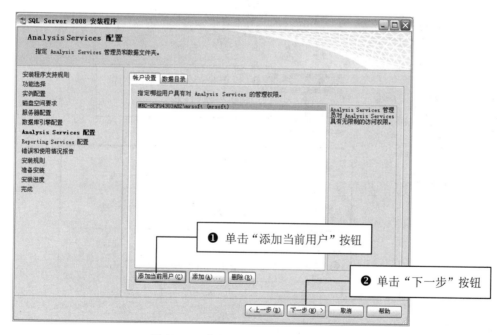

图 18.14 "Analysis Services 配置"窗口

（14）单击"下一步"按钮，进入"Reporting Services 配置"窗口，选中"安装本机模式默认配置"单选按钮，如图 18.15 所示。

（15）单击"下一步"按钮，进入"错误和使用情况报告"窗口，如图 18.16 所示，该窗口中设置是否将错误和使用情况报告发送到 Microsoft，这里选择默认设置。

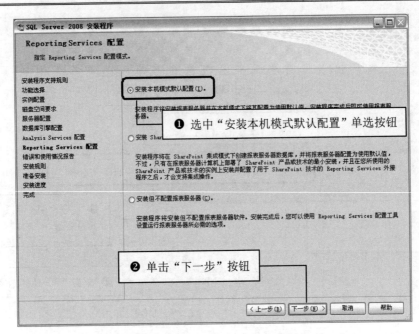

图 18.15　"Reporting Services 配置"窗口

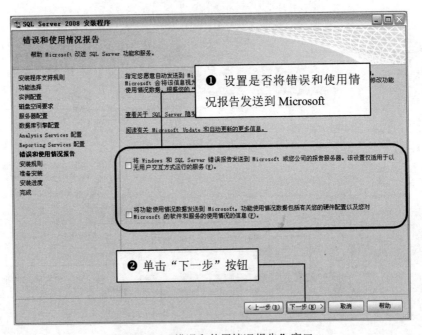

图 18.16　"错误和使用情况报告"窗口

（16）单击"下一步"按钮，进入"安装规则"窗口，如图 18.17 所示，如果所有规则都通过，则"下一步"按钮可用。

（17）单击"下一步"按钮，进入"准备安装"窗口，如图 18.18 所示，该窗口中显示准备安装的 SQL Server 2008 功能。

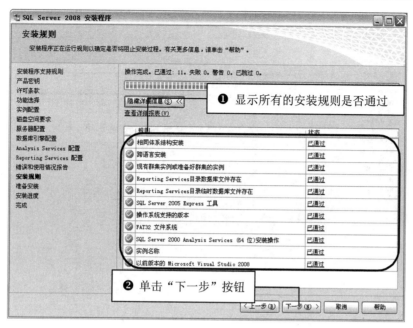

图 18.17　"安装规则"窗口

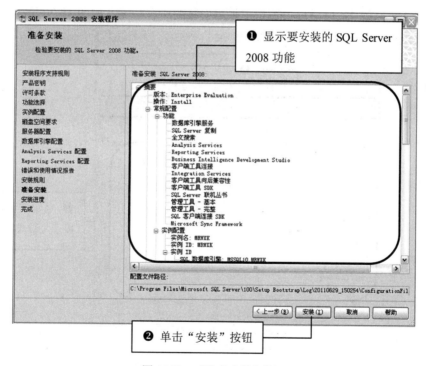

图 18.18　"准备安装"窗口

（18）单击"安装"按钮，进入"安装进度"窗口，如图 18.19 所示，该窗口中显示 SQL Server 2008 的安装进度。

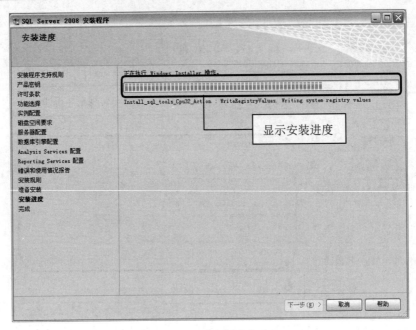

图 18.19 "安装进度"窗口

（19）安装完成后，在"安装进度"窗口中显示安装的所有功能，如图 18.20 所示。

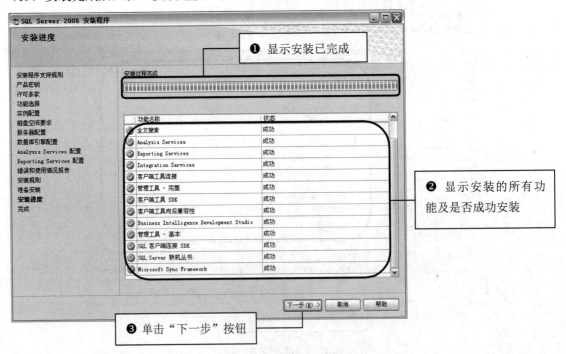

图 18.20 显示安装的所有功能

（20）单击"下一步"按钮，进入"完成"窗口，如图 18.21 所示，单击"关闭"按钮，即可完成
SQL Server 2008 的安装。

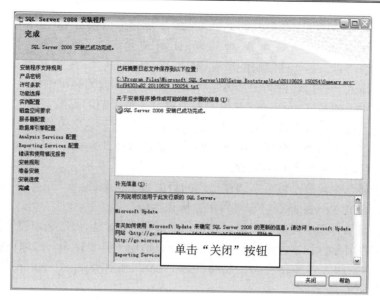

图 18.21 "完成"窗口

3. SQL Server 2008 的使用

【例 18.2】 下面介绍创建数据库和表的过程。要创建的数据库为 db_manpowerinfo, 表为 tb_employee。（实例位置：光盘\TM\sl\18\2）

（1）单击"开始"按钮，选择"所有程序"/Microsoft SQL Server 2008/SQL Server Management Studio 命令，连接服务器，进入企业管理器。

（2）右击"数据库"，在弹出的快捷菜单中选择"新建数据库"命令，打开"新建数据库"对话框，在"数据库名称"文本框中输入"db_manpowerinfo"，单击"确定"按钮，数据库创建成功。

（3）依次展开"数据库"/db_manpowerinfo，右击"表"，在弹出的快捷菜单中选择"新建表"命令，打开表设计器，如图 18.22 所示。

图 18.22 表设计器

（4）在"列名"列中的第 1 个单元格中输入字段名称"number"；单击"数据类型"列中的第 1 个

单元格，再单击出现的下拉按钮，在打开的下拉列表框中选择数据类型 varchar(50)，50 表示长度，读者可以修改为 5。因为 number 不允许为空，所以取消选中"允许空"复选框。

（5）设置字段属性，以下是一些常用的字段属性。

☑ 说明：用来输入一些描述性文字。为了将来数据库的可读性和可维护性，如果是英文字段一定要在此说明。如字段 number，其说明为"对每个员工的编码"。

☑ 默认值：每当在表中为字段插入带空值的行时，都将显示该字段的默认值。下拉列表框中包含在数据库中定义的所有全局默认值，如果需要可以在此选择。

☑ 精度：显示字段值的最大数字位数。

☑ 小数位数：显示字段值小数点右边能出现的最大数字位数。

☑ 标识：显示 SQL Server 是否将该字段用作标识字段。

☑ 标识种子：显示标识字段的种子值。该选项只适用于其"标识"选项设置为"是"的字段。

☑ 标识递增量：显示标识字段递增量值。该选项只适用于其"标识"选项设置为"是"的字段。

（6）按照步骤（4）和（5）依次添加 name、sex、card、birth、age、nation 等字段，如图 18.23 所示。

图 18.23　添加字段

（7）一般一个数据表都有一个主键，在 tb_employee 数据表中，其主键是 number。右击 number 字段，在弹出的快捷菜单中选择"设置主键"命令。

注意

如果要将多个字段设置为主键，首先按住 Ctrl 键，然后选中要设置主键的字段，再按照步骤（7）设置主键即可。

（8）单击工具栏上的"保存"按钮，打开"选择名称"对话框，输入表名"tb_employee"，单击"确定"按钮，即可保存创建的数据表。

注意

表名必须遵守 SQL Server 2008 的命名规则，最好能够准确地表达表的内容。另外，表名不要用 sys 开头，以免与系统表混淆。

至此，tb_employee 表创建完成。按照该方法再创建一个名为 tb_pay 的表（相关字段可参见图 18.24），这两个表就是后面查询中应用的表。在这两个表中添加一些数据，最终效果如图 18.24 所示。

	number	name	sex	card	birth	age	nation	phone
1	00001	张泽	男	220104XXXXXXXXXX1	1984-04-01 00:00:00.000	21	汉族	230110
2	00002	高强	男	220104XXXXXXXXXX1	1978-02-14 00:00:00.000	28	汉族	230110

	ID	PayMonth	EmployeeNumber	EmployeeName	BasePay	AddPay	AgePay	WorkPay	MustPay	DelPay	RealityPay		
1	15	2005-01	00001	张泽	2300.00	120.00	0.00	100.00	2620.00	40.00	2580.00	族	230110
2	16	2005-01	00002	高强	1700.00	0.00	0.00	0.00	1650.00	10.00	1640.00	族	230111
3	17	2005-01	00003	张三峰	1800.00	0.00	0.00	0.00	1920.00	10.00	1910.00	族	230112
4	18	2005-01	00004	李丽	1700.00	50.00	0.00	100.00	1750.00	40.00	1710.00	古族	230112
5	19	2005-01	00005	季小雨	1300.00	0.00	0.00	0.00	1400.00	10.00	1390.00	族	230112
6	20	2005-01	00006	刘彬	1700.00	0.00	0.00	0.00	1620.00	10.00	1610.00	族	230113
7	21	2005-01	00008	赵全强	2600.00	0.00	0.00	100.00	2800.00	60.00	2740.00	族	96784
8	22	2005-01	00009	周全强	1000.00	0.00	0.00	0.00	1110.00	10.00	1100.00	JLL	NULL
9	23	2005-01	00010	孙全强	1700.00	0.00	0.00	0.00	1620.00	10.00	1610.00	族	96784
10	24	2005-01	00028	郑志明	2000.00	200.00	0.00	0.00	2300.00	40.00	2260.00		
11	1	NULL	00031	NULL	NULL	NULL	NULL	NULL	NULL	NULL	NULL		

图 18.24　表 tb_employee 和表 tb_pay

18.2　SQL 基础

视频讲解：光盘\TM\lx\18\SQL 基础.exe

本节介绍什么是 SQL 和执行 SQL 语句的常用工具。

18.2.1　什么是 SQL

SQL（Structured Query Language，结构化查询语言）是一种组织、管理和检索存储在数据库中数据的工具，是一种可以与数据库交互的结构化查询语言。

SQL 是一种子语言，而不是一种完全的编程语言，它只能告诉数据库管理系统要做什么，至于怎样做则由数据库管理系统完成。大多数数据库管理系统都对标准的 SQL 进行了扩展，使其允许对 SQL 进行编程。例如，Oracle 使用 PL/SQL，SQL Server 使用 Transact-SQL，而 Access 等小型数据库则使用 JET-SQL。VB 经常与 JET-SQL 和 Transact-SQL 打交道，二者语法基本相同，只是个别通配符不同。

说明

> JET-SQL 和 Transact-SQL 也存在一些不同之处，读者可在实际编程过程中进一步体会。

18.2.2　执行 SQL 语句的工具

由于后面大部分章节介绍的是 SQL 语句的应用，因此这里先了解一下执行 SQL 语句的工具，以验证 SQL 语句的准确性和执行效果。下面分别以 Access 2003 和 SQL Server 2008 中执行 SQL 语句为例进行介绍。

1. 在 Access 2003 中执行 SQL 语句

启动 Access 2003，打开需要建立查询的数据库，如 db_books。在"对象"栏中单击"查询"选项，双击运行"在设计视图中创建查询"，启动查询设计视图，如图 18.25 所示。在弹出的"显示表"对话框中选择表，单击"添加"按钮，该表便被添加到了查询设计视图中，如图 18.26 所示。

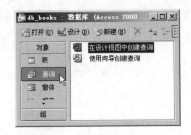

图 18.25 选择"查询"

单击"关闭"按钮，关闭"显示表"对话框。此时选择"视图"/"SQL 视图"命令，将打开如图 18.27 所示窗口，在此可以查看或编辑 SQL 语句。

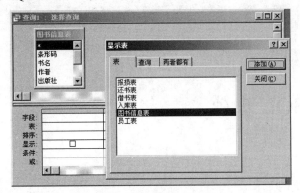

图 18.26 查询设计视图

图 18.27 SQL 视图

查看或编辑完 SQL 语句后，单击工具栏中的"运行"按钮，即可显示查询结果集。

2. 在 SQL Server 2008 中执行 SQL 语句

启动企业管理器，并从数据库中选择一个数据表，如 tb_employee。单击鼠标右键，在弹出的快捷菜单中选择"选择前 1000 行"命令，如图 18.28 所示，在 SQL 窗格中可以编写 SQL 语句，在结果窗格中将显示结果集。

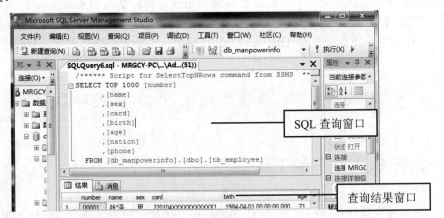

图 18.28 查询窗口

3. 在 VB 中执行 SQL 语句

在 VB 中执行 SQL 语句有多种方法。例如，使用 ADO 对象的 Connection 对象执行 SQL 语句，然后使用文本框（单个字段显示）控件或 MSHFlexGrid 等表格控件显示查询结果。

【例 18.3】 下面通过一个简单的例子，介绍如何在 VB 中执行 SQL 语句。（**实例位置：光盘\TM\ sl\18\3**）

（1）新建一个工程，在工程中引用 ADO 对象。具体方法如下：选择"工程"/"引用"命令，打开"引用"对话框，选择 Microsoft ActiveX Data Object 2.5 Library 选项，单击"确定"按钮，完成引用。

（2）添加 MSHFlexGrid 控件到工具箱中。方法如下：选择"工程"/"部件"命令，打开"部件"对话框，选择 Microsoft Hierarchical FlexGrid Control 6.0（SP4）（OLEDB）选项，单击"确定"按钮，即可将其添加到工具箱中。

（3）在窗体上添加一个 MSHFlexGrid 控件，以显示查询结果。

（4）切换到代码窗口，编写如下代码。

```
Private Sub Form_Load()
    Dim cnn As New ADODB.Connection          '声明 Conection 对象
    Dim rs As New ADODB.Recordset            '声明 Recordset 对象
    'MRGCY-PC\MRGY 为服务器名称，需要修改为自己的服务器
    cnn.Open "Provider=SQLNCLI10.1;Persist Security Info=False;User ID=sa;Initial Catalog=db_manpowerinfo;
Data Source=MRGCY-PC\MRGY"
    Set rs = cnn.Execute("select * from db_manpowerinfo.dbo.tb_employee")
    Set MSHFlexGrid1.DataSource = rs         '用 MSHFlexGrid 控件显示查询结果
End Sub
```

18.3　检索数据（SELECT 子句）

📹 **视频讲解：光盘\TM\lx\18\检索数据（SELECT 子句）.exe**

本节主要介绍如何使用 SELECT 语句从表中检索一个或多个数据列。

18.3.1　SELECT 子句

SELECT 子句指定要查询的列。这些列通常被一个选择列表指定，选择列表是中间用逗号分开的选择项列表。选择项可以是字段名、常量或 SQL 表达式。SELECT 子句的语法如下：

```
SELECT [ ALL | DISTINCT ]
    [ TOP n [ PERCENT ] [ WITH TIES ] ]
    < select_list >
< select_list > ::=
    {    *
        | { table_name | view_name | table_alias }.*
        |      { column_name | expression | IDENTITYCOL | ROWGUIDCOL }
```

```
        [ [ AS ] column_alias ]
      | column_alias = expression
    }
  [ ,...n ]
```

参数说明如表 18.1 所示。

表 18.1　SELECT 子句的参数说明

参　　数	说　　明
ALL	指定在结果集中可以显示重复行。ALL 是默认设置
DISTINCT	去掉重复记录
TOP n [PERCENT]	指定只从查询结果集中输出前 n 行。n 是介于 0 和 4294967295 之间的整数。如果还指定了 PERCENT，则只从结果集中输出前百分之 n 行。当带 PERCENT 时，n 必须是介于 0～100 之间的整数。如果查询包含 ORDER BY 子句，将输出由 ORDER BY 子句排序的前 n 行（或前百分之 n 行）。如果查询没有包含 ORDER BY 子句，行的顺序任意
WITH TIES	指定从基本结果集中返回附加的行，这些行包含与出现在 TOP n (PERCENT)行最后的 ORDER BY 列中的值相同的值。如果指定了 ORDER BY 子句，则只能指定 TOP ...WITH TIES
< select_list >	为结果集选择的列。选择列表是以逗号分隔的一系列表达式
*	指定在 FROM 子句内返回表和视图内的所有列。列按 FROM 子句在所指定的表或视图中的顺序返回，"table_name	view_name	table_alias.*" 将"*"的作用域限制为指定的表或视图
column_name	要返回的列名。限定 column_name 以避免二义性引用，当 FROM 子句中的两个表内有包含重复名的列时会出现这种情况
expression	列名、常量、函数以及由运算符连接的列名、常量和函数的任意组合，或者是子查询
IDENTITYCOL	返回标识列。有关更多信息，请参见 IDENTITY（属性）、ALTER TABLE 和 CREATE TABLE。如果 FROM 子句中的多个表内有包含 IDENTITY 属性的列，则必须用特定的表名（如 T1.IDENTITYCOL）限定 IDENTITYCOL
ROWGUIDCOL	返回行全局唯一标识列。如果在 FROM 子句中有多个表具有 ROWGUIDCOL 属性，则必须用特定的表名（如 T1.ROWGUIDCOL）限定 ROWGUIDCOL
column_alias	是查询结果集内替换列名的可选名。别名还可用于为表达式结果指定名称

18.3.2　检索单个列

检索单个列，SQL 语句如下：

```
SELECT name FROM db_manpowerinfo.dbo.tb_employee
```

上述语句利用 SELECT 语句从员工表 tb_employee 中检索一个名称列 name，所需的列名在 SELECT 关键字之后给出，FROM 关键字指出从其中检索数据的表名，此语句输出结果如图 18.29 所示。

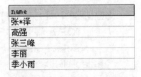

图 18.29　检索单个列

【例 18.4】下面在 VB 中查询名称 name 列。（实例位置：光盘\TM\sl\18\4）

（1）新建一个工程，分别添加 ADO 控件和 DataGrid 控件到工具箱中。方法如下：选择"工程"/"部件"命令，打开"部件"对话框，选择 Microsoft

ADO Data Control 6.0（OLEDB）和 Microsoft DataGrid Control 6.0（OLEDB）选项，单击"确定"按钮，即可将它们添加到工具箱中。

（2）在窗体上添加一个 ADO 控件和一个 DataGrid 控件，以显示查询结果。

（3）切换到代码窗口，编写如下代码。

```
Private Sub Form_Load()
    'MRGCY-PC\MRGY 为服务器名称，需要修改为自己的服务器
    Adodc1.ConnectionString = "Provider=SQLNCLI10.1;Persist Security Info=False;User ID=sa;Initial
Catalog=db_SSS;Data Source=MRGCY-PC\MRGY"
    Adodc1.RecordSource = "select name from db_manpowerinfo.dbo.tb_employee"
    Adodc1.Refresh
    Set DataGrid1.DataSource = Adodc1
End Sub
```

技巧

在检索某个列的同时，还可以将该列重命名，这需要使用 AS 关键字。例如，将 name 重命名为"姓名"，SQL 语句如下：

SELECT name AS 姓名 FROM db_manpowerinfo.dbo.tb_employee

18.3.3　检索多个列

要从一个表中检索多个列，可使用与检索单个列类似的 SELECT 语句，唯一不同的是必须在 SELECT 关键字后给出多个列名（也就是字段名），列名之间必须以逗号分隔。

注意

在选择多个列时，一定要在列名之间加上逗号，但最后一个列名后不加。如果在最后一个列名后加了逗号，将出现错误。

下面使用 SELECT 语句检索员工表 tb_employee 中的编号（number）、姓名（name）和性别（sex），语句如下：

SELECT number, name, sex FROM db_manpowerinfo.dbo.tb_employee

上述语句的输出结果如图 18.30 所示。

【例 18.5】下面在 VB 中查询编号（number）、姓名（name）和性别（sex）name 列。（**实例位置：光盘\TM\sl\18\5**）

（1）新建一个工程，按照前面的例子在窗体上添加一个 ADO 控件和一个 DataGrid 控件，以显示查询结果。

number	name	sex
00004	李丽	女
00002	高强	男
00005	李小雨	女
00001	张*泽	男
00003	张三峰	男

图 18.30　检索多个列

（2）切换到代码窗口，编写如下代码。

```
Private Sub Form_Load()
    'MRGCY-PC\MRGY 为服务器名称，需要修改为自己的服务器
```

```
    Adodc1.ConnectionString = "Provider=SQLNCLI10.1;Persist Security Info=False;User ID=sa;Initial Catalog=
db_SSS;Data Source=MRGCY-PC\MRGY"
    Adodc1.RecordSource = "select number, name, sex from db_manpowerinfo.dbo.tb_employee"
    Adodc1.Refresh
    Set DataGrid1.DataSource = Adodc1
End Sub
```

18.3.4　检索所有列

前面介绍了检索一个或多个列，下面介绍使用 SELECT 语句检索所有的列。用 SELECT 语句检索所有的列可以不必给出所有字段并由逗号隔开，而是使用一个星号（*）通配符即可。例如下面的语句：

```
SELECT * FROM db_manpowerinfo.dbo.tb_employee
```

上述语句给定了一个通配符（*），返回表中所有列。列的顺序一般是表中各列出现的物理顺序。

说明

一般情况下，如果确定需要显示的列，就使用前面介绍的方法；如果不确定，就使用 "*" 通配符。这样不仅可以检索出列名未知的列，而且会很省事，不用编写较多的代码，但是系统检索不必要的列也会降低检索效率和应用程序的性能。

18.4　排序检索数据（ORDER BY 子句）

视频讲解：光盘\TM\lx\18\排序检索数据（ORDER BY 子句）.exe

将检索出来的数据按一定顺序排列，需要使用 ORDER BY 子句。下面介绍使用 ORDER BY 子句进行简单排序、按多个列排序、按列位置排序、指定排序方向和对新生成的列进行排序。

18.4.1　排序数据

在前面的讲解中使用 SELECT 语句实现了检索单个列、多个列和所有列，但实际检索出来的数据并没有特定的顺序，如例 18.5。

要想让检索出来的数据按一定顺序排列，就需要使用 ORDER BY 子句。ORDER BY 子句取一个或多个列的名称，对输出进行排序。

【例 18.6】 将例 18.5 中检索的数据，按编号（number）字段升序排序。（**实例位置：光盘\TM\sl\18\6**）

```
SELECT number,name,sex FROM tb_employee ORDER BY number
```

上述语句与例 18.5 中前面的语句相同，只是在后面加了 ORDER BY number，实现了对 number 字段以数字字符顺序排序。

18.4.2　按多个列排序

在实际编程中，经常需要对多个字段进行排序。例如，显示员工信息并按年龄排序。如果有几个相同年龄的员工，再按编号排序，这样做是非常有用的。

按多个列排序，应指定排序的列名，并在列名之间用逗号分开。

【例 18.7】　下面的代码检索员工编号、姓名、性别和年龄，并按年龄（sex）和编号（number）排序，首先按年龄（sex）排序，然后再按编号（number）排序。（**实例位置：光盘\TM\sl\18\7**）

程序主要代码如下：

```
Adodc1.RecordSource = "select number, name, sex,age from db_manpowerinfo.dbo.tb_employee ORDER BY age,number"
```

上述语句的输出结果如图 18.31 所示。

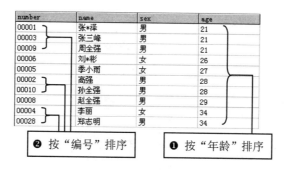

图 18.31　按多个列排序

18.4.3　按列位置排序

除了用列名指出要排序的列外，ORDER BY 子句还支持用列的位置进行排序。列的位置是指列所在的序号，也就是第几列，如图 18.32 所示。

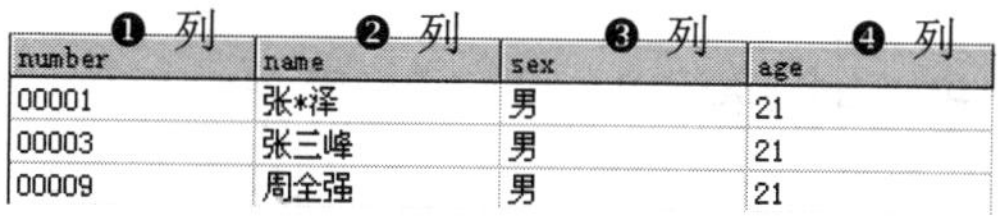

图 18.32　列位置

如果将例 18.7 中指定的列名换成列位置，则 SQL 语句如下：

```
SELECT number, name, sex, age FROM tb_employee ORDER BY 4, 1
```

上述语句中"4"表示第 4 列，也就是年龄（age）；"1"表示第 1 列，也就是编号（number）。该语句与例 18.7 中的语句的输出结果相同。

说明

使用列位置要比输入列名称方便得多，但它也有缺点，一是不明确给出列的列名，容易错用需要排序的列；二是如果检索字段的顺序发生改变，而排序的列位置忘记改变，会引起排序错误。

18.4.4　指定排序方向

排序方向分为升序和降序。ORDER BY 子句后面加 ASC 关键字为升序排序，该排序方式是默认的。如果 ORDER BY 子句后面什么也不加（如前面所举的例子），就是升序排序。如果 ORDER BY 子句后面加 DESC 关键字，则为降序排序。

下面检索员工编号、姓名、性别和年龄，并按年龄（age）降序排序，SQL 语句如下：

```
SELECT number, name, sex, age FROM tb_employee ORDER BY age DESC
```

如果需要使用多种排序，例如按年龄（age）降序排序，然后再按编号（number）排序。

```
SELECT number, name, sex, age FROM tb_employee ORDER BY age DESC, name
```

上述语句的输出结果如图 18.33 所示。

number	name	sex	age
00004	李丽	女	34
00028	郑志明	男	34
00008	赵全强	男	29
00002	高强	男	28
00010	孙全强	男	28
00005	季小雨	女	27
00006	刘*彬	女	26
00001	张*泽	男	21
00003	张三峰	男	21
00009	周全强	男	21

图 18.33　多种排序

如果需要将多个列降序排序，应在每列都使用 DESC 关键字，例如下面的语句。

```
SELECT number, name, sex, age FROM tb_employee ORDER BY age DESC, name DESC
```

18.4.5　对新生成的列进行排序

ORDER BY 子句还可以对新生成的列进行排序，例如将图书数据中单本版税最高的书排在第 1 位，SQL 语句如下：

```
SELECT title, price * royalty / 100 as royalty_per_unit FROM titles ORDER BY royalty_per_unit DESC
```

说明

用于计算每种书单本所赚版税的公式用粗体表示。

18.5　过滤数据（WHERE 子句）

📹 视频讲解：光盘\TM\lx\18\过滤数据（WHERE 子句）.exe

对表中数据进行过滤需要使用 WHERE 子句。本节将介绍 WHERE 子句的基本使用方法、WHERE 子句中比较运算符的运用、检索指定范围的值、模式条件查询及组合条件查询。

18.5.1　使用 WHERE 子句

数据表中一般都包含大量的数据，如果用户仅需要其中的一部分数据，这时就应使用 WHERE 子句。WHERE 子句在表名（FROM 子句）之后给出。

【例 18.8】　查询年龄等于 28 的员工，输出结果如图 18.34 所示。（**实例位置：光盘\TM\sl\18\8**）

程序主要代码如下：

```
Adodc1.RecordSource = "select number, name, sex,age from db_manpowerinfo.dbo.tb_employee WHERE age = 28"
```

number	name	age
00002	高强	28
00010	孙全强	28

图 18.34　年龄为 28 的员工

18.5.2　WHERE 子句比较运算符

SQL 支持所有的比较运算符，这些运算符如表 18.2 所示。

表 18.2　WHERE 子句运算符

运　算　符	说　　明	运　算　符	说　　明
=	等于	<=	小于等于
>	大于	!>	不大于
<	小于	!<	不小于
>=	大于等于	<>或!=	不等于

下面通过举例介绍比较运算符的用法。

查询"年龄"不等于 28 的员工：

```
SELECT number, name, age FROM db_manpowerinfo.dbo.tb_employee WHERE age <> 28
```

查询"年龄"小于 28 的员工：

```
SELECT number, name, age FROM db_manpowerinfo.dbo.tb_employee WHERE age < 28
```

查询"年龄"小于 28 并大于 21 的员工：

SELECT number, name, age FROM db_manpowerinfo.dbo.tb_employee WHERE age < 28 AND age > 21

查询"年龄"不小于 28 的所有员工：

SELECT * FROM db_manpowerinfo.dbo.tb_employee WHERE age !< 28

换一种写法，输出相同的结果集：

SELECT * FROM db_manpowerinfo.dbo.tb_employee WHERE age >= 28

注意

查询字符型数据时，要查询的值应使用单引号。例如，查询姓名等于"张*泽"的，SQL 语句如下：

SELECT number, name, age FROM db_manpowerinfo.dbo.tb_employee WHERE name = '张*泽'

18.5.3　检索指定范围的值

要检索两个给定值之间的数据，可以使用范围条件进行检索。通常使用 BETWEEN…AND 和 NOT…BETWEEN…AND 来指定范围条件。

使用 BETWEEN…AND 查询条件时，指定的第 1 个值必须小于第 2 个值。因为 BETWEEN…AND 实质是查询条件"大于等于第 1 个值，并且小于等于第 2 个值"的简写形式，即 BETWEEN…AND 要包括两端的值，等价于比较运算符（>=…<=）。

查询"年龄"在 28～34 之间的员工，SQL 语句如下：

SELECT number, name, age FROM db_manpowerinfo.dbo.tb_employee WHERE age BETWEEN 28 AND 34

下面给出查询前和查询后的效果，如图 18.35 和图 18.36 所示。

number	name	age
00001	张*泽	21
00002	高强	28
00003	张三峰	21
00004	李丽	34
00005	李小雨	27
00006	刘*彬	26
00008	赵全强	29
00009	周全强	21
00010	孙全强	28
00028	郑志明	34

number	name	age
00002	高强	28
00004	李丽	34
00008	赵全强	29
00010	孙全强	28
00028	郑志明	34

图 18.35　查询前　　　　　　　　图 18.36　查询后

而 NOT…BETWEEN…AND 语句返回在两个指定值范围以外的某个数据值，但并不包括两个指定的值。

例如，查询"年龄"不在 28～34 之间的员工，SQL 语句如下：

SELECT number, name, age FROM db_manpowerinfo.dbo.tb_employee WHERE age NOT BETWEEN 28 AND 34

18.5.4　模式条件查询

模式条件查询用于返回符合某种匹配格式的所有记录，通常使用 Like 或 NOT Like 关键字来指定模式查询条件。Like 查询条件需要使用通配符在字符串内查找指定的模式。下面先了解一下常用的通配符，如表 18.3 所示。

表 18.3　Like 关键字中的通配符及其含义

通　配　符	说　　　明
%	由零个或更多字符组成的任意字符串
_	任意单个字符
[ ]	用于指定范围，例如[A～F]，表示 A～F 范围内的任何单个字符

1．百分号（%）通配符

百分号（%）通配符在 SQL 查询时经常会用到。%表示任何字符出现任意次数。

查询姓"张"的员工，SQL 语句如下：

```
SELECT number, name FROM db_manpowerinfo.dbo.tb_employee WHERE name LIKE '张%'
```

也可以在搜索内容的两端加上%，例如查询姓名中包含"强"的员工，SQL 语句如下：

```
SELECT number, name FROM db_manpowerinfo.dbo.tb_employee WHERE name LIKE '%强%'
```

注意

　　如果数据库是 Access，需要使用星号（*），而不是百分号（%）。

2．下划线（_）通配符

下划线（_）通配符的用途与百分号（%）通配符一样，但下划线只匹配单个字符而不是多个字符。

查询姓名中第 2 个字为"强"的员工，SQL 语句如下：

```
SELECT number, name FROM db_manpowerinfo.dbo.tb_employee WHERE name LIKE '_强'
```

注意

　　如果数据库是 Access，需要使用问号（?），而不是下划线（_）。

3．方括号（[ ]）通配符

在模式查询中可以使用方括号（[ ]）通配符来查询一定范围内的数据。方括号（[ ]）通配符用于表示一定范围内的任意单个字符，它包括两端数据。

查询电话号码以"110"结尾并且开头数字位于 1～5 之间的员工信息，SQL 语句如下：

```
SELECT * FROM db_manpowerinfo.dbo.tb_employee WHERE phone LIKE '[1-5]30110'
```

18.5.5　组合条件查询（AND、OR 和 NOT）

如果想把前面讲过的几个单一条件组合成一个复合条件，就需要用到逻辑运算符 AND、OR 和 NOT，进而完成复合条件查询。使用逻辑运算符时，遵循的指导原则如下：

（1）使用 AND 返回满足所有条件的行。

（2）使用 OR 返回满足任一条件的行。

（3）使用 NOT 返回不满足表达式的行。

就像数据运算符乘和除一样，它们之间是具有优先级顺序的——NOT 优先级最高，AND 次之，OR 的优先级最低。

下面通过两个例子介绍 OR 和 AND 的使用。

用 OR 查询员工中姓"张"或者姓"李"的员工信息：

```
SELECT * FROM tb_employee WHERE name LIKE '张%' OR name LIKE '李%'
```

用 AND 查询员工中姓"张"并且"民族"是"汉族"的员工信息：

```
SELECT * FROM tb_employee WHERE name LIKE '张%' AND nation = '汉族'
```

18.6　高级查询

视频讲解：光盘\TM\lx\18\高级查询.exe

本节介绍的高级查询包括汇总数据、分组统计和子查询。

18.6.1　汇总数据

SQL 提供了一组聚合函数，用于对整个数据集合进行计算，将一组原始数据转换为有用的信息，以便用户使用。例如，求成绩表中的总成绩、学生表中的平均年龄等。

SQL 的聚合函数如表 18.4 所示。

表 18.4　聚合函数

聚 合 函 数	支持的数据类型	功 能 描 述
SUM	数字	对指定列中的所有非空值求和
AVG	数字	对指定列中的所有非空值求平均值
MIN	数字、字符、日期	返回指定列中的最小数字、最小的字符串和最早的日期时间
MAX	数字、字符、日期	返回指定列中的最大数字、最大的字符串和最近的日期时间
COUNT	任意基于行的数据类型	统计结果集中全部记录行的数量。最多可达 2147483647 行

下面通过几个例子介绍 SQL 聚合函数的应用。

使用 AVG 函数求员工平均年龄：

SELECT sex, AVG(age) AS 平均年龄 FROM db_manpowerinfo.dbo.tb_employee GROUP BY sex

使用 COUNT 函数统计员工人数：

SELECT COUNT(number) AS 员工人数 FROM db_manpowerinfo.dbo.tb_employee

使用 MAX 函数统计最大年龄：

SELECT MAX(age) AS 最大年龄 FROM db_manpowerinfo.dbo.tb_employee

使用 SUM 函数统计工资发放总额：

SELECT SUM(RealityPay) AS 工资发放总额 FROM db_manpowerinfo.dbo.tb_pay

18.6.2　分组统计

在 SQL 语句中，可以使用 GROUP BY 语句来实现按字段值相等的记录进行的分组统计，语法格式如下：

SELECT fieldlist FROM table WHERE criteria[GROUP BY groupfieldlist]

- ☑　fieldlist：同任何字段名的别名、SQL 聚集函数、选择谓词（ALL、DISTINCT、GROUP BY 语句、DISTINCTROW 或 TOP）或其他 SELECT 语句选项一起被获取。
- ☑　table：从其中获取数据表的名称。
- ☑　criteria：选择标准。如果语句包含 WHERE 子句，则 Microsoft Jet 数据库引擎在对记录应用 WHERE 条件后会将这些值分组。
- ☑　groupfieldlist：用于记录分组的字段名，最多为 10 个字段。groupfieldlist 中的字段名的顺序决定组层次，由分组的最高层次至最低层次。

例如分组统计员工中的男女人数，SQL 语句如下：

SELECT sex, COUNT(number) AS 人数 FROM db_manpowerinfo.dbo.tb_employee GROUP BY sex

注意

GROUP BY 关键字一般用于同时查询多个字段并对字段进行算术运算的 SQL 命令中。

18.6.3　子查询

子查询是 SELECT 语句内的另外一条 SELECT 语句，而且常常被称为内查询或是内 SELECT 语句。SELECT、INSERT、UPDATE 或 DELETE 语句中允许是一个表达式的地方都可以包含子查询，子查询甚至可以包含在另外一个子查询中。

1．带有 IN 运算符的子查询

在带有 IN 运算符的子查询中，子查询的结果是一个结果集。父查询通过 IN 运算符将父查询中的一个表达式与子查询结果集中的每一个值进行比较，如果表达式的值与子查询结果集中的任何一个值相等，父查询中的"表达式 IN（子查询）"条件表达式返回 True，否则返回 False。NOT IN 运算符与 IN 运算符结果相反。

例如，在员工信息表和工资信息表中查询已发工资的员工信息，SQL 语句如下：

```
SELECT * FROM db_manpowerinfo.dbo.tb_employee WHERE number IN(SELECT EmployeeNumber FROM db_manpowerinfo.dbo.tb_pay)
```

2．带有比较运算符的子查询

在带有比较运算符的子查询中，子查询的结果是一个单值。父查询通过比较运算符将父查询中的一个表达式与子查询结果（单值）进行比较，如果表达式的值与子查询结果做比较运算的结果为 True，父查询中的"表达式比较运算符（子查询）"条件表达式返回 True，否则返回 False。

常用的比较运算符有>、>=、<、<=、=、<>、!=、!>、!<。

下面列出实发工资大于 1800 的员工的基本信息，SQL 语句如下：

```
SELECT * FROM db_manpowerinfo.dbo.tb_employee WHERE number IN(SELECT EmployeeNumber FROM db_manpowerinfo.dbo.tb_pay WHERE RealityPay > 1800)
```

18.7　插　入　数　据

📹 视频讲解：光盘\TM\lx\18\插入数据.exe

本节介绍插入数据，包括插入完整的行、插入部分行、插入检索出的数据以及将一个表中的数据复制到另一个表。

18.7.1　插入完整的行

插入完整行或部分行，应在 INSERT 语句中使用 VALUES 关键字，语法格式如下：

```
INSERT INTO table_name[(column[,column2]…)]
VALUES(CONSTANT[,CONSTANT2]…)
```

下面向员工表 tb_employee 中添加一行新记录，并给每列都赋予一个新值，SQL 语句如下：

```
INSERT INTO db_manpowerinfo.dbo.tb_employee VALUES ('00040', '小李', '女', '220111XXXXXXXXXXXX', '1980-02-01', '28', '汉族', '96784')
```

【例 18.9】　下面在 VB 中实现向员工表 tb_employee 中添加一行新记录。（实例位置：光盘\TM\sl\18\9）

程序主要代码如下：

```
Dim cnn As New ADODB.Connection        '声明 Conection 对象
'MRGCY-PC\MRGY 为服务器名称，需要修改为自己的服务器
cnn.Open "Provider=SQLNCLI10.1;Persist Security Info=False;User ID=sa;Initial Catalog=db_manpowerinfo;
Data Source=MRGCY-PC\MRGY"
cnn.Execute "INSERT INTO db_manpowerinfo.dbo.tb_employee VALUES ('00040', '小李', '女',
'220111XXXXXXXXXXXX', '1980-02-01', '28', '汉族', '96784')"
```

注意

　　必须使用与数据库表中字段名称相同的顺序输入数据值（即 number、name、sex、card、birth、age、nation、phone），数据值之间用逗号隔开。VALUES 数据要用括号括起来，而且 SQL 要求对字符和日期数据用单引号封闭。

18.7.2　插入部分行

　　给部分列添加数据时，需要对这些列进行指定，那些不放入数据的列必须为默认值或定义为空，以防止出现错误。

　　下面只为员工表 tb_employee 中的编号 "number" 和姓名 "name" 两列添加数据，SQL 语句如下：

```
INSERT INTO db_manpowerinfo.dbo.tb_employee (number, name) VALUES ('00031', '小王')
```

说明

　　INSERT 语句对列名称顺序没有要求，只要给出的数据值与该顺序匹配即可。

18.7.3　插入检索出的数据

　　使用 SELECT 语句可将数据添加到记录的部分列中，就像使用 VALUES 子句一样。在 INSERT 子句中可以简单地指定要添加数据的列。

　　如果在员工表中有员工编号等于 00031 的员工，而在工资表中却没有该员工，则可以使用下面的语句将员工表中员工编号等于 00031 的员工插入到工资表中。SQL 语句如下：

```
INSERT INTO db_manpowerinfo.dbo.tb_pay(EmployeeNumber, ID) SELECT number FROM db_manpowerinfo.
dbo.tb_employee WHERE (number = '00031')
```

　　运行上述语句，将产生一个错误。原因是工资表 tb_pay 中的 ID 不允许空值，而且没有默认值。在这种情况下，可以将 01 作为 ID 的一个哑值（dummy value），并用它作为一个常量。例如：

```
INSERT INTO db_manpowerinfo.dbo.tb_pay(EmployeeNumber,ID) SELECT number,01 FROM db_manpowerinfo.
dbo.tb_employee WHERE (number = '00031')
```

注意

　　如果在列上使用了唯一索引或使用 UNIQUE 或 PRIMARY KEY 约束，则不能使用上述方法。

18.7.4　将一个表中的数据复制到另一个表

可以在 INSERT 语句中使用 SELECT 语句来获取一个或多个表中的值。在 INSERT 语句中使用 SELECT 语句的简单语法如下：

```
INSERT INTO table_name[(insert_column)_list]
SELECT column_list
FROM table_list
WHERE search_conditions
```

INSERT 语句中的 SELECT 语句允许用户将数据从一个表的所有列或部分列移至另一个表中。如果要在一组列中插入数据，则可在其他时间使用 UPDATE 添加该值至其他的列。

如果需要将一个表中的行完全插入到另一个表中，这两个表必须具有匹配的结构。也就是说，对应的列必须为同一种数据类型或系统可以对其数据类型进行自动转换。

如果两个表中所有列的顺序与结构一致，则不必在表中指定列名。

例如，将日消费信息表中的日结信息放到月消费信息表中，SQL 语句如下：

```
insert into 月消费信息表 select 箱号,所在大厅,项目编号,名称,单位,单价,数量,简称,消费状态,隐藏状态,登记时间,
折扣,金额小计,消费单据号 from 日消费信息表 order by 消费单据号
```

或者：

```
insert into 月消费信息表 select * from 日消费信息表
```

如果这两个表中的列在顺序上与数据库中表的结构不一致，则可以使用 INSERT 或 SELECT 子句对列进行重新排序以使它们匹配。

如果不匹配，系统将不能进行插入操作或不能正确地进行插入操作，它会将数据放置在错误的列中。

18.8　修改和删除数据

📀 视频讲解：光盘\TM\lx\18\修改和删除数据.exe

本节介绍修改数据和删除数据。

18.8.1　修改数据

UPDATE 语句可以改变表中单一行、成组行和所有行中的值。下面是简化了的 UPDATE 语法。

```
UPDATE table_name
set column_name=expression
[WHERE search_conditions]
```

1. 指定表：UPDATE 子句

UPDATE 关键字后面跟有表名或视图名，一次只可以改变一个表或一个视图中的数据。

如果 UPDATE 语句违背了完整性约束（例如，添加的某个值具有错误的数据类型），则系统就不能进行更新并显示一个错误信息。

2. 指定列：SET 子句

SET 子句用于指定列和改变值。

下面计算工资表 tb_pay 中的实发工资，实发工资等于应发工资减去应扣工资。SQL 语句如下：

```
UPDATE db_manpowerinfo.dbo.tb_pay SET RealityPay = MustPay – DelPay
```

3. 指定行：WHERE 子句

UPDATE 语句中的 WHERE 子句用于指定要修改的行（类似于 SELECT 语句中的 WHERE 子句）。例如，为工资表 tb_pay 中基本工资为 1500 元的员工涨 200 元，SQL 语句如下：

```
Update db_manpowerinfo.dbo.tb_pay set BasePay = BasePay +200 where BasePay =1500
```

18.8.2 删除数据

删除单行或多行数据可使用 DELETE 语句，其语法格式如下：

```
DELETE FROM db_manpowerinfo.dbo.table_name WHERE search_conditions
```

删除员工表 tb_empolyee 中的所有数据，SQL 语句如下：

```
DELETE FROM db_manpowerinfo.dbo.tb_employee
```

利用 WHERE 子句可以指定要删除哪一行。例如，要删除员工表 tb_empolyee 中"年龄"小于 23 的数据，SQL 语句如下：

```
DELETE FROM db_manpowerinfo.dbo.tb_employee WHERE age < 23
```

18.9 小 结

本章涉及的 SQL 语句是一些较为简单且常用的 SQL 语句，在实际编写数据库应用程序时，还需要掌握大量较为复杂的 SQL 语句，这就需要读者多阅读一些有关 SQL 语言的专业图书。

18.10 练习与实践

1. 使用 AS 子句将英文字段重命名为中文字段。（答案位置：光盘\TM\sl\18\10）
2. 创建一个销售表，然后使用 SQL 语句统计各类商品的销售总额。（答案位置：光盘\TM\sl\18\11）
3. 按日期查询销售表中某一商品的销售记录。（答案位置：光盘\TM\sl\18\12）

第19章

数据库开发技术

（ 📹 视频讲解：63分钟 ）

了解了 SQL 语言，再掌握一些数据库开发技术，就可以开发出数据库应用程序了。本章将介绍数据库开发相关技术，其中包括 ODBC、ADO 对象和 ADO 控件。

通过阅读本章，您可以：

▸▸ 认识 ODBC，掌握配置 ODBC 的方法

▸▸ 学会引用 ADO 对象，熟练掌握 ADO 对象，用其操纵数据库

▸▸ 认识 ADO 控件，掌握如何应用 ADO 控件连接各种数据源、记录源

▸▸ 掌握 ADO 控件的主要属性、方法和事件

▸▸ 用 ADO 控件实现数据的增、删、改、查

19.1　VB 访问数据库

 视频讲解：光盘\TM\lx\19\VB 访问数据库.exe

VB 访问数据库有多种方法，如 Data 控件、DAO 对象、RDO 对象、ADO 控件和 ADO 对象等。现在常用的是 ADO 控件和 ADO 对象，其他控件和对象了解即可。

（1）Data 控件和 DAO 对象

Data 控件和 DAO 对象同属于 DAO（Data Access Objects）技术。Data 控件是 VB 工具箱中的基本控件，使用该控件可以打开、访问并操纵已有的数据库，它是操纵数据库最简便的方法。

DAO 对象是数据访问对象之一，是 VB 最早引入的数据访问技术。它比 Data 控件功能强大，不仅可以打开、访问并操纵已有的数据库，而且可以创建数据库、表和索引。另外，它不需要添加任何数据控件，只用程序代码就能创建完整的数据库应用程序，但使用该对象前应首先在工程中引用它。

（2）RDO 对象

RDO（Remote Data Objects）远程数据对象是一个到 ODBC 的面向对象的数据访问接口，有了 VB 6.0以后，RDO 已逐步被 ADO 替代，因此本章不作更多介绍。

（3）ADO 控件和 ADO 对象

ADO 控件从外形上看与 Data 控件差不多，但两者功能却相差甚远。ADO 控件是最新的数据访问技术，访问更加简单和灵活，支持多种数据库，而且访问的数据类型也更为丰富，特别在 Internet 方面的应用可极大提高系统性能。如果需要用少量的代码来创建数据库应用程序，建议使用该控件。

ADO 对象是 DAO/RDO 对象的后继产物，可用较少的对象、更多的属性、方法（参数）和事件对各种数据源进行操作访问。

> **说明**
>
> 由于 ADO 控件和 ADO 对象是 VB 6.0 的最新数据访问技术，因此本章主要介绍它们的用法。

19.2　ODBC

 视频讲解：光盘\TM\lx\19\ODBC.exe

ODBC 是目前访问远程数据库的主要方法。在开发远程数据库或其他数据库应用程序前，首先要配置好 ODBC 数据源。下面就介绍什么是 ODBC 和如何配置 ODBC 数据源。

19.2.1　认识 ODBC

ODBC（Open DataBase Connectivity，开放数据库互连）是 Microsoft 公司提供的有关数据库的一

个组成部分，它建立一组规范并提供了数据库访问的标准 API（应用程序编程接口）。一个使用 ODBC 操作数据库的应用程序，基本操作都是由 ODBC 驱动程序完成的，不依赖于 DBMS。

应用程序访问数据库时，首先要用 ODBC 管理器注册一个数据源，该数据源包括数据库位置、数据库类型和 ODBC 驱动程序等信息，管理器根据这些信息建立 ODBC 与数据库的连接。

19.2.2 配置 ODBC 数据源

配置 ODBC 数据源，首先要在 Windows 7 操作系统中的"控制面板"/"系统和安全"/"管理工具"窗口中双击"数据源（ODBC）"图标，打开"ODBC 数据源管理器"对话框，如图 19.1 所示，然后单击"添加"按钮，打开"创建新数据源"对话框，如图 19.2 所示。在此选择 ODBC 提供驱动程序的数据源，包括 Access 类驱动程序、dBase 类驱动程序、Excel 类驱动程序、FoxPro 类驱动程序、Visual FoxPro 类驱动程序、Paradox 类驱动程序、Text 类驱动程序和 SQL Server 类驱动程序等。

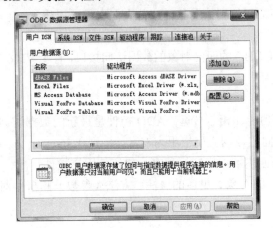

图 19.1　"ODBC 数据源管理器"对话框　　　　图 19.2　创建数据源

下面分别以常用数据库 Access 和 SQL Server 为例介绍配置 ODBC 数据源的方法。

1. Access 数据库 DSN 的配置方法

（1）在如图 19.2 所示对话框中，拖动滚动条，在"名称"列表框中选择 Microsoft Access Driver（*.mdb），单击"完成"按钮，打开"ODBC Microsoft Access 安装"对话框。

（2）在"ODBC Microsoft Access 安装"对话框的"数据源名"文本框中输入要创建的数据源名称，例如 ODBCdb_kfgl。单击"选择"按钮，打开"选择数据库"对话框，从中选择数据源连接的 Access 数据库，单击"确定"按钮，连接的 Access 数据库路径将显示在"ODBC Microsoft Access 安装"对话框中，如图 19.3 所示。

（3）单击"确定"按钮，新创建的数据源就会添加到如图 19.1 所示对话框的数据源列表框中。此时在如图 19.1 所示对话框中单击"确定"按钮，一个新的 Access 数据源就创建完成了。

2. SQL Server 2008 数据库 DSN 的配置方法

（1）在如图 19.2 所示对话框的"名称"列表框中选择 SQL Server Native Client 10.0，单击"完成"

按钮，打开如图 19.4 所示对话框。

☑　在"名称"文本框内输入新的数据源名，例如 ODBCmanpowerinfo。

☑　在"描述"文本框内输入对数据源的描述，也可以为空。这里没有输入内容。

☑　在"服务器"下拉列表框中选择需要连接的服务器。

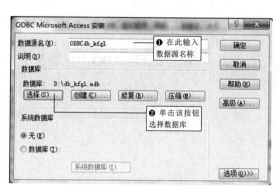

图 19.3　设置数据源

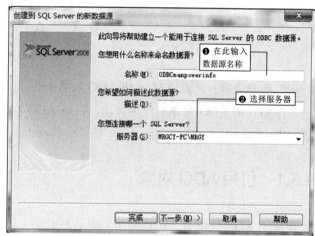

图 19.4　数据源信息设置

（2）单击"下一步"按钮，进行下一步的配置工作，如图 19.5 所示。

☑　在"登录 ID"文本框中输入"sa"。

☑　在"密码"文本框中输入密码，这个密码是安装 SQL Server 2008 时设置的，如果为空，则不输入。

（3）单击"下一步"按钮，打开如图 19.6 所示对话框。在此选中"更改默认的数据库为"复选框，同时在下拉列表框中选择需要的 SQL Server 2008 数据库（例如选择 db_manpowerinfo），然后单击"下一步"按钮。

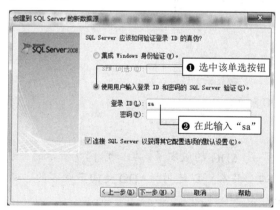

图 19.5　选择数据库验证方式

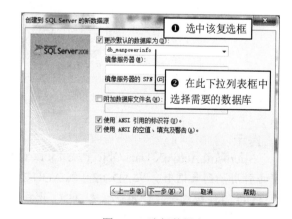

图 19.6　选择数据库

（4）在打开的对话框中使用默认选项，然后单击"完成"按钮，打开"ODBC Microsoft SQL Server 安装"对话框。单击"测试数据源"按钮，如果正确，则连接成功；如果不正确，系统会指出具体的错误，用户应该重新检查配置的内容是否正确。

（5）单击"确定"按钮，新创建的数据源就会添加到如图 19.1 所示对话框的数据源列表框中。此时在如图 19.1 对话框中单击"确定"按钮，一个新的 SQL Server 数据源就创建完成了。

19.3　ADO 对象

视频讲解：光盘\TM\lx\19\ADO 对象.exe

本节将介绍 ADO 对象的使用方法，认识 ADO 对象的子对象（在此重点介绍 ADO 对象的 3 个子对象，即 Connection 对象、Recordset 对象和 Command 对象）。

19.3.1　引用 ADO 对象

在使用 ADO 对象前，应首先在工程中引用它，具体步骤如下：

（1）在 VB 工程中选择"工程"/"引用"命令，打开"引用"对话框。

（2）在"引用"对话框中选择 Microsoft ActiveX Data Object 2.5 Library 选项，然后单击"确定"按钮，如图 19.7 所示。

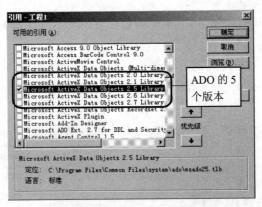

图 19.7　引用 ADO 对象

提示

Microsoft ActiveX Data Object 2.5 Library 中的"2.5"是 ADO 的版本号。在如图 19.7 所示的"可用的引用"列表框中，从 ADO 2.0 到 ADO 2.7 一系列的产品都可以选用。ADO 是向下兼容的，新的 ADO 组件版本兼容使用低版本 ADO 开发出来的程序。

设置完成后，就可以在工程中应用 ADO 了。ADO 组件库的前缀是 ADODB，例如使用 Connection 对象时，应表示为 ADODB.Connection；使用 Recordset 对象时，应表示为 ADODB.Recordset。

19.3.2　ADO 对象的子对象

ADO 对象还包含一些子对象，其层次结构如图 19.8 所示。

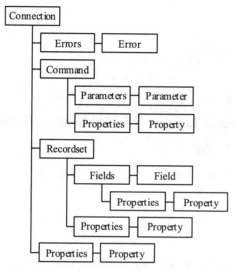

图 19.8　ADO 对象的层次结构

19.3.3　连接多种数据库（Connection 对象）

通过 Connection 对象的 Open 方法可以连接多种数据源，其语法格式如下：

`connection.Open ConnectionString, UserID, Password, OpenOptions`

☑　ConnectionString：可选参数，一个字符串，包含连接信息。可参见 ConnectionString 属性提供的 4 个参数，如表 19.1 所示。

表 19.1　ADO 支持的 ConnectionString 属性的 4 个参数

参　　数	说　　明
Provider	指定用于连接的提供者名称
File Name	指定包含预先设置连接信息的特定提供者文件名称（例如，持久数据源对象）
Remote Provider	指定打开客户端连接时使用的提供者名称（仅限于 Remote Data Service）
Remote Server	指定打开客户端连接时使用的服务器路径名称（仅限于 Remote Data Service）

☑　UserID：可选参数，一个字符串，包含建立连接时所使用的用户名称。

☑　Password：可选参数，一个字符串，包含建立连接时所用密码。

☑　OpenOptions：可选参数。如果其值为 adAsyncConnect，则异步打开连接；如果其值为 adConnectUnspecified（默认值），则同步打开连接。

下面介绍使用 Connection 对象连接数据库的方法。在使用 Connection 对象连接数据库之前，应首先声明该对象。代码如下：

```
Dim cn As New ADODB.Connection
```

1．连接 Access 数据库

```
cn.Open "Driver={Microsoft Access Driver (*.mdb)};DBQ=c:\database\db_kfgl.mdb"
```

注意

上面语句中的 Driver 后有一个空格，此空格不能省略。

连接 Access 数据库时，自动识别数据库路径。

```
cn.Open "Driver={Microsoft Access Driver (*.mdb)};DBQ=" & app.path & "\db_kfgl.mdb"
```

2．连接 SQL Server 2008 数据库

```
cn.Open"Provider=SQLNCLI10.1;Persist Security Info=False;User ID=sa;pwd=pwd;Initial Catalog=db_SSS; Data Source=MRGCY-PC\MRGY"
```

上述代码中，MRGCY-PC\MRGY 是服务器名称，需要换成自己服务器名称。如果在 SQL Server 中没有设置密码，那么可以省略上面语句中的 pwd。例如：

```
cn.Open"Provider=SQLNCLI10.1;Persist Security Info=False;User ID=sa;Initial Catalog=db_SSS;Data Source= MRGCY-PC\MRGY"
```

3．使用 DSN 和 ODBC 标记打开连接

```
cn.Open"DSN=ODBCmanpowerinfo;uid=sa;pwd=pwd;"
```

如果数据库中没有设置密码，那么可以省略上面语句中的 pwd。例如：

```
cn.Open"DSN= ODBCmanpowerinfo;uid=sa;"
```

4．使用 DSN 和 OLE DB 标记打开连接

```
cn.Open "DataSource=ODBCmanpowerinfo;user ID=sa;"
```

5．使用 DSN 和单个参数而非连接字符串打开连接

```
cn.Open "ODBCmanpowerinfo","sa"
```

在对打开的 Connection 对象操作结束后，可使用 Close 方法释放所有关联的系统资源，关闭对象并将它从内存中删除。可以更改其属性设置并在以后再次使用 Open 方法打开它。要将对象完全从内存中删除，可将对象变量设置为 Nothing，如 set cn=Nothing。

19.3.4　连接记录源（Recordset 对象）

Recordset 对象表示的是来自基本表或命令执行结果的记录全集。任何时候，Recordset 对象所指的当前记录均为集合内的单个记录。

使用 Recordset 对象的 Open 方法可以打开代表基本表、查询结果或者以前保存的 Recordset 中记录

的游标，其语法格式如下：

```
recordset.Open Source, ActiveConnection, CursorType, LockType, Options
```

- ☑ Source：可选参数，变体型，表示对象的变量名、SQL 语句、表名、存储过程调用或持久 Recordset 文件名。
- ☑ ActiveConnection：可选参数，变体型，表示有效的 Connection 对象变量名或字符串，包含 ConnectionString 参数。
- ☑ CursorType：可选参数，用于确定提供者打开 Recordset 对象时应该使用的游标类型，这些类型如表 19.2 所示。

表 19.2 打开 Recordset 时可使用的游标类型

常　　量	说　　明
adOpenForwardOnly	（默认值）打开仅向前类型游标
adOpenKeyset	打开键集类型游标
adOpenDynamic	打开动态类型游标
adOpenStatic	打开静态类型游标

- ☑ LockType：可选参数，用于确定提供者打开 Recordset 对象时应该使用的锁定（并发）类型的 LockTypeEnum 值，这些值如表 19.3 所示。

表 19.3 打开 Recordset 时应使用的锁定类型

常　　量	说　　明
adLockReadOnly	（默认值）只读。不能改变数据
adLockPessimistic	保守式锁定（逐个）。提供者完成确保成功编辑记录所需的工作，通常通过在编辑时立即锁定数据源的记录来完成
adLockOptimistic	开放式锁定（逐个）。提供者使用开放式锁定，只在调用 Update 方法时才锁定记录
adLockBatchOptimistic	开放式批更新。用于批更新模式（与立即更新模式相对）

- ☑ Options：可选参数，长整型值，用于指示提供者如何指定 Source 参数，其值如表 19.4 所示。

表 19.4 Options 常量

常　　量	说　　明
adCmdText	指示提供者应该将 Source 作为命令的文本定义来计算
adCmdTable	指示 ADO 生成 SQL 查询以便从 Source 命名的表返回所有行
adCmdTableDirect	指示提供者更改从 Source 命名的表返回的所有行
adCmdStoredProc	指示提供者应该将 Source 视为存储的过程
adCmdUnknown	指示 Source 参数中的命令类型为未知
adCommandFile	指示应从 Source 命名的文件中恢复持久（保存的）Recordset
adExecuteAsync	指示应异步执行 Source
adFetchAsync	指示在提取 CacheSize 属性中指定的初始数量后，应该异步提取所有剩余的行

使用 Recordset 对象打开表之前，应首先声明该对象。代码如下：

```
Dim rs1 As New ADODB.Recordset
```

【例 19.1】 下面使用 Recordset 对象打开客房信息表 kf。（实例位置：光盘\TM\sl\19\1）

代码如下：

```
Dim cnn As New ADODB.Connection              '定义一个 Connection 对象
Dim rs As New ADODB.Recordset                '定义一个 Recordset 对象
Private Sub Form_Load()
    cnn.Open "Driver={Microsoft Access Driver (*.mdb)};DBQ=" & _
            App.Path & "\db_kfgl.mdb"         '连接数据库
    rs.Open "kf", cnn, adOpenKeyset, adLockOptimistic    '连接数据表
    rs.MoveFirst                             '移动到第一条记录
    '使用循环语句将所有房间号输出到立即窗口
    Do While rs.EOF = False
        Debug.Print rs.Fields("房间号")        '输出到立即窗口
        rs.MoveNext                          '记录集下移
    Loop
    rs.Close                                 '关闭数据集对象
End Sub
```

【例 19.2】 Recordset 对象还可以打开带查询结果的表。例如，要显示所有"空房"，只需将例 19.1 中的"rs.Open "kf", cnn, adOpenKeyset, adLockOptimistic"改写为如下代码。（实例位置：光盘\TM\sl\19\2）

```
rs.Open "select * from kf where  房态='空房'", cnn, adOpenKeyset, adLockOptimistic
```

注意

如果使用 Recordset 对象的 Open 方法打开数据表，程序结束后应使用 Close 方法关闭该对象，否则再次使用该对象时，将出现运行时错误，并提示对象被打开。

19.3.5　执行 SQL 语句（Command 对象）

Command 对象通常用于查询数据库并返回 Recordset 对象中的记录，以便执行大量操作或处理数据库结构。某些 Command 集合、方法或属性被引用时可能会产生错误，这取决于提供者的功能。

可以使用 Command 对象的集合、方法、属性进行下列操作。

☑　使用 CommandText 属性定义命令（例如 SQL 语句）的可执行文本。

☑　通过 Parameter 对象和 Parameters 集合定义参数化查询或存储过程参数。

☑　可使用 Execute 方法执行命令并在适当的时候返回 Recordset 对象。

☑　执行前应使用 CommandType 属性指定命令类型以优化性能。

☑　使用 Prepared 属性决定提供者是否在执行前保存准备好（或编译好）的命令版本。

☑　使用 CommandTimeout 属性设置提供者等待命令执行的秒数。

☑　通过设置 ActiveConnection 属性使打开的连接与 Command 对象关联。

☑　通过设置 Name 属性将 Command 标识为与 Connection 对象关联的方法。

☑　将 Command 对象传送给 Recordset 的 Source 属性以便获取数据。

要独立于先前已定义的 Connection 对象创建 Command 对象，应将其 ActiveConnection 属性设置为有效的连接字符串。此时 ADO 仍将创建 Connection 对象，只是它不会将该对象赋给对象变量。但是，如果将多个 Command 对象与同一个连接关联，则必须显示创建并打开 Connection 对象，这样即可将

Connection 对象赋给对象变量。如果没有将 Command 对象的 ActiveConnection 属性设置为该对象变量，则即使使用相同的连接字符串，ADO 也会为每个 Command 对象创建新的 Connection 对象。

要执行 Command，只需通过它所关联的 Connection 对象的 Name 属性将其简单调用即可，但必须将 Command 的 ActiveConnection 属性设置为 Connection 对象。如果 Command 带有参数，还要将这些参数的值作为参数传送给方法。

【例 19.3】 下面使用 Command 对象执行 SQL 语句。例如，查询客房信息表 kf 中房间号为"2301"的记录。（实例位置：光盘\TM\sl\19\3）

代码如下：

```
Dim cnn As New ADODB.Connection                                          '定义一个 Connection 对象
Dim rs As New ADODB.Recordset                                            '定义一个 Recordset 对象
Dim cmd As New ADODB.Command                                             '定义一个 Command 对象
Private Sub Form_Load()
    cnn.Open "Driver={Microsoft Access Driver (*.mdb)};DBQ=" & App.Path & "\db_kfgl.mdb"  '连接数据库
    Set cmd.ActiveConnection = cnn                                       '给 Command 对象指定连接对象
    cmd.CommandText = "select * from kf where  房间号='2301'"            '设置命令文本
    cmd.CommandType = adCmdText                                          '设置命令类型
    cmd.CommandTimeout = 15                                              '设置执行命令需等待的时间
    Set rs = cmd.Execute                                                '返回记录集对象
    MsgBox "该房间已找到，房间号为【" & rs.Fields("房间号") & "】"       '输出记录
End Sub
```

注意

在程序中要引用 ADO 对象。

19.3.6　ADO 对象的综合应用

使用 ADO 对象进行增、删、改、查等操作，应首先引用 ADO 对象，然后使用 ADO 对象的 AddNew、Update 和 Delete 方法来实现。

【例 19.4】 下面将使用 ADO 对象实现经手人信息的添加、修改和删除。运行程序，结果如图 19.9 所示。（实例位置：光盘\TM\sl\19\4）

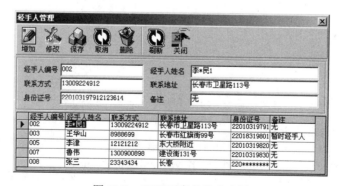

图 19.9　ADO 对象的综合应用

程序主要代码如下：

```
Private Sub Toolbar1_ButtonClick(ByVal Button As MSComctlLib.Button)
    Select Case Button.Key
    Case "add"
        blnadd = True                                          '设置标记为"添加数据"
        '清空文本框，解除锁定
        For i = 1 To Text1.UBound
            Text1(i) = ""
            Text1(i).Locked = False
        Next i
        Text1(0).SetFocus                                      '设置经手人编号 Text1(0)获得焦点
    Case "save"
        If blnadd = True Then                                  '如果标记为 True，即添加新记录
            rs.Open "select * from 经手人表", _
                    cn, adOpenKeyset, adLockOptimistic         '连接数据表
            '向表中添加新记录
            With rs
                .AddNew
                .Fields("经手人编号") = Text1(0).Text: .Fields("经手人姓名") = Text1(1).Text
                .Fields("联系方式") = Text1(2).Text: .Fields("联系地址") = Text1(3).Text
                .Fields("身份证号") = Text1(4).Text: .Fields("备注") = Text1(5).Text
                .Update
            End With
            rs.Close
        End If
        If blnadd = False Then                                 '如果标记为 False，即修改记录
            '按经手人编号查询指定的经手人
            rs.Open "select * from 经手人表 where 经手人编号='" + _
                    Text1(0).Text + "'", cn, adOpenKeyset, adLockOptimistic
            If rs.RecordCount > 0 Then                         '如果记录大于零，则修改该记录
                With rs
                    .Fields("经手人编号") = Text1(0).Text: .Fields("经手人姓名") = Text1(1).Text
                    .Fields("联系方式") = Text1(2).Text: .Fields("联系地址") = Text1(3).Text
                    .Fields("身份证号") = Text1(4).Text: .Fields("备注") = Text1(5).Text
                    .Update
                End With
            End If
            rs.Close
        End If
    Case "xg"
        blnadd = False                                         '设置标记为 False，即修改记录
        '此处省略了解除锁定和取消操作的代码，这部分代码可参见光盘中的源程序
    Case "del"
        '按经手人编号查询指定的记录
        rs.Open "select * from 经手人表 where 经手人编号='" + _
                Text1(0).Text + "'", cn, adOpenKeyset, adLockOptimistic
        If rs.RecordCount > 0 Then                             '如果记录大于零
            rs.Delete                                          '删除该记录
```

```
                rs.Update                                    '更新数据表
            End If
            rs.Close                                         '关闭记录集对象
        Case "refresh"
            '刷新数据表
            Adodc1.RecordSource = "经手人表"
            Adodc1.Refresh
        Case "close"
            Unload Me                                        '关闭窗体
        End Select
End Sub
```

19.4 ADO 控件

📀 **视频讲解：光盘\TM\lx\19\ADO 控件.exe**

本节主要介绍认识 ADO 控件、用 ADO 控件连接各种数据源、用 ADO 控件连接记录源、ADO 控件常用属性、方法和事件，以及使用 ADO 控件实现数据的增、删、改、查。

19.4.1 认识 ADO 控件

ADO 是 ActiveX 控件，使用时应首先将其添加到工具箱中。选择"工程"/"部件"命令，打开"部件"对话框，选择 Microsoft ADO Data Control 6.0（SP4）（OLEDB）选项，单击"确定"按钮，即可将 ADO 控件添加到工具箱中。双击 ADO 控件图标，即可将其添加到窗体。添加过程如图 19.10 所示。

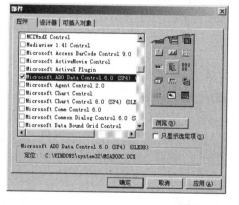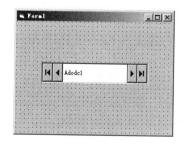

图 19.10 ADO 控件添加过程

使用 ADO 控件可以实现以下功能。

☑ 连接一个本地数据库或远程数据库。

☑ 打开一个指定的数据库表或定义一个基于结构化查询语言（SQL）的查询、存储过程或该数据库中表视图的记录集合。

☑　将数据字段的数值传递给数据绑定控件，并在这些控件中显示或更改这些数据字段的数值。

☑　添加新的记录，或者根据显示在数据绑定控件中的数据的任何更改来更新一个数据库。

19.4.2　用 ADO 控件连接各种数据源

连接数据源是访问数据库的第一步，ADO 控件通过其 ConnectionString 属性来连接各种数据源。方法是右击 ADO 控件，打开"属性页"对话框，在此对话框中允许用户通过 3 种不同的方式来连接数据源，下面分别进行介绍。

1. 使用 Data Link 文件

表示通过一个 ODBC 文件数据源连接文件来完成。这个文件是在 ODBC 数据源（文件 DSN）中事先创建好的。

下面以 test.dsn 文件为例介绍使用 Data Link 文件连接数据源。

在 ADO 控件的"属性页"对话框中选中"使用 Data Link 文件"单选按钮，单击"浏览"按钮，在弹出的对话框中选择需要的 ODBC 文件数据源（如光盘中提供的 test.dsn 文件）。选择完成后，返回到"属性页"对话框，此时"使用 Data Link 文件"单选按钮下的文本框中将出现一个字符串，单击"确定"按钮完成设置。

2. 使用 ODBC 数据资源名称

通过下拉菜单选择已创建好的 ODBC 数据源名称（用户 DSN）作为数据来源。

下面以 19.2.2 节（配置 ODBC 数据源）中创建的 ODBC 数据源 ODBCmanpowerinfo 为例介绍使用 ODBC 数据资源名称连接数据源。

在 ADO 控件的"属性页"对话框中选中"使用 ODBC 数据资源名称"单选按钮，然后在其下拉列表框中选择 ODBCmanpowerinfo，单击"确定"按钮完成设置。

3. 使用连接字符串

使用连接字符串，通过单击"生成"按钮，自动产生连接字符串的内容。

例如，使用 ADO 控件连接 Access 数据库 db_kfgl.mdb，具体步骤如下：

（1）在窗体上添加一个 ADO 控件，使用其默认名称。右击该控件，打开"属性页"对话框，从中选中"使用连接字符串"单选按钮，单击"生成"按钮，打开"数据链接属性"对话框。

（2）在"数据链接属性"对话框的"提供程序"选项卡中，选择 Microsoft Jet 4.0 OLE DB Provider 选项，如图 19.11 所示，单击"下一步"按钮，转到"连接"选项卡。

（3）在"连接"选项卡中单击█按钮，打开"连接 Access 数据库"对话框，在此双击需要连接的 Access 数据库（如 db_kfgl.mdb）。

（4）返回到"连接"选项卡，这时在"选择或输入数据库名称"文本框中将出现一个完整的数据库路径，如图 19.12 所示。

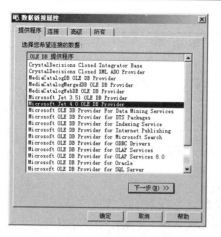

图 19.11　选择数据提供者

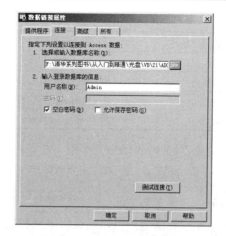

图 19.12　选择 Access 数据库

（5）在"输入登录数据库的信息"栏中输入用户名和密码，一般使用默认设置，单击"测试连接"按钮，测试连接是否成功。如果连接成功，单击"确定"按钮，返回到"属性页"对话框，在"使用连接字符串"文本框中将会看到已经生成的连接字符串，该字符串如下：

```
Provider=Microsoft.Jet.OLEDB.4.0;Data Source=F:\VB\21\ADO 控件\db_kfgl.mdb;Persist Security Info=False
```

至此，ADO 控件便成功地连接了 db_kfgl.mdb 数据库。

另外，除了使用上面介绍的方法设置 ConnectionString 属性外，还可以通过代码设置该属性。例如，窗体载入时，连接数据库，代码如下：

```
Adodc1.ConnectionString = "Provider=Microsoft.Jet.OLEDB.4.0;Data Source=" & _
                           "F:\VB\21\ADO 控件\db_kfgl.mdb;Persist Security Info=False"
```

若需要自动识别数据库路径，可以使用 App.Path，代码如下：

```
Adodc1.ConnectionString = "Provider=Microsoft.Jet.OLEDB.4.0;Data Source=" & _
                           App.Path & "\db_kfgl.mdb;Persist Security Info=False"
```

通过 ADO 控件的"使用连接字符串"还可以连接 SQL Server。首先选择数据提供者 Microsoft OLE DB Provider for SQL Server，然后选择服务器，输入用户名称和密码（一般用户名为 sa，密码为空），最后选择需要连接的数据库。

19.4.3　用 ADO 控件连接记录源

使用 ADO 控件的 RecordSource 属性可以连接指定的记录源。

例如，使用 RecordSource 属性连接 db_kfgl.mdb 数据库中的 kf 表。

（1）右击 ADO 控件，打开"属性页"对话框，选择"记录源"选项卡，如图 19.13 所示。

（2）"命令类型"列表框中有 4 个选项供用户选择，其说明如表 19.5 所示。

图 19.13　"记录源"选项卡

表 19.5　命令类型说明

类 型 名 称	类 型 说 明
8-adCmdUnknown	CommandText 属性中的命令类型未知，是默认类型
1-adCmdText	将 CommandText 作为命令或存储过程调用的文本定义进行计算
2-adCmdTable	将 CommandText 作为全部由内部生成的 SQL 语句返回的表格的名称进行计算
4-adCmdStoredProc	将 CommandText 作为存储过程名进行计算

下面使用"1-adCmdText"类型，在"命令文本"中输入 SQL 语句。

```
select * from kf where  房态='空房'
```

（3）单击"确定"按钮，关闭"属性页"对话框。至此，连接表的工作便完成了。

另外，连接记录源还可以通过代码来实现。例如，窗体载入时，连接记录源的代码如下：

```
Adodc1.CommandType = adCmdText
Adodc1.RecordSource = "select * from kf where  房态='空房'"
```

19.4.4　ADO 控件的常用属性、方法和事件

ADO 控件有很多属性、方法和事件，下面只介绍几个重点的属性、方法和事件，如表 19.6 所示。

表 19.6　ADO 控件的常用属性、方法和事件

属性/方法/事件	描　述
AbsolutePosition 属性	用于设置或返回当前记录的序号位置，如 Adodc1.Recordset. Absolute Position
ActiveConnection 属性	用于指定 Command、Recordset 或 Record 对象当前所属的 Connection 对象
BOF 属性	表示当前记录位置位于 Recordset 对象的第一个记录之前
EOF 属性	表示当前记录位置位于 Recordset 对象的最后一个记录之后
RecordCount 属性	返回记录总数，如 a=Adodc1.Recordset.RecordCount
AddNew 方法	用于创建新记录
CancelUpdate 方法	在调用 Update 方法之前，取消对 Recordset 对象的当前行、新行或者 Record 对象的 Fields 集合所做的更改
Delete 方法	删除当前记录或记录组
Find 方法	在 Recordset 对象中搜索满足指定条件的行。可选择指定搜索方向、起始行和从起始行的偏移量。如果满足条件，当前行的位置将设置在找到的记录上；否则将把当前行位置设置为 Recordset 对象的结尾（或开始）处。如"Adodc1.Recordset.Find " 房间号> 4001""
Move 方法	在 Recordset 对象中移动当前记录的位置
MoveFirst、MoveLast、MoveNext 和 MovePrevious 方法	移动到指定的 Recordset 对象中的第一个、最后一个、下一个或上一个记录并使其成为当前记录
Update 方法	保存对 Recordset 对象的当前行或者 Record 对象的 Fields 集合所做的更改
Error 事件	在执行 VB 代码而发生了一个数据访问错误的情况下，会触发该事件

如果提供给用户输入（修改）数据的控件是数据绑定控件，那么唯一索引字段的值发生重复时，

ADO 控件会产生 Error 事件。通过该事件，可以处理错误的发生，如下面的代码。

```
Private Sub Adodc1_Error(ByVal ErrorNumber As Long, _
                    Description As String, _
                    ByVal Scode As Long, _
                    ByVal Source As String, _
                    ByVal HelpFile As String, _
                    ByVal HelpContext As Long, _
                    fCancelDisplay As Boolean)
    If ErrorNumber = -2147217873 Then          '如果错误码为-2147217873
        Scode = 0                              '服务器返回错误码为 0
        MsgBox Description                     '输出错误描述信息
    End If
End Sub
```

19.4.5　ADO 控件的综合应用

利用数据绑定控件，只用少量代码即可实现数据的增、删、改，因为绑定的数据控件已连接到数据表中的不同字段。录入数据时，只需使用 AddNew 方法添加一条新记录，然后在绑定控件中录入相关数据，录入完成后使用 Update 更新，即可完成数据的增加；修改数据则可以直接进行；删除数据可以使用 Delete 方法。

【例 19.5】　下面使用 ADO 控件实现经手人数据的增、删、改。运行程序，结果如图 19.14 所示。（实例位置：光盘\TM\sl\19\5）

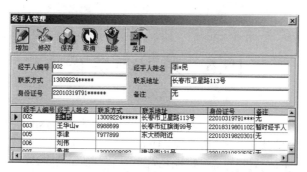

图 19.14　ADO 控件的综合应用

程序主要代码如下：

```
Private Sub Toolbar1_ButtonClick(ByVal Button As MSComctlLib.Button)
    Select Case Button.Key
    Case "add"
        Adodc1.Recordset.AddNew                    '添加新记录
        '此处省略了清空文本框和解除锁定的代码，这部分代码可参见光盘中的源程序
        Text1(0).SetFocus                          '使经手人编号 text1(0)获得焦点
    Case "save"
        Adodc1.Recordset.Update                    '更新数据表
    Case "xg"
```

```
        '此处省略了解除锁定的代码，这部分代码可参见光盘中的源程序
    Case "cancel"
        '此处省略了锁定文本框的代码，这部分代码可参见光盘中的源程序
    Case "del"
        Adodc1.Recordset.Delete                              '删除记录
        Adodc1.Recordset.Update                              '更新数据表
    Case "close"
        Unload Me                                            '关闭窗体
    End Select
End Sub
```

 注意

使用绑定控件录入数据时，如果输入非法数据，程序将报错，因此要设计遇错处理程序。

19.5 小   结

本章介绍了几种数据库访问技术，重点介绍了 ADO 控件和 ADO 对象。对于这两种访问数据库的方法，究竟使用哪一种要根据对数据库技术掌握的熟练程度及自身编程习惯而定。但是笔者还是提出一点建议：对于初学者，建议使用 ADO 控件（数据绑定方法），因为编写少量代码就可以快速地创建数据库应用程序；对于有一些编程经验的程序员，建议使用 ADO 对象，以方便程序日后维护和移植。当然，二者也可以结合应用。

19.6 练习与实践

1. 使用 ADO 的 Connection 对象执行 SQL 语句，更新销售表（xsd）中的金额。配书光盘中提供了数据库 db_zbjxc.mdb。（答案位置：光盘\TM\sl\19\6）

2. 使用 ADO、DataGrid 和 DTPicker（日期控件）控件，按日期查询销售表（xsd）中的数据。配书光盘中提供了数据库 db_zbjxc.mdb。（答案位置：光盘\TM\sl\19\7）

第20章

数据库控件

(📹 视频讲解：45分钟)

本章主要介绍数据库控件，如 DataCombo 和 DataList 控件、DataGrid 控件、MSFlexGrid 和 MSHFlexGrid 控件。它们是编写数据库应用程序所必须掌握的知识，有了这些数据库控件，操纵数据将变得更加方便、快捷。

通过阅读本章，您可以：

▸▸ 认识 DataCombo 和 DataList 控件

▸▸ 掌握 DataCombo 和 DataList 控件显示普通数据和关系数据的方法

▸▸ 认识 DataGrid 控件，学会用 DataGrid 控件显示数据、格式化数据和锁定数据

▸▸ 学会将 DataGrid 控件中的数据显示在文本框中

▸▸ 认识 MSFlexGrid 和 MSHFlexGrid 控件，学会用 MSHFlexGrid 控件显示数据

▸▸ 掌握 MSHFlexGrid 控件对数据进行排序、合并的方法

▸▸ 掌握隐藏 MSHFlexGrid 控件的行、列和冻结字段的方法

20.1　DataCombo 和 DataList 控件

▓▓ 视频讲解：光盘\TM\lx\20\DataCombo 和 DataList 控件.exe

DataCombo 控件是一个数据绑定组合框，而 DataList 控件是一个数据绑定列表框。它们可以自动地由一个附加数据源中的一个字段填充，并且可选择地更新另一个数据源相关表中的一个字段。

20.1.1　认识 DataCombo 和 DataList 控件

DataCombo 和 DataList 控件与 ADO 控件绑定可以快捷、方便地实现在下拉列表框和列表框中显示数据表中的数据。这两个控件都属于 ActiveX 控件，使用时应首先将其添加到工具箱中。选择"工程" / "部件"命令，打开"部件"对话框，在此选择 Microsoft DataList Controls 6.0（SP3）选项，单击"确定"按钮即可将其添加到工具箱中。在工具箱中分别双击这两个控件的图标，即可将它们添加到窗体上。添加过程如图 20.1 所示。

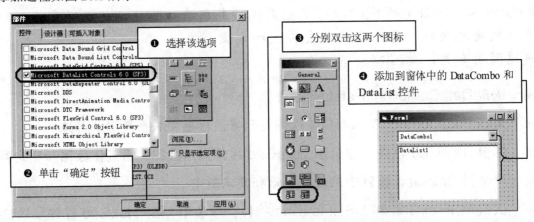

图 20.1　DataCombo 和 DataList 控件的添加过程

20.1.2　DataCombo 和 DataList 控件的属性

DataCombo 和 DataList 控件有一些特殊的属性，这使得它们与其他数据控件不同。下面介绍几个重点的属性。

- ☑　DataSource 属性：指定 DataCombo 和 DataList 控件被绑定到的 ADO 控件的名称。
- ☑　DataList 属性：指定由 DataSource 属性所指定的记录集中的字段名称。该字段用于决定数据列表中哪个元素将被突出显示。如果需要作出新的选择，则在移动到新记录的时候，该字段被更新。
- ☑　RowSource 属性：用于填充列表的 ADO 控件绑定的数据库名称。

☑ ListField 属性：用 RowSource 属性所指定的记录集中的字段名来填充列表。

☑ BoundColumn 属性：用于返回或者设置一个由 RowSource 属性指定的记录集中的字段名，该记录集用于为另一个 Recordset 对象提供数据。选择确定后，回传到 DataField。

☑ BoundText 属性：用于返回或者设置由 BoundColumn 属性指定的字段的值。选择确定后，该值被回传，从而更新由 DataSource 和 DataField 属性指定的 Recordset 对象。

注意

DataCombo 和 DataList 控件与 ADO 控件是绑定在一起使用的，因此当使用它们时，应该先使用 ADO 控件指定数据库和表。

【例 20.1】 下面使用 DataCombo 和 DataList 控件显示"图书类别表"中的类别编号和类别名称。（**实例位置：光盘\TM\sl\20\1**）

具体实现步骤如下：

（1）新建一个工程，在窗体中添加 ADO 控件，通过第 19 章介绍的方法，使其连接数据库 db_book 和数据表"图书类别表"。

（2）按照 20.1.1 节介绍的方法在窗体上添加一个 DataCombo 控件和一个 DataList 控件。

（3）单击 DataCombo 控件，在其"属性"窗口中找到 RowSource 属性，在其旁边的下拉列表框中选择 Adodc1；接下来找到 ListField 属性，在其旁边的下拉列表框中选择"类别号"。

说明

如果窗体上有几个 ADO 控件，RowSource 属性值列表也将显示多个 ADO 控件。

（4）DataList 控件的设置方法与 DataCombo 控件基本一样，只是 ListField 属性不同，DataList 控件的 ListField 属性为"类别名称"。

（5）按 F5 键运行程序，结果如图 20.2 所示。

图 20.2 用 DataCombo 和
DataList 控件显示数据

20.1.3 显示关系表中的数据

DataCombo 控件和 DataList 控件具有与众不同的特性，它们可以通过自身提供的 BoundColumn 属性和 BoundText 属性很方便地显示和查询关系表中的数据。

【例 20.2】 在图书管理数据库中，图书类别名称存储在一个表中，每个类别都有一个唯一的标识，即类别号；另一个显示图书信息的表则使用类别号来表明是哪类图书。图书信息存储在一个表中，每本图书都有一个唯一的标识，即编号；另一个显示图书目录的表则使用编号来表明是哪本书的目录。它们的关系如图 20.3 所示。（**实例位置：光盘\TM\sl\20\2**）

由图 20.3 可以得出库存表、目录表和图书类别表之间的关系，这时可以使用 DataCombo 控件显示图书类别名称，而不可见地将图书类别的唯一标识（类别号）提供给"库存表"；使用 DataList 控件显示图书信息，而不可见地将图书的唯一标识（编号）提供给"目录表"；使用 DataGrid 控件显示最终的图书目录信息，结果如图 20.4 所示。

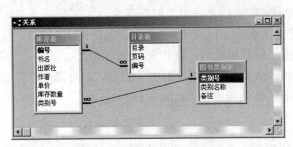

图 20.3　库存表、目录表和图书类别表之间的关系

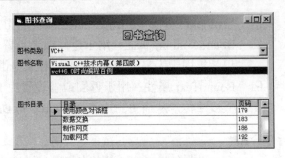

图 20.4　显示关系表中的数据

程序具体实现步骤如下：

（1）新建一个工程，在窗体上添加 3 个 ADO 控件，默认名为 Adodc1、Adodc2 和 Adodc3，将它们都连接到 db_books.mdb 数据库，然后分别连接图书类别表、库存表和目录表。

（2）在窗体上添加一个 DataCombo 控件、一个 DataList 控件和一个 DataGrid 控件。

（3）设置 DataCombo1 控件的 RowSource 属性为 Adodc1，ListField 属性为"类别名称"，BoundColumn 属性为"类别号"。

（4）设置 DataList1 控件的 RowSource 属性为 Adodc2，ListField 属性为"书名"，BoundColumn 属性为"编号"。

（5）设置 DataGrid1 控件的 DataSource 属性为 Adodc3。

（6）切换到代码窗口，编写如下代码。

```
Private Sub DataCombo1_Click(Area As Integer)                    '按"类别号"查询图书信息
    Adodc2.RecordSource = "select * from 库存表 where 类别号='" + DataCombo1.BoundText + "'"
    Adodc2.Refresh
End Sub
Private Sub DataList1_Click()                                    '按"编号"查询图书目录信息
    Adodc3.RecordSource = "select * from 目录表 where 编号=" + DataList1.BoundText + " order by 页码"
    Adodc3.Refresh
End Sub
```

> ✎ 说明
>
> 虽然在 DataCombo1 和 DataList1 控件中没有"类别号"和"编号"，但可以使用它们的 BoundColumn 属性和 BoundText 属性实现查询并显示查询结果，这是 DataCombo 和 DataList 控件固有的特性。

20.2　DataGrid 控件

🎬 视频讲解：光盘\TM\lx\20\DataGrid 控件.exe

虽然 ADO 控件具有存取数据库数据的能力，但却没有提供显示数据的功能。如果要显示数据库中的内容，可以使用绑定其他控件的方法。例如，绑定 TextBox 控件、DataGrid 控件、MSHFlexGrid 控件等。其中，若显示表格数据，使用 DataGrid 控件比较简便。

20.2.1　认识 DataGrid 控件

在 VB 6.0 的众多数据控件中，DataGrid 控件是最灵活、功能最强大的控件之一。使用 DataGrid 控件无须编写任何代码，只要绑定到 ADO 控件上，就可以实现数据的新增、修改、删除和浏览，还可以对数据进行格式化、锁定等。

DataGrid 控件属于 ActiveX 控件，使用时应首先将其添加到工具箱中。选择"工程"/"部件"命令，打开"部件"对话框，从中选择 Microsoft DataGrid Control 6.0（SP5）（OLEDB）选项，单击"确定"按钮，即可将其添加到工具箱中。在工具箱中双击该控件的图标，即可将它添加到窗体上。添加过程如图 20.5 所示。

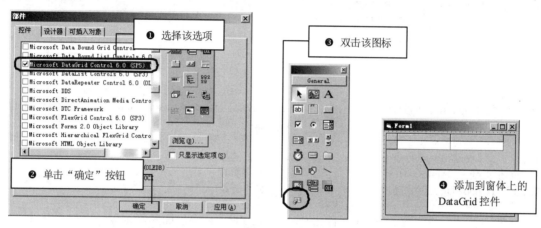

图 20.5　DataGrid 控件的添加过程

20.2.2　用 DataGrid 控件显示数据

用 DataGrid 控件显示数据，主要使用 DataSource 属性。它是 DataGrid 控件的主要属性，决定 DataGrid 控件指向的数据库。通常将它设置为 ADO 控件，通过这个 ADO 控件连接到数据库上。

【例 20.3】　下面使用 DataGrid 控件显示库存图书信息。（**实例位置：光盘\TM\sl\20\3**）

（1）新建一个工程，在窗体中添加一个 ADO 控件，按照第 19 章介绍的方法，使其连接数据库 db_books.mdb 和数据表"库存表"。

（2）在窗体上添加一个 DataGrid 控件，单击该控件，在其"属性"窗口中找到 DataSource 属性，在其旁边的下拉列表框中选择 Adodc1，如图 20.6 所示。

（3）右击 DataGrid 控件，在弹出的快捷菜单中选择"检索字段"命令，此时将检索库存表中的所有字段，如图 20.7 所示。

（4）在"属性页"对话框中，如果取消选中"允许添加"、"允许删除"和"允许更新"复选框，如图 20.8 所示，则 DataGrid 控件将不允许用户添加、删除和修改数据；反之则允许用户添加、删除和修改数据。

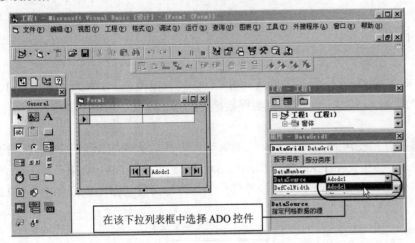

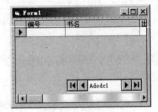

图 20.6 设置 DataGrid 控件的 DataSource 属性   图 20.7 检索字段

技巧

也可以使用 DataGrid 控件的 AllowAddNew、AllowDelete 和 AllowUpdate 属性设置 DataGrid 控件允许或不允许用户添加、删除和修改数据，代码如下：

```
DataGrid1.AllowAddNew = True          '允许添加
DataGrid1.AllowDelete = True          '允许删除
DataGrid1.AllowUpdate = True          '允许更新
```

（5）按 F5 键运行程序，DataGrid 控件将显示库存图书信息，如图 20.9 所示。

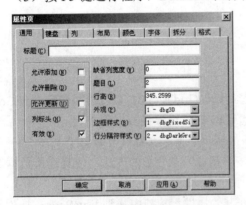

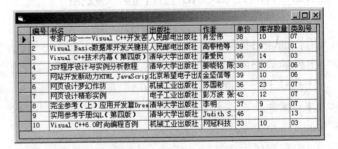

图 20.8 "属性页"对话框   图 20.9 用 DataGrid 控件显示库存图书信息

说明

当使用 ADO 控件查询数据时，如果该控件绑定了 DataGrid 控件，那么 DataGrid 控件中的数据将自动更新。

20.2.3　格式化数据

从图 20.11 可以看出，通过 DataGrid 控件显示出的"单价"没有被格式化，使其难以同"库存数量"进行区分。

下面使用 NumberFormat 属性将库存图书信息中的"单价"格式化为金额，代码如下：

```
Private Sub Form_Load()
    DataGrid1.Columns("单价").NumberFormat = "0.00"          '格式化"单价"列
End Sub
```

使用 NumberFormat 属性还可以格式化日期，例如将 DataGrid 控件中第 10 列中的日期格式化为长日期，代码如下：

```
DataGrid1.Columns(10).NumberFormat = "long date"          '格式化第 10 列
```

技巧

使用 For 循环可以同时格式化几列，例如将 DataGrid 控件中的第 5～9 列格式化为金额，代码如下：

```
For i = 5 To 9
    DataGrid1.Columns(i).NumberFormat = "0.00"
Next i
```

以上设置也可以通过"属性页"对话框中的"格式"选项卡来完成，如图 20.10 所示。

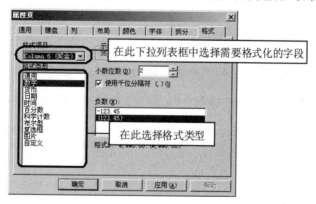

图 20.10　"格式"选项卡

20.2.4　锁定数据

通过 Column 对象的 Locked 属性，可以将表格中的数据锁定。

例如，将 DataGrid 控件中的第 3～5 列的数据锁定，代码如下：

```
For i = 3 To 5
    DataGrid1.Columns(i).Locked = True
Next I
```

20.2.5 将 DataGrid 控件中的数据显示在文本框中

为了方便用户更详细地浏览和修改数据，可以将 DataGrid 控件中的数据显示在文本框中，效果如图 20.11 所示。这主要是通过 Column 对象的 Text 属性来完成。

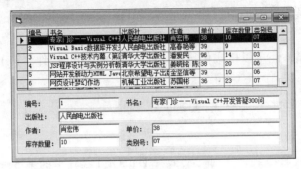

图 20.11 将 DataGrid 控件中的数据显示在文本框中

将 DataGrid 控件中的"书名"列中的数据显示在文本框 Text1 中，可以使用如下语句。

```
Text1.Text = DataGrid1.Columns("书名").Text
```

【例 20.4】 若选择某行时，将 DataGrid 控件中每行各单元格中的数据显示在对应的文本框中，则可以利用控件数组和循环语句。（实例位置：光盘\TM\sl\20\4）

代码如下：

```
Dim i As Integer                                        '定义一个整型变量
Private Sub Form_Load()
    Call DataGrid1_RowColChange(LastRow, LastCol)       '调用 DataGrid1_RowColChange 过程
End Sub
Private Sub DataGrid1_RowColChange(LastRow As Variant, ByVal LastCol As Integer)
    For i = 0 To 6
        Text1(i).Text = DataGrid1.Columns(i).Text       '将 DataGrid 控件中的数据赋值给文本框
    Next i
End Sub
```

20.3 MSFlexGrid 和 MSHFlexGrid 控件

视频讲解：光盘\TM\lx\20\MSFlexGrid 和 MSHFlexGrid 控件.exe

MSFlexGrid 和 MSHFlexGrid 控件都用于以表格形式显示数据库中的数据，并可以操作数据。由于 MSHFlexGrid 控件是在 MSFlexGrid 控件的基础上发展而来的，所以 MSHFlexGrid 控件比 MSFlexGrid 控件的功能更强大、使用更灵活。

两个控件都提供了高度灵活的排序、合并和格式设置功能。MSFlexGrid 控件绑定到 Data 控件上，数据是只读的；MSHFlexGrid 控件绑定到 ADO 控件、ADO 对象或数据环境，数据也是只读的，更主要的一个特性是 MSHFlexGrid 控件与数据环境绑定在一起能够显示关系层次结构记录集。下面重点介绍 MSHFlexGrid 控件。

20.3.1 认识 MSHFlexGrid 控件

MSHFlexGrid 控件属于 ActiveX 控件，使用时应首先将其添加到工具箱中。选择"工程"/"部件"命令，打开"部件"对话框，从中选择 Microsoft Hierarchical FlexGrid Control 6.0（SP4）（OLE DB）选项，单击"确定"按钮，即可将其添加到工具箱中。在工具箱中双击该控件的图标，即可将它添加到窗体上。添加过程如图 20.12 所示。

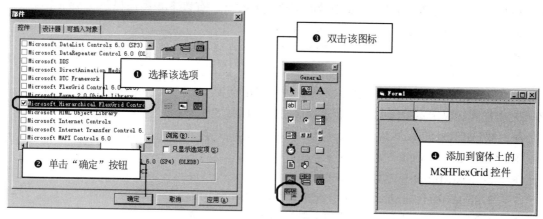

图 20.12　MSHFlexGrid 控件的添加过程

20.3.2 用 MSHFlexGrid 控件显示数据

通常将 MSHFlexGrid 控件同 ADO 控件、数据环境和 ADO 对象进行绑定，来显示数据。如果用户使用 ADO 控件作为数据源，只设置 DataSource 属性为 ADO 控件（如 Adodc1）即可；如果用户使用数据环境作为数据源，除了设置 DataSource 属性为数据环境（如 DataEnvironment1）外，还要设置 DataMember 属性为 Command 对象（如 Command1）；如果使用 ADO 对象作为数据源，应首先引用 ADO 对象，然后将 Recordset 对象（如 rs1）赋值给 DataSource 属性。

【例 20.5】下面以 ADO 控件为例介绍使用 MSHFlexGrid 控件显示库存图书信息。(**实例位置：光盘\TM\sl\20\5**)

（1）新建一个工程，将 ADO 控件和 MSHFlexGrid 控件添加到工具箱中。

（2）在窗体上添加一个 ADO 控件，使其连接数据库 db_books.mdb 和数据表"库存表"。

（3）在窗体上添加一个 MSHFlexGrid 控件，设置 DataSouce 属性为 Adodc1。

（4）检索结构，显示数据字段。

MSHFlexGrid 控件不能在其单元格中自动显示数据字段，因此需要通过右击 MSHFlexGrid 控件，在弹出的快捷菜单中选择"检索结构"命令，以实现显示数据字段。

（5）调整 MSHFlexGrid 控件的"外观"。

右击 MSHFlexGrid 控件，在"属性页"对话框中选择"通用"选项卡，如图 20.13 所示。

在"通用"选项卡中可以设置 MSHFlexGrid 控件的如下属性。

☑ 行、列：对应 MSHFlexGrid 控件的 Rows 属性和 Cols 属性，主要设置控件的行数和列数。

☑ 固定行、固定列：决定 MSHFlexGrid 控件最上面有多少固定行和最左边有多少固定列。固定行上可以自动显示字段的名称。

☑ 突出显示：决定选定的单元格是否在 MSHFlexGrid 中突出显示。有以下 3 种选择。

➢ 0-FlexHighlightNever：表明选定的单元格没有突出显示。

➢ 1-FlexHighlightAlways：默认值，表明选定的单元格突出显示。

➢ 2-FlexHighlightWithFocus：表明突出显示只在控件有焦点时有效。

☑ 网格线：决定在 MSHFlexGrid 中绘制网格线的类型。有以下 4 种选择。

➢ 0-FlexGridNone：在单元格之间没有线。

➢ 1-FlexGridFlat：默认值，表明单元格之间的线样式被设置为正常的、平面的线。

➢ 2-FlexGridInset：单元格之间的线样式为凹入线。

➢ 3-FlexGridRaised：单元格之间的线样式为凸起线。

☑ 文本样式：决定本带区中文本显示的风格。有以下 5 种选择。

➢ 0-FlexTextflat：默认值，文本正常显示，平面文本。

➢ 1-FlextextRaised：文本看起来凸起。

➢ 2-Flextextinset：文本看起来凹入。

➢ 3-flextextRaisedlight：文本看起来轻微凸起。

➢ 4-flextextinsetlight：文本看起来轻微凹入。

☑ 文本样式表头：决定本带区的列标头文本显示的风格，与"文本样式"相同。

（6）按 F5 键运行程序，结果如图 20.14 所示。

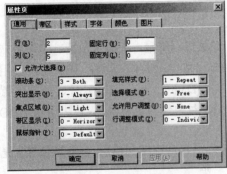

图 20.13　"通用"选项卡　　　　图 20.14　用 MSHFlexGrid 控件显示数据（设置列宽前）

在调整列宽上，MSHFlexGrid 控件没有 DataGrid 控件灵活，DataGrid 控件在设计时就可以调整列宽，而 MSHFlexGrid 控件只能通过设置 AllowUserResizing 属性（运行时用鼠标调整）或 ColWidth 属性（编写代码调整）调整列宽。下面使用 ColWidth 属性调整 MSHFlexGrid 控件的列宽（效果如图 20.15 所示），代码如下：

```
Private Sub Form_Load()
    With MSHFlexGrid1                                        '针对 MSHFlexGrid 控件执行操作
        '设置单元格宽度
        .ColWidth(0) = 200: .ColWidth(1) = 500: .ColWidth(2) = 2000
        .ColWidth(5) = 600: .ColWidth(6) = 800: .ColWidth(7) = 600
    End With
End Sub
```

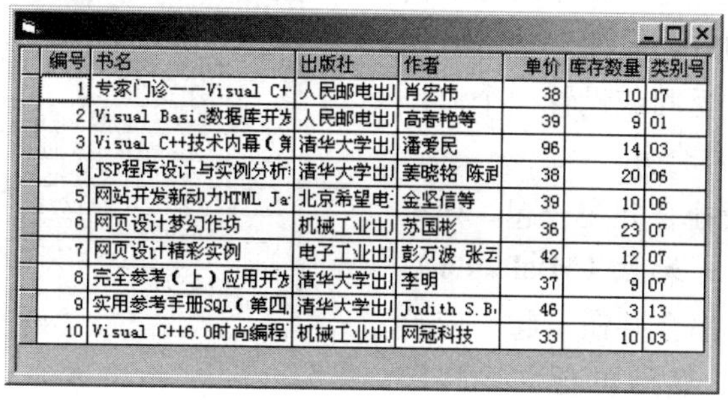

编号	书名	出版社	作者	单价	库存数量	类别号
1	专家门诊——Visual C+	人民邮电出	肖宏伟	38	10	07
2	Visual Basic数据库开发	人民邮电出	高春艳等	39	9	01
3	Visual C++技术内幕（第	清华大学出	潘爱民	96	14	03
4	JSP程序设计与实例分析	清华大学出	姜晓铭 陈卫	38	20	06
5	网站开发新动力HTML Ja	北京希望电	金坚信等	39	10	06
6	网页设计梦幻作坊	机械工业出	苏国彬	36	23	07
7	网页设计精彩实例	电子工业出	彭万波 张云	42	12	07
8	完全参考（上）应用开发	清华大学出	李明	37	9	07
9	实用参考手册SQL（第四	清华大学出	Judith S. B	46	3	13
10	Visual C++6.0时尚编程	机械工业出	网冠科技	33	10	03

图 20.15 用 MSHFlexGrid 控件显示数据（设置列宽后）

20.3.3 数据排序与合并

1. 数据的排序

使用 MSHFlexGrid 控件的 Sort 属性可以对 MSHFlexGrid 表格中的数据进行多种排序操作。下面介绍 Sort 属性，其值及功能如表 20.1 所示。

表 20.1 Sort 属性值及其功能

值	常 数	描 述
0	flexSortNone	无。不排序
1	flexSortGenericAscending	一般升序。排序列单元格文本，不管是字符串或者是数字的升序排序
2	flexSortGenericDescending	一般降序。排序列单元格文本，不管是字符串或者是数字的降序排序
3	flexSortNumericAscending	数值升序。将字符串转换为数值的升序排序
4	flexSortNumericDescending	数值降序。将字符串转换为数值的降序排序
5	flexSortStringNoCaseAsending	字符串升序。不区分字符大小写比较的升序排序
6	flexSortNoCaseDescending	字符串降序。不区分字符大小写比较的降序排序
7	flexSortStringAscending	字符串升序。区分字符串大小写比较的升序排序
8	flexSortStringDescending	字符串降序。区分字符串大小写比较的降序排序
9	flexSortCustom	自定义。使用 Compare 事件比较行

例如，按"出版社"升序排序例 20.6 中的库存图书信息，代码如下：

```
Private Sub Form_Load()
    With MSHFlexGrid1                            '针对 MSHFlexGrid 控件执行操作
        .Col = 3                                 '排序第 3 列
        .Sort = 1                                '按一般升序排序
    End With
End Sub
```

说明
如果排序数值数据，如"单价"，可以设置 Sort 属性值为 3 或 4。

2．数据的合并

要将同一表中相同的数据进行合并，可以使用 MergeCol 属性和 MergeRow 属性。MergeCol 属性和 MergeRow 属性通过返回或设置一个值，决定可以将哪些行和列的内容合并。

【例 20.6】 将相同出版社合并在一起，效果如图 20.16 所示。（**实例位置：光盘\TM\sl\20\6**）

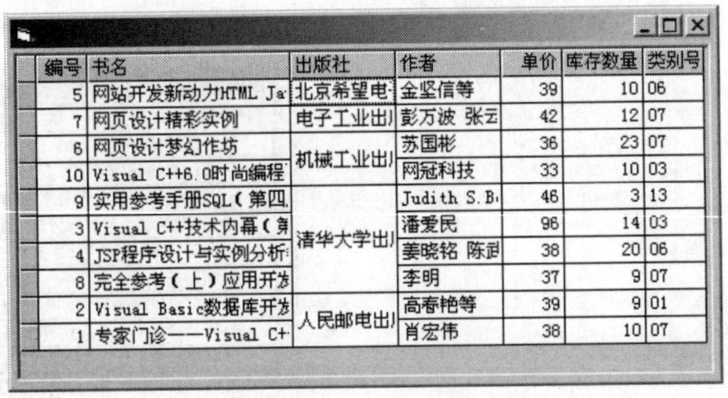

要将所有相同的出版社都合并在一起，应首先按"出版社"进行排序，然后再合并。代码如下：

图 20.16　合并出版社

```
Private Sub Form_Load()
    With MSHFlexGrid1
        .Col = 3                    '排序第 3 列
        .Sort = 1                   '按一般升序排序
        .MergeCells = 1             '自由合并
        .MergeCol(3) = True         '合并第 3 列
    End With
End Sub
```

20.3.4　隐藏行或列

隐藏 MSHFlexGrid 中的某些行或列，方法非常简单，只需设置某行的行高或某列的列宽为 0 即可。例如，隐藏 MSHFlexGrid 表格的第 0 行和第 5 列，代码如下：

```
MSHFlexGrid1.RowHeight(0) = 0       '隐藏第 0 行
MSHFlexGrid1.ColWidth(5) = 0        '隐藏第 5 列
```

20.3.5　冻结字段

所谓冻结字段指的是不会随着滚动条一起移动的字段（也就是固定字段），如图 20.17 所示，其中灰色背景的字段就是被冻结的字段。

【例 20.7】 冻结字段需要使用 FixedCols 属性，下面冻结"编号"和"书名"。（**实例位置：光盘\TM\sl\20\7**）

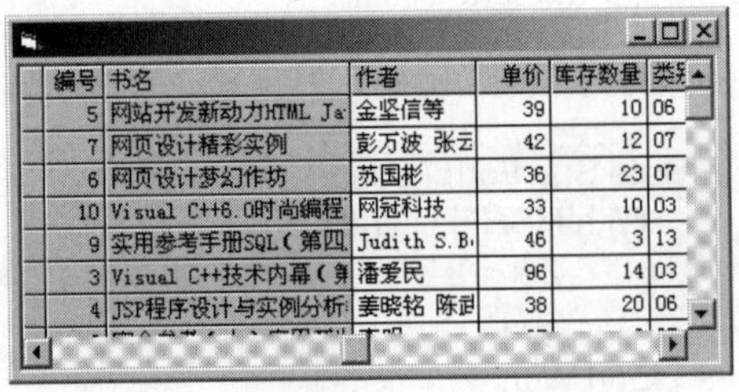

图 20.17　冻结"编号"和"书名"

代码如下：

```
Private Sub Form_Load()
    MSHFlexGrid1.FixedCols = 3                              '冻结前 3 列
End Sub
```

上面的代码将前 3 列设置为冻结字段。如果要解除冻结字段，只需将 FixedCols 属性值设置为 0 即可。

20.4　小　　结

本章介绍了常用数据库控件的基本应用，其中应重点掌握 DataGrid 控件和 MSHFlexGrid 控件。这两个控件都可以显示表格数据，MSHFlexGrid 控件通用性比 DataGrid 控件高些，但它不具备像 DataGrid 控件一样的新增、修改和删除数据的功能。另外，用 MSHFlexGrid 控件显示过多的数据（上万条）会浪费内存和时间，而 DataGrid 控件相对会好些，因为 DataGrid 控件是需要显示数据时才向 ADO 控件读取必要的数据，所以速度快又不会浪费太多的内存。

20.5　练习与实践

1．使用 DataCombo 控件显示"房间号"，然后按房间号查询并显示房间详细信息。（**答案位置：光盘\TM\sl\20\8**）

2．使用 DataGrid 控件显示商品信息，然后将"单据号"和"单价"进行格式化，将"单据号"格式化为"X-0000"，将"单价"格式化为"0.00"，如图 20.18 所示。（**答案位置：光盘\TM\sl\20\9**）

单据号	商品编号	商品全称	型号	规格	产地	单位	数量	单价	日期
X-0001	T1006	复印纸	A4	1*8	江苏	箱	4	450.00	2005-05-17
X-0002	T1007	打印纸	16K	1*8	江苏	箱	50	120.00	2005-03-25
X-0004	T1006	复印纸	A3	1*6	江苏	箱	5	130.00	2005-05-17
X-0005	T1008	复印纸	16K	1*8	江苏	箱	90	115.00	2005-05-23
X-0003	T1007	打印纸	16K	1*8	江苏	箱	50	120.00	2005-03-25
X-0006	T1005	复印纸	16K	1*8	江苏	箱	5	140.00	2005-03-15

图 20.18　商品信息表

3．使用 MSHFlexGrid 控件显示数据，并设置奇数行背景色为"黄色"，偶数行背景色为"绿色"。（**答案位置：光盘\TM\sl\20\10**）

4．使用 MSHFlexGrid 控件显示数据，并根据用户选择的字段和排序方式进行排序。（**答案位置：光盘\TM\sl\20\11**）

第21章

网络编程技术

（ 📹 视频讲解：26分钟 ）

　　随着计算机软、硬件技术的不断提高，近十年来计算机网络得到了长足的发展。尤其是 Internet（互联网）的兴起，使计算机网络技术发展到了一个新的里程碑，Internet 和 WWW 已被人们所熟知，互联网技术发展日新月异，新技术、新方法层出不穷。相应地，网络应用程序开发也变得越来越复杂。在本章的讲解过程中，为了方便读者理解，笔者结合了相关实例来介绍网络编程的基础知识及设计思路与过程。

　　通过阅读本章，您可以：

▶▶ 　了解 OSI 参考模型

▶▶ 　了解 HTTP 协议、FTP 协议

▶▶ 　了解 TCP 基础、UDP 基础

▶▶ 　掌握 Winsock 控件的使用

▶▶ 　掌握 Internet Transfer 控件的使用

▶▶ 　掌握 WebBrowser 控件的使用

▶▶ 　学会开发简单的聊天程序

▶▶ 　学会设计文件上传与下载程序

▶▶ 　学会制作自己的浏览器

21.1　网络基础知识

📀 视频讲解：光盘\TM\lx\21\网络基础知识.exe

在 VB 中应用网络技术进行编程，首先要了解一些有关 Internet 的基础知识，如应用层的有关协议、网络层次模型等。本节将主要介绍 OSI 参考模型以及 HTTP、FTP 和 IP 协议等几个方面的内容。

21.1.1　OSI 参考模型

OSI 参考模型（Open System Interconnection，开发系统互联模型）是一个将不同机种的计算机系统联合起来，使其可以进行相互通信的规范。OSI 采用分层的构造技术，它由 7 层组成，每一层为上一层提供服务，如图 21.1 所示。

21.1.2　HTTP 协议

HTTP（Hypertext Transfer Protocol，超文本传输协议）是用于从 WWW 服务器传输超文本到本地浏览器的传送协议。它可以使浏览器更加高效，减少网络阻塞，保证正确地传输超文本文档，同时还可确定传输文档中哪一部分，以及哪部分内容首先显示。

OSI 参考模型层次	OSI 参考模型名称
第 7 层	应用层（Application）
第 6 层	表示层（Presentation）
第 5 层	会话层（Session）
第 4 层	传输层（Transport）
第 3 层	网络层（Network）
第 2 层	数据链路层（Data Link）
第 1 层	物理层（Physical）

图 21.1　OSI 网络参考模型

21.1.3　FTP 协议

FTP 协议（File Transfer Protocol，文件传输协议）允许用户将某个系统中的文件复制到另一个系统中。在设置 FTP 服务器属性的目录安全性时，如果把 FTP 站点设置为"默认情况下，所有计算机将被授权访问"，则除了加入列表的 IP 地址以外，来自其他 IP 地址的客户端都被允许访问；如果把 FTP 站点设置为"默认情况下，所有计算机将被拒绝访问"，则除了加入列表的 IP 地址以外，来自其他 IP 地址的客户端都将被拒绝访问。还要补充一点说明，如果客户端是通过代理服务器的方式来访问 FTP 服务器，那么 IIS 接收并进行处理的是代理服务器的 IP 地址，而不是用户计算机的 IP 地址。由此可以看出，登录到某些网站上时可以使用匿名账号。

21.2　Winsock 控件编程

📀 视频讲解：光盘\TM\lx\21\Winsock 控件编程.exe

Winsock（Windows Socket）是 Microsoft 为 Win32 环境下的网络编程提供的接口，这些接口是以 API 的形式出现的。Winsock 控件的工作原理为：服务器不停地监听检测客户端的请求，客户端则向服务器端发出连接请求，当两者的协议沟通时，客户端与服务器端就建立起了连接。此时，客户端继续请求服务器端发送或接收数据，服务器则在等待客户端的这些请求。

21.2.1 TCP 与 UDP 基础

TCP（Transmission Control Protocol，传输控制协议）允许创建和维护与远程计算机的连接。在连接之后，两台计算机之间就可以把数据当作一个双向字节流进行交换。数据传输完成后，还要关闭连接。

UDP（User Datagram Protocol，用户数据报协议）是一个面向无连接的协议。采用该协议，计算机并不需要建立连接，它为应用程序提供一次性的数据传输服务。UDP 协议不提供差错恢复，不能提供数据重传，因此该协议传输数据安全性略差。

21.2.2 Winsock 控件

Winsock 控件提供了访问 TCP 和 UDP 网络服务的捷径。当利用它编写网络程序时，不必了解 TCP 等协议的细节或调用低级的 Winsock API 函数，只需通过设置控件的属性并调用其方法就可以轻松连接到一台远程机器上，并实现网络连接进行信息交换。

如果要在 VB 工程中使用 Winsock 控件，则应在工程中选择"工程"/"部件"命令，打开"部件"对话框，从中选择 Microsoft Winsock Control 6.0（SP5）选项，单击"确定"按钮，即可将 图标添加到工具箱中，如图 21.2 所示。

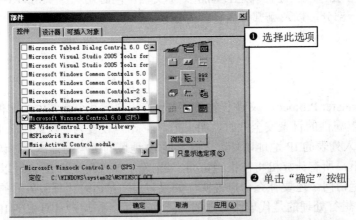

图 21.2 添加 Winsock 控件

下面主要介绍 Winsock 控件的常用属性、方法和事件。

1. LocalPort 属性

LocalPort 属性用于返回或设置所用到的本地端口。对客户端来说，该属性指定发送数据的本地端口，如果应用程序不需要特定端口，则指定端口号为 0；对于服务器来说，该属性指定用于监听的本地端口，如果指定的是端口 0，就使用一个随机端口。在调用了 Listen 方法后，该属性就包含了已选定的实际端口。

2．RemotePort 属性

RemotePort 属性用于返回或设置所连接应用程序的远程端口号。

3．State 属性

State 属性用于返回控件的状态，其取值用表 21.1 所示的枚举类型来表示。

表 21.1　State 属性的设置值

常　　数	值	说　　明
sckClosed	0	默认值，关闭
sckOpen	1	打开
sckListening	2	监听
sckConnectionPending	3	连接挂起
sckResolvingHost	4	识别主机
sckHostResolved	5	已识别主机
sckConnecting	6	正在连接
sckConnected	7	已连接
sckClosing	8	同级人员正在关闭连接
sckError	9	错误

注意

该属性在设计时是只读的。

4．Accept 方法

Accept 方法用于接受新的连接。该方法仅适用于 TCP 服务器应用程序，其语法格式如下：

```
object.Accept RequestID
```

注意

一般 Accept 方法与 ConnectionRequest 事件配合使用。ConnectionRequest 事件有一个对应的参数，即 RequestID 参数，该参数应该传给 Accept 方法。

说明

当有新连接时就会出现 ConnectionRequest 事件。处理 ConnectionRequest 事件时，应用程序应该在一个新的 Winsock 控件上使用 Accept 方法接受连接。

5．Listen 方法

Listen 方法用于创建套接字并将其设置为监听模式。该方法仅适用于 TCP 连接，其语法格式如下：

```
object.Listen
```

6．SendData 方法

SendData 方法用于将数据发送给远程计算机，其语法格式如下：

`object.SendData data`

其中，data 是要发送的数据。对于二进制数据应使用字节数组。当 Unicode 字符串用 SendData 方法在网络上发送之前，将被转化成 ANSI 字符串。

7．GetData 方法

GetData 方法用于获取当前的数据块并将其存储在 Variant 变体类型的变量中。当本地计算机接收到远程计算机的数据时，数据将被存放在接收缓存中。要从接收缓存中取得数据，可以使用 GetData 方法。其语法格式如下：

`object.GetData data, [type,] [maxLen]`

GetData 方法的参数说明如表 21.2 所示。

表 21.2　GetData 方法的参数说明

参　　数	描　　述
object	对象表达式
data	在 GetData 方法成功返回之后存储获取数据的地方。如果对请求的类型没有足够可用的数据，则将 data 设置为 Empty
type	可选参数。获取的数据类型，其设置值如表 21.3 所示
maxLen	可选参数。指定接收到的字节数组或字符串的大小

表 21.3　type 参数的设置值

参　　数	类 型 说 明
vbByte	Byte
vbInteger	Integer
vbLong	Long
vbSingle	Single
vbDouble	Double
vbCurrency	Currency
vbDate	Date
vbBoolean	Boolean
vbError	SCODE
vbString	String
vbArray + vbByte	Byte Array

说明

通常总是将 GetData 方法与 DataArrival 事件结合使用，而 DataArrival 事件包含 bytesTotal 参数。如果指定一个比 bytesTotal 参数小的 maxlen，则会有一个错误号为 10040 的错误提示信息，以提示用户剩余的字节将丢失。

8. ConnectionRequest 事件

当远程计算机发出连接请求时触发该事件。该事件仅适用于 TCP 服务器应用程序，激活之后，RemoteHostIP 和 RemotePort 属性将存储有关客户端计算机的 IP 地址和端口等信息。

例如，在 Winsock 控件的 ConnectionRequest 事件中，使用 State 属性判断该控件是否已关闭，然后再通过 Accept 方法接受新的连接，其程序代码如下：

```
Private Sub Winsock1_ConnectionRequest(ByVal RequestID As Long)    '用于远程计算机请求连接
    If Winsock1.State <> 0 Then Winsock1.Close                      '关闭 Winsock 控件
    Winsock1.Accept RequestID                                      '表示客户端请求连接的 ID 号
End Sub
```

9. DataArrival 事件

当新数据到达时触发该事件，通过该事件可以接收远程计算机发送过来的数据信息。

例如，在 Winsock 控件的 DataArrival 事件中，使用 GetData 方法获得远程计算机的数据信息并将其显示在文本框中，其程序代码如下：

```
Private Sub Winsock1_DataArrival(ByVal bytesTotal As Long)         '接收新数据信息
    Dim strdata As String : Dim sdata As String                    '定义字符串变量
    Winsock1.GetData strdata                                       '获得消息数据
    sdata = Left$(strdata, 7)                                      '取字符串左侧 7 个字符
    sendxx = Right$(strdata, Len(strdata) - 7)                     '再取右侧字符串
    aa = "远程计算机 " + sendxx                                     '将信息赋值给变量
    Txt_incept.Text = Txt_incept.Text & aa & vbCrLf                '接收到的信息显示在文本框中
End Sub
```

21.2.3 开发客户端/服务器端聊天程序

【例 21.1】 开发一个客户端/服务器端聊天程序，该程序主要利用服务器端的 Winsock 控件绑定一个端口进行监听，当有来自客户端的请求发生时，就建立一个新的连接，之后就可以实现客户端和服务器端的通信。（实例位置：光盘\TM\sl\21\1）

1. 服务器端

在服务器端的应用程序中，输入客户机的 IP 地址，然后单击"设置服务器"按钮，将其程序设置为服务器端运行程序。其运行效果如图 21.3 所示。

下面是服务器端应用程序的关键代码。

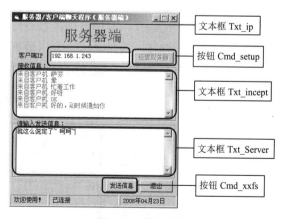

图 21.3 服务器端

```
Private Sub Cmd_setup_Click()            '"设置服务器"按钮
    Winsock1.LocalPort = 100             '本地服务器端端口号
    Winsock1.RemotePort = 200            '客户端端口号
```

459

```
            Winsock1.Listen                                              '监听
End Sub
Private Sub Cmd_xxfs_Click()                                              '"发送信息"按钮
    If Winsock1.State = 7 Then
        Dim BB, DD
        If Txt_Server.Text = "" Then
            MsgBox "不能发送空信息", , "系统提示"
        Else
            DD = Txt_Server.Text
            Winsock1.SendData "SENDINF" & DD                             '发送消息
        End If
    Else
        MsgBox "没有连接，请查证后再试", vbInformation, "错误"
    End If
End Sub
Private Sub Winsock1_DataArrival(ByVal bytesTotal As Long)              '接收新数据信息
    Dim strdata As String : Dim sdata As String                         '定义字符串变量
    Winsock1.GetData strdata                                             '获得消息数据
    sdata = Left$(strdata, 7)
    Select Case sdata
    Case "SYSINFO"                                                       '系统消息
        xtxx = Right$(strdata, Len(strdata) - 7)
    Case "SENDINF"                                                       '发送消息
        Dim aa, temp1
        sendxx = Right$(strdata, Len(strdata) - 7)
        aa = "来自客户机  " + sendxx
        Txt_incept.Text = Txt_incept.Text & aa & vbCrLf
    Case "OUITMYF"                                                       '关闭服务器端
        Winsock1.Close                                                   '关闭
        Winsock1.Listen                                                  '监听
    End Select
End Sub
```

2．客户端

在客户端的应用程序中，输入服务器端程序的 IP 地址，单击"网络连接"按钮，使客户端程序与服务器端程序取得连接，这时才可以发送数据信息来进行聊天，其运行效果如图 21.4 所示。

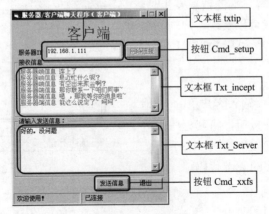

图 21.4　客户端

下面是客户端应用到的关键代码。

```
Private Sub Cmd_setup_Click()                                        ' "网络连接" 按钮
    Winsock1.RemoteHost = txtip.Text                                '设置远程计算机
    Winsock1.LocalPort = 200                                        '本地服务器端口号
    Winsock1.RemotePort = 100                                       '客户端端口号
    Winsock1.Connect                                               '连接到远程计算机
End Sub
Private Sub Cmd_xxfs_Click()                                        ' "发送信息" 按钮
    If Winsock1.State = 7 Then                                      '如果状态为 "已连接"
        Dim BB                                                      '定义变量
        If Txt_Server.Text = "" Then                               '如果文本框内容为空
            MsgBox "不能发送空信息", , "系统提示"                      '弹出提示对话框
        Else                                                       '否则
            Winsock1.SendData "SENDINF" & Txt_Server.Text          '发送消息
        End If
    Else
        MsgBox "没有连接，请查证后再试", vbInformation, "错误"          '弹出提示对话框
    End If
End Sub
Private Sub Winsock1_DataArrival(ByVal bytesTotal As Long)          '接收新数据信息
    Dim sdata As String : Dim strdata As String : Dim mycommand As String   '定义字符串变量
    Winsock1.GetData sdata                                          '获得消息数据
    mycommand = Left$(sdata, 7)
    Select Case mycommand
    Case "SENDINF"                                                  '消息
        Dim aa                                                      '定义变量
        sendxx = Right$(sdata, Len(sdata) - 7)                     '提取字符串信息
        aa = "服务器端信息  " + sendxx                               '发送的信息赋给变量
        Txt_incept.Text = Txt_incept.Text & aa & vbCrLf            '接收的信息显示在文本框中
    End Select
End Sub
```

21.3　Internet Transfer 控件编程

📀 **视频讲解：光盘\TM\lx\21\Internet Transfer 控件编程.exe**

Internet Transfer 控件提供两种 Internet 协议，即超文本传送协议（HyperText Transfer Protocol，HTTP）和文件传输协议（File Transfer Protocol，FTP）。该控件主要用于数据传输，使用该控件可以通过 OpenURL 或 Execute 方法连接到任何使用这两个协议的站点并检索文件。

21.3.1　Internet Transfer 控件

Internet Transfer 控件支持 HTTP 协议和 FTP 协议。如果使用 HTTP 协议，可以从 WWW 服务器上

获取 HTML 文档，如果使用 FTP 协议，则可以到 FTP 服务器上上传或下载文件。在 VB 中使用 Internet Transfer 控件时，首先需要选择"工程"/"部件"命令，在弹出的对话框中选择 Microsoft Internet Transfer Control 6.0（SP4）选项，单击"确定"按钮，将 图标添加到工具箱中，如图 21.5 所示。

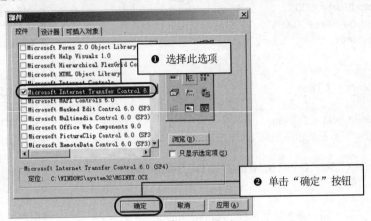

图 21.5　添加 Internet Transfer 控件

> **注意**
>
> Internet Transfer 控件的功能依赖于所使用的协议，协议不同所用的属性和方法不同，所能够进行的操作也不同。

下面主要介绍 Internet Transfer 控件的常用属性和方法。

1．AccessType 属性

AccessType 属性用于设置或返回一个值，决定该控件用来与 Internet 进行通信的访问类型（通过代理访问或直接访问）。正在处理异步请求时，该值可以改变，但直到创建了下一个连接时，改变才会生效。AccessType 属性的设置值如表 21.4 所示。

表 21.4　AccessType 属性值的设置

常　数	值	描　　述
icUseDefault	0	使用默认值。控件使用在注册表中找到的默认设置值来访问 Internet
IcDirect	1	直接连到 Internet
icNamedProxy	2	命名代理。指示控件使用 Proxy 属性中指定的代理服务器

2．Protocol 属性

Protocol 属性用于设置或返回一个值，指定和 Execute 方法一起使用的协议。在编程中指定该属性后，URL 属性被更新以显示新值。另外，如果此 URL 的协议部分被更新，Protocol 属性也将被更新以体现新值。OpenURL 和 Execute 方法都可能会修改该属性值。直到调用下一个 Execute 或 OpenURL 方法时，该属性值的改变才会生效。Protocol 属性的设置值如表 21.5 所示。

表 21.5　Protocol 属性值的设置

常　　数	值	描　　　　　述
icUnknown	0	未知的
icDefault	1	默认协议
icFTP	2	文件传输协议（FTP）
icReserved	3	为将来预留
icHTTP	4	超文本传输协议（HTTP）
icHTTPS	5	安全 HTTP

3．RemotePort 属性

RemotePort 属性用于返回或设置要连接的远程端口号。在设置 Protocol 属性时，将对每个协议自动把 RemotePort 属性设置成适当的默认端口。当属性值设置为 80 时，表示 HTTP，通常用于 Word Wide Web 的连接；当属性值设置为 21 时，表示 FTP。

4．Execute 方法

Execute 方法用于执行对远程服务器的请求（只能发送对特定的协议有效的请求）。其语法格式如下：

`object.Execute url, operation, data, requestHeaders`

Execute 方法的参数说明如表 21.6 所示。

表 21.6　Execute 方法的参数说明

参　　数	描　　　　　述
object	对象表达式
url	可选项。字符串，指定控件将要连接的 URL。如果这里未指定 URL，将使用 URL 属性中指定的 URL
operation	可选项。字符串，指定将要执行的操作类型。operation 的有效设置值由所用的协议决定
data	可选项。字符串，指定用于操作的数据
requestHeaders	可选项。字符串，指定由远程服务器传来的附加的标头

5．OpenURL 方法

OpenURL 方法用于打开并返回指定 URL 的文档（文档以变体型返回）。该方法完成时，URL 的各种属性（以及该 URL 的一些部分，如协议）将被更新，以符合当前的 URL。其语法格式如下：

`object.OpenUrl url [,datatype]`

OpenURL 方法的参数说明如表 21.7 所示。

表 21.7　OpenURL 方法的参数说明

参　　数	描　　　　　述
object	对象表达式
url	必选项。被检索文档的 URL
datatype	可选项。整数，指定数据类型。其中 datatype 的设置值为 icString 时，表示把数据作为字符串来检索；datatype 的设置值为 icByteArray 时，表示把数据作为字节数组来检索

21.3.2 文件上传与下载

【**例 21.2**】 开发一个文件上传与下载的应用程序。该程序主要利用 FTP 协议连接 Internet，并检索文档位置，来实现其上传与下载。（**实例位置：光盘\TM\sl\21\2**）

1. 设置 FTP 服务器

（1）安装 FTP 服务器，打开"控制面板"/"程序和功能"/"打开或关闭 Windows 功能"，选中"Internet 信息服务"复选框，并将以下选项都选中，如图 21.6 所示，单击"确定"按钮，等待几分钟安装完成。

图 21.6 "Windows 功能"窗口

（2）打开"控制面板"/"系统和安全"中的"管理工具"，双击"Internet 信息服务（IIS）管理器"，在打开的对话框中右击服务器名称，在弹出的快捷菜单中选择"添加 FTP 站点…"命令，如图 21.7 所示。

图 21.7 "Internet 信息服务（IIS）管理器"窗口

（3）打开"添加 FTP 站点"窗口，输入 FTP 站点名称，如 Myftp，选择"物理路径"，单击"下一步"按钮，选择 IP 地址（根据计算机情况选择），如图 21.8 所示，单击"下一步"按钮。

（4）设置身份验证和权限，如图 21.9 所示，单击"完成"按钮。

图 21.8　设置 IP 地址

图 21.9　设置身份验证和权限

说明

　　FTP 以它所使用的文件传输协议来命名。假如两台计算机能与 FTP 协议对话，并且能访问 Internet，那么不管这两台计算机处于什么位置、采用什么样的连接方式和使用什么样的操作系统，都可以用 FTP 来传送文件，只是对于不同的操作系统在具体操作上可能会有一些细微的差别，但其基本的命令结构是相同的。

2．上传文件

　　在上传文件的应用程序中，输入主机的 IP 地址或域名，单击"上传"按钮，程序将连接服务器，如果连接成功，即可将所选文件上传至 FTP 站点所设置的文件夹中，其运行效果如图 21.10 所示。

图 21.10　上传文件

下面是上传文件端应用到的关键代码。

```
Public StateStyle As Integer
Private Sub cmdSend_Click()                                          ' "上传" 按钮
    Dim myfilepath As String
    myfilepath = File1.Path & "\" & File1.FileName                  '文件位置
    StateStyle = 1
    Inet1.Execute txtURL.Text, "SEND " & myfilepath & " " & File1.FileName  '上传文件
    MsgBox "上传已成功！", , "系统提示"
    StateStyle = 0
    Inet1.AccessType = icUseDefault                                 '设置与 Internet 连接的类型
    Inet1.Protocol = icFTP                                          '指定 FTP 协议
    Inet1.RemotePort = 21                                           '设置连接远程端口号为 21
    Inet1.Execute txtURL.Text, "DIR "                               '检索目录
End Sub
```

3. 下载文件

在文件下载的应用程序中，分别输入服务器端的 IP 地址、下载文件名和另存为本机上的文件名，然后单击 "下载" 按钮，使文件下载端的应用程序与服务器端的程序取得连接，这时才可以进行下载文件操作，并将其文件下载到该程序所在路径下。运行效果如图 21.11 所示。

下面是文件下载端应用到的关键代码。

图 21.11　文件下载

```
Private Sub Command1_Click()                                        ' "下载" 按钮
    Inet1.AccessType = icUseDefault                                '设置与 Internet 连接的类型
    Inet1.Protocol = icFTP                                          '指定 FTP 协议
    Inet1.RemotePort = 21                                           '设置连接远程端口号为 21
    Inet1.Execute txtURL.Text, "GET " & txtFile.Text & " " & txtSave.Text  '下载文件
End Sub
```

21.4　WebBrowser 控件编程

📀 视频讲解：光盘\TM\lx\21\WebBrowser 控件编程.exe

WebBrowser 控件是一个浏览器控件，它基于 IE 内核，并封装了 IE 大部分的功能。使用 WebBrowser 控件不仅可以浏览 Internert 上的网页，也可以查看本地或者网络上的文件，同时还可以开发自己的浏览器程序。

21.4.1　WebBrowser 控件

WebBrowser 控件既支持通过单击超链接进行网页浏览，也支持通过输入 URL 地址进行浏览。该控件还能保存一个历史列表，以便用户向前、向后访问之前若干个浏览过的站点、文件夹和文件。在

VB 中使用 WebBrowser 控件之前，需要选择"工程"/"部件"命令，在弹出的对话框中选择 Microsoft Internet Controls 选项，单击"确定"按钮，将 ⬛ 图标添加到工具箱中，如图 21.12 所示。

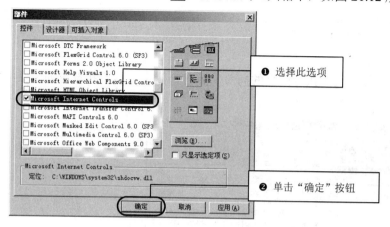

图 21.12　添加 WebBrowser 控件

注意

　　由于 Internet Explorer 版本的不同，可能该控件的名称也有所不同。在较低的版本中，该控件的名称为 WebBrowser 控件。

　　WebBrowser 控件的属性和方法将在 21.4.2 节的实例中进行演示，在此只简单进行介绍。

　　WebBrowser 控件的属性和方法具体说明如表 21.8 所示。

表 21.8　WebBrowser 控件的属性和方法说明

属性/方法	说　明
LocationName 属性	用于返回访问 Web 页的标题名称
LocationURL 属性	用于设置或返回 Web 浏览器控件浏览网页时被浏览网页的 URL 地址
Navigate 方法	用于打开所要浏览的网页
Refresh 方法	用于刷新正在浏览的网页
GoBack 方法	用于设置或返回上一页浏览过的网页页面
GoForWard 方法	用于设置或返回下一页浏览过的网页页面
GoHome 方法	用于显示或设置网站的主页
Stop 方法	用于停止或设置正在显示的网页

21.4.2　制作自己的浏览器

　　【例 21.3】　开发制作一个自己的浏览器程序。在这个浏览器中可以实现浏览网页、设置主页、停止显示网页、刷新网页等功能。在程序运行时，首先在"浏览地址"右侧的文本框中输入要访问网站的地址，然后按下 Enter 键，即可在下方显示该网页内容。其实现效果如图 21.13 所示。（**实例位置：光盘\TM\sl\21\3**）

（1）下面是显示网页信息所应用到的关键代码。

```
Private Sub Form_Load()
    StrURL = Combo1.Text                    '将组合框中的值赋给变量
    WebBrowser1.Navigate StrURL             '浏览网页
End Sub
```

（2）工具栏上的按钮用于执行网页的向前、后退、停止、刷新和设置为主页的操作，如图 21.14 所示。

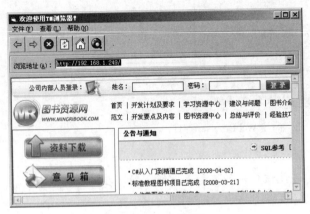

图 21.13　浏览器

图 21.14　工具栏按钮

关键代码如下：

```
Private Sub tbToolBar_ButtonClick(ByVal Button As Button)
    On Error Resume Next
    Select Case Button.Key
    Case "Back"                                         '后退
        WebBrowser1.GoBack                              '执行后退操作
    Case "Forward"                                      '前进
        WebBrowser1.GoForward                           '执行前进操作
    Case "Refresh"                                      '刷新
        WebBrowser1.Refresh                             '执行刷新操作
        Me.Caption = WebBrowser1.LocationName           '设置当前窗体的标题
    Case "Home"                                         '主页
        WebBrowser1.GoHome                              '执行返回到主页的操作
        Combo1.Text = WebBrowser1.LocationURL           '设置窗体的标题
    Case "Search"                                       '搜索
        WebBrowser1.GoSearch                            '执行搜索操作
        Me.Caption = WebBrowser1.LocationName           '设置当前窗体的标题
        Combo1.Text = WebBrowser1.LocationURL           '设置组合框中的内容
    Case "Stop"                                         '停止
        WebBrowser1.Stop                                '执行停止操作
        Me.Caption = WebBrowser1.LocationName           '设置窗体的标题
    End Select
End Sub
```

21.5　小　　结

本章介绍了 VB 网络编程中常用的 3 个主要控件——Winsock 控件、Internet Transfer 控件和 WebBrowser 控件，分别对这 3 个网络控件的属性、方法和事件进行了详细介绍，并通过简单的实例加深了对这些控件的理解与运用。在 VB 中实现网络编程是非常方便的，读者可以不了解网络通信的基础知识，只需了解网络控件即可实现编程。

21.6　练习与实践

1．尝试开发一个显示本机计算机名和 IP 地址的小程序，其中主要应用到 Winsock 控件的 LocalHostName 属性和 LocalIP 属性。（答案位置：光盘\TM\sl\21\4）

2．尝试开发一个提取网页标题名称的小程序，其中主要应用到 WebBrowser 控件的 Navigate 方法和 LocationName 属性。（答案位置：光盘\TM\sl\21\5）

3．尝试开发一个提取网页源码的小程序，其中主要应用到 WebBrowser 控件的 Navigate 方法和 Internet Transfer 控件的 OpenURL 方法。（答案位置：光盘\TM\sl\21\6）

项目实战

▶▶ 第22章 企业进销存管理系统

　　本篇通过一个大型、完整的企业进销存管理系统，运用软件工程的设计思想，演示了如何进行软件项目的实践开发。书中按照"编写项目计划书→系统设计→数据库设计→创建项目→实现项目→运行项目→项目打包部署→解决开发常见问题"的流程进行介绍，带领读者一步一步亲身体验开发项目的全过程。

第**22**章

企业进销存管理系统

(📹 视频讲解：**165** 分钟)

实现企业信息化管理是现代社会中小企业稳步发展的必要条件，可以极大地提高企业的管理水平和工作效率，最大限度地减少手工操作带来的失误。本章将要介绍的企业进销存管理系统就是一个信息化管理软件，可以实现企业的进货、销售、库存管理等各项业务的信息化管理。

通过阅读本章，您可以：

▶▶ 掌握如何进行需求分析和编写项目计划书

▶▶ 掌握进销存管理系统的一般设计理念

▶▶ 掌握如何实现 Flash 与 VB 6.0 的交互

▶▶ 掌握如何实现无标题窗体移动

▶▶ 掌握如何使用 MSChart 控件显示不同类型的图表

22.1 系 统 分 析

视频讲解：光盘\TM\lx\22\系统分析.exe

系统分析是开发程序前必须完成的工作，主要包括需求分析、可行性分析和编写项目计划书等。

22.1.1 需求分析

随着我国经济的高速发展，中小型的商品流通企业越来越多。这些企业经营的商品种类繁多，难以管理。×××科技有限公司是一家以商业经营为主的私有企业，该公司为了完善管理制度，增强企业的竞争力，决定开发进销存管理系统，以实现商品管理的信息化。进销存管理系统是商业企业经营和管理的核心环节，也是企业取得效益的关键。现需要委托其他单位开发一个企业进销存管理系统。

22.1.2 可行性分析

根据《GB8567—1988 计算机软件产品开发文件编制指南》中可行性分析的要求，制定可行性研究报告如下。

1. 引言

（1）编写目的

为了给软件开发企业的决策层提供是否进行项目实施的参考依据，现以文件的形式分析项目的风险、项目需要的投资与效益。

（2）背景

×××科技有限公司是一家以商业经营为主的私有企业，为了完善管理制度和增强企业的竞争力，实现信息化管理，现需要委托其他公司开发一个将商品进货、销售与库存管理一体化的管理软件，项目名称为"企业进销存管理系统"。

2．可行性研究的前提

（1）要求

☑ 可以真正实现对企业商品进销存的管理。

☑ 系统的功能要符合本企业的实际情况。

☑ 系统的功能操作要方便、易懂，不要有多余或复杂的操作。

☑ 可以方便地对进销存信息进行输出打印。

（2）目标

便于对企业内部的进销存情况进行管理。

（3）评价尺度

项目需要在两个月内交付用户使用。系统分析人员需要 3 天内到位；用户需要 5 天时间确认需求分析文档，去除其中可能出现的问题，例如用户可能临时有事，占用 7 天时间确认需求分析；那么程序开发人员需要在 50 天的时间内进行系统设计、程序编码、系统测试、程序调试和系统打包部署等工作，其间还包括了员工每周的休息时间。

3. 投资及效益分析

（1）支出

根据预算，公司计划投入 8 个人，为此需要支付 9 万元的工资及各种福利待遇；项目的安装、调试以及用户培训、员工出差等费用支出需要 2.5 万元；在项目后期维护阶段预计投入 3 万元的资金，累计项目投入需要 14.5 万元资金。

（2）收益

客户提供项目开发资金 30 万元，对于项目后期进行的改动，采取协商的原则，根据改动规模额外提供资金。因此，从投资与收益的效益比上，公司大致可以获得 15.5 万元的利润。

项目完成后，还会给公司提供资源储备，包括技术、经验的积累。

4. 结论

根据上面的分析，在技术上不会存在问题，因此项目延期的可能性很小；在效益上，公司投入 8 个人、2 个月的时间获利 15.5 万元，比较可观；另外，公司还可以储备项目开发的经验和资源。因此，认为该项目可以开发。

22.1.3 编写项目计划书

根据《GB8567—1988 计算机软件产品开发文件编制指南》中的项目开发计划要求，结合单位实际情况，设计项目计划书如下。

1. 引言

（1）编写目的

为了能使项目按照合理的顺序开展，并保证按时、高质量地完成，现拟订项目计划书，将项目开发生命周期中的任务范围、团队组织结构、团队成员的工作任务、团队内外沟通协作方式、开发进度、检查项目工作等内容描述出来，作为项目相关人员之间的共识、约定，以及项目生命周期内所有项目活动的行动基础。

（2）背景

企业进销存管理系统是由×××科技有限公司委托本公司开发的大型管理系统，主要功能是实现企业进销存的信息化管理，包括统计查询、进货、退货、销售和库存盘点等功能。项目周期两个月。项目背景规划如表 22.1 所示。

表 22.1 项目背景规划

项 目 名 称	签定项目单位	项目负责人	参与开发部门
企业进销存管理系统	甲方：×××科技有限公司	甲方：王经理	设计部门
	乙方：TM 科技有限公司	乙方：高经理	开发部门 测试部门

2．概述

（1）项目目标

项目应当符合 SMART 原则，把项目要完成的工作用清晰的语言描述出来。企业进销存管理系统的主要目标是实现企业的信息化管理，减少盲目采购、降低成本、合理控制库存、减少资金占用并提升企业市场竞争力。

（2）应交付成果

项目开发完成后，交付的内容如下：

☑　以光盘的形式提供企业进销存管理系统的源程序、系统数据库文件、系统打包文件和系统使用说明书。

☑　系统发布后，进行无偿维护和服务 6 个月，超过 6 个月进行系统有偿维护与服务。

（3）项目开发环境

开发本项目所用的操作系统可以是 Windows 7，开发工具为 VB 6.0，数据库采用 SQL Server 2008。

（4）项目验收方式与依据

项目验收分为内部验收和外部验收两种方式。项目开发完成后，首先进行内部验收，由测试人员根据用户需求和项目目标进行验收。项目在通过内部验收后，交给客户进行外部验收，验收的主要依据为需求规格说明书。

3．项目团队组织

（1）组织结构

本公司针对该项目组建了一个由公司副经理、项目经理、系统分析员、软件工程师、美工人员和测试人员构成的开发团队，团队结构如图 22.1 所示。

（2）人员分工

为了明确项目团队中每个人的任务分工，现制定人员分工表，如表 22.2 所示。

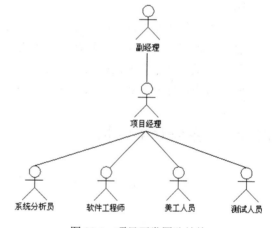

图 22.1　项目开发团队结构

表 22.2　人员分工表

姓　　名	技 术 水 平	所属部门	角　　色	工 作 描 述
张某	系统分析师	经理部	副经理	负责项目的审批、决策的实施
王某	系统分析师	项目开发部	项目经理	负责项目的前期分析、策划、项目开发进度的跟踪、项目质量的检查
孙某	中级系统分析员	项目开发部	系统分析员	负责系统功能分析、系统框架设计
刘某	中级软件工程师	项目开发部	软件工程师	负责软件设计与编码
高某	中级软件工程师	项目开发部	软件工程师	负责软件设计与编码
迟某	初级软件工程师	项目开发部	软件工程师	负责软件编码
卢某	中级美工设计师	设计部	美工人员	负责软件的界面设计
李某	中级系统测试工程师	项目开发部	测试人员	对软件进行测试、编写软件测试文档

22.2 系统设计

视频讲解：光盘\TM\lx\22\系统设计.exe

系统设计包括系统目标、系统功能结构、系统业务流程和系统编码规范。

22.2.1 系统目标

根据需求分析的描述以及与用户的沟通，现制定系统实现目标如下：

- ☑ 界面设计简洁、友好、美观大方。
- ☑ 操作简单、快捷方便。
- ☑ 数据存储安全、可靠。
- ☑ 信息分类清晰、准确。
- ☑ 强大的模糊查询功能，保证数据查询的灵活性。
- ☑ 提供销售排行榜，为管理员提供真实的数据信息。
- ☑ 提供灵活、方便的权限设置功能，使整个系统的管理分工明确。
- ☑ 对用户输入的数据，系统进行严格的数据检验，尽可能排除人为的错误。

22.2.2 系统功能结构

企业进销存管理系统的功能结构图如图 22.2 所示。

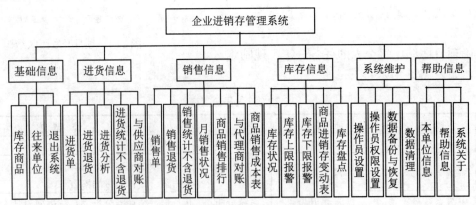

图 22.2 企业进销存管理系统的功能结构图

22.2.3 系统业务流程图

企业进销存管理系统的业务流程图如图 22.3 所示。

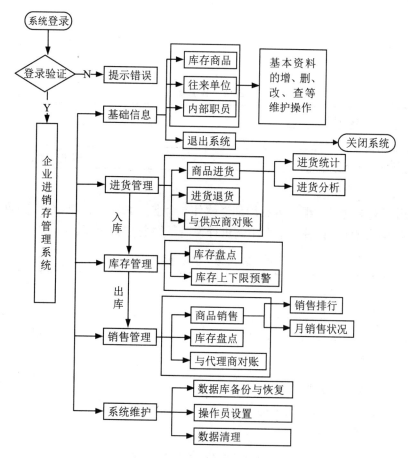

图 22.3　企业进销存管理系统的业务流程图

22.2.4　系统编码规范

开发程序时，往往会有多人参与，为了使程序的结构与代码风格标准化，以便使每个参与开发的人员尽可能直观地查看和理解其他人编写的代码，需要在编码之前制定一套统一的编码规范。下面介绍一套在程序开发中常用的编码规范供读者参考。

1. 数据库命名规范

（1）数据库

数据库命名以字母 db（小写）开头，后面加数据库相关英文单词或缩写。下面举例进行说明，如表 22.3 所示。

表 22.3　数据库命名

数据库名称	描　　述
db_SSS	企业进销存管理系统数据库

（2）数据表

数据表以字母 tb（小写）开头，后面加数据表相关英文单词或缩写。下面举例进行说明，如表 22.4 所示。

表 22.4　数据表命名

数据表名称	描　述
tbS_sell_main	销售主表
tbS_sell_detailed	销售明细表

（3）字段

字段一律采用英文单词或词组（可利用翻译软件）命名，如找不到专业的英文单词或词组，可以用相同意义的英文单词或词组代替。下面举例进行说明，如表 22.5 所示。

表 22.5　字段命名

字　段　名　称	描　述
Tradecode	商品编号
Fullname	商品全称

2．程序代码命名规范

（1）变量及对象名称定义规则

根据不同的程序需要，编写代码时都需要定义一定的变量或常量。下面介绍一种常见的变量及常量命名规则，如表 22.6 所示。

表 22.6　变量及常量命名规则

变量及常量级别	命　名　规　则	举　例
模块级变量	M_+数据类型简写+变量名称	M_int_xx
全局变量	G_+数据类型简写+变量名称	G_int_xx
局部变量	P_+数据类型简写+变量名称	P_dbl_sl
模块级常量	Mc_+数据类型简写+常量名称	Mc_str_xx
全局常量	Gc_+数据类型简写+常量名称	Gc_str_xx
过程级常量	Pc_+数据类型简写+常量名称	Pc_str_xx

（2）控件命名规则

窗体和控件的命名应采用统一的规范，一般采用具有实际意义的英文单词或标识，也可以采取多个单词的组合。窗体一般应采用 frm_** 或 Frm_main 的形式，如 frm_main 等。控件命名规则如表 22.7 所示。

表 22.7　控件命名规则

VB 控件	命　名　形　式
Form	Frm_
Module	Mdl_

续表

VB 控件	命 名 形 式
Class	Cls_
Label（大量的标签不用命名）	Lbl_
Text（大量的文本框不用命名）	Txt_
ComBox	Cbx_
ListBox	Lit_
ListView	Lvw_
TreeView	Tvw_
Frame	Fam_
PictureBox	Pte_
Image	Ige_
Timer	Tmr_
Toolbar	Tbr_
CheckBox	Cek_
OptionButton	Otn_
CommonDialog	Cdg_
DTPicker	Dtp_
DataGrid	Dgr_
ImageList	Imt_
CoolBar	Cbr_
CommandButton	Cmd_
ProgressBar	Pgb_
SSTab	Stb_
StatusBar	Sbr_
RichTextBox	Rtb_
MaskEdBox	Mex_
TabStrip	Tsp_

上面介绍的是一套 VB 6.0 中常用的编码规范，希望对读者的程序开发有一定的帮助。

22.3　系统运行环境

视频讲解：光盘\TM\lx\22\系统运行环境.exe

本系统的程序运行环境具体如下。

☑　系统开发语言：Microsoft Visual Basic 6.0。

☑ 数据库管理软件：Microsoft SQL Server 2008。

☑ 运行平台：Windows XP/Windows 7/Windows 8。

☑ 分辨率：最佳效果 1024×768 像素。

22.4　数据库与数据表设计

📹 视频讲解：光盘\TM\lx\22\数据库与数据表设计.exe

开发应用程序时，对数据库的操作是必不可少的。数据库设计是根据程序的需求及其实现功能所制定的，数据库设计的合理性将直接影响到程序的开发过程。

22.4.1　数据库分析

企业进销存管理系统中采用的是 SQL Server 2008 数据库。SQL Server 2008 数据库在安全性、准确性和运行速度方面具有绝对的优势，并且处理数据量大、效率高，所以本系统采用 SQL Server 2008 数据库作为后台数据库。数据库命名为 db_SSS，其中包含 16 张数据表，用于存储不同的信息，详细信息如图 22.4 所示。

22.4.2　创建数据库

在 SQL Server 2008 中创建数据库 db_SSS 的具体步骤如下：

（1）单击"开始"按钮，选择"所有程序"/Microsoft SQL Server 2008/SQL Server ManagementStudio 命令，如图 22.5 所示。

图 22.4　企业进销存管理系统中用到的数据表

（2）启动 SQL Server 2008 的企业管理器，连接服务器，打开"对象资源管理器"窗口，选中"数据库"节点，单击鼠标右键，在弹出的快捷菜单中选择"新建数据库"命令，如图 22.6 所示。

（3）打开如图 22.7 所示的"新建数据库"对话框，在"数据库名称"文本框中输入新建的数据库的名称"db_SSS"。

（4）单击"确定"按钮，即可新建一个 db_SSS 数据库，如图 22.8 所示。

图 22.5　选择命令

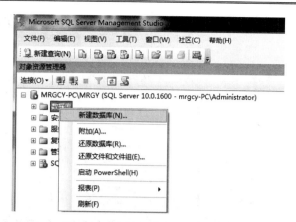

图 22.6　选择"新建数据库"命令

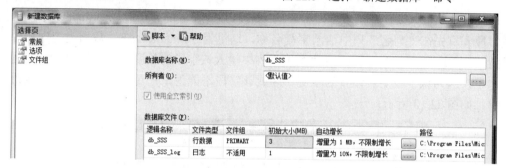

图 22.7　"数据库属性"对话框

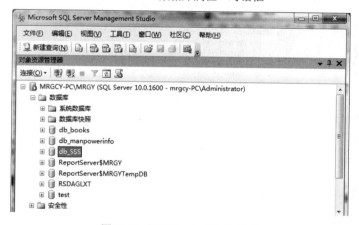

图 22.8　新建的 db_SSS 数据库

22.4.3　创建数据表

在已经创建的数据库 db_SSS 中创建 16 个数据表。

下面以 tbS_stock 表为例介绍创建数据表的过程。

展开新建的 db_SSS 数据库节点，选中"表"节点，单击鼠标右键，在弹出的快捷菜单中选择"新建表"命令，如图 22.9 所示。

481

图 22.9　选择"新建表"命令

在弹出的窗口中输入要创建的表中所需要的字段，并设置主键。在此以 fullname 字段为例，介绍如何创建字段。首先在"列名"列中输入字段名称，这里为 fullname；在"数据类型"列中选择需要的数据类型，这里选择 varchar 类型；在"长度"列中输入该字段的长度，这里为 20；在"允许空"列中，取消选中，因为该字段要被设置为主键，因此该字段不能为空；单击工具栏上的 ▓ 按钮，设置该字段为主键，如图 22.10 所示。

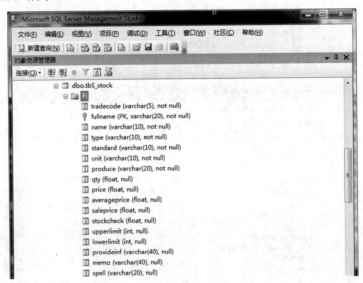

图 22.10　添加字段

单击"保存"按钮█，弹出"选择名称"对话框，输入要新建的表名 tbS_stock，单击"确定"按钮，系统即可在数据库中自动添加一个名为 dbo.tbS_stock 的表，如图 22.11 所示。

由于篇幅有限，其他数据表的创建过程不再一一赘述，相信读者能够举一反三，结合下面给出的数据表结构创建数据表。

（1）dbo.tbS_warehouse_main（进货表）

dbo.tbS_warehouse_main 表用于保存商品进货的主要信息，该表相对于进货明细表来说称为主表，记录的信息比明细表要简略。该表的结构如表 22.8 所示。

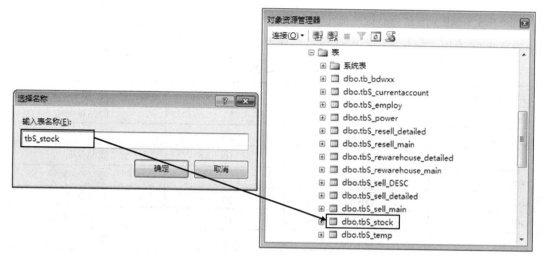

图 22.11　完成表的创建

表 22.8　进货表

字　段　名	数 据 类 型	长　　度	描　　述
billdate	datetime	8	进货日期
billcode	varchar	20	进货单编号
units	varchar	20	供应商名称
handle	varchar	10	经手人
summary	varchar	100	摘要
fullpayment	float	8	应付金额
payment	float	8	实付金额

（2）dbo.tbS_warehouse_detailed（进货明细表）

dbo.tbS_warehouse_detailed 表用于保存详细的进货信息，相对于进货主表来说称为进货明细表。该表的结构如表 22.9 所示。

表 22.9　进货明细表

字　段　名	数 据 类 型	长　　度	描　　述
billcode	varchar	20	进货单编号
tradecode	varchar	20	商品编号
fullname	varchar	20	商品名称
type	varchar	10	商品型号
standard	varchar	10	商品规格
produce	varchar	20	商品产地
unit	char	4	商品单位
qty	float	8	商品数量
price	float	8	商品进价
tsum	float	8	进货金额
billdate	datetime	8	进货日期

（3）dbo.tbS_stock（库存商品信息表）

dbo.tbS_stock 表用于保存商品的库存信息，该表的结构如表 22.10 所示。

表 22.10　库存商品信息表

字　段　名	数 据 类 型	长　　度	描　　述
tradecode	varchar	5	商品编号
fullname	varchar	20	商品全称
name	varchar	10	商品简称
type	varchar	10	商品型号
standard	varchar	10	商品规格
unit	varchar	10	商品单位
produce	varchar	20	商品产地
qty	float	8	库存数量
price	float	8	最后一次进货价格
averageprice	float	8	加权平均价
saleprice	float	8	最后一次销售价格
stockcheck	float	8	盘点数量
upperlimit	int	8	库存上限
lowerlimit	int	8	库存下限
provideinf	varchar	40	商品供货信息
memo	varchar	40	备注信息
spell	varchar	20	拼音简码

（4）dbo.tbS_sell_main（销售表）

dbo.tbS_sell_main 表用于保存商品销售的主要信息，该表的结构如表 22.11 所示。

表 22.11　销售表

字　段　名	数 据 类 型	长　　度	描　　述
billdate	datetime	8	销售日期
billcode	varchar	20	销售单编号
units	varchar	20	购货单位
handle	varchar	10	经手人
summary	varchar	100	摘要
fullgathering	float	8	应收金额
gathering	float	8	实收金额

（5）dbo.tbS_sell_detailed（销售明细表）

dbo.tbS_sell_detailed 表用于保存商品销售的详细信息，该表的结构如表 22.12 所示。

表 22.12　销售明细表

字　段　名	数 据 类 型	长　　度	描　　述
billcode	varchar	20	销售单编号
tradecode	varchar	20	商品编号
fullname	varchar	20	商品全称
type	varchar	10	商品类型
standard	varchar	10	商品规格
produce	varchar	20	商品产地
unit	varchar	4	商品单位
qty	float	8	销售数量
price	float	8	销售单价
tsum	float	8	销售金额
billdate	datetime	8	销售日期

说明

由于篇幅有限，这里只列举了其中几个重要的数据表的结构，其他的数据表结构参见配书光盘中的数据库文件。

22.4.4　数据表逻辑关系

为了使读者能够更好地了解库存商品信息表与其他各表之间的关系，在此给出数据表关系图，如图 22.12 所示。通过图 22.12 可以看出，库存商品信息表和进货明细表、进货退货明细表、销售明细表以及销售退货明细表等都存在着一定的联系，这些数据表通过 fullname 字段（"商品全称"字段）联系起来。

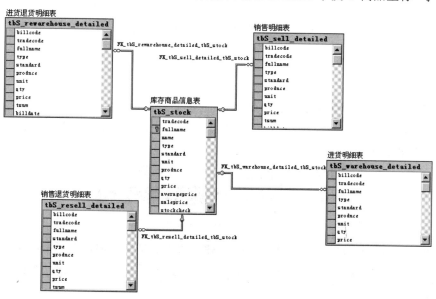

图 22.12　数据表关系 1

在商品的进货、销货等一系列数据操作中，如果其中某些信息（如往来单位的相关信息）发生变化，其他数据表中的相关信息也应该发生变化，这样才能保证数据的完整性和一致性。图 22.13 中列出了职员信息表、进货退货表、销售退货表、销售表、进货表、往来单位信息表以及往来对账明细表之间的关系，这些数据表之间利用 fullname 字段（"商品全称"字段）联系起来。

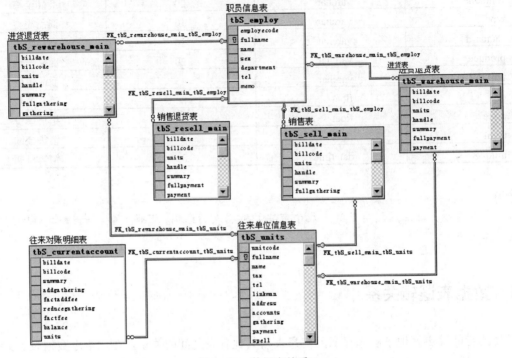

图 22.13　数据表关系 2

22.5　创 建 项 目

视频讲解：光盘\TM\lx\22\创建项目.exe

在 VB 6.0 开发环境中创建项目的具体步骤如下：

（1）选择"开始" / "所有程序" / "Microsoft Visual Basic 6.0 中文版" / "Microsoft Visual Basic 6.0 中文版"命令，如图 22.14 所示。

图 22.14　选择"Microsoft Visual Basic 6.0 中文版"命令

（2）在启动 VB 开发环境时，会首先打开"新建工程"对话框。在该对话框中选择"新建"选项卡，选择"标准 EXE"图标，单击"打开"按钮，如图 22.15 所示，即可新建一个标准的 EXE 工程，如图 22.16 所示。

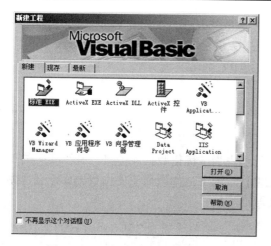

图 22.15　"新建工程"对话框

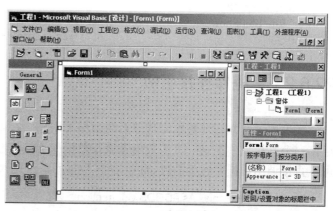

图 22.16　新建的标准 EXE 工程

22.6　公共模块设计

📀 **视频讲解：光盘\TM\lx\22\公共模块设计.exe**

在开发应用程序时，可以将数据库的相关操作及对一些控件的设置、遍历等封装在自定义模块中，以便于在开发程序时调用，这样可以提高代码的重用性。本系统创建了一个名为 Module1 的标准模块，在该模块中定义了公共的变量、过程和函数，下面对该模块中的内容进行介绍。

22.6.1　主函数

在一个应用程序中，一般都有一个主程序（Sub Main），程序的执行从这个主程序开始，当然也可以设置为其他的窗体。下面介绍如何将启动对象设置为 Sub Main 函数。

（1）选择"工程"/"进销存管理系统 属性"命令，将弹出"进销存管理系统-工程属性"对话框。

（2）在该对话框中选择"通用"选项卡，在"启动对象"下拉列表框中选择 Sub Main 选项，单击"确定"按钮，完成启动对象的设置，如图 22.17 所示。

本系统的主函数（Sub Main 函数）主要用于自动附加数据库，在数据库附加完成以后调用启动窗体，开始程序的正常执行。在数据库附加时，利用 sp_attach_db 语句进行附加，并利用 Con 的 Execute 方法执行数据库附加的 SQL 语句；接着显示系统的启动窗体，关键代码如下：

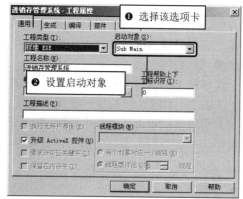

图 22.17　设置启动对象

```
Public Sub Main()                                                        '主函数
    '将数据库连接字符串赋给公共变量 PublicStr
```

```
    PublicStr = " Provider=SQLNCLI10.1;Persist Security Info=False;User ID=sa;Initial Catalog=db_SSS;Data
Source=MRGCY-PC\MRGY"
    frm_Star.Show                                                      '显示启动窗体
End Sub
```

22.6.2　数据库连接函数

数据库连接在开发数据库管理系统中经常用到。在本程序中为了优化数据库连接，减少代码的使用，在公共模块中定义一个函数用于执行数据库连接。在编程过程中，如果需要使用数据库连接，就可以直接调用数据库连接函数 cnn 来操作数据库，关键代码如下：

```
Public Function cnn() As ADODB.Connection                          '连接 SQL Server 2008 数据库
    Set cnn = New ADODB.Connection
    'MRGCY-PC\MRGY 为服务器名称，需要修改为自己的服务器
    cnn.Open "Provider=SQLNCLI10.1;Persist  Security  Info=False;User  ID=sa;Initial  Catalog=db_SSS;Data
Source=MRGCY-PC\MRGY"End Function
```

在 cnn 函数中，其对应的连接字符串参数说明如表 22.13 所示。

表 22.13　cnn 连接字符串的参数说明

参　　　　数	描　　　　述
Provider=SQLOLEDB.1;	代表数据库的提供者（本系统使用的 SQL Server）
Persist Security Info=False;	代表是否设置数据库的安全信息
User ID=sa;	代表 SQL Server 中用户名，安装 SQL Server 默认名称为 sa，密码为空
Initial Catalog=db_SSS	代表本系统使用的数据库

22.6.3　拼音简码函数

在进销存管理系统中进行商品的进货和销售操作时，可以直接输入商品的拼音简码来完成商品的检索，这样可以为信息的录入工作带来极大的方便。例如，汽车厂的拼音简码为 QCC。下面介绍一下拼音简码函数的实现。

汉字属于 DBCS（双字节字符集），该集合中的字符用一个或两个字节来表示。它表示的字符允许多于 256 个。DBCS 字符集一般用于表示书写的系统环境中，例如日文、朝鲜文和中文。

常用汉字的机内码共 3989 个，按英语字母的顺序排列并编码，首汉字为"啊"对应首字母为 A，首汉字为"芭"对应首字母为 B，首汉字为"擦"对应首字母为 C。以 A 为首字母的汉字在"啊"和"芭"之间，以 B 为首字母的汉字在"芭"和"擦"之间。按照这个规律，可以获得常用汉字的拼音简码。利用汉字机内码编码规则，即可用程序生成汉字的拼音简码。

在判断汉字拼音简码时，使用了 Asc 函数。Asc 函数可以返回字符串首字母的字符值（ASCII 码值），关键代码如下：

```
Public Function py(Mystr As String) As String                      '获得汉字的拼音简码
    On Error Resume Next                                            '错误处理
```

```
    If Asc(Mystr) < 0 Then                                              '如果 ASCII 值小于 0
        If Asc(Left(Mystr, 1)) < Asc("啊") Then                        '如果 ASCII 值小于 A
            py = "0"                                                    '拼音码为 0
            Exit Function                                               '退出过程
        End If
        If Asc(Left(Mystr, 1)) >= Asc("啊") And Asc(Left(Mystr, 1)) < Asc("芭") Then   'ASCII 介于 "啊" "芭" 之间
            py = "A"                                                    '拼音码为 A
            Exit Function                                               '退出过程
        End If
        If Asc(Left(Mystr, 1)) >= Asc("芭") And Asc(Left(Mystr, 1)) < Asc("擦") Then   '如果介于 "芭" "擦" 之间
            py = "B"                                                    '拼音码为 B
            Exit Function                                               '退出系统
        End If
        '…此处代码有省略
    Else                                                               '如果 ASCII 不小于 0
        If UCase(Mystr) <= "Z" And UCase(Mystr) >= "A" Then            '如果介于 A 和 Z 之间
            py = UCase(Left(Mystr, 1))                                  '拼音码为该字母大写
        Else                                                           '否则
            py = Mystr                                                 '拼音码等于输入的值
        End If
    End If
End Function
```

22.7　启动窗体的设计

🎬 **视频讲解：光盘\TM\lx\22\启动窗体的设计.exe**

启动窗体也称为闪屏或欢迎屏，是在应用程序启动时一闪而过的窗体界面，它可以为用户提示一定的信息，用户无须对其进行任何的操作。

闪屏是应用程序中最先显示给用户的一个界面，主要用于数据加载的延时。在数据加载时，用这样一个闪屏显示出来，避免由于等待时间过长而产生的焦虑。企业进销存管理系统中的启动窗体如图 22.18 所示。

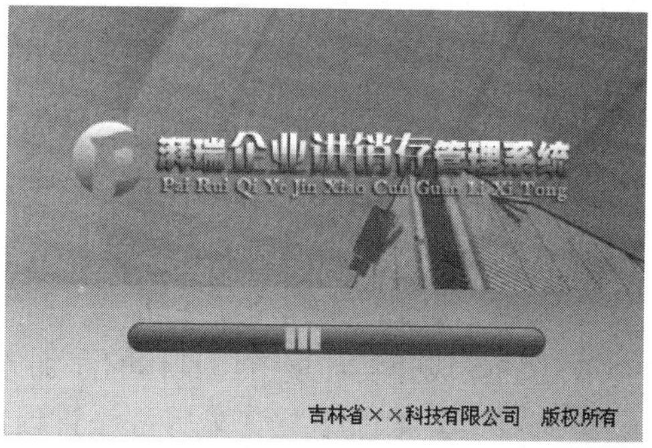

图 22.18　启动窗体

22.7.1　设计窗体界面

启动窗体的界面设计过程如下：

（1）在工程中新建一个窗体，将窗体的名称命名为 frm_Star，BorderStyle 属性设置为 0-None，Picture 属性设置为指定的图片，StartUpPosition 属性设置为 "2-屏幕中心"。

（2）在窗体上添加一个 ShockwaveFlash 控件，使用其默认名，用于显示 Flash 动画。该控件不是 VB 的标准控件，因此在使用时需要通过安装 Flash 软件或者注册 Flash 组件来获得。这里使用的是 Flash

8 提供的 OCX 控件 Flash8.ocx。可以通过下面两种方式获取：一种是安装 Flash 软件；另一种是直接注册 Flash8.ocx 控件。注册 ShockwaveFlash 控件的方法如下：

将 Flash8.ocx 复制到 C:\WINDOWS\system32 目录下，然后选择"开始"/"运行"命令，在弹出的"运行"对话框的"打开"文本框中，输入"regsvr32 C:\WINDOWS\system32\Flash8.ocx"，如图 22.19 所示。

 说明

此处的 C 盘为系统盘，如果读者的系统盘不是 C 盘，可以将其放置在系统盘的对应目录下。

单击"确定"按钮，注册控件，当弹出如图 22.20 所示的对话框时，则说明控件注册成功。

图 22.19　注册 Flash 控件

图 22.20　控件注册成功

控件注册成功以后，需要将其添加到 VB 的工程中。选择"工程"/"部件"命令，在弹出的"部件"对话框中选择"控件"选项卡，选中 Shockwave Flash 复选框，将其添加到 VB 的工程中，其中□就是 ShockwaveFlash 控件。

（3）在窗体上添加一个 Timer 控件，使用其默认名，用于调用登录窗体，设置 Interval 属性为 1500。

22.7.2　添加资源文件

在"资源编辑器"窗口中，可以对与工程相关的资源文件（.res）进行添加、删除和编辑等操作。要说明的是，资源编辑器一次只能编辑一个资源文件，而在一个工程中只能包含一个资源文件。

1. 资源编辑器的加载

在默认情况下，资源编辑器没有被加载到 VB 的集成开发环境中。如果要使用资源编辑器，需要首先将其添加到 VB 的集成开发环境中。具体的添加方法如下：

（1）选择"外接程序"/"外界程序管理器"命令，打开"外接程序管理器"对话框。

（2）在该对话框中双击"VB 6 资源编辑器"，当对应的"加载行为"栏中出现"加载"字样时，单击"确定"按钮，完成资源编辑器的加载，如图 22.21 所示。

（3）加载以后，在 VB 工程的"标准"工具栏中就可以看到资源编辑器的图标，如图 22.22 所示。

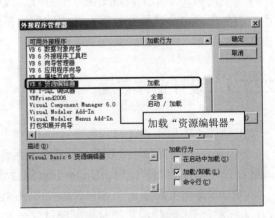

图 22.21　加载资源编辑器

图 22.22　"标准"工具栏中的"资源编辑器"图标

将资源编辑器加载到工程中就可以使用它了。"资源编辑器"窗口是可连接的。可用如下方法打开"资源编辑器"窗口。

☑　选择"工具"菜单中的"资源编辑器"命令。

☑　单击 VB"标准"工具栏上的"资源编辑器"按钮。

☑　如果资源文件已经存在，可以在"工程"窗口中双击资源文件或选中资源文件并按下 Enter 键。

2．添加自定义资源

使用资源编辑器可以添加的资源很多，如文字、位图、图标等，也可以使用自定义资源向工程中添加 OCX 文件。这里使用该功能，向工程中添加自定义资源具体步骤如下：

（1）打开 VB 的资源编辑器，单击工具栏上的 按钮，添加自定义资源。

（2）弹出"打开一个自定义资源"对话框，在其中选择需要添加的自定义资源，这里选择 Flash8.OCX 组件，单击"打开"按钮，即可将该资源添加到资源编辑器中。

（3）单击资源编辑器工具栏上的"保存"按钮 ，即可将该资源保存到 VB 的工程中，执行过程如图 22.23 所示。

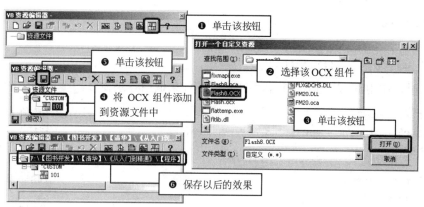

图 22.23　添加资源文件

22.7.3　代码注册 Flash 控件

Flash 控件的注册和一般的第三方控件的注册相同，可以使用 Regsvr32.exe 工具，注册以后就可以正常在工程中使用。这里介绍直接从资源文件中将其复制到系统路径下，并使用 Shell 函数，在 DOS 下执行 regsvr32 将该控件注册到所在计算机中。上述过程在窗体的初始化事件中被执行，具体的程序代码如下：

```
Private Declare Function GetSystemDirectory Lib "kernel32" Alias "GetSystemDirectoryA" (ByVal lpBuffer As
String, ByVal nSize As Long) As Long
Private Sub Form_Initialize()                                    '窗体初始化
    On Error Resume Next                                        '错误处理
    Dim str As String * 255                                    '定义字符型变量
```

```
GetSystemDirectory str, Len(str)                                    '获得系统路径
Dim str2 As String                                                  '定义变量
str2 = Trim(Replace(str, Chr(0), ""))                               '将去除路径中的空格
Dim i() As Byte                                                     '定义数组变量
i = LoadResData(101, "CUSTOM")                                      '装载资源
Open str2 & "\Flash8.OCX" For Binary Access Write As #1             '打开 Flash8.OCX 文件
Put #1, , I                                                         '向文件中写入数据
Close #1                                                            '关闭文件
Do Until str2 & "\Flash8.OCX" <> ""                                 '循环执行
    DoEvents                                                        '转让控制权
Loop
Shell "cmd.exe /c regsvr32 " & str2 & "\Flash8.OCX" & " /s", vbHide '执行注册语句
End Sub
```

22.7.4 调用 Flash 动画

在本窗体中使用了 Flash 控件，在该窗体启动时，加载事先设计好的 Flash 动画，这里用 Flash 控件的 Movie 属性来实现。该属性用于设置一个路径，确定 Flash 控件播放的 Flash 动画文件的所在位置。语法格式如下：

```
object.Movie [=string]
```

- ☑ object：一个对象表达式，这里为 Flash 控件。
- ☑ string：一个路径的字符串表达式。

在窗体启动时，调用 Flash 动画，并利用 Timer 控件来调用登录窗体，具体代码如下：

```
Private Sub Form_Load()                                             '窗体加载
    ShockwaveFlash1.Movie = App.Path & "\SWF\sss.swf"              '自动识别 Flash 文件路径
    Timer1.Enabled = True                                          '设置控件可用
End Sub
Private Sub Timer1_Timer()                                          'Timer 事件
    Frm_mm.Show                                                     '显示登录窗体
    Unload Me                                                       '关闭本窗体
End Sub
```

22.8 系统登录窗体设计

🎞 视频讲解：光盘\TM\lx\22\系统登录窗体设计.exe

📖 本模块使用的数据表：tbS_power

系统登录窗体主要用于对登录到企业进销存管理系统中的用户进行安全检查，以防止非法用户进入到本系统中，即只有合法的用户才能登录本系统。

系统登录窗体的主要功能是通过对数据表 tbS_power 的查询，结合 IF 语句判断选定的用户及输入的密码是否符合数据库中的用户名和密码，如果符合则可以登录，否则提示错误信息，如果错误输入

超过 3 次，则强行退出系统。系统登录窗体的界面效
果如图 22.24 所示。

22.8.1　设计窗体界面

系统登录窗体的界面设计步骤如下：

（1）在工程中新建一个窗体，将其命名为 Frm_mm，
BorderStyle 属性设置为 0-None，StartUpPosition 属性设
置为"2-屏幕中心"。

（2）在窗体上添加一个 PictureBox 控件，使用其
默认名，用于显示事先设计好的图片。

图 22.24　系统登录界面

（3）在 Picture1 上添加一个 ListView 控件和一个 ImageList 控件，使用默认名。这两个控件都是
ActiveX 控件，在使用前需要将其添加到 VB 的工具箱中。具体添加方法：选择"工程"/"部件"命
令，在弹出的"部件"对话框中选择"控件"选项卡，选择 Microsoft Windows Common Controls 6.0（SP6）
选项，单击"确定"按钮，即可将 ListView 控件和 ImageList 控件添加到 VB 的工具箱中。

（4）在窗体上添加一个 ADO 控件，使用其默认名，用于连接权限表（tbS_power）。该控件属于
ActiveX 控件，在使用前需要将其添加到 VB 的工具箱中。具体的添加方法：选择"工程"/"部件"
命令，在弹出的"部件"对话框中选择"控件"选项卡，选择 Microsoft ADO Data Control 6.0（SP6）
选项，单击"确定"按钮，即可将 ADO 控件添加到 VB 的工具箱中。

（5）在 Picture1 上添加 6 个 Label 控件和 1 个 TextBox 控件，具体的设置如表 22.14 所示。

表 22.14　Label 控件和 TextBox 控件的属性设置

对　象	属　性	值	功　能
LabelA	名称 Caption ForeColor	Lbl_Name Lbl_Name &H000080FF&	用于显示用户姓名
LabelA	名称 Caption ForeColor	Lbl_Czyid Lbl_Czyid &H000080FF&	用于显示用户编号
	名称 Caption ForeColor	Lbl_Infor Lbl_Infor &H000080FF&	用于显示初始的用户名和密码信息
	名称 Caption	Lbl_OK	用于执行"确定"按钮操作
	名称 Caption	Lbl_Exit	退出程序的执行
	名称 Caption	Lbl_End	在窗体的右上角，用于退出程序
TextBoxabl	名称 Text ForeColor	Txt_mm &H000080FF&	用于输入用户的密码

（6）在窗体上添加一个 TextBox 控件，命名为 Txt_Time，用于记录用户输入密码的次数，如果超过 3 次将强制退出。

22.8.2　向 ListView 控件中添加用户名

在窗体加载时，在 ListView 控件中将显示出当前系统中的所有操作员及操作员的头像。这里在窗体加载时利用 ADO 控件和 SQL 语句查询数据表 tbS_power 中的操作员信息，并将其添加到 ListView 控件中。利用在数据表中存储的头像信息，获取与 ImageList 控件中相对应的图片，将其添加到 ListView 控件中，并将“密码”文本框中的内容清空，关键代码如下：

```
Dim rs As New ADODB.Recordset                                '定义记录集变量
Dim itmX As ListItem                                         '声明一个 ListItem 对象
Dim MyIcon As Integer                                        '声明一个整型变量
Dim Mystr As String                                          '声明字符串变量

Private Sub Form_Load()                                      '窗体加载
    '设置标签内容
    Lbl_Infor.Caption = "初始用户名为：TSoft          密码为：111        " + _
                         Chr(10) + Chr(10) + _
                         "本软件由 XX 科技有限公司开发，欢迎各界朋友来电来函垂询！"
    rs.Open "select * from tbS_power", cnn, adOpenKeyset     '查询权限表
    If rs.RecordCount > 0 Then                               '如果查询记录大于零
        rs.MoveFirst                                         '移动到记录头
        Lbl_Czyid.Caption = rs.Fields("userid")             '显示用户编号
        Lbl_Name.Caption = rs.Fields("sysuser")             '显示用户姓名
    '向 ListView 中添加图片
        Do While rs.EOF = False                             '循环到记录尾
            Mystr = rs.Fields("sysuser")                    '将用户名赋给变量
            MyIcon = Val(Right(rs.Fields("head"), Val(Len(rs.Fields("head")) - 2)))   '将头像编号赋给变量
            Set itmX = ListView1.ListItems.Add(, , Mystr, MyIcon)   '向 ListView 添加项目
            rs.MoveNext                                     '移动到下一条
        Loop
    End If
    rs.Close                                                '关闭记录
    Txt_mm.Text = ""                                        '清空“密码”文本框
End Sub
```

22.8.3　添加用户名和编号

当窗体启动后，单击用户头像，将显示该用户的用户名和编号，并将焦点设置在“密码”文本框中。这里主要应用了 ListView 控件的 Click 事件及 SelectedItem 属性。Click 事件用于处理 ListView 控件的单击事件，当用户单击 ListView 控件中的项目时将触发该事件；同时利用 SelectItem 属性获得所

选项目的名称，并利用该名称查询出用户名和用户编号，关键代码如下：

```
Private Sub ListView1_Click()                                       '单击事件
    If ListView1.ListItems.Count > 0 Then                          '如果 ListView 中有项目
        '查询操作员信息
        rs.Open "select * from tbS_power where sysuser ='" + _
                ListView1.SelectedItem + "'", cnn, adOpen Keyset
        If rs.RecordCount > 0 Then                                 '如果查询结果大于零
            '给相应的控件赋值
            Lbl_Czyid.Caption = rs.Fields("userid")                '显示用户编号
            Lbl_Name.Caption = rs.Fields("sysuser")                '显示用户姓名
        End If
        rs.Close                                                   '关闭记录集
        Txt_mm.SetFocus                                            '"密码"文本框获得焦点
    End If
End Sub
```

22.8.4 判断用户名和密码

选中用户名以后，在"密码"文本框中输入该用户的密码，然后单击"确定"按钮，进入系统内部。当用户单击"确定"按钮时，系统将核对输入的用户密码和数据库中的密码是否相同，如果相同，则进入到系统内部；如果不正确，则提示信息，并将输入的次数加 1，写入到 Txt_Time 文本框中；当 Txt_Time 文本框中的次数超过 3 时，则提示信息，退出系统，关键代码如下：

```
Private Sub Lbl_OK_Click()                                         '确定
    '打开 rs 记录集
    rs.Open "select * from db_SSS.dbo.tbS_power where sysuser ='" + Trim(Lbl_Name.Caption) + "'", cnn,
adOpenKeyset
    If rs.RecordCount > 0 Then                                     '如果记录数大于零
        '验证操作员及密码
        If Txt_mm.Text = rs.Fields("password") Then                '如果输入的密码正确
            Load MDIForm1                                          '加载主窗体
            MDIForm1.Show                                          '显示主窗体
            Unload Me                                              '关闭登录窗体
        Else                                                       '否则
            If Lbl_Name.Caption = "" Then                          '如果用户名为空
                MsgBox "请选择操作员！",,"信息提示"                  '提示信息
                ListView1.SetFocus                                 '将焦点设置在 ListView 中
            Else                                                   '如果用户名不为空
                If Txt_mm.Text <> rs.Fields("password") Then       '如果密码不相同
                    MsgBox "密码错误,请重新输入密码！",,"信息提示"    '提示错误信息
                    Txt_Time.Text = Val(Txt_Time.Text) + 1         '错误次数加 1
                    Txt_mm.SetFocus                                '"密码"文本框获得焦点
                End If
            End If
```

```
            If Txt_Time.Text = "3" Then                                  '密码错误 3 次，退出系统
                MyMsg = MsgBox("密码输入错误,请向系统管理员查询！", , "信息提示")      '提示信息
                If MyMsg = vbOK Then End                             '如果用户单击"确定"按钮，退出系统
            End If
        End If
    End If
    rs.Close                                                              '关闭记录集对象
End Sub
```

22.8.5 移动无标题栏窗体

在设计程序时，有时会通过设置窗体的 BorderStyle 属性将窗体的标题栏设置为隐藏效果，用一张图片覆盖整个窗体，以达到美观的效果，但是这样也给用户的操作带来了一定的麻烦，因为窗体没有标题栏，用户不能通过鼠标移动窗体，窗体只能显示在启动的位置，不能移动，直到被关闭为止。

此时可以利用 API 函数来实现无标题栏窗体的移动功能。首先利用 ReleaseCapture 函数释放鼠标捕获，然后利用 SendMessage 函数向窗体发送消息，达到窗体移动的效果，关键代码如下：

```
Const HTCAPTION = 2                                                      '定义常数
Const WM_NCLBUTTONDOWN = &HA1                                            '定义常数
Private Declare Function ReleaseCapture Lib "user32" () As Long          '声明 API 函数
Private Declare Function SendMessage Lib "user32" Alias "SendMessageA" (ByVal hwnd As Long, ByVal wMsg
As Long, ByVal wParam As Long, IParam As Any) As Long                    '声明 API 函数
Private Sub Picture1_MouseDown(Button As Integer, Shift As Integer, X As Single, Y As Single)
    If Button = 1 Then                                                   '如果按下鼠标左键
        Dim ReturnVal As Long                                           '定义长整型变量
        X = ReleaseCapture()                                            '释放鼠标捕获
        ReturnVal = SendMessage(hwnd, WM_NCLBUTTONDOWN, HTCAPTION, 0)   '发送消息
    End If
End Sub
```

22.9　主窗体设计

 视频讲解：光盘\TM\lx\22\主窗体设计.exe

主窗体是程序操作过程中必不可少的，也是人机交互的核心所在。通过主窗体，用户可以调用系统相关的各子模块，快速掌握本系统中所实现的各个功能。企业进销存管理系统中，当登录窗体验证成功后，用户将进入主窗体。主窗体被分为 4 个部分：最上面是菜单栏，可以通过它调用系统中的所有子窗体；菜单栏下面是利用 Flash 控件制作的工具栏，它以按钮的形式使用户能够方便地调用最常用的子窗体；窗体的中间区域是一个和程序主题相关的背景图片；窗体的最下面，用状态栏显示当前所打开窗体、当前登录的用户名等信息。主窗体运行结果如图 22.25 所示。

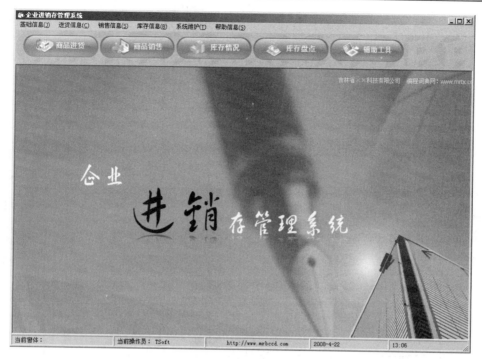

图 22.25　企业进销存管理系统主界面

22.9.1　设计窗体界面

主窗体的界面设计步骤如下：

（1）在工程中新建一个 MDI 窗体，使用其默认名称 MDIForm1，Caption 属性设置为"企业进销存管理系统"。

（2）使用菜单编辑器在窗体上设计菜单栏，具体的设计方法参见 22.9.2 节相关内容。

（3）在窗体上添加一个 PictureBox 控件（该图片框用于充当其他控件的容器），使用其默认名，Align 设置属性为 1-Align Top，Picture 属性设置为指定的图片。

（4）在 Picture1 中添加一个 ShockwaveFlash 控件，将其命名为 Flash1，用于显示 Flash 动画。

（5）在 Picture1 上添加一个 PictureBox 控件，将其命名为 Pic_Flex，用于显示辅助工具栏。设置 Picture 属性为事先设置好的图片。

（6）在 Pic_Flex 上添加 Lbl_Pic 控件数组（0～5）和 Lbl_info 控件数组（0～5），设置 BackStyle 属性为 0-Transparent。

（7）在窗体上添加一个 Timer 控件，设置 Interval 属性为 30，用于控制浮动工具栏的伸展和收缩。

（8）在窗体上添加一个 StatusBar 控件，充当窗体的状态栏，具体参见 22.9.5 节的相关内容。

22.9.2　设计菜单栏

下面使用 VB 自带的菜单编辑器给窗体添加菜单。选择"工具"/"菜单编辑器"命令，打开菜单编辑器。关于菜单编辑器的使用和菜单的设计，具体参见第 10 章的相关内容，这里通过菜单编辑器设计的菜单如图 22.26 所示。

标题	名称	快捷键
基础信息(&J)	menu1	
....库存商品	Stock	
....往来单位	Unit	
....内部职员	Employee	
....	w1	
....退出系统(&X)	file_exit	
进货信息(&C)	menu2	
....进货单	file_bill	F2
....进货退货	file_stockExit	Ctrl+F2
....	l11	
....进货分析	file_analyse	F9
....进货统计(不含退货)	file_stat	
....	l12	
....往来分析(与供应商对账)	file_CAG	F12
销售信息(&S)	menu3	
....销售单	file_sell	F3
....销售退货	file_sellStock	Ctrl+F3
....	l13	
....销售统计(不含退货)	file_sellStat	
....月销售状况	file_monthSell	F8
....商品销售排行	file_sellTexis	
....	l14	

标题	名称	快捷键
....往来分析(与代理商对账)	file_supply	
....商品销售成本表	file_sellCost	
库存信息(&B)	menu4	
....库存状况	file_stockStatus	F4
....	l15	
....库存商品数量上限报警	file_UL	Ctrl+U
....库存商品数量下限报警	file_FL	
....	l16	
....商品进销存变动表	file_buySellChange	
....库存盘点(自动盘盈盘亏)	file_stockCheck	
系统维护(&T)	menu5	
....操作员设置	file_op	
....操作员权限设置	file_setSys	Ctrl+Q
....	lp2	
....数据备份与恢复	file_BR	Ctrl+B
....数据清理	file_dataClear	
帮助信息(&S)	menu6	
....本单位信息	file_unit	
....	lq1	
....帮助信息	file_help	F1
....	q2	
....系统关于	file_softEdition	

图 22.26　企业进销存管理系统菜单

设计好菜单后就可以为菜单添加代码了。为菜单添加代码的方法非常简单，如选择"基础信息"/"库存商品"命令，即可进入到代码编辑区域中。在该区域中编写如下代码，实现调用库存信息窗体。

```
Private Sub Stock_Click()                              '单击"库存信息"命令
    frm_basic_stock.Show                               '显示库存信息窗体
End Sub
```

22.9.3　利用 Flash 设计工具栏

窗体的工具栏是利用 Flash 动画设计的，但是在 MDI 主窗体上不能添加 ShockwaveFlash 动画，因此只能将该控件放置在 PictureBox 控件中。这里利用 Flash 动画调用系统中的常用功能，具体的效果如图 22.27 所示。

图 22.27　Flash 效果

下面介绍如何利用 Flash 和 VB 进行交互。实现 VB 和 Flash 交互时，需要用到一个 FSCommand 命令，在 Flash 的 ActionScript 中有一个 FSCommand 函数，该函数的主要功能就是发送 FSCommand 命令。利用 Flash 中的 FSCommand 函数向 VB 应用程序发送 Command 命令，在 VB 中应用程序捕获 ShockWaveFlash 控件的 FSCommand 事件，接收 Command 命令，从而达到 Flash 和 VB 交互的目的，具体的执行流程如图 22.28 所示。

图 22.28　Flash 动画控制应用程序的执行过程

首先，设置 FSCommand 命令。下面以图 22.27 所示的"商品进货"按钮为例进行介绍。在 Flash 中设计"商品进货"按钮时，添加如下代码。这里利用序号作为参数进行传递。

```
on(release){
fscommand("1","1");
}
```

其中，第 1 个"1"为 Command 命令，第 2 个"1"为参数，这里利用"1"与 VB 进行交互。将 Flash 都设计好以后，保存输出。

下面介绍在 VB 中接收 FSCommand 命令。

在 VB 工程中，将 ShockwaveFlash 控件添加到窗体上以后，将其改名为 Flash1，在代码编辑区中找到 Flash 控件的 FSCommand 事件，代码如下：

```
Private Sub Flash1_FSCommand(ByVal command As String, ByVal args As String)

End Sub
```

该事件用于接收 Flash 发送的 FSCommand 命令的事件。当 Flash 发送的 FSCommand 命令和 VB 中 FSCommand 事件的 command 参数相一致时，将触发其后面的操作。例如，当用户单击"商品进货"按钮时，Flash 动画将发出"1"这个 FSCommand 命令，VB 中的 FSCommand 事件捕获该 FSCommand 命令，并执行其后面的操作，这里为调用商品进货窗体。

其他按钮操作和"商品进货"按钮的实施过程基本一致，其具体代码如下：

```
Private Sub Flash1_FSCommand(ByVal command As String, ByVal args As String)
    Select Case command                                    '判断单击的是哪个按钮
    Case 1                                                 '商品进货
        frm_stockBill.Show                                 '显示"商品进货"窗体
    Case 2                                                 '商品销售
        frm_saleBill.Show                                  '显示"商品销售"窗体
    Case 3                                                 '库存情况
        frm_Stock.Show                                     '显示"库存情况"窗体
    Case 4                                                 '库存盘点
        frm_checkStock.Show                                '显示"库存盘点"窗体
    Case 5                                                 '辅助工具
        bTimeFlag = True                                   '标识变量设置为 True
        Pic_Flex.Width = 0                                 '浮动工具栏宽度设置为零
        Pic_Flex.Visible = True                            '浮动工具栏可见
    End Select
End Sub
```

22.9.4　利用图片设计浮动工具栏

在工具栏上单击"辅助工具"按钮，将弹出浮动工具栏，如图 22.29 所示。

图 22.29　浮动工具栏

该工具栏使用 PictureBox 控件及 Label 控件数组设计而成。在 Picture1 中添加一个 PictureBox 控件，命名为 Pic_Flex，设置为浮动的工具栏；在 Pic_Flex 中添加图片，该图片中只留下了按钮框，并没有留下按钮的文字；这里在按钮上添加一个 Label 控件，命名为 Lbl_info，用于显示按钮名称。在 Lbl_info 控件数组上添加一个 Lbl_Pic 控件数组，用于触发单击事件和鼠标移动事件。

在使用浮动工具栏时，利用 Timer 控件来调整 Pic_Flex 控件的宽度。首先定义一个窗体级 Boolean 型变量 bTimeFlag，用于标识浮动工具栏是伸展还是收缩。当 bTimeFlag 设置为 True，标识浮动工具栏伸展；当 bTimeFlag 设置为 False 时，标识浮动工具栏收缩，关键代码如下：

```
Dim bTimeFlag As Boolean                        '定义变量用于标识浮动工具栏的伸缩
Private Sub Timer1_Timer()
    Dim i As Integer                            '定义整型变量
    If bTimeFlag = True Then                     '如果标识变量为 True
        If Pic_Flex.Width < 11934 Then           '如果宽度小于 11934
            For i = 1 To 100                      '从 1 到 100 做循环
                Pic_Flex.Width = Pic_Flex.Width + 2   '浮动工具栏宽度自加 2
            Next I
        End If
    Else                                         '如果标识变量为 False
        If Pic_Flex.Width > 10 Then              '如果宽度大于 10
            For i = 1 To 100                      '从 1 到 100 做循环
                Pic_Flex.Width = Pic_Flex.Width - 2   '浮动工具栏宽度自减 2
            Next i
        End If
    End If
End Sub
```

当用户单击浮动工具栏上的辅助工具按钮时，将触发 Lbl_Pic 控件数组的单击事件，执行对应的功能，关键代码如下：

```
Private Sub Lbl_Pic_Click(Index As Integer)      'Lbl_Pic 控件数组单击事件
    Select Case Index                            '判断数组序号
    Case 0                                       '单击 Lbl_Pic（0）
        ShellExecute Me.hwnd, "open", "http://www.mrbccd.com", 1, 1, 5   '登录 Internet
    Case 1                                       '单击 Lbl_Pic（1）
        ShellExecute Me.hwnd, "open", "winword.exe", "", 1, 5   '启动 Word
    Case 2                                       '单击 Lbl_Pic（2）
        ShellExecute Me.hwnd, "open", "excel.exe", "", 1, 5   '启动 Excel
```

```
        Case 3                                                    '单击 Lbl_Pic（3）
            frm_DATE.Show                                         '调用"日历"窗体
        Case 4                                                    '单击 Lbl_Pic（4）
            Dim ReturnValue, I                                    '定义变量
            ReturnValue = Shell("Calc.EXE", 1)                    '运行计算器
            AppActivate ReturnValue                              '激活计算器
        Case 5                                                    '单击 Lbl_Pic（5）
            bTimeFlag = False                                    '标识变量设置为 False
    End Select
End Sub
```

下面来实现当鼠标在按钮上移动时，该按钮上的文字将变成红色；当鼠标移开时，该按钮上的文字又恢复为黑色。

在 Lbl_Pic 控件数组上移动时，按钮文字的颜色变为红色，代码如下：

```
Private Sub Lbl_Pic_MouseMove(Index As Integer, Button As Integer, Shift As Integer, X As Single, Y As Single)
    Lbl_info(Index).ForeColor = RGB(255, 0, 0)                   '文字颜色设置为红色
End Sub
```

当鼠标在窗体或 Pic_Flex 控件上移动时，文字的颜色又被恢复为黑色，关键代码如下：

```
Private Sub MDIForm_MouseMove(Button As Integer, Shift As Integer, X As Single, Y As Single)
    '鼠标在窗体上移动
    Dim i As Integer                                             '定义变量
    For i = 0 To Lbl_info.UBound                                 '循环控件数组
        Lbl_info(i).ForeColor = RGB(0, 0, 0)                    '设置文字颜色为黑色
    Next I
End Sub
Private Sub Pic_Flex_MouseMove(Button As Integer, Shift As Integer, X As Single, Y As Single)
    '鼠标在 Pic_Flex 上移动
    Dim i As Integer                                             '定义变量
    For i = 0 To Lbl_info.UBound                                 '循环控件数组
        Lbl_info(i).ForeColor = RGB(0, 0, 0)                    '设置文字颜色为黑色
    Next i
End Sub
```

22.9.5　设计状态栏

窗体中的状态栏利用 StatusBar 控件设计而成。该控件不是标准的 ActiveX 控件，在使用前需要将其添加到窗体上。具体的添加方法：选择"工程"/"部件"命令，在弹出的"部件"对话框中选择 Microsoft Windows Common Controls 6.0（SP6）选项，单击"确定"按钮，即可将 StatusBar 控件添加到工具箱中。在工具箱中单击该按钮图标，将该控件添加到窗体上。

用鼠标右键单击该窗体，在弹出的快捷菜单中选择"属性"命令，弹出"属性页"对话框。通过"属性页"对话框将状态栏设置为 5 个窗格，分别用于显示当前窗体信息、当前操作员信息、网址、日期和时间，如图 22.30 所示。

| 当前窗体：商品进货 | 当前操作员：TSoft | http://www.mrbccd.com | 2008-4-22 | 16:24 |

图 22.30　状态栏效果

其中，网址窗格是通过在"属性页"对话框中"窗格"选项卡中的"文本"文本框中进行设置的，如图 22.31 所示。

图 22.31　通过"属性页"对话框设置网址

日期窗格是通过在"窗格"选项卡中设置"样式"为 6-sbrDate 来实现的；时间窗格是通过设置"样式"为 5-sbrTime 来实现的。

"当前窗体"和"当前操作员"窗格中的内容是通过代码进行设置的。首先介绍一下"当前窗体"窗格的实现。在调用"商品进货"窗体时，对主窗体状态栏中的内容进行设置，将当前窗体的名称和状态栏窗格中的内容重新写入窗体的状态栏中，关键代码如下：

```
Private Sub Form_Load()                                              '加载"商品进货"窗体
    MDIForm1.SBar1.Panels(1).Text = MDIForm1.SBar1.Panels(1).Text + Me.Caption
End Sub
```

"当前操作员"窗格的实现：在登录窗体中，当用户登录到系统中时，将登录系统的操作员的姓名写入到主窗体状态栏的"当前操作员"窗格中，关键代码如下：

```
Private Sub Lbl_OK_Click()                                           '确定
    MDIForm1.SBar1.Panels(2).Text = MDIForm1.SBar1.Panels(2).Text & Lbl_Name.Caption
End Sub
```

22.10　商品进货模块设计

🎬 视频讲解：光盘\TM\lx\22\商品进货模块设计.exe

📖 本模块使用的数据表：dbo.tbS_warehouse_main、dbo.tbS_warehouse_detailed、dbo.tbS_stock、dbo.tbS_currentaccount、dbo.tbS_units、dbo.tbS_employ

商品进货模块主要完成将所采购商品的信息批量保存到入库表和库存表中。为了提高录入入库商品信息的速度，这里使用了 MSFlexGrid 表格控件。

MSFlexGrid 控件可以对表格数据进行显示和操作，具有很大的灵活性，但它不能像 DataGrid 表格控件那样在运行时直接对表格中的数据进行编辑操作。如果要对 MSFlexGrid 表格中的数据进行编辑，必须借用 TextBox 控件。

运行程序，在程序的主窗体中选择"进货信息"/"商品进货"命令，即可进入到"商品进货"模块中。在该模块中双击"经手人"文本框，即可弹出职员信息表中的相关信息；双击经手人姓名，即可将其添加到"经手人"文本框中。双击"供货单位"文本框，在弹出的供货商表格中选择供货单位，按 Enter 键，即可将选择的供应商名称添加到"供货单位"文本框中。

　　将光标移到"商品编号"文本框中，双击该文本框将弹出所有的商品信息，用户可以从中选择所需进货的商品信息。选中之后，将直接添加到商品进货单中，用户只需输入进货商品的数量信息即可，金额、入库品种、合计数量等都由系统自动运算得出。当完成输入要进货的商品信息后，单击"确定"按钮，即可将其保存到数据库中，其实现效果如图 22.32 所示。

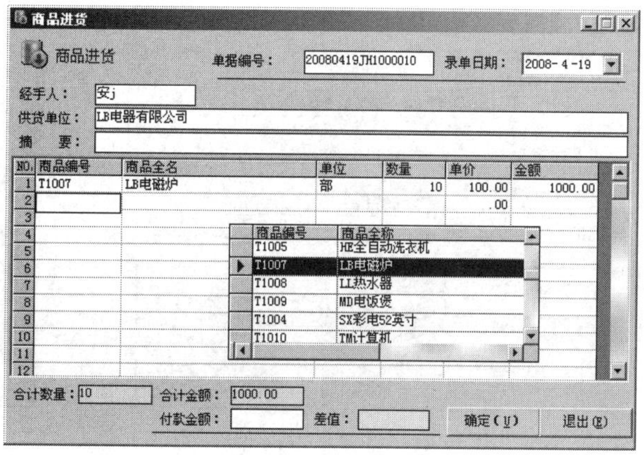

图 22.32　商品进货模块

22.10.1　设计窗体界面

　　商品进货模块的界面设计步骤如下：

　　（1）在工程中新建一个窗体，将其命名为 frm_stockBill，BorderStyle 属性设置为 1-Fixed Single，MDIChild 属性设置为 True，Caption 属性设置为"进货单"，MinButton 属性设置为 True。

　　（2）在窗体上添加 ADO 控件和 DataGrid 控件。由于这两个控件属于 ActiveX 控件，在使用前需要将其添加到 VB 工具箱中。具体方法为：选择"工程"/"部件"命令，在弹出的"部件"对话框中选择 Microsoft Ado Data Controls 6.0（SP4）和 Microsoft DataGrid Controls 6.0（SP5）选项，单击"确定"按钮，即可将这两个控件添加到 VB 工具箱中。

　　① 在窗体中添加 6 个 ADO 控件，分别命名为 Adodc1、Adodc2、AdoCount、AdoStock、AdoEmploy、AdoUnits，其 Visible 属性均设置为 False。

　　② 在窗体中添加 3 个 DataGrid 控件，使用默认名称。分别设置控件的选取框样式：在 DataGrid 控件上单击鼠标右键，在弹出的快捷菜单中选择"属性"命令，弹出"属性页"对话框，选择"拆分"选项卡，将 DataGrid 控件的选取边框样式设置为 4-dbgHighlightRowRaise，如图 22.33 所示。

注意

　　在没有设置选取框样式的情况下，如果 DataGrid 控件获得焦点，焦点将在控件的第一个单元格中，而不是整行获得焦点（整行选定数据）。

　　（3）在窗体中添加 TextBox 控件、Label 控件和 CommandButton 控件。

　　（4）添加 DTPicker 控件。该控件属于 ActiveX 控件，在使用前需要将其添加到 VB 的工具箱中。具体的添加方法：选择"工程"/"部件"命令，在弹出的"部件"对话框中选择 Microsoft Windows Common Controls 2.6.0 选项，单击"确定"按钮，即可将 DTPicker 控件添加到 VB 工具箱中。

　　（5）添加 MSFlexGrid 控件。由于该控件属于 ActiveX 控件，在使用前需要将其添加到 VB 工具箱中。具体的添加方法：选择"工程"/"部件"命令，在弹出的对话框中选择 Microsoft FlexGrid Controls 6.0（SP3）选项。单击"确定"按钮，即可将该控件添加到 VB 工具箱中。

　　将该控件添加到窗体上，设置其名称为 MS1，其他属性保持默认设置。

商品进货模块的设计结果如图 22.34 所示。

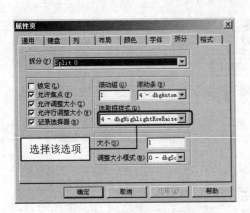

图 22.33　设置边框样式

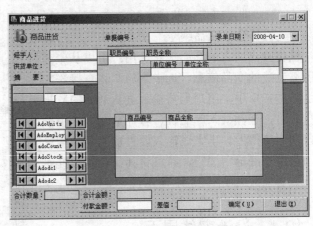

图 22.34　"商品进货"窗体的设计

22.10.2　窗体初始化

在窗体初始化的时候，首先将本窗体中需要用到的数据库都连接上，并将职员信息表、往来单位信息表、库存表都绑定到对应的 DataGrid 控件上，以方便在程序运行时进行调用。将用于显示进货信息的 MSFlexGrid 控件的行数、列数以及列标题等都进行初始化，关键代码如下：

```
Private Sub Form_Load()                                                   '窗体加载
    Adodc1.ConnectionString = PublicStr                                  '连接数据库
    Adodc1.RecordSource = "select * from db_SSS.dbo.tbS_warehouse_main"   '查询进货表中的数据
    Adodc1.Refresh                                                        '刷新
    Adodc2.ConnectionString = PublicStr                                  '连接数据库
    Adodc2.RecordSource = "select * from db_SSS.dbo.tbS_warehouse_detailed" '查询进货明细表
    Adodc2.Refresh                                                        '刷新
    adoCount.ConnectionString = PublicStr                                '连接数据库
    adoCount.RecordSource = "select * from db_SSS.dbo.tbS_currentaccount" '查询往来对账明细表
    adoCount.Refresh                                                      '刷新
    AdoUnits.ConnectionString = PublicStr                                '连接数据库
    AdoUnits.RecordSource = "select unitcode,fullname from db_SSS.dbo.tbS_units"  '查询往来单位信息表
    AdoUnits.Refresh                                                      '刷新
    Set DataGrid2.DataSource = AdoUnits                                   '绑定往来单位信息表
    AdoEmploy.ConnectionString = PublicStr                               '连接数据库
    '查询职员信息表
    AdoEmploy.RecordSource = "select employeecode,fullname from db_SSS.dbo.tbS_employ"
    AdoEmploy.Refresh                                                     '刷新
    Set DataGrid1.DataSource = AdoEmploy                                  '绑定职员信息表
    AdoStock.ConnectionString = PublicStr                                '连接数据库
    AdoStock.RecordSource = "select * from db_SSS.dbo.tbS_stock"          '查询库存表
    AdoStock.Refresh                                                      '刷新
    Set DataGrid3.DataSource = AdoStock                                   '绑定库存表
    '查询进货表中的信息
```

```
Adodc1.RecordSource = "select * from db_SSS.dbo.tbS_warehouse_main order by billcode"
Adodc1.Refresh                                               '刷新
If Adodc1.Recordset.RecordCount > 0 Then                     '如果记录数大于零
    Adodc1.Recordset.MoveLast                                '移动到最后一条
    '生成进货编号
    Text1(0).Text = Format(Now, "yyyymmdd") & "JH" & Left(Mid(Adodc1.Recordset.Fields(1), 11, 17), 7) + 1
Else                                                         '否则
    Text1(0).Text = Format(Now, "yyyymmdd") & "JH1000001"    '为今天第一条编号
End If
DTPicker1.Value = Format(Now, "yyyy-mm-dd")                  '格式化日期
MS1.Rows = 100: MS1.Cols = 7                                 '定义 MSI 总行/列数
'定义 MS1 表的宽度
MS1.ColWidth(0) = 12 * 25 * 1: MS1.ColWidth(1) = 12 * 25 * 4: MS1.ColWidth(2) = 12 * 25 * 9
MS1.ColWidth(3) = 12 * 25 * 3: MS1.ColWidth(4) = 12 * 25 * 3: MS1.ColWidth(5) = 12 * 25 * 3
MS1.ColWidth(6) = 12 * 25 * 4
MS1.FixedRows = 1: MS1.FixedCols = 1                         '设置固定行、列
'定义 MS1 表的表头
MS1.TextMatrix(0, 0) = "NO。": MS1.TextMatrix(0, 1) = "商品编号": MS1.TextMatrix(0, 2) = "商品全名"
MS1.TextMatrix(0, 3) = "单位": MS1.TextMatrix(0, 4) = "数量": MS1.TextMatrix(0, 5) = "单价"
MS1.TextMatrix(0, 6) = "金额"
'定义 MS1 表的列序号
For i = 1 To 99
    MS1.TextMatrix(i, 0) = i
Next i
'装载窗体时，确定 text3 的位置
Text3.Text = ""                                              '设置 Text3 为空
Text3.Width = MS1.CellWidth: Text3.Height = MS1.CellHeight   '设置 Text3 的长、宽
Text3.Left = MS1.CellLeft + MS1.Left: Text3.Top = MS1.CellTop + MS1.Top   '设置 Text3 坐标
End Sub
```

22.10.3　商品信息录入

在商品进货过程中，如果进货的商品品种较多、数量也很大，那么使用文本框一条一条地录入数据，效率将会很低。利用 VB 提供的 MSFlexGrid 控件处理数据比较灵活，虽然显示的数据是只读的，但可以通过 TextBox 控件向 MSFlexGrid 控件中输入数据，然后使用 For 循环逐一将表格中数据添加到数据表。

本窗体中利用 Text3 来辅助商品信息录入，这里主要应用了 Text3 控件的 Change 事件和 KeyDown 事件。

1．Text3 的 Chang 事件

下面先介绍一下 Change 事件。在 Text3 的 Change 事件中，首先根据商品名称和拼音简码检索需要的商品信息，然后动态统计进货单的商品数量和商品金额，关键代码如下：

```
Private Sub Text3_Change()
    If MS1.Col = 2 Then                                      '如果是在"商品全称"列中
        If Text3.Text <> "" Then                             '如果 text3 不为空
```

505

```
                    '筛选商品名称和拼音简码
            AdoStock.RecordSource = "select * from db_SSS.dbo.tbS_stock where fullname like '" +
Text3.Text + "'+ '%'or spell like '" + Text3.Text + "'+'%'"
            AdoStock.Refresh                                    '刷新
            If AdoStock.Recordset.RecordCount > 0 Then          '如果记录数大于 0
                DataGrid3.Visible = True                        '商品名称表可见
                If DataGrid3.Visible Then DataGrid3.SetFocus    '使控件获得焦点
            End If
        End If
    End If
    Dim qtp As Integer                                          '定义整型变量
    Dim tsum As Single                                          '定义单精度变量
    For i = 1 To 99                                             '从 1 到 99 循环
        If MS1.TextMatrix(i, 4) <> "" Then                      '统计商品数量
            qty = Val(MS1.TextMatrix(i, 4)) + qty               '给变量赋值
            Label5.Caption = qty                                '显示数量合计
        End If
        If MS1.TextMatrix(i, 5) <> "" Then                      '计算商品金额
            '将数值格式化
            MS1.TextMatrix(i, 6) = Format(Val(MS1.TextMatrix(i, 4)) * Val(MS1.TextMatrix(i, 5)), "#0.00")
        Else                                                    '否则
            MS1.TextMatrix(i, 6) = ""                           '表格内数值为空
        End If
        If MS1.TextMatrix(i, 6) <> "" Then                      '统计商品金额
            tsum = Val(MS1.TextMatrix(i, 6)) + tsum             '给变量赋值
            Label6.Caption = Format(tsum, "#0.00")              '将合计金额赋给变量
        End If
    Next i
End Sub
```

2. Text3 的 KeyPress 事件

Text3 控件的 KeyPress 事件主要实现以下功能：

☑ 将 TextBox 控件中的数据传输给 MSFlexGrid 控件。

☑ 将 TextBox 控件移动到表格的下一个单元格或者表格的下一行。

关键代码如下：

```
Private Sub Text3_KeyPress(KeyAscii As Integer)             '键盘按下事件
    'vbKeyReturn 常数为键盘上的 Enter 键
    If KeyAscii = vbKeyReturn Then                          '按 Enter 键，Text3 向右移动
        MS1.Text = Text3.Text                              '将 Text3 的内容赋给 MS1
        Text3.Text = MS1.Text                              'MS1 内容赋给 Text3
        If MS1.Col = 5 Then                                '如果是第 5 列
            MS1.Row = MS1.Row + 1                          '行数加 1
            MS1.Col = 1                                    '列为 1
        Else                                               '否则
            If MS1.Col + 1 <= MS1.Cols - 1 Then            '列数加 1 的值小于总列数
                MS1.Col = MS1.Col + 1                      '列加 1
            Else                                           '否则
```

```
            If MS1.Row + 1 <= MS1.Rows - 1 Then           '行数加 1 小于总行数
                MS1.Row = MS1.Row + 1                      '行加 1
                MS1.Col = 1                                '列值为 1
            End If
        End If
      End If
    End If
End Sub
```

22.11　库存状况模块设计

视频讲解：光盘\TM\lx\22\库存状况模块设计.exe

本模块使用的数据表：dbo.tbS_stock

库存状况模块的主要功能是查看库存商品数量、商品成本均价、库存商品总价、库存上下限设置，以及调用子窗体——库存明细账。

在主窗体中选择"库存信息"/"库存状况"命令，即可进入到如图 22.35 所示的库存状况模块中。

22.11.1　设计窗体界面

库存状况模块的界面设计步骤如下：

（1）在工程中新建一个窗体，将其命名为 frm_Stock，BorderStyle 属性设置为 1-Fixed Single，Caption 属性设置为"库存状况"，MinButton 属性设置为 True，MDIChild 属性设置为 True。

图 22.35　库存状况模块运行结果

（2）在窗体上添加两个 ADO 控件和一个 MSFlexGrid 控件。由于二者属于 ActiveX 控件，在使用前需要将其添加到 VB 工具箱中。具体的添加方法：选择"工程"/"部件"命令，在弹出的"部件"对话框中选择 Microsoft Ado Data Controls 6.0（SP4）和 Microsoft FlexGrid Controls 6.0（SP6）选项，然后单击"确定"按钮，即可将这两个控件添加到 VB 工具箱中。在工具箱中分别双击这两个控件图标，即可将其添加到窗体上。

（3）在窗体上添加一个 ToolBar 控件和一个 ImageList 控件。这两个控件都是 ActiveX 控件，在使用前需要先将其添加到 VB 的工具箱中。

① 添加 Toolbar 控件和 ImageList 控件。

选择"工程"/"部件"命令，在弹出的"部件"对话框中选择 Microsoft Windows Common Controls 6.0 选项，单击"确定"按钮，即可将 Toolbar 控件和 ImageList 控件添加到工具箱中，如图 22.36 所示。

② 设置控件 ImageList 和 Toolbar 的属性。

分别在控件 ImageList 和 Toolbar 上单击鼠标右键，在弹出的快捷菜单中选择"属性"命令，打开

"属性页"对话框。设置控件 ImageList 属性只需一步就可以完成，如图 22.37 所示；设置 Toolbar 控件的属性共需要两步，如图 22.38 所示。

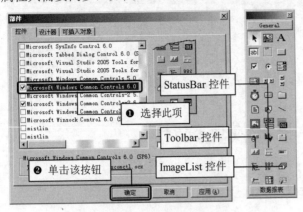

图 22.36　添加控件到工具箱中

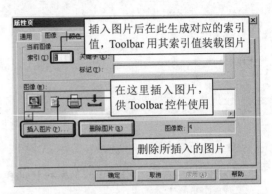

图 22.37　ImageList 属性设置

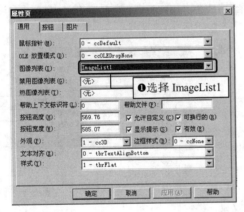

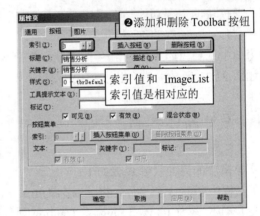

图 22.38　Toolbar 控件属性设置

（4）在窗体上添加一个 DataCombo 控件。该控件属于 ActiveX 控件，在使用前需要将其添加到工具箱中。添加方法为：选择"工程"/"部件"命令，在弹出的"部件"对话框中选择 Microsoft DataList Controls 6.0（SP3）（OLEDB）选项，单击"确定"按钮，即可将其添加到工具箱中。

（5）在窗体上添加一个 StatusBar 控件。该控件属于 ActiveX 控件，在使用前需要将其添加到工具箱中。前文在添加 Toobar 控件时，已经将 StatusBar 控件添加到工具箱中了。

用鼠标右键单击 StatusBar 控件，在弹出的快捷菜单中选择"属性"命令，在弹出的"属性页"对话框中添加 3 个窗格，第一个窗格文本设置为"合计"，其他属性均保持默认设置。

（6）在窗体上添加 Label 控件、TextBox 控件和 CommandButton 控件，相关属性设置如图 22.39 所示。

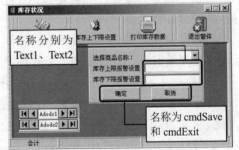

图 22.39　"库存状况"窗体设计

22.11.2　窗体初始化

窗体的 Load 事件主要是初始化数据库连接，设置 MSFlexGrid 控件的总行数、总列数，以及定义 MSFlexGrid 控件的列宽，并设置列表头，关键代码如下：

```
Private Sub Form_Load()
    Adodc1.ConnectionString = PublicStr                                      '连接数据库
    Adodc1.RecordSource = "SELECT * FROM db_SSS.dbo.tbS_stock"               '查询库存表中的数据
    Adodc1.Refresh                                                           '刷新
    Adodc2.ConnectionString = PublicStr                                      '连接数据库
    Adodc2.RecordSource = "select * from db_SSS.dbo.tbS_stock"               '查询库存表中的数据
    Adodc2.Refresh                                                           '刷新
    Set DataCombo1.DataSource = Adodc2                                       '绑定库存表
    Set DataCombo1.RowSource = Adodc2                                        '绑定库存表
    DataCombo1.ListField = "fullname"                                        '绑定到商品全称表
    MS1.Rows = Adodc1.Recordset.RecordCount + 1: MS1.Cols = 6               '定义 MS1 的总行数、总列数
    '定义 MS1 表的宽度
    MS1.ColWidth(0) = 12 * 25 * 1: MS1.ColWidth(1) = 12 * 25 * 4: MS1.ColWidth(2) = 12 * 25 * 8
    MS1.ColWidth(3) = 12 * 25 * 3: MS1.ColWidth(4) = 12 * 25 * 3: MS1.ColWidth(5) = 12 * 25 * 3
    '设置固定行、列
    MS1.FixedRows = 1: MS1.FixedCols = 1
    '定义 MS1 表的表头
    MS1.TextMatrix(0, 0) = "NO。": MS1.TextMatrix(0, 1) = "商品编号": MS1.TextMatrix(0, 2) = "商品全名"
    MS1.TextMatrix(0, 3) = "库存数量": MS1.TextMatrix(0, 4) = "成本均价": MS1.TextMatrix(0, 5) = "库存总价"
    '定义 MS1 表的列序号
    For i = 1 To Adodc1.Recordset.RecordCount
        MS1.TextMatrix(i, 0) = i
    Next i
    Call AddData                                                            '调用自定义函数
End Sub
```

22.11.3　库存上下限设置

在本模块中也可以对库存的上下限进行设置。运行程序，单击"库存上下限设置"按钮，即可弹出"库存上下限设置"对话框。在"选择商品名称"组合框中，选择要设置的商品名称，然后在"库存上限报警设置"文本框中输入库存上限，在"库存下限报警设置"文本框中输入库存下限，单击"确定"按钮，完成库存上下限的设置。这里利用 ADO 控件执行 SQL 语句将文本框中的内容写入到数据库中，关键代码如下：

```
Private Sub cmdsave_Click()                                                 ' "确定" 按钮
    'ADO 控件的 RecordSource 执行 SQL 语句
    Adodc2.RecordSource = "select * from db_SSS.dbo.tbS_stock where tradecode='" + Adodc1.Recordset.Fields(0) + "'"
    Adodc2.Refresh                                                          '刷新
```

```
            If Err.Number > 0 Then                                          '如果错误号不为空
                '如果出现错误，用户不继续执行
                If MsgBox("出现"数据库中无有效数据"错误，是否继续？", vbQuestion + vbYesNo, "系统提示") = vbNo
Then
                    Frame2.Visible = False                                  'Frame2 控件隐藏
                    Exit Sub                                               '退出本过程
                End If
            End If
            If Adodc2.Recordset.RecordCount > 0 Then                       '如果记录数大于零
                Adodc2.Recordset.Fields("upperlimit").Value = Val(Text1.Text)   '设置库存上限
                Adodc2.Recordset.Fields("lowerlimit").Value = Val(Text2.Text)   '设置库存下限
                Adodc2.Recordset.Update                                     '更新记录
                MsgBox "设置成功！"                                          '弹出对话框
                Frame2.Visible = False                                      'Frame2 控件隐藏
                Text1.Text = "": Text2.Text = ""                            '设置控件内容为空
            Else                                                           '如果没有记录数
                MsgBox "无库存商品"                                          '弹出提示对话框
            End If
        End Sub
```

在"商品名称"组合框中选择商品名称，来提取上次设置的库存上下限信息。这里利用 DataCombo1 控件的 Change 事件以及 SQL 语句，将数据库中的库存上下限信息显示在文本框中，关键代码如下：

```
Private Sub DataCombo1_Change()                                            '选择商品名称
    '如果选择为空，提示信息
    If DataCombo1.Text = "" Then MsgBox "请选择商品名称！": Exit Sub
    '在库存表中查询
    Adodc1.RecordSource = "select * from db_SSS.dbo.tbS_stock where fullname='" + DataCombo1.Text + "'"
    Adodc1.Refresh                                                         '刷新
    If Adodc1.Recordset.RecordCount > 0 Then                               '如果记录数大于零
        On Error Resume Next                                               '错误处理
        Text1.Text = Adodc1.Recordset.Fields("upperlimit")                 '显示库存上限
        Text2.Text = Adodc1.Recordset.Fields("lowerlimit")                 '显示库存下限
    Else                                                                   '如果没有记录
        Text1.Text = "": Text2.Text = ""                                   '清空文本框内容
    End If
End Sub
```

22.11.4　自定义过程向 MSFlexGrid 控件中添加数据

在本窗体中定义了一个自定义过程 AddData，用于将库存商品数据动态显示在 MSFlexGrid 控件中，并将库存总数量和库存总价值都累加并显示在状态栏中，关键代码如下：

```
Sub AddData()                                                             '自定义过程
    Dim qty As Integer                                                    '定义整型变量
    Dim price As Single                                                   '定义浮点行变量
    Adodc1.RecordSource = "SELECT * FROM db_SSS.dbo.tbS_stock ORDER BY qty"   '查询库存表中数据
    Adodc1.Refresh                                                        '刷新
```

```
For i = 1 To Adodc1.Recordset.RecordCount                                        '从 1 到记录总数循环
    MS1.TextMatrix(i, 1) = Adodc1.Recordset.Fields("tradecode").Value           '显示商品编号
    MS1.TextMatrix(i, 2) = Adodc1.Recordset.Fields("fullname").Value            '显示商品全称
    MS1.TextMatrix(i, 3) = Val(Adodc1.Recordset.Fields("qty").Value)            '显示商品数量
    If Adodc1.Recordset.Fields("averageprice").Value = 0 Then                   '如果平均价格为零
        MS1.TextMatrix(i, 4) = Adodc1.Recordset.Fields("price").Value           '显示单价
    Else                                                                        '否则
        MS1.TextMatrix(i, 4) = Val(Adodc1.Recordset.Fields("averageprice").Value) '显示平均价格
    End If
    MS1.TextMatrix(i, 5) = Val(MS1.TextMatrix(i, 4)) * Val(MS1.TextMatrix(i, 3)) '显示总金额
    Adodc1.Recordset.MoveNext                                                   '记录集下移
    qty = qty + Val(MS1.TextMatrix(i, 3))                                       '总数量累加赋给变量
    price = price + MS1.TextMatrix(i, 5)                                        '总金额累加赋给变量
Next i
SBar1.Panels(2).Text = "库存总数量：  " & qty                                  '显示库存总量
SBar1.Panels(3).Text = "库存总价值：  " & Format(price, "#0.00") & "  元"       '显示库存总价值
End Sub
```

22.12 月销售状况模块设计

📹 视频讲解：光盘\TM\lx\22\销售情况分析模块设计.exe

🗒 本模块使用的数据表：dbo.tbS_sell_detailed、dbo.tbS_temp

在主窗体中选择"销售信息"/"月销售状况"命令，即可进入到如图 22.40 所示的月销售状况模块中。在月销售状况模块中先统计当年所有商品的销售数据信息（含退货）和净销售商品的数据信息，然后根据分析出的基础数据，以商品为单位利用图表进行月销售分析，或者以商品为单位分析商品的销售明细和销售退货明细。

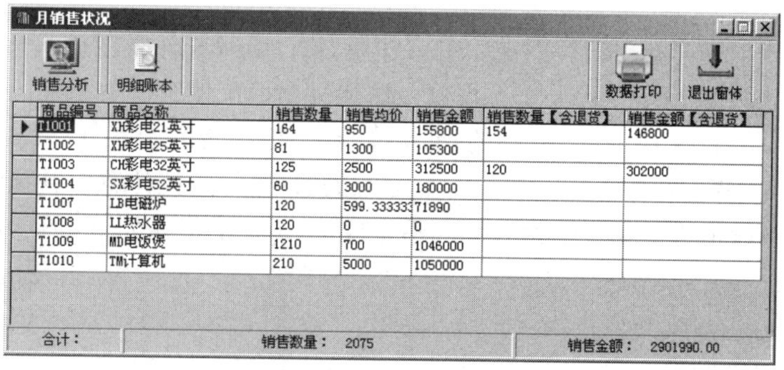

图 22.40 月销售状况模块

22.12.1 设计窗体界面

月销售状况模块的界面设计步骤如下：

（1）在工程中新建一个窗体，将其命名为 frm_saleStatus，BorderStyle 属性设置为 1-Fixed Single，Caption 属性设置为"月销售状况"，MinButton 属性设置为 True，MDIChild 属性设置为 True。

（2）在窗体中添加一个 DataGrid 控件，使用默认名称；在窗体中添加 3 个 ADO 控件，均使用默认名称。

（3）在窗体上添加一个 Toolbar 控件和一个 ImageList 控件，设计工具栏。

（4）在窗体上添加一个 StatusBar 控件，设计窗体的状态栏，在状态栏的窗格中显示合计商品销售数量和销售金额。

用鼠标右键单击该控件，在弹出的快捷菜单中选择"属性"命令，在弹出的"属性页"对话框中设置属性如图 22.41 所示。

月销售状况模块的设计结果如图 22.42 所示。

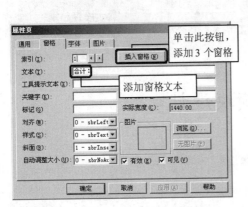

图 22.41　StatusBar 控件属性设置　　　　　图 22.42　月销售状况窗体设计结果

22.12.2　统计全年商品销售状况

在窗体加载时统计全年的商品销售状况，主要使用 SQL 语句左外联接技术（左向外联接的结果集包括 Left 子句中指定的左表的所有行，而不仅仅是联接列所匹配的行。如果左表的某行在右表中没有匹配行，则在相关联的结果集行中右表的所有选择列表列均为空值）来实现。将销售明细表（tbS_sell_detailed）和销售退货明细表（tbS_resell_detailed）进行统计计算，并显示销售数量、销售金额以及净销售数量（不含退货）和净销售金额（不含退货），关键代码如下：

```
Private Sub Form_Load()                                         '窗体加载
    Adodc1.ConnectionString = PublicStr                         '连接数据库
    Adodc2.ConnectionString = PublicStr                         '连接数据库
    Adodc3.ConnectionString = PublicStr                         '连接数据库
    'ADO 控件的 RecordSource 执行 SQL 语句，统计销售状况
    Adodc1.RecordSource = "select a.tradecode as 商品编号,a.fullname as 商品名称,a.qty as 销售数量,
a.price AS 销售均价,a.tsum as 销售金额,a.qty-b.qty2 as '销售数量【含退货】',a.tsum-b.tsum2 as '销售金额【含
退货】' from (SELECT tradecode,fullname,avg(price)as price,sum(qty) AS qty, sum(tsum) as tsum from db_SSS.
dbo.tbS_sell_detailed group by tradecode,fullname) a left join (SELECT tradecode,fullname,sum(qty) AS qty2,
sum(tsum) as tsum2 from db_SSS.dbo.tbS_resell_detailed group by tradecode,fullname) b on a.tradecode=
```

```
b.tradecode "
    Adodc1.Refresh                                                              '刷新
    Set DataGrid1.DataSource = Adodc1                                           '绑定 DataGrid 控件
    '设置控件宽度
    DataGrid1.Columns(0).Width = 12 * 25 * 3
    DataGrid1.Columns(1).Width = 12 * 25 * 7
    DataGrid1.Columns(2).Width = 12 * 25 * 3
    DataGrid1.Columns(3).Width = 12 * 25 * 3
    DataGrid1.Columns(4).Width = 12 * 25 * 3
    DataGrid1.Columns(5).Width = 12 * 25 * 6
    DataGrid1.Columns(6).Width = 12 * 25 * 6
    'ADO 控件的 RecordSource 执行 SQL 语句，统计销售数量和销售金额
    Adodc2.RecordSource = "SELECT SUM(qty) AS  销售数量, SUM(tsum) AS  销售金额  FROM db_SSS.dbo.
tbS_sell_ detailed"
    Adodc2.Refresh                                                              '刷新
    Adodc3.RecordSource = "SELECT SUM(qty) AS  退货数量, SUM(tsum) AS  退货金额  FROM db_SSS.dbo.
tbS_resell_ detailed"                                                           '统计退货金额和数量
    Adodc3.Refresh                                                              '刷新
    SBar1.Panels(1).Alignment = sbrCenter                                       '设置为居中显示文本
    SBar1.Panels(2).Alignment = sbrCenter                                       '设置为居中显示文本
    SBar1.Panels(3).Alignment = sbrCenter                                       '设置为居中显示文本
    SBar1.Panels(2).Text = "销售数量：     " & Adodc2.Recordset.Fields(0).Value - Adodc3.Recordset. Fields(0).
Value                                                                           '显示销售数量
    SBar1.Panels(3).Text = "销售金额：     " & Format(Adodc2.Recordset.Fields(1).Value - Adodc3.Recordset.
Fields(1).Value, "#0.00")                                                       '显示销售金额
End Sub
```

22.12.3　设计"每月销售比较"窗体界面

在"月销售状况"界面中，单击工具栏上的"销售分析"按钮，即可进入到"每月销售比较"窗体中，在这里可以对已经选中的商品进行销售分析，并可以二维或三维的形式显示。

单击"销售分析"按钮，就可以对当前商品进行按月的分析统计，如图 22.43 所示。

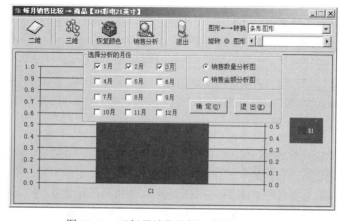

图 22.43　"每月销售比较"窗体运行效果

"每月销售比较"窗体的界面设计步骤如下：

（1）在工程中新建一个窗体，将其命名为 frm_saleImage，BorderStyle 属性设置为 1-Fixed Single，Caption 属性设置为"每月销售比较"，MinButton 属性设置为 True，MDIChild 属性设置为 True。

（2）在窗体上添加一个 ToolBar 控件和一个 ImageList 控件，并将这两个控件连接起来。

（3）添加 3 个 ADO 控件和一个 ComboBox 控件，设置其属性为默认值。

（4）在窗体上添加一个 MSChart 控件，用于图表显示。由于该控件属于 ActiveX 控件，因此在使用前应将其添加到 VB 的工具箱中，具体的添加方法如下。

① 选择"工程"/"部件"命令，在弹出的"部件"对话框中选择 Microsoft Chart Controls 6.0（SP4）选项，单击"确定"按钮，即可将该控件添加到工具箱中。

② 设置该控件的名称为 MSC1，ColumnCount 属性设置为 1，RowCount 属性设置为 1。

（5）在窗体上添加 CheckBox 控件、HScrollBar 控件和 OptionButton 控件，属性设置如图 22.44 所示。

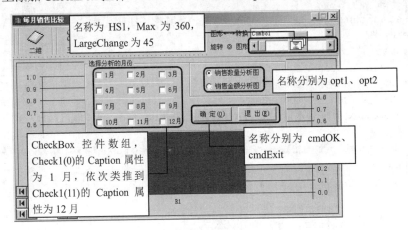

图 22.44 "每月销售比较"窗体设计结果

22.12.4 利用图表分析月销售状况

下面利用图表来分析月营业情况。实现方法：定义一个动态二维数组，将数据表中月份字段的值和月营业额的值赋给动态二维数组（例如：arrValues(i, 1) = Adodc2.Recordset!billdate & "月份"和 arrValues(i, 2) = Adodc2.Recordset!qty 月份营业额），将赋值的数据返回给控件 MSChart 的 ChartData 属性，便可以显示月营业分析图（例如：MSChart1.ChartData = arrValues）。另外，图表的 X 轴和 Y 轴分别代表月份和月营业额。下面来介绍具体的实现方法。

在代码窗口中定义相关变量，代码如下：

```
Private rs As New ADODB.Recordset            '声明记录集变量
Private str1 As String                       '声明字符型变量
Dim i As Integer                             '声明整型变量
```

在"确定"按钮的 Click 事件下，主要利用图表分析商品的月销售状况。设计思路为：将销售商品信息（含退货）按月统计出的数据存储在 tbS_temp 表中，然后按月统计销售退货数据，二者相减，更新 tbS_temp 表，最后 tbS_temp 表中的数据即为图表所分析数据，代码如下：

```
Private Sub cmdOK_Click()                                               '单击"确定"按钮
    Call cnn                                                            '调用自定义过程
    Set rs = New ADODB.Recordset                                       '实例化记录集对象
    str1 = "delete from tbS_temp"                                      '将删除语句赋给变量
    rs.Open str1, cnn, adOpenDynamic, adLockOptimistic                 '执行删除语句
    cnn.Close                                                          '关闭连接
    '向临时表添加数据
    For i = 0 To Check1.Count – 1                                      '1 至 12 月做循环
        If Check1(i).Value = 1 Then                                    '如果复选框被选中
            dd = Mid(Date, 1, 4) & "-0" & Check1(i).Index + 1          '取日期
            dd = Format(dd, "yyyy-mm")                                 '格式化日期
            'ADO 控件的 RecordSource 执行 SQL 语句，销售总数量和总价格
            Adodc1.RecordSource = "SELECT SUM(qty) AS 总数量, SUM(tsum) AS 总价格 FROM db_SSS.
dbo.tbS_sell_detailed WHERE year(billdate)=" + str(Year(Date)) + " and month(billdate)=" + str(Check1(i).Index
+ 1) + "AND (tradecode = '" + frm_saleStatus.Adodc1.Recordset.Fields(0) + "')"
            Adodc1.Refresh                                            '刷新
            Adodc2.RecordSource = "select * from db_SSS.dbo.tbS_temp" '查询临时表数据
            Adodc2.Refresh                                            '刷新
            Adodc2.Recordset.AddNew                                   '添加新记录
            Adodc2.Recordset.Fields(0).Value = dd                     '将日期写入数据库
            Adodc2.Recordset.Fields(1).Value = Adodc1.Recordset.Fields(0)  '将总数量写入数据库
            Adodc2.Recordset.Fields(2).Value = Adodc1.Recordset.Fields(1)  '将总价格写入数据库
            '将商品编号写入数据库
            Adodc2.Recordset.Fields(3).Value = frm_saleStatus.Adodc1.Recordset.Fields(0)
            Adodc2.Recordset.Update                                   '更新数据
            'ADO 控件的 RecordSource 执行 SQL 语句
            Adodc3.RecordSource = "SELECT SUM(qty) AS 总数量, SUM(tsum) AS 总价格,tradecode
FROM db_SSS.dbo.tbS_resell_detailed WHERE year(billdate)=" + str(Year(Date)) + " and month(billdate)=" +
str(Check1(i).Index + 1) + "AND (tradecode = '" + frm_saleStatus.Adodc1.Recordset.Fields(0) + "')group by
tradecode"
            Adodc3.Refresh                                            '刷新
            '将销售退货的数量和金额刨除
            If Adodc3.Recordset.RecordCount > 0 Then                  '如果记录数大于零
                '查询临时表中的数据
                Adodc2.RecordSource = "select * from db_SSS.dbo.tbS_temp where billdate='" + dd + "'"
                Adodc2.Refresh                                        '刷新
                '刨除退货数量
                Adodc2.Recordset.Fields(1) = Adodc2.Recordset.Fields(1) - Adodc3.Recordset.Fields(0)
                '刨除退货金额
                Adodc2.Recordset.Fields(2) = Adodc2.Recordset.Fields(2) - Adodc3.Recordset.Fields(1)
                Adodc2.Recordset.Update                               '更新数据库
            End If
            'ADO 控件的 RecordSource 执行 SQL 语句
            Adodc2.RecordSource = "select * from db_SSS.dbo.tbS_temp"  '查询临时表中的数据
            Adodc2.Refresh                                            '刷新
            If Opt1.Value = True Then                                 '如果选中按销售数量分析
                If Adodc2.Recordset.RecordCount > 0 Then              '如果记录数大于零
                    Adodc2.Recordset.MoveFirst                        '移动到第一条记录
                    nums = Adodc2.Recordset.RecordCount               '将记录数赋给变量
```

```
                    ReDim arrValues(1 To nums, 1 To 2)                          '定义动态数组
                    For j = 1 To nums                                            '从 1 到记录总数做循环
                        arrValues(j, 1) = " " & Adodc2.Recordset!billdate & "月份"  '给数组赋值
                        arrValues(j, 2) = Adodc2.Recordset!qty                   '给数组赋值
                        Adodc2.Recordset.MoveNext                                '记录集下移
                    Next j
                    MSC1.ChartData = arrValues                                   '图表显示数据
                    MSC1.Plot.DataSeriesInRow = False                            '为统一颜色
                    MSC1.Title = "销售数量分析图"                                 '设置图表标题
                    Frame2.Visible = False                                       'Frame2 不可见
                End If
            End If
            If Opt2.Value = True Then                                            '当选中"销售金额分析图"单选按钮
                If Adodc2.Recordset.RecordCount > 0 Then                         '如果记录数大于零
                    Adodc2.Recordset.MoveFirst                                   '移动到第一条记录
                    nums = Adodc2.Recordset.RecordCount                          '将记录数赋给变量
                    ReDim arrValues(1 To nums, 1 To 2)                           '定义动态数组
                    For j = 1 To nums                                            '从 1 到记录总数做循环
                        arrValues(j, 1) = " " & Adodc2.Recordset!billdate & "月份"  '给数组赋值
                        arrValues(j, 2) = Adodc2.Recordset!tsum                  '给数组赋值
                        Adodc2.Recordset.MoveNext                                '记录集下移
                    Next j
                    MSC1.ChartData = arrValues                                   '图表显示数据
                    MSC1.Plot.DataSeriesInRow = False                            '为统一颜色
                    MSC1.Title = "销售金额分析图"                                 '设置图表标题
                    Frame2.Visible = False                                       'Frame2 不可见
                End If
            End If
        End If
    Next i
End Sub
```

在窗体的 Load 事件下，主要完成数据控件的连接、初始化工作，以及向 ComboBox 控件中添加项目，关键代码如下：

```
Private Sub Form_Load()                                                         '窗体加载事件
    Adodc1.ConnectionString = PublicStr                                         '连接数据库
    Adodc1.RecordSource = "select * from db_SSS.dbo.tbS_sell_detailed"          '查询销售明细表中的数据
    Adodc1.Refresh                                                              '刷新
    Adodc2.ConnectionString = PublicStr                                         '连接数据库
    Adodc2.RecordSource = "select * from db_SSS.dbo.tbS_temp"                   '查询临时表中的数据
    Adodc2.Refresh                                                              '刷新
    Adodc3.ConnectionString = PublicStr                                         '连接数据库
    Adodc3.RecordSource = "select * from db_SSS.dbo.tbS_resell_detailed"        '查询销售明细表
    Adodc3.Refresh                                                              '刷新
    MSC1.Plot.DataSeriesInRow = True                                            '按数据网格的行读取
    '设置窗体标题栏名称
    frm_saleImage.Caption = frm_saleImage.Caption & " 商品【" & frm_saleStatus.Adodc1.Recordset.Fields(1) & "】"
    '向 ComboBox 控件中添加项目
```

```
        Combo1.AddItem "条形图形", 0
        Combo1.AddItem "折线图形", 1
        Combo1.AddItem "面积图形", 2
        Combo1.AddItem "阶梯图形", 3
        Combo1.AddItem "组合图形", 4
        Combo1.ListIndex = 0                                    '显示第一个项目的名称
End Sub
```

设置三维图表的转角及仰角度数，在 HScorllbar 控件的 Change 事件下添加代码如下：

```
Private Sub HS1_Change()
        MSC1.Plot.View3d.Set HS1.Value + 45, 15               '设置三维图表的转角及仰角度数
End Sub
```

本窗体中为了使窗体界面更加规范和清晰，使用了 Toolbar 控件，将所有的按钮都统一放置在工具栏上。在代码编写时，使用在工具栏按钮中设置的按钮关键字来判断用户单击的是哪个按钮。关键代码如下：

```
Private Sub Toolbar1_ButtonClick(ByVal Button As MSComctlLib.Button)    '功能工具栏按钮事件
        Select Case Button.Key                                 '判断按钮的关键字
        Case Is = "二维"                                        '如果单击"二维"按钮
            '设置 ComboBox 控件的相关属性
            If Combo1.ListIndex = 0 Then MSC1.chartType = 1
            If Combo1.ListIndex = 1 Then MSC1.chartType = 3
            If Combo1.ListIndex = 2 Then MSC1.chartType = 5
            If Combo1.ListIndex = 3 Then MSC1.chartType = 7
            If Combo1.ListIndex = 4 Then MSC1.chartType = 9
        Case Is = "三维"                                        '如果单击"三维"按钮
            '设置 ComboBox 控件的相关属性
            If Combo1.ListIndex = 0 Then MSC1.chartType = 0
            If Combo1.ListIndex = 1 Then MSC1.chartType = 2
            If Combo1.ListIndex = 2 Then MSC1.chartType = 4
            If Combo1.ListIndex = 3 Then MSC1.chartType = 6
            If Combo1.ListIndex = 4 Then MSC1.chartType = 8
        Case Is = "自动取色"                                     '如果单击"自动取色"按钮
            MSC1.Plot.DataSeriesInRow = True                   '按数据网格的行读取
            Toolbar1.Buttons(9).Caption = "恢复颜色"             '设置工具栏按钮文字
            Toolbar1.Buttons(9).Key = "恢复颜色"                 '设置工具栏按钮关键字
            With MSC1.Legend          'With 语句用来在一个单一对象或一个用户定义类型上执行一系列的语句
                .Location.Visible = True                        '将图例设置为可见
                .Location.LocationType = VtChLocationTypeRight  '设置图例在右边
                .TextLayout.HorzAlignment = VtHorizontalAlignmentRight  '右对齐
                .VtFont.VtColor.Set 255, 255, 0                 '使用黄色文本
                .Backdrop.Fill.style = VtFillStyleBrush         '纯色填充
                .Backdrop.Fill.Brush.style = VtBrushStyleSolid  '纯色画笔
                .Backdrop.Fill.Brush.FillColor.Set 255, 0, 255  '设置颜色为紫色
            End With
        Case Is = "恢复颜色"                                     '如果单击"恢复颜色"按钮
            MSC1.Plot.DataSeriesInRow = False                  '按数据网格的列读取
```

```
        Toolbar1.Buttons(9).Caption = "自动取色"              '设置工具栏按钮文字
        Toolbar1.Buttons(9).Key = "自动取色"                 '设置工具栏按钮关键字
    Case Is = "分析月份"                                    '如果单击"分析月份"按钮
        Frame2.Visible = True                             'Frame2 可见
    Case Is = "退出"                                       '如果单击"退出"按钮
        Unload Me                                         '退出本窗体
    End Select
End Sub
```

22.13 系统用户及权限设置模块设计

📺 **视频讲解：光盘\TM\lx\22\用户权限设置模块设计.exe**

🖳 本模块使用的数据表：dbo.tbS_power

系统用户及权限设置模块可以对系统中的用户进行增、删、改、查操作，并可以对登录系统的用户进行权限设置操作。在主界面中选择"系统维护"/"操作权限设置"命令即可进入到如图 22.45 所示的系统用户及权限设置窗体中。

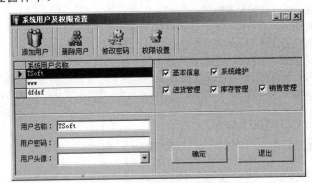

图 22.45　系统用户及权限设置模块

22.13.1　设计窗体界面

系统用户及权限设置模块的界面设计步骤如下：

（1）在工程中新建一个窗体，将其命名为 frm_setOP，BorderStyle 属性设置为 1-Fixed Single，Caption 属性设置为"系统用户及权限设置"，MinButton 属性设置为 True，MDIChild 属性设置为 True。

（2）在窗体上添加一个 Toolbar 控件和一个 ImageList 控件，向 ImageList 控件中添加图片，并将这两个控件连接起来。

（3）在窗体上添加两个 ADO 控件，使用其默认名，用于连接数据库。

（4）在窗体上添加一个 PictureBox 控件，使用其默认名。在此将其充当一个容器，用于容纳其他的控件。

（5）在 Picture1 上添加两个 Frame 控件，用于将 Picture1 分割成 4 个区域。

☑ 在第一象限区域放置 5 个 CheckBox 控件，设置为控件数组，用于设置操作员的权限。

☑ 在第二象限区域放置 1 个 DataGrid 控件，用于显示系统用户的名称。

☑ 在第三象限区域放置 3 个 Label 控件、2 个 TextBox 控件、1 个 ImageList 控件（命名为 Imt_Tx）和 1 个 ImageCombo 控件（该控件是 ActiveX 控件，在使用前需要将其添加到工具箱中。具体的添加方法：选择"工程"/"部件"命令，在弹出的"部件"对话框中选择 Microsoft DataList Controls 6.0（SP3）（OLEDB）选项，单击"确定"按钮，即可将该控件添加到工具箱上）。

☑ 在第四象限区域放置两个 CommandButton 控件，分别命名为 CmdSave 和 cmdExit，设置 Caption 属性为"确定"和"退出"。

22.13.2　窗体初始化

在启动该窗体时，要对窗体中的信息进行初始化。首先将 ADO 控件与数据库进行连接，然后设置控件的状态，并向 ImageCombo 控件中添加用户头像，关键代码如下：

```
Private Sub Form_Load()
    Adodc1.ConnectionString = PublicStr                                  '连接数据库
    Adodc1.RecordSource = "select sysuser from db_SSS.dbo.tbS_power"      '查询权限表内容
    Adodc1.Refresh                                                       '刷新
    Set DataGrid1.DataSource = Adodc1                                    '绑定
    Adodc2.ConnectionString = PublicStr                                  '连接数据库
    Adodc2.RecordSource = "select sysuser from db_SSS.dbo.tbS_power"      '查询权限表中内容
    Adodc2.Refresh                                                       '刷新
    Frame1.Enabled = False                                               'Frame1 控件不可用
    Frame2.Enabled = False                                               'Frame2 控件不可用
    DataGrid1.Enabled = False                                            'DataGrid1 控件不可用
    Dim NewItem As ComboItem                                             '声明一个 ComboItem 对象
    Dim i As Integer                                                     '声明一个整型变量
    For i = 1 To 10
        '循环添加头像
        Set NewItem = ImageCombo1.ComboItems.Add(i, "头像" & i, "头像" & i, "头像" & i)
    Next i
End Sub
```

22.13.3　工具栏按钮

在本窗体中使用了工具栏，该工具栏主要用于设置相关控件的状态，并设置窗体级标识变量 B 的值，在"确定"按钮中，将根据标识变量 B 的值的不同来执行相应的操作，关键代码如下：

```
Private Sub Toolbar1_ButtonClick(ByVal Button As MSComctlLib.Button)
    Select Case Button.Key                                               '利用关键字查询
    Case Is = "添加用户"                                                  '如果单击"添加用户"按钮
        B = "TJYH"                                                       '设置标识变量
        Frame1.Enabled = True                                            '设置 Frame1 控件可用
```

```
            Text1(0).Text = "": Text1(1).Text = ""              '设置文本框内容为空
            ImageCombo1.Text = ""                               '设置头像框内容为空
            If Text1(0).Enabled = True Then Text1(0).SetFocus   '使控件获得焦点
            Frame2.Enabled = False                              '设置 Frame2 控件不可用
            DataGrid1.Enabled = False                           '设置 DataGrid 控件不可用
        Case Is = "删除用户"                                     '如果单击"删除用户"按钮
            B = "SCYH"                                          '设置标识变量
            DataGrid1.Enabled = True: Frame1.Enabled = False: Frame2.Enabled = False   '设置控件状态
        Case Is = "修改密码"                                     '如果单击"修改密码"按钮
            B = "XGMM"                                          '设置标识变量
        '设置控件状态
            Text1(0).Enabled = False: DataGrid1.Enabled = True: Frame1.Enabled = True: Frame2.Enabled = False
        Case Is = "权限设置"                                     '如果单击"权限设置"按钮
            B = "QXSZ"                                          '设置标识变量
        '设置按钮状态
            Frame2.Enabled = True: DataGrid1.Enabled = True: Frame1.Enabled = False
    End Select
End Sub
```

22.13.4　执行操作

完成设置后，可以通过单击"确定"按钮来执行操作。在"确定"按钮的单击事件中，可根据标识变量 B 的值的不同，判断执行的是什么操作，关键代码如下：

```
Private Sub cmdsave_Click()                                     '单击"确定"按钮
    If B = "TJYH" Then                                         '如果是添加用户操作
        If Text1(0).Text = "" Then MsgBox "用户名称不能为空！ ": Exit Sub    '限制用户名称不能为空
    '查询数据库中是否存在该用户名
        Adodc1.RecordSource = "select * from db_SSS.dbo.tbS_power where sysuser='" + Text1(0).Text + "'"
        Adodc1.Refresh                                         '刷新
        If Adodc1.Recordset.RecordCount > 0 Then               '如果记录数大于零
            MsgBox "此用户名称已经存在！ "                       '弹出提示信息
            Exit Sub                        '如果此用户名存在，将结束当前过程，重新添加一新用户名
            Text1(0).Text = ""                                 '清空文本框
            Text1(0).SetFocus                                  '使控件获得焦点
        End If
        Adodc1.Recordset.AddNew                                '新增一条记录
        Adodc1.Recordset.Fields("sysuser") = Text1(0).Text     '向数据库中写入用户名
        Adodc1.Recordset.Fields("password") = Text1(1).Text    '向数据库中写入密码
        Adodc1.Recordset.Fields("head") = ImageCombo1.Text     '向数据库中写入用户头像
        Adodc1.Recordset.Update                                '更新数据
        MsgBox "系统操作用户添加成功！ "                         '提示保存成功
        Adodc1.Refresh                                         '刷新
        Text1(0) = "": Text1(1) = ""                           '清空文本框
        Frame1.Enabled = True                                  '设置 Frame1 可用
        B = ""                                                 '清空标识变量
    ElseIf B = "SCYH" Then                                     '如果为删除用户操作
```

```
                '提示是否删除
                If MsgBox("确定要删除用户名称为：" + Adodc1.Recordset.Fields(0) + "吗？", vbYesNo + vbQuestion) =
vbYes Then
                        Adodc1.Recordset.Delete                               '删除该用户
                End If
                DataGrid1.Enabled = False                                 '设置 DataGrid 控件不可用
                B = ""                                                    '清空标识变量
        ElseIf B = "XGMM" Then                                            '如果执行修改密码操作
                '查询数据库中该操作员的信息
                Adodc1.RecordSource = "select * from db_SSS.dbo.tbS_power where sysuser='" + Text1(0).Text + "'"
                Adodc1.Refresh                                            '刷新
                Adodc1.Recordset.Fields("password") = Text1(1).Text      '向数据库中写入新密码
                Adodc1.Recordset.Update                                   '更新数据库
                MsgBox "密码修改成功！"                                     '弹出提示对话框
                Adodc1.RecordSource = "select * from db_SSS.dbo.tbS_power" '查询权限表中数据
                Adodc1.Refresh                                            '刷新
                '设置控件状态
                DataGrid1.Enabled = False : Text1(0).Enabled = True: Frame1.Enabled = False
                Text1(0).Text = "": Text1(1).Text = ""                    '设置文本框内容
                B = ""                                                    '清空标识变量
        ElseIf B = "QXSZ" Then                                            '如果执行权限设置操作
                '查询数据表中操作员的信息
                Adodc2.RecordSource = "select * from db_SSS.dbo.tbS_power where sysuser='" + Adodc1.Recordset.
Fields(0) + "'"
                Adodc2.Refresh                                            '刷新
                For i = 2 To Check1.Count + 1                             '从 2 到数组下标做循环
                        If Check1(i - 2).Value = 1 Then Adodc2.Recordset.Fields(i).Value = 1  '设置操作员的权限
                        If Check1(i - 2).Value = 0 Then Adodc2.Recordset.Fields(i).Value = 0  '设置操作员的权限
                        Adodc2.Recordset.Update                           '更新数据库
                Next
                MsgBox "权限设置成功！"                                     '弹出提示框
                Frame2.Enabled = False: DataGrid1.Enabled = False         '设置控件状态
                B = ""                                                    '清空标识变量
        End If
End Sub
```

22.14　运行项目

🖳 **视频讲解：光盘\TM\lx\22\运行项目.exe**

　　模块设计及代码编写完成之后，单击 VB 开发环境工具栏中的 ▶ 图标，或者选择"运行"/"启动"命令运行该项目，弹出企业进销存管理系统启动界面，如图 22.46 所示。

　　启动界面过后，就进入到系统登录界面中，如图 22.47 所示。

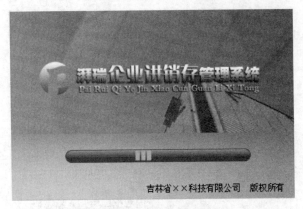

图 22.46 启动界面

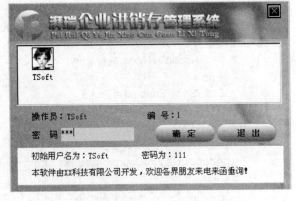

图 22.47 系统登录界面

在"登录"界面中输入用户名和密码，单击"确定"按钮，即可进入企业进销存管理系统的主窗体。在主窗体中可以对菜单栏、工具栏等进行操作，以调用其各个子模块。例如，在主窗体中单击工具栏中的"商品进货"按钮，将弹出"商品进货"窗体，如图 22.48 所示。在该窗体中，用户可以将所采购商品的信息批量保存到入库表和库存表中。

图 22.48 "商品进货"窗体

又如，在主窗体中选择"销售信息"/"月销售状况"命令，将弹出"月销售状况"窗体；在该窗体中单击"销售分析"按钮，将弹出"每月销售比较"窗体，在其中可以对销售信息进行分析比较，如图 22.49 所示。

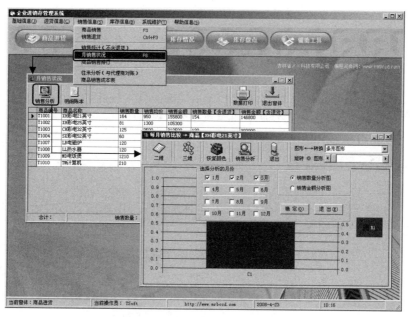

图 22.49　"每月销售比较"窗体

22.15　程序打包

📀 **视频讲解：光盘\TM\lx\22\程序打包.exe**

系统开发完成之后，如何将本系统打包并制作成安装程序在客户机上安装运行呢？这就需要将已经写好的程序进行打包，然后利用打包生成的 SetUp.exe 文件进行安装。

当项目开发完成之后，首先需要将工程保存，然后生成可执行文件。选择"外接程序"/"外接程序管理器"命令，在弹出的"外接程序管理器"对话框中选择"打包和展开向导"选项，选中"加载/卸载"复选框，如图 22.50 所示，然后单击"确定"按钮，完成加载设置。

接下来选择"外接程序"/"打包和展开向导"命令，如图 22.51 所示，开始程序打包。

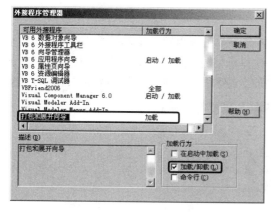

图 22.50　外接程序管理器

图 22.51　选择"打包和展开向导"命令

22.16　开发常见问题与解决

📹 **视频讲解：光盘\TM\lx\22\开发常见问题与解决.exe**

22.16.1　书写错误的函数名

运行程序之后，进入到"商品进货"模块中，在窗体加载时弹出如图 22.52 所示的对话框。单击"确定"按钮，进入调试界面，如图 22.53 所示。

图 22.52　添加信息时弹出的错误信息　　　　图 22.53　调试之后的 VB 开发环境窗口

发现在编写应用程序的过程中，函数的名称书写错误：在图 22.53 中应用格式化函数 Format 时，错误地将函数名称书写为 Formet，因此在运行程序时弹出了错误信息。

将出错处的程序代码中的函数名称修改正确（将函数名 Formet 修改为 Format），即可排除错误。

修改后相关的程序代码如下：

```
Txt_id.Text = Format(Date, "yyyymmdd") & "00001"
```

22.16.2　提示文件未找到错误信息

运行程序之后，选择"辅助工具"/"计算器"命令即可调用辅助工具计算器。在调试时发现，在单击"计算器"按钮时，弹出如图 22.54 所示的错误提示信息。单击"调试"按钮，进入到代码编辑器（如图 22.55 所示），发现在利用 Shell 函数调用可执行文件时，可执行文件的名称书写不正确。

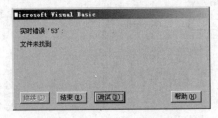

图 22.54　弹出的错误信息

图 22.55 调试之后的 VB 开发环境窗口

在程序编写时，如果输入的文件名错误，或者该路径下不存在这个文件，将提示文件未找到错误信息。这里只需将 calculator.EXE 文件名改为正确的文件名 calc.EXE，即可正确执行。

22.16.3 解决用户定义类型未定义的问题

在运行程序时，弹出如图 22.56 所示的提示信息，调试之后的 VB 开发环境如图 22.57 所示。

图 22.56 运行程序时弹出的错误信息

图 22.57 调试之后的 VB 开发环境窗口

在应用程序中定义了用户需要的类型之后，如果在"引用"对话框中没有引用这个定义的类型，就会弹出如图 22.56 所示的错误信息。如在定义 ADO 对象时，需要在"引用"对话框中引用 Microsoft ActiveX Data Objects 2.5 Library。

在 VB 开发环境中，选择"工程"/"引用"命令，在弹出的"引用"对话框中将 ADO 对象引用到 VB 开发环境中，即可解决这个错误，如图 22.58 所示。

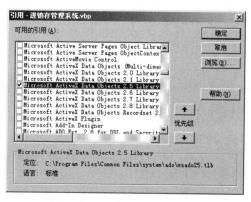

图 22.58 引用 ADO 对象

22.16.4 数据批量录入

实际的商品进货过程中，商品品种多且数量大，如果使用文本框只能一条一条地录入数据，效率太低。

此时可以利用 VB 中提供的 MSFlexGrid 控件，该控件处理数据比较灵活。虽然 MSFlexGrid 控件显示的数据是只读的，但可以通过 TextBox 控件向 MSFlexGrid 控件中输入数据，然后使用 For 循环逐一将表格中数据添加到数据表中，具体的实现方法如下。

（1）初始化 MSFlexGrid 控件，关键代码如下：

```vb
MS1.Rows = 100: MS1.Cols = 7                                        '定义 MS1 控件的总行数、总列数
'定义 MS1 表的宽度
MS1.ColWidth(0) = 12 * 25 * 1: MS1.ColWidth(1) = 12 * 25 * 4: MS1.ColWidth(2) = 12 * 25 * 9
MS1.ColWidth(3) = 12 * 25 * 3: MS1.ColWidth(4) = 12 * 25 * 3: MS1.ColWidth(5) = 12 * 25 * 3
MS1.ColWidth(6) = 12 * 25 * 4
MS1.FixedRows = 1: MS1.FixedCols = 1                                '设置固定行、列
'定义 MS1 表的表头
MS1.TextMatrix(0, 0) = "NO。": MS1.TextMatrix(0, 1) = "商品编号": MS1.TextMatrix(0, 2) = "商品全名"
MS1.TextMatrix(0, 3) = "单位": MS1.TextMatrix(0, 4) = "数量": MS1.TextMatrix(0, 5) = "单价"
MS1.TextMatrix(0, 6) = "金额"
For i = 1 To 99
    MS1.TextMatrix(i, 0) = I                                        '定义 MS1 表的列序号
Next i
'装载窗体时，确定 text3 的位置
Text3.Text = ""                                                    '清空文本内容
Text3.Width = MS1.CellWidth: Text3.Height = MS1.CellHeight         '设置文本框宽度和高度
Text3.Left = MS1.CellLeft + MS1.Left: Text3.Top = MS1.CellTop + MS1.Top    '设置文本框坐标
```

（2）确定 TextBox 控件在 MSFlexGrid 表格上的位置及大小，关键代码如下：

```vb
Private Sub MS1_EnterCell()
    Dim X As String, y As String, p As String                      '定义变量
    If MS1.CellWidth <= 0 Or MS1.CellHeight <= 0 Then Exit Sub      '如果单元格宽和高为 0，则退出
    X = MS1.TextMatrix(MS1.FixedRows, MS1.Col)                      '给变量赋值
    y = MS1.TextMatrix(MS1.Row, 0)                                  '给变量赋值
    If y <> "" Then                                                 '如果变量值不为空
        If MS1.Col - MS1.LeftCol <= 3 Then                          '列数与左端可见列数差值小于或等于 3
            MS1.LeftCol = MS1.LeftCol + 1                           '左端可见列数加 1
        End If
        If MS1.CellWidth > 0 And MS1.CellHeight > 0 Then            '如果单元格宽度大于 0
            Text3.Width = MS1.CellWidth: Text3.Height = MS1.CellHeight    '设置文本框宽度
            Text3.Left = MS1.CellLeft + MS1.Left                    '设置文本框 Left 属性
            Text3.Top = MS1.CellTop + MS1.Top                       '设置文本框 Top 属性
        End If
    X = MS1.TextMatrix(MS1.FixedRows, MS1.Col)                      '给变量赋值
```

```
        y = MS1.TextMatrix(MS1.Row, 0)                              '给变量赋值
        p = MS1.TextMatrix(MS1.Row, MS1.Col)                        '给变量赋值
        Text3.Text = MS1.Text                                       '赋值给 text3.text
    End If
End Sub
```

（3）在 TextBox 控件上输入数据后按 Enter 键，TextBox 控件移动到一个单元格或换行，关键代码如下：

```
Private Sub Text3_KeyPress(KeyAscii As Integer)
    'vbKeyReturn 常数为键盘上的"回车键"
    If KeyAscii = vbKeyReturn Then                                  '按 Enter 键，text3 向右移动
        MS1.Text = Text3.Text                                      '设置单元格内容
        Text3.Text = MS1.Text                                      '设置文本框内容
        If MS1.Col = 5 Then                                        '如果列值为 5
            MS1.Row = MS1.Row + 1                                  '行值加 1
            MS1.Col = 1                                            '列值为 1
        Else
            If MS1.Col + 1 <= MS1.Cols - 1 Then                    '如果列数不是最大值
                MS1.Col = MS1.Col + 1                              '列值加 1
            Else
                If MS1.Row + 1 <= MS1.Rows - 1 Then                '行值加 1 不是最大值
                MS1.Row = MS1.Row + 1                              '行数加 1
                MS1.Col = 1                                        '列数为 1
                End If
            End If
        End If
    End If
End Sub
```

（4）使用 For 循环将 MSFlexGrid 表格中的数据添加到数据表中，关键代码如下：

```
For i = 1 To 99
    With Adodc2.Recordset                              'With 语句用来在一个单一对象上执行一系列的语句
        .AddNew                                                    '开辟数据存储空间
        '向数据库中添加新数据
        .Fields("billcode") = Text1(0).Text                       '单据号
        .Fields("billdate") = DTPicker1.Value                     '开单日期
        If MS1.TextMatrix(i, 1) <> "" Then .Fields("tradecode") = Trim(MS1.TextMatrix(i, 1))
        If MS1.TextMatrix(i, 2) <> "" Then .Fields("fullname") = Trim(MS1.TextMatrix(i, 2))
        If MS1.TextMatrix(i, 3) <> "" Then .Fields("unit") = Trim(MS1.TextMatrix(i, 3))
        If MS1.TextMatrix(i, 4) <> "" Then .Fields("qty") = Trim(MS1.TextMatrix(i, 4))
        If MS1.TextMatrix(i, 5) <> "" Then .Fields("price") = Trim(MS1.TextMatrix(i, 5))
        If MS1.TextMatrix(i, 6) <> "" Then .Fields("tsum") = Trim(MS1.TextMatrix(i, 6))
        .Update                                       '将数据保存到 AddNew 方法开辟的存储空间
    End With
Next I
```

22.16.5　字段大小问题导致数据添加失败

例如，库存表中商品全名字段如表 22.15 所示。

表 22.15　库存表中商品全名字段

字　　段	类　　型	大　　小	描　　述
fullname	varchar	10	商品全称

当用户输入的商品名称大于 10 个字符时，系统将会出错，如图 22.59 所示。

图 22.59　错误信息（1）

解决方法：将字段大小更改为 20 或更大（合理即可），如表 22.16 所示。

表 22.16　改变字段大小

字　　段	类　　型	大　　小	描　　述
fullname	Varchar	20 或更大	商品全称

22.16.6　字段设置主键后不能插入重复值

当 dbo.tbS_employ（职员信息表）中 fullname（员工姓名）字段设置主键后，如果重复向 fullname 字段中添加员工姓名，将提示如图 22.60 所示的错误信息。

图 22.60　错误信息（2）

解决方法：在添加数据库时先进行查询，看看设置主键的字段中是否已经添加了该数据，然后作出相应的处理。

22.16.7　数据库中表存在关系，如何进行数据库清理

在开发数据清理模块（用来清理系统数据库数据）时，经常会出现如图 22.61 所示的错误。根据笔者经验，原因是数据库中存在表关系。

图 22.61　错误信息（3）

解决方法：先删除从表中的数据，然后再删除主表中数据，采用"从后往前清理"的方法。

22.17　小　　结

本章利用前面介绍的知识，并结合软件工程的设计思想，从系统分析、系统设计到数据库、数据表的设计，以及各个模块的设计实现，为读者详细介绍了一个完整的企业进销存管理系统（**实例位置：光盘\TM\sl\22\企业进销存管理系统**）的开发流程。其中着重介绍了利用 Flash 控件的 FSCommand 事件实现 Flash 和 VB 交互的知识，希望可以拓展读者的开发思路，并对读者日后的程序开发有一定的帮助。